中国地质大学（武汉）实验教材项目（SJC-202405）资助
中国地质大学（武汉）本科教学改革研究项目（2024076）资助
湖北省本科教学改革研究项目（2024138）资助
地理信息科学专业课程知识图谱构建与智能教学应用研究项目（202507）资助

地理信息系统分析案例实践教程

主　编　郑贵洲　晁　怡

副主编　关庆锋　周　琪　杨　雪

电子工业出版社·

Publishing House of Electronics Industry

北京·**BEIJING**

内 容 简 介

本书介绍了地理信息系统软件在地图数字化、专题图制作、地图投影、误差校正、影像匹配、属性表建立、地理数据库创建、栅格分析、矢量分析、网络分析、地形表面分析、数据转换等方面的应用，涉及土地利用、灾害评估、洪水淹没、矿产预测、农田保护、退耕还林、粮食估产、人口统计、道路选线、资源分配、多车送货、商店和实验室选址等方面的内容。本书注重理论与实践、软件与工程、教学与科研、项目与应用、基础与综合等方面的结合，融入了大量生产与科研成果，以及大量工程项目应用案例，内容精致、案例经典、领域广泛。一个案例集中了 GIS 的很多功能，把 GIS 功能有机地融合为一体。学生学习一个案例，就能掌握 GIS 诸多功能，找到快速学习 GIS 的方法，达到事半功倍的效果。

本书可作为地理信息系统、遥感科学与技术、测绘工程、信息工程、软件工程、地图学、地理学、通信工程、环境科学、地质学、计算机科学、管理学等专业本科生和研究生的教材，也可作为地质矿产、国土资源、地理测绘、市政工程、城乡规划、交通旅游、空间信息、环境科学、水利水电、精准农业、灾害评估、作战指挥等领域的研究人员的参考书。

图书在版编目（CIP）数据

地理信息系统分析案例实践教程 / 郑贵洲，晁怡主编. -- 北京 ： 电子工业出版社，2025. 7. -- ISBN 978-7-121-50815-8

Ⅰ. P208.2

中国国家版本馆 CIP 数据核字第 2025C9X695 号

责任编辑：孟　宇
印　　刷：大厂回族自治县聚鑫印刷有限责任公司
装　　订：大厂回族自治县聚鑫印刷有限责任公司
出版发行：电子工业出版社
　　　　　北京市海淀区万寿路 173 信箱　　　　邮编：100036
开　　本：787×1092　　1/16　　印张：22.75　　字数：597 千字
版　　次：2025 年 7 月第 1 版
印　　次：2025 年 7 月第 1 次印刷
定　　价：79.80 元

凡所购买电子工业出版社图书有缺损问题，请向购买书店调换。若书店售缺，请与本社发行部联系，联系及邮购电话：（010）88254888，88258888。
质量投诉请发邮件至 zlts@phei.com.cn，盗版侵权举报请发邮件至 dbqq@phei.com.cn。
本书咨询联系方式：mengyu@phei.com.cn。

《地理信息系统分析案例实践教程》编委会

主　编

郑贵洲　中国地质大学（武汉）

晁　怡　中国地质大学（武汉）

副主编

关庆锋　中国地质大学（武汉）

周　琪　中国地质大学（武汉）

杨　雪　中国地质大学（武汉）

编　者

朱　睿　兰州交通大学

任恩民　山东交通学院

樊文有　中国地质大学（武汉）

晋学领　广西师范大学

何贞铭　长汉大学

向丽华　中南财经政法大学

邱中航　武汉大学

郑婷婷　武汉大学

◈ 数据使用及软件安装说明 ◈

1. 数据使用说明

操作前，请将实习数据复制到 E:\Data 目录下，目录结构按章节划分，如第 3 章 3.1 节的数据存放路径为 E:\Data\gisdata3.1。除第 1 章，第 2 章中的 2.1、2.2 节，第 3 章中的 3.3 节，第 12 章没有数据外，所有章节都按这个方法设置目录。为了避免实习数据和原始数据混淆，建议将工作目录设置为 E:\Working，即 E:\Data 为数据目录，E:\Working 为工作目录。

2. MapGIS 10 软件安装

（1）下载试用版。

访问武汉中地数码科技有限公司官网，单击主界面中的"产品试用"链接，进入云交易中心，选择"桌面工具"选项。选择要试用的版本（如 MapGIS Desktop 高级版 x64），单击"试用 30 天"链接，使用微信扫码登录并完成注册。

（2）账号认证。

登录后进入"个人中心"，完善"注册认证信息"（需绑定邮箱和手机号）。系统将通过邮箱和短信发送验证码，完成认证。

（3）下载与安装。

返回"试用 30 天"页面下载安装包，或在云交易中心"已购"页面中查找安装包。

安装步骤如下。

① 安装运行时组件：以管理员身份运行 MapGIS 10 Runtime x64.exe，自定义安装路径后完成安装。

② 安装产品包：以管理员身份运行 MapGIS Desktop 高级版 x64.exe，按提示完成安装。

（4）试用续期。

30 天试用到期后，登录云交易中心"已购"页面，扫描二维码并选择"续期"选项即可。

注意：每个安装包都对应一个许可证书，需要安装软件请自行到官网下载，不要使用别人的安装包，同一个安装包无法多人共享使用！！！

教材实验数据可登录华信教育资源网（https://www.hxedu.com.cn/）免费下载，或联系作者索要（邮箱：317794880@qq.com）。

◇ 前 言 ◇

地理信息系统是一门多学科结合的边缘学科，实践性很强。地理信息系统专业的人才不仅要有深厚的理论基础，而且要掌握过硬的实践技术，具有不同层面的实际动手能力，这种能力的培养仅靠课堂教学是不够的。实验教学是课程教学的重要组成部分之一，实验课是为理论课服务的，教学必须紧密结合应用，加强实践内容的研究，重视地理信息系统应用环节，做到理论与应用并重。实践教学在培养学生的创新思维、科研能力方面发挥着重大作用，在人才培养方面起着不可取代的作用。实践教学可以将理论与实际很好地结合，使课堂内容更好地为学生所接受，使理论课程更容易被学生理解，进而全面增强学生独立分析和解决问题的能力、创造性思维能力，提高学生实际动手能力、专业应用能力和软件开发能力。中国地质大学（武汉）的"地理信息系统"课程已经开设了 10 多年，按照教学大纲和教学计划的要求，实践课时占相当大的比例，多年的教学经验表明，没有系统的实践教程，很难提高教学质量及实验课的效率。为了促进地理信息系统实验教学正规化、标准化，有效提高学生的学习效率，特编写本教材。

MapGIS 保持了"地理信息系统"课程的优势和特色，在"地理信息系统"课程实践教学中发挥了核心作用。MapGIS 通过技术创新，不断拓展课程研究方向、领域和实践内涵，提升课程实践层次，促进课程实践内容推陈出新及课程实践结构变革创新。MapGIS 被引入"地理信息系统"课程实践教学过程，对人才培养起到推动作用。

本书以地理信息系统理论为基础，以 MapGIS 10 为平台，涉及空间数据的采集、处理和管理，地理信息的空间分析、地学建模，以及地理信息系统的建立和运用等内容。本书按照 GIS 数据输入、处理、管理和分析等功能的应用划分章节，共 11 章。第 1 章为 MapGIS 10 地理信息系统，第 2 章为 GIS 数据输入，第 3 章为 GIS 数据处理，第 4 章为 GIS 数据管理，第 5 章为栅格分析，第 6 章为矢量分析，第 7 章为网络分析，第 8 章为统计分析，第 9 章为数字高程模型，第 10 章为数据转换，第 11 章为综合应用。第 1 章主要引自吴信才所著的《空间数据库》及 MapGIS 科研团队的集体成果。本书涉及地质、矿产、地震、水文、环境、资源、土地、农业、林业、灾害、人口、市政、交通等领域的各种工程应用案例。本书除提供 MapGIS 10 格式数据外，还提供对应的 ArcGIS 格式数据，以便读者参照 MapGIS 10 实习步骤在 ArcGIS 平台上使用。

本书作者长期从事地理信息系统的教学和科研工作，在工作实践中面向应用组织了多项地理信息系统应用软件开发项目，在教学和科研过程中积累了丰富的实践经验和应用案例。本书选定具有代表性与影响力的国内主流地理信息系统软件——MapGIS 10 作为"地理信息系统"课程的实验对象。一个案例整合了 MapGIS 10 的很多功能，并将其有机地融合为一体。学生学习一个案例，就能掌握 MapGIS 10 的诸多功能，找到快速学习 MapGIS 10 的方法，达到事半功倍的效果，解决了以往学会 MapGIS 10 但不知道怎么应用的问题。本书编写注重理论与实践、软件与工程、教学与科研、项目与应用、基础与综合的结合，融入了生产与科研成果，以及大量工程项目应用案例，并基于 MapGIS 10 开发技术精选实践内容，吸纳国内外地理信息系统研究的新进展与新成果，尽可能做到系统性、科学性、综合性、实用性的统一。学生通过学习本书可以很好地巩固理论知识，系统地、全面地掌握地理信息系统的基本概念、原理、方法和技能，掌握地理信息系统总体设计、功能要求、系统架构和组织实施等方面的基本技术，掌握 MapGIS 10 的应用和操作，并能用其解决工程中的实际应用问题，加深对"地理信息系统"课程的综合理解。

本书由郑贵洲、晁怡担任主编，关庆锋、周琪、杨雪担任副主编，参与本书编写的人员还有任恩民、朱睿、樊文有、晋学领、何贞铭、向丽华、邱中航、郑婷婷。研究生张梅琳、杜妍钰、龚子美也参与了本书部分内容的编写工作，全书实验由研究生张梅琳及本科生叶昱彤完成。在此真诚感谢他们为本书付出的辛勤劳动。

由于编写时间仓促，加之编者水平有限，书中可能存在不足之处，切盼广大读者提出意见，以便进一步提高本书质量。

郑贵洲

2025 年 1 月于武汉

◇目　　录◇

第 1 章

MapGIS 10 地理信息系统

1.1 MapGIS 10 简介

为了更好地满足用户及产业发展的需求，以吴信才为首的科研团队凭借多年的技术积累，经过长期攻关，在原有 MapGIS 6 及 MapGIS 7 的基础上，成功推出了基于新一代 GIS（Geographic Information System，地理信息系统）结构与新一代 GIS 开发模式的 MapGIS 10。

MapGIS 10 集新一代面向网络超大型分布式 GIS 基础软件平台和数据中心集成开发平台于一体，其研发与设计以用户为中心，充分体现了功能实用、产品易用的用户体验思想。MapGIS 10 实现了面向空间实体及其关系的数据组织、高效海量空间数据的存储与索引、大尺度多维动态空间信息数据库存储和分析功能，具有版本管理和冲突检测机制的长事务处理机制，以及太字节级空间数据的处理能力；实现了分布、多源、异构数据的集成管理；实现了"零编程、巧组合、易搭建"的可视化开发，使不懂编程的人也能开发 GIS，进而推动了人们从重视开发技术细节的传统开发模式向重视专业、业务的新一代开发模式转变，掀起了一场 GIS 开发和应用领域的变革。MapGIS 10 的问世，将带领 GIS 快速迈入大众都能使用的"傻瓜相机"时代。新一代开发模式无论是在开发成本、开发难度方面，还是在开发效率方面，较传统开发模式都有很大的优势，是软件开发模式划时代的变革。

1.2 MapGIS 10 体系结构

MapGIS 10 采用的是新一代面向服务的悬浮倒挂式体系结构，实现了纵向多层、横向网格的体系结构，具有跨平台、可拆卸等特点。这种结构不仅使系统更易于集成、管理和维护，而且使系统具有更好的伸缩性、更加稳定可靠，能真正做到数据、功能全面共享。同时，系统架构技术支持面向对象的组件化开发，而面向服务架构则适用于搭建式的程序开发，这极大地降低了程序开发难度，提高了系统开发效率。在 MapGIS 10 平台提供的总体框架基础上，用户可根据需求在系统上灵活、自由地"插拔"各功能模块，即在需要/不需要某功能时可直接加载/卸载该功能模块。另外，MapGIS 10 配置了多种解决方案，用户可以根据需要自行选择配置或自己开发插件，以扩展 GIS 平台功能。MapGIS 10 体系结构如图 1.2-1 所示。

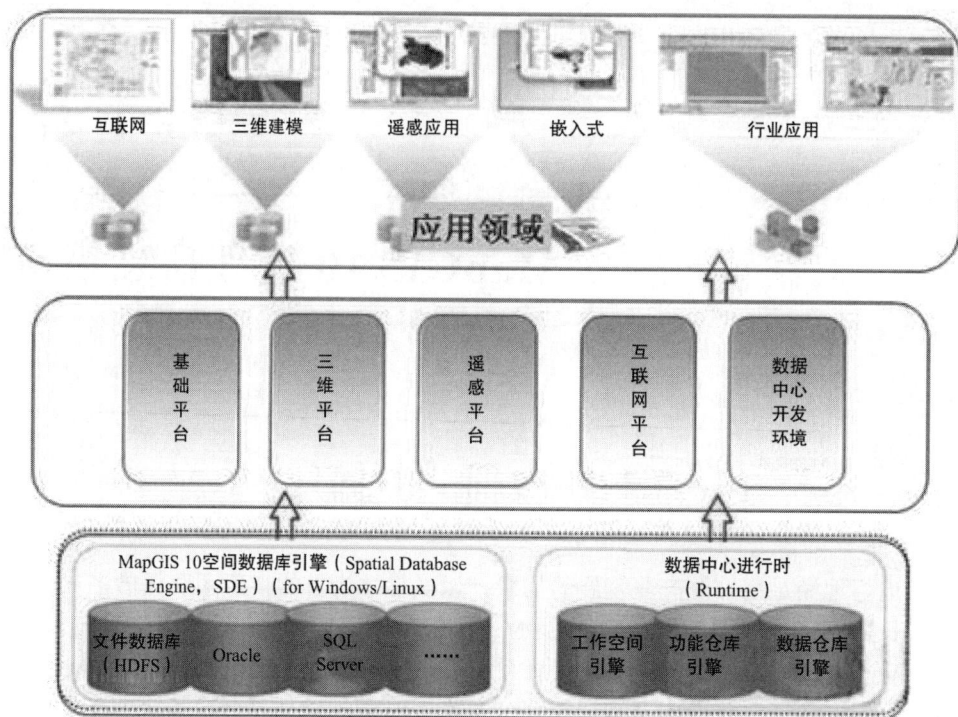

图 1.2-1　MapGIS 10 体系结构

1.3　面向实体的空间数据模型

1.3.1　概述

MapGIS 10 面向实体的空间数据模型将现实世界中的各种现象抽象为对象、关系和规则，并基于此实现各种行为（操作），这种设计更符合人类对实体的认知逻辑。该模型继承了面向图形的空间数据模型的特点，具有很好的表达能力，适用于各种 GIS 应用，如图 1.3-1 所示。MapGIS 10 面向实体的空间数据模型具有以下特点。

（1）真正地面向地理实体，全面支持对象、类、子类、子类型、关系、有效性规则、数据集、地理数据库等概念。

（2）对象类型满足 GIS 和 CAD（计算机辅助设计）对模型的双重要求，包括要素类、对象类、关系类、注记类、修饰类、动态类、几何网络。

（3）支持类视图，允许通过属性条件、空间条件、子类型条件定义要素类视图、对象类视图、注记类视图和动态类视图。

（4）要素可描述任意几何复杂度的实体，如水系。

（5）具有完善的关系定义，可表达实体间的空间关系（如拓扑关系）和非空间关系。空间关系按照 DE-9IM 模型定义；拓扑关系支持结构表达方式和空间规则表达方式。完整地支持四类非空间关系，包括关联关系、继承关系（完全继承关系或部分继承关系）、组合关系（聚集关系或组成关系）、依赖关系。

（6）支持关系多重性，包括一对一、一对多、多对多。

（7）支持有效性规则的定义和维护，包括定义域规则、关系规则、拓扑规则、空间规则、网络连接规则。

（8）支持多层次数据组织，包括地理数据库、数据集、数据包、类、几何元素、几何实体、几何数据。

（9）几何数据支持向量表示法和解析表示法，包括折线、圆、椭圆、弧、矩形、样条、贝塞尔曲线等形态。

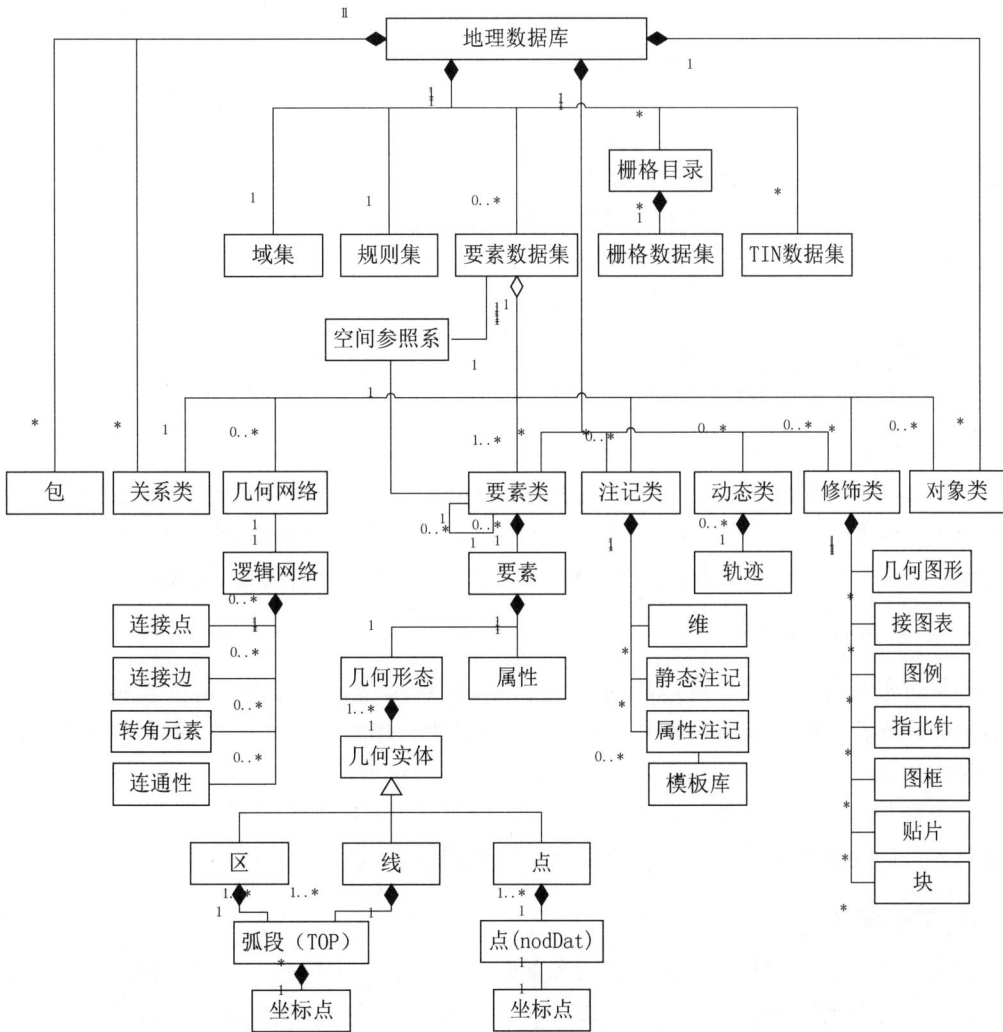

图 1.3-1　MapGIS 10 面向实体的空间数据模型（摘自《空间数据库》）

1.3.2　空间参照系

空间参照系（Spatial Reference System）由平面坐标系和高程系构成，用于确定地理目标的平面位置和高程。它包含两方面内容：一是在把大地水准面上的测量成果换算到椭球体面上的计算工作中采用的椭球体的大小；二是椭球体与大地水准面的相对位置。由于椭球体与大地水准面的相对位置不同，对同一点的地理坐标的计算结果将有不同的值，因此选定一个特定大小的椭球体，并确定它与大地水准面的相对位置，就确定了一个坐标系。

对一个要素进行定位，就必须将其嵌入一个空间参照系中。地面上任意一点的位置，通常用经度和纬度来确定。经线和纬线是地球表面上两组正交（夹角为 90°）的曲线，这两组正交的曲线构成的坐标系称为地理坐标系。因为 GIS 描述的是位于地球表面的信息，所以根据地球椭球体建立的地理坐标（经纬网）系可以作为所有要素的参照系统。

地球表面是不可展开的曲面，地理坐标是一种球面坐标，也就是说曲面上的各点不能直接在平面上表示。为了将地球表面上的点显示在平面显示器或纸面上，必须运用地图投影的方法，建立地球表面和平面上点的函数关系，使得地球表面上任意一个由地理坐标确定的点，在平面上必有一个与它相对应的点，即建立地球表面上的点与投影平面上的点间的一一对应关系。地图投影的使用保证了空间信息在地域上的联系和完整性，在各类 GIS 的建立过程中，首先要考虑的问题是选择适当的地图投影系统。

MapGIS 7.0 提供了不同类型的地图投影及相互转换功能。使用者可根据需要方便地建立不同的坐标系并进行相互之间的转换。

1.3.3　实体表达及分类

1. 对象

在 MapGIS 10 中，对象是现实世界中实体的表示。房子、湖泊或顾客之类的实体均可用对象表示。对象有属性、行为和一定的规则，用记录的形式来存储。对象是各种实体一般性的抽象，特殊性对象包括要素、关系、注记、修饰符、轨迹、连接边、连接点等。

2. 对象类型、子类型

根据对象的行为和属性可以将对象划分成不同的类型。具有相同行为和属性的对象构成对象类，特殊对象类包括要素类、关系类、注记类、修饰类、动态类、几何网络。在没有特别声明的情况下，对象类指没有空间特征的同类对象集。

子类型是对象类的轻量级分类，用来表达相似对象，如供水管网中区分钢管、塑料管、水泥管。不同类型或子类型的对象可以有不同的属性默认值和属性域。

3. 对象类

对象类是具有相同行为和属性的对象的集合。在面向实体的空间数据模型中，对象类通常是指没有几何特征的对象（如房屋所有者、表格记录等）的集合。在忽略对象特殊性的情况下，对象类可以指任意一种类型的对象集。

4. 要素类

要素是具有几何特征的对象，包括属性、几何元素和图示化信息。其中，几何元素是点、线、多边形等几何实体的组合。要素类是具有相同属性的要素的集合，是一种特殊的对象类，往往用于表达某种类型的地理实体，如道路、学校等。

5．关系类

现实世界中的各种现象是普遍联系的，而联系本身就是一种特殊现象，具有多种表现形式。在面向实体的空间数据模型中，对象之间的联系被称作关系，是一种特殊的对象。

房屋所有者和房屋之间的产权关系，具有公共边界的行政区之间的相邻关系，甲乙双方之间的合同关系，都是对象之间关系的实例。

在面向实体的空间数据模型中，关系被分为空间关系和非空间关系。

（1）空间关系与对象的位置和形态等空间特性有关，包括距离关系和拓扑关系。拓扑关系有水管和阀门的连接关系、两条道路的相交关系等。

（2）非空间关系是对象属性之间存在的关系，如甲乙双方之间的合同关系。

关系类是关系的集合，一般在对象类、要素类、注记类、修饰类中任意二者之间建立关系类。

6．注记类

注记是一种标识要素的描述性文本，分为静态注记、属性注记和维注记。

（1）静态注记是一种内容和位置固定的注记，包括注记和版面。

（2）属性注记的内容来自要素的属性值。在显示属性注记时，属性值会被动态地填入注记模板，因此属性注记也称为动态注记。属性注记直接和它要标注的要素相关联，在移动要素时，注记会跟随移动。注记的生命期受该要素的生命期控制。

（3）维注记是一种特殊类型的地图注记，仅用来表示特定的长度和距离。维分为平行维和线性维，其中，平行维与基线平行，表示真实距离；线性维可以是垂直、水平或旋转的，并不表示真实距离。

注记的集合构成注记类。

7．修饰类

修饰类用于存储修饰地图或辅助制图的要素，包括几何图形、图框、贴片和块等。

（1）几何图形包括点、线、多边形。线和多边形边界可以是下列类型之一：折线、弧、圆、椭圆、样条、贝塞尔曲线。几何图形主要考虑图面的要求，对平面拓扑和形态没有严格要求，如多边形的端点不要求严格重合，线可以自相交。

（2）图框分为内图框和外图框。

（3）贴片是一种带图示化信息的矩形框，用来遮盖不需要显示的图形。

（4）块是修饰类要素的组合，可以自由组合或拆散。

8．动态类

动态类是一种特殊的对象类，是空间位置随时间变化的动态对象的集合。动态对象的位置随时间变化形成轨迹。动态类中记录了轨迹的信息，包括空间维 x、y、z 与时间维 t 和属性。

9．几何网络

几何网络是边要素和点要素组成的集合，边要素和点要素相互联系，一条边连接两个点，一个点可以连接大量的边。边要素可以在二维空间交叉而不相交，如立交桥。几何网络中的要素表示网络地理实体，如道路、车站、航线等。

每一个几何网络都有一个逻辑网络与之对应，逻辑网络依附于几何网络，由边元素、节点元素、转角元素及连通性元素组成。

逻辑网络中的元素没有空间特性，即没有坐标值。逻辑网络存储着网络的连通信息，是网络分析的基础。

1.4　MapGIS 平台特性

1.4.1　MapGIS 10 特点

1. 先进的体系结构

MapGIS 10 采用了独创的 T-C-V 三层软件结构，包括终端应用—云计算—虚拟设备，以及悬浮式柔性结构、微内核群、松耦合接口、功能与数据分离等创新技术。这种开发模式不仅提高了开发效率，而且使得软件具备按量可伸缩利用资源、按需个性化定制、在线租赁服务等特点。

2. 海量的时空大数据管理

MapGIS 10 针对时空大数据部分强化了时空大数据存储、治理及分析能力，重点构建了时空大数据治理体系，打通了时空大数据治理的各个环节，提升了时空大数据全生命周期管理的能力，进一步挖掘了时空大数据的应用价值。

3. 有效的异构数据集成管理

MapGIS 10 通过 GIS 中间件技术在不需要转换原有数据格式的情况下，只需要一个"翻译"动作就能表现和管理空间异构数据，操作这些数据可以像操作本平台数据一样方便、快捷，有效消除"信息孤岛"现象。

4. 实用化的真三维动态建模与可视化

MapGIS 10 引入了全新的地理实体模型、高逼真渲染功能、数据治理体系及全新的低代码开发框架。通过影像、电子地图、高程等数据可生成虚拟的三维景观地理场景，用户能在逼真的三维数字化城市虚拟场景中沿着街道随意行走。同时，MapGIS 10 提供了专业分析功能，用户可更直观地了解情况，为道路规划、综合管线规划、城市绿化等进行分析、决策和审批提供重要手段。MapGIS 10 还可对三维地学模型、三维景观模型等进行快速建立和一体化管理，并可对三维数据进行综合可视化和融合分析。通过建立三维地质模型，可精确表示地表地形、地物信息，充分满足地层、断层、坑道等复杂地下构造的显示和分析需求。

5. 用户可以自主定制

MapGIS 10 采用了云 GIS 的形式，用户可通过自主定制的方式，根据自己的需求聚合、重构各种 GIS 工具，最终形成自己需要的行业应用。这种技术结构使得 MapGIS 10 能够更好地满足不同行业的应用需求，能够让用户自主定制属于自己的应用软件和解决方案。

6. 增强基于人工智能的目标识别能力

MapGIS 10 融入深度学习等人工智能技术，能更深入地效仿人脑，增强遥感影像目标识别、视频目标检测等效果，大大提高空间信息领域复杂数据的解释与分析能力，挖掘更大的智能 GIS 应用价值，进一步推动智能 GIS 从感知到认知能力的发展，促使 GIS 更好地服务于智慧交通、新型测绘、社会安防等领域。

1.4.2　MapGIS 6X 与 MapGIS 10 比较

1. 体系结构

MapGIS 10 不仅继承了 MapGIS 6X 的特征优势，而且有着新一代 GIS 体系结构——悬浮式柔性结构。该结构使开发的系统更易于集成、管理、维护，具有更好的伸缩性，同时使开发的系统牢固可靠，并能真正做到数据、功能全面共享。同时，此结构极大地降低了程序开发难度，提高了系统开发效率。

2. 数据模型

MapGIS 6X 和 MapGIS 10 的数据模型不一样。MapGIS 6X 采用的是面向点、线、面的文件数据模型，数据以文件方式存储。MapGIS 10 采用的是面向实体的数据模型，在 MapGIS 6X 数据框架的基础上，增加了地理数据库的概念，软件设计上更贴近 ArcGIS。MapGIS 6X 的数据存储在文件中，而 MapGIS 10 的数据存储在地理数据库中，有别于传统的文件型数据存储方式。至于基本操作，相较于 MapGIS 6X，MapGIS 10 在制图方面的改变不是很大，但提供了更多快捷键和支持更多捕获对象。

3. 数据管理

MapGIS 6X 是以文件的方式管理数据的，一个项目往往有多达十几个甚至上百个文件，容易导致文件命名混乱，不利于数据的携带和使用。与 MapGIS 6X 相比，MapGIS 10 继承并升级了对海量空间数据的管理技术，提供了多种优化措施。其数据库采用分类管理方式，支持更高级的数据库管理技术，将分类数据集中存储于数据库中，大大提高了海量数据的浏览和查询速度，可实现系统效率与数据量无关的效果。用户在使用 MapGIS 10 进行编辑时无须手动保存数据，数据可以自动保存，而且查看、转移数据的操作也变得很简捷。MapGIS 10 还可满足用户长时间并发访问的需求，可以根据已有数据回溯过去某一时刻的情况或预测将来某一时刻的情况，以满足历史回溯和衍变、地籍变更、环境变化、灾难预警等应用需求。

4. 数据处理

在 MapGIS 6X 中，图像校正、输入编辑、投影变换、误差校正、图框生成、打印输出等功能分布在不同的子系统模块中，比较零散，而 MapGIS 10 把这些模块集成在一个界面中，整合性较好，使用起来不需要从一个系统跳转到另一个系统，提高了工作效率。MapGIS 10 新增更多实用视图，如专题图视图、选择集视图、标签视图等，使得制图系统功能更加强大。MapGIS 10 的输入编辑更精确，支持精确坐标输入，增强了靠近弧段、弧段起点、弧段终点、弧段交点、最近弧段的中点、最近点、当前点到最近弧段垂点、清除当前捕获点等对象捕获功能。

MapGIS 10 还支持多系统库，在引用不同系统库的数据时可使用各自系统库显示，使用方便灵活；支持动态注记，使电子地图标注更加智能、美观，且显示比率可调节；打印输出功能进一步升级，支持图例、比例尺、指北针等制图要素的编辑；增加了更多实用工具，如图幅系列工具，提供了新旧图幅号转换、图幅参数计算，以及根据给定坐标点范围查询不同标准比例尺图幅号的功能；支持用户自定义键盘快捷键，并且可导入/导出用户快捷键配置文档，以满足用户的个性化操作需求。

在 MapGIS 6X 中，空间参照系投影参数需要由用户定义和输入，而 MapGIS 10 默认提供一系列实用的空间参照系，减少用户配置参数的麻烦。MapGIS 10 还提供动态投影功能，不同坐标系下同一地理范围数据可动态投影到一个坐标系叠加显示。

5. 数据分析

MapGIS 6X 的空间分析功能不强大，只有一些基本功能，缺少数理统计方法，而且栅格数据分析功能不全，这限制了其在项目中应用的效率。MapGIS 10 把数据的处理与分析功能单独作为一个模块，提供矢量数据、属性数据、栅格数据以及 DEM（Digital Elevation Model，数字高程模型）数据的编辑、处理、分析功能，在 MapGIS 6X 的基础上增加了主成分分析、聚类分析、回归分析、判别分析、趋势面分析、空间中心分析等功能，从而扩大了其应用领域。

6. 兼容性

MapGIS 10 完全兼容 MapGIS 6X，可直接读取 MapGIS 6X 数据，并对它进行操作，有专门为老用户设计的完全兼容 MapGIS 6X 的功能插件，真正做到了平滑过渡。但 MapGIS 6X 不完全兼容 MapGIS 10 数据，MapGIS 10 的地理数据库在 MapGIS 6X 中不能使用。

第 2 章

GIS 数据输入

2.1 手工键盘输入

手工键盘数字化是指不借用任何数字化设备对地图进行数字化，即手工读取并录入地图坐标数据。手工键盘输入方法简单，但工作量很大，输入效率低，需要做十分烦琐的坐标取点或编码工作，而且数字化的精度也不是很高。手工键盘输入按照空间数据存储格式的不同分为手工矢量数字化和手工栅格数字化。

2.1.1 手工矢量数字化

手工矢量数字化就是把点、线、面实体的地理位置（各种坐标系中的坐标），通过键盘输入数据文件或程序中。实体坐标可从地图坐标网上或其他覆盖的透明网格上量取。数据采集的具体步骤如下。

（1）对地理实体进行编码：在数字化之前要先对地理要素进行编码，为每个地理要素赋唯一的标识码。

（2）量算地理要素的坐标：在纸质图上建立平面直角坐标系，量算并读取要素特征点（如线的顶点、折线的拐点、居民地的角点等）坐标值并记录下来，或者将图纸铺平，先蒙上坐标方格纸再读取坐标，对于线状和面状要素，必须严格按照统一的编码顺序进行记录。

（3）录入坐标数据：在文本编辑器中严格按照一定格式录入坐标数据，并将其保存成文本文件格式，或者在数据库软件中建立相应的坐标数据库文件。

2.1.2 手工栅格数字化

手工栅格数字化是指先将图面划分成栅格单元矩阵，按地理实体的类别对栅格单元进行编码，然后依次读取每个栅格单元编码值的数字化方法。手工栅格数字化的一般步骤如下。

（1）确定栅格单元的大小和形状：在进行手工栅格数字化时，要先确定栅格单元的大小，它直接决定了数字化的精度，栅格单元越小，地图数字化精度越高，但同时数字化的工作量相应增加。栅格单元的形状一般为正方形。

（2）绘制透明栅格网：在透明薄膜上绘制栅格网。

（3）栅格单元分类编码：确定地物的分类标准，划分并确定每个类别的编码。

（4）固定透明薄膜：将透明薄膜蒙在要数字化的地图上，铺平并固定好。

（5）读取栅格单元值：依栅格网的行、列顺序用键盘输入每个像元的属性值，即各类别的编码值。栅格单元的取值方法主要有中心点法、面积占优法、长度占优法和重要性法。

（6）录入数据：在文本编辑器中，将栅格单元编码值按一定格式存储为栅格数据文件。

2.2 手扶跟踪数字化

2.2.1 数字化仪简介

数字化仪由电磁感应板（操作平台）、坐标输入游标（标示器）和接口装置等组成，如图 2.2-1 所示。这种设备基于电磁感应原理工作，其电磁感应板上设有沿 x 轴、y 轴方向的多条平行导轨。坐标输入游标中装有一个线圈，在通电时，线圈中就会产生交流电信号，于是十字叉线的中心便产生一个电磁场。在数字化前，底图要固定在电磁感应板上，此时坐标输入游标在图上的相对位置就会转变成电信号，这些电信号随后被传输至计算机，并通过预先设计的软件进行处理，再以光标的形式显示在图形显示器上，操作者按动坐标输入游标上的按钮，则坐标输入游标在底图中指定位置的坐标数据就会记录在计算机中，从而得到该点的坐标值。目前，市场上的数字化仪按其可处理的图幅面积来划分，有 A0、A1、A2、A3、A4 等规格，典型的用于制图的数字化仪是 A0 规格的，其幅面大小为 1.0m×1.5m。规格较小的数字化设备称为数字化板。

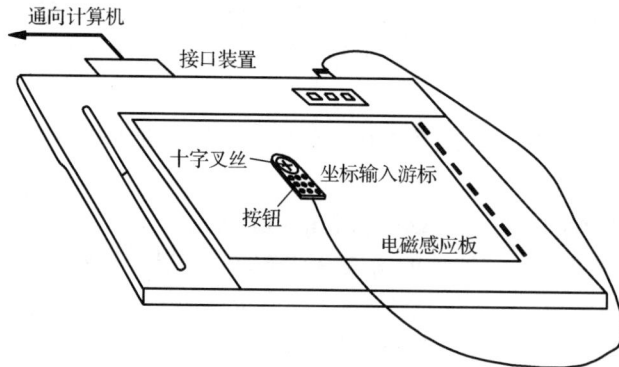

图 2.2-1 数字化仪示意图

2.2.2 数字化过程

1. 数据化前的准备工作

在进行地图数字化之前，一定要做好各种准备工作，这直接关系到数字化的效率、精度和质量。准备工作主要涉及如何选取数字化底图，对哪些要素进行数字化，以及如何对数字化要素进行分类和分层等。对于大幅面的地图，除此之外，还要考虑如何进行分幅。

（1）选择底图：地图数据种类繁多，数字化底图的选取是进行空间数据采集的基础，底图的选取主要考虑两个方面，即底图的精度和要素的繁简。若比例尺太小，则难以满足精度要求；若比例尺太大，则地图要素过于复杂，数字化的难度会提高。因此，选取适当比例尺的地图做底图，并使选取的底图上包含所有符合要求的地理要素并不是一件容易的事。

（2）地图分层：在进行地图数字化之前，必须确定对哪些要素进行数字化，并对这些要素进行分层、确定层名。在进行地图数字化时，必须按照不同的专题内容分图层、分文件有顺序地进行。

（3）地图分幅：当要进行数字化的地图幅面大小超过数字化仪的范围时，或者对多幅相邻的标准分幅地形图进行数字化时，就会涉及数字化地图的分幅与拼接问题。

（4）选取控制点：对于非国家标准分幅地图，还应打上方格网，以便控制点坐标数据的精确量取。

2. 安装数字化仪

GIS 软件通常都会提供支持连接数字化仪的接口，有时也可以通过编程实现 GIS 软件与数字化仪的连接。

3. 初始化数字化仪

在正式数字化之前，必须对数字化仪进行必要的设置，包括定义用户坐标系、设置数字化方式等，数字化时把待数字化的底图固定在操作平台上，首先用坐标输入游标输入图幅范围和至少 4 个控制点的坐标。数字化控制点主要是图廓的 4 个角点、经纬线的交点，或者具有明确坐标值的点。在确定数字化控制点后若坐标输入游标在图幅范围内移动，则数字化仪将根据定位的 4 个点的坐标算出坐标输入游标当前所处位置。

4. 数字化

利用 GIS 软件提供的点、线、面数字化功能来数字化地图上的点、线、面对象。

2.2.3　数字化误差

数字化误差的分类及其产生的原因如下。

（1）数字化设备误差：数字化仪使用时间过长或不符合标准均会影响输入数据的精度。

（2）原图变形：图纸伸缩，原图与数字化仪贴合不紧将直接导致输入的图形变形。

（3）操作员人为误差：指操作员的经验、技能、生理因素和工作态度等带来的误差。

（4）编稿原图误差：在人工制作编稿原图的过程中必然会有误差产生，这些误差随着图数转换过程而进入计算机的数据之中。

2.3　扫描数字化

2.3.1　问题提出和数据准备

1. 问题提出

数据输入是一项十分重要的基础工作，是建立 GIS 不可缺少的步骤。没有数据的采集和输入，就不可能建立一个数据实体。在数据采集和输入过程中投入的时间成本极大，几乎占据建立整个 GIS 总时间成本的一半。因此，迫切需要通过先进的计算机全自动录入或数据采集技术为 GIS 提供可靠的数据。但是，由于 GIS 数据种类繁多，精度要求高且相当复杂，加上计算机发展水平的限制，在相当长时期内，手工输入仍然是主要的数据输入手段。

GIS 的数据来源非常广泛，包括地图数据、遥感图像数据、测量数据、数字资料和文字报告等。不同数据具有不同的形式，因此数据输入方法也不相同。一些常规的统计数据、文字或表格等可以通过交互终端直接输入，也可以根据需要输入相应的数据库。地图数据可以通过手扶跟踪数字化和扫描数字化的方式输入，遥感图像数据一般是通过扫描矢量化方式输入的，测量数据是通过 GPS、数字摄影测量等方式输入的。目前，GIS 平台一般都提供了手扶跟踪数字化和扫描数字化两种方式，手扶跟踪数字化方式速度慢、精度低、作业劳动强度大，扫描数字化比手扶跟踪数字化快 5~10 倍，所以扫描数字化仍然是一种主要的数据输入手段。这里重点介绍扫描数字化。

2．数据准备

现有一幅扫描地形图，它虽然不符合标准图幅规范，但图内要素齐全，包括道路、水系、等高线、居民地、湖泊、地类区块等要素，需要利用 GIS 把它转化为矢量形式，扫描地形图文件名为 map.tif，存储在 vector.hdf 地理数据库中。数据存放在 E:\Data\ gisdata2.3 文件夹内。

2.3.2　GIS 数据分层

1．GIS 图层概念

图层是 GIS 平台的基本存储单位，用来区分不同类别的空间实体，是在一定空间范围内属性相同、特征相似、具有一定拓扑关系的地理实体或地理因子的空间分布集合，也就是说图层是具有某些相同或相似特性的同种类型几何空间对象组成的集合。可以将每类特征数据单独组成一个图层，也可以将若干类特征数据合并成一个新的图层，如地理图中的水系可以构成一个图层，道路可以构成一个图层等。一个图层既包含大量有机联系的图形信息，又包含对这些几何实体进行描述的属性信息。多个空间图层组合起来，可构成满足一定应用需求的图层集合，称为图层集。

MapGIS 中的图层是用户按照一定需要或标准把某些相关物体组合在一起构成的，我们可以把一个图层理解为一张透明薄膜，每一层上的物体在同一张薄膜上，一幅图就是由若干层薄膜叠置而成的。

2．GIS 图层划分原则

（1）差异性原则。

根据信息类型或等级的差异划分图层，尽量使不同类型、不同等级、不同性质、不同用途和不同几何特征或地理特征的要素归属不同图层，使每层的信息尽可能单一。不同类型的信息具有不同性质。性质用来划分要素的类型，说明要素是什么，如河流、公路、境界等。不同用途决定了地图表示内容的不同，不同的内容必须用不同的图层表示，因而不同用途的地图的图层划分具有很大差异。要素的属性常通过几何符号表示，具有不同特征的要素的几何符号形状存在差异，不同类型的几何符号可划归为不同图层，如境界线的几何符号为点画线，而道路的几何符号为实线，根据几何符号特征差异可划分为两个图层；几何符号的尺度用来表示要素的规模或等级顺序，如不同等级的道路，可通过几何符号的尺寸变化来区别。不同色彩也可以用来表示不同要素，如在地形图中，棕色表示等高线、冲沟等，钢灰色表示居民地、道路、境界、独立地物等，蓝色表示水系、河流、湖泊等。色彩是划分图层的一个重要指标。

（2）逻辑性原则。

根据图形信息的内在逻辑关系划分图层，尽量把相关且具有相同逻辑内容和数据库结构的空间信息放在相邻图层上。在计算机迅速发展的今天，图形数据库的设计不仅要保证用户的功能要求、数据的一致性和正确性，而且要具有有利于系统编程和维护管理的数据逻辑关系结构。

（3）整体性原则。

在分层时要考虑数据与数据之间的关系，以及数据与功能之间的关系，把信息相关的要素作为统一的整体存放在同一图层中。若把原来具有空间关系的实体，根据简单制图要求进行图层划分，必将加大存储量，甚至破坏原有的空间关系，给空间分析带来困难，甚至导致无法建模。

（4）多义性原则。

一种要素既可以出现在一个图层中，也可以作为另一特征出现在另一个图层中。例如，断层可以出现在断层线图层中，也可以作为地质体边界出现在地质界线图层中；当房屋建筑和界址重合时，重合线具有双重含义，在房屋建筑层中要保持房屋建筑轮廓边界的完整性；道路和房屋建筑边界重合时，重合线同样具有双重含义，在道路的地物分层中也要保持道路的完整性。在建立多源 GIS 数据集时，要保证不同图层的相同弧段具有相同的地理坐标是不容易的，但这是必须做到的。对于多义性要素的绘制，除采用将相同的弧段复制到派生图层的方法外，比较好的方法是在图层划分中使主要图层通过空间运算产生次要图层。

（5）一致性原则。

为了与其他信息系统或数据库兼容，在分层、图层命名、图层编码等方面都必须遵循国家标准和行业标准。为了便于图层与图层之间相互参照，便于图层间准确无误地叠加在一起，便于图层统一管理和操作，以及便于今后进行空间分析、查询与检索，图层间必须保证范围一致性、内容一致性、比例尺一致性、数据结构一致性、坐标一致性。其中，坐标一致性包括地理坐标、网格坐标、投影坐标的统一。

（6）最优化原则。

一般来说，空间数据库中图层及属性表越多，表达空间信息的内容就越完整。原则上，层的数量是不受限制的，但是由于存储空间具有有限性，同时随着图层及属性表的增加，开发和维护空间数据库占用的资源会增加，开发空间数据库的工作量和人员要求也会快速增加，因此数据输入、屏幕管理界面及输出程序对于太多的图层表实体来说是一个负担。因此，分层时应顾及数据量的大小，尽量减少冗余数据。在具体分层过程中，分得粗好，还是分得细好，是一个具有争论性的问题，必须根据应用的要求、计算机硬件的存储量、处理速度及软件限制来决定。并不是图层分得越细越好，若图层分得过细，则不便于操作人员记忆，不利于管理，不利于考虑要素间相互关系的处理，在同时显示几个图层时，如果需要对每个图层单独进行操作，则会浪费时间，很不方便。反之，若图层划分得过粗，虽然图层数量减少了，但一个图层要与许多属性表进行关联，在编辑时要素间容易互相干扰，不利于某些有特殊要求的分析、查询。图层划分的多少，要在减少图层数量与减少冗余数据二者之间采取折中方案。

2.3.3 数据预处理

1. 地图分层

地图分层是在数字化或矢量化之前完成的。首先必须认真读图，对整个图形主要结构有一个了解，然后根据一定的目的和分层原则对底图上的专题要素进行分类，按类设层，每类作为一个图层。在数字化时要按一定顺序逐层进行，并为每个图层赋予一个图层名。表 2.3-1 所示为地图 map.tif 的分层情况。

表 2.3-1 地图 map.tif 的分层情况

主题	项目	层名	内容	图上特征
点主题	居民点	resident	居民地注记	汉字
	高程点	height	高程注记	数字
	地类	land	地类符号	箭头
线主题	等高线	contour	计曲线、首曲线	细实线
	道路层	road	道路	虚线
	水系层	water	河流	粗实线
区主题	居民地	block	居民地多边形	封闭的细线
	湖泊	lake	湖泊面状水域	封闭的粗线

2. 原图扫描

利用扫描仪扫描地图时大致按以下步骤进行。

（1）原图定位。

准确地将原图定位在扫描仪上可以大大减少后期处理栅格图像的工作量。

（2）激活扫描软件。

许多图像处理软件（如 Photoshop、CorelDRAW 等）都带有与扫描仪相连的接口，可以通过这些接口将图像处理软件与扫描仪相连，有利于后期的图像处理工作和选取不同的文件存储格式。

（3）设置扫描方式。

设置扫描方式包括选择扫描分辨率、色深和通道数等内容。扫描方式决定了栅格图像的质量和图像文件所占磁盘空间的大小。

（4）预扫原图。

为了进一步调整扫描方式，需要对原图进行预扫。

（5）调整扫描范围和扫描方式。

参考预扫图像，确定扫描范围和扫描方式。

（6）正式扫描及扫描图像存储。

正式开始扫描，扫描后保存图像。扫描图像可以以多种格式存储，主要有 BMP、TIFF、

PCX、GIF 等格式，TIFF 是一种较通用的格式，能普遍被 GIS 软件接受，目前大多数用户采用这种格式保存，但 TIFF 格式数据量大，也给数据处理带来很多不便。

（7）扫描后处理。

扫描后处理是对扫描图像进行进一步的加工，如对图像的锐化和滤波处理等，目的是能够从扫描图像中最大限度地获取图面信息。

2.3.4　MapGIS 矢量化

1. 创建地理数据库

右击"GDBCatalog"窗格中的"MapGISLocal"，选择"创建地理数据库"选项，创建名为 vector.hdf 的地理数据库，该地理数据库包含 map.tif 图像文件，创建方法参见 4.1 节，或者直接附加已创建好的 vector.hdf 地理数据库。

2. 添加光栅文件

在"新地图 1"里添加 map.tif 图像文件，如图 2.3-1 所示。

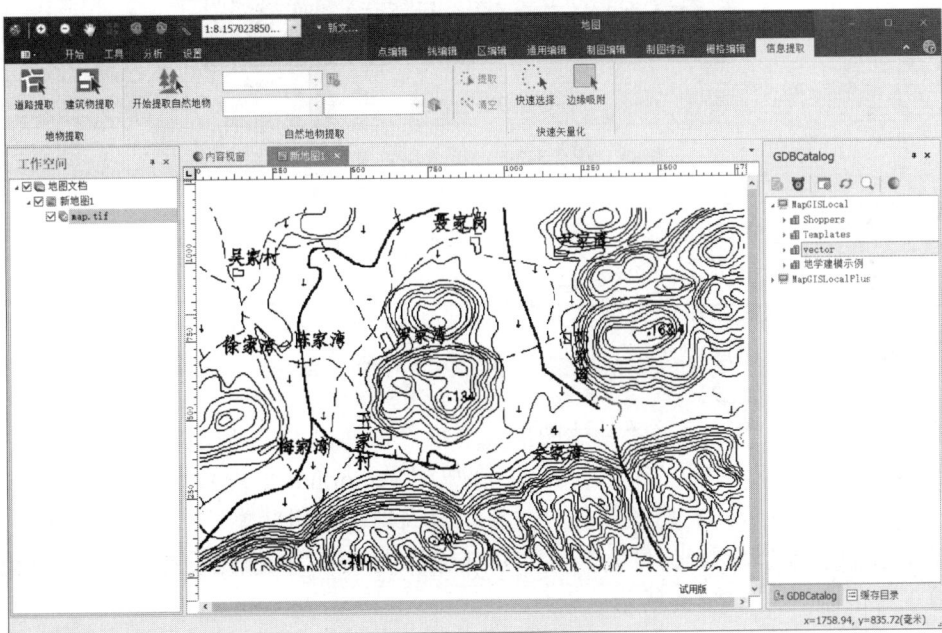

图 2.3-1　map.tif 图像文件

3. 光栅求反

对工作区中的二值或灰度图像进行反转（Invert），如使二值图像中的白色变为黑色，黑色变为白色。矢量化过程是以灰度级高的像素为准的，即只对灰度级高的像素进行矢量化，将灰度级低的像素作为背景。若扫描进来的图像与此刚好相反，则需要先利用该功能对图像进行反转，才能开始进行正确的矢量化操作。如二值图像，正常的光栅数据显示出来应是灰底白线，如果出现的光栅数据是白底灰线，则说明图像黑白相反，此时应用光栅求反功能进行光栅求反。求反后的光栅文件应存盘。否则，下次装入的光栅文件还是未变换的。

依次选择"工具"→"矢量化"→"DRG 矢量化"→"光栅求反"选项，完成光栅求反，效果如图 2.3-2 所示。

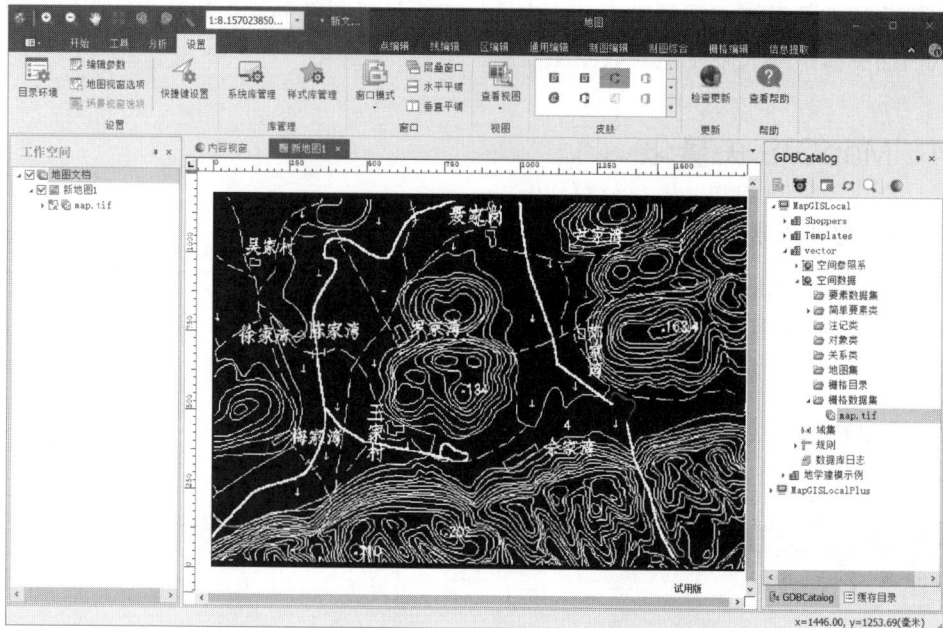

图 2.3-2　光栅求反效果

4．矢量化设置

（1）设置矢量化范围。

全图范围：矢量化操作在全图范围内有效。

窗口范围：矢量化操作在定义窗口范围内有效。

（2）设置矢量化参数。

右击"新地图 1"，选择"新建图层"选项，在弹出的"新建图层"对话框中选择"线简单要素类图层"选项，命名为 map，存放到 vector.hdf 地理数据库中，建立线文件图层，如图 2.3-3 所示。添加该图层，并将其设为当前编辑状态。

依次选择"工具"→"矢量化"→"DRG 矢量化"→"矢量化设置"选项，弹出"选项设置"对话框，如图 2.3-4 所示。

① 抽稀因子：若在矢量化过程中对逐个点进行跟踪，则线的点数将太多。为了减少数据的冗余点，在矢量化过程中，系统在不影响数据精度的条件下会自动进行抽稀。抽稀后的线与原光栅中心线（不抽稀的情况下跟踪出来的线）之间肯定会出现偏差。抽稀因子表示抽稀后的线与原光栅中心线的最大误差允许值，它的单位是光栅点。在默认情况下，抽稀因子为 1 光栅点，也就是抽稀后的线与原光栅中心线的最大偏差为 1 光栅点。（若扫描分辨率为 300dpi，则 1 光栅点约为 0.08 毫米。）

② 同步步长：在矢量化线的过程中搜索光栅中心线时，允许向前搜索的最大光栅点数。若在给定的允许范围内搜索不到光栅中心线，则系统自动结束当前线跟踪。同步步长控制的是矢量化转弯处的连续性，若该值大则连续性较好，但线的准确性和线端点处的处理将受到影响。

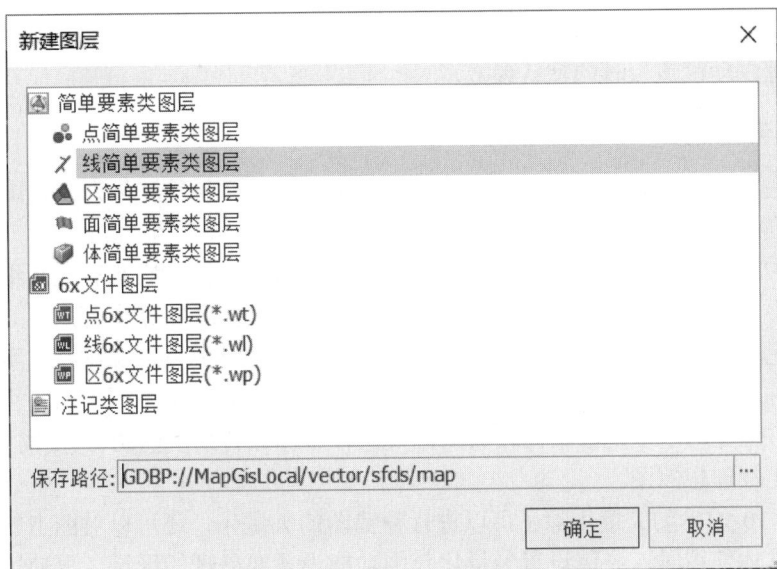

图 2.3-3　新建 map 线文件图层

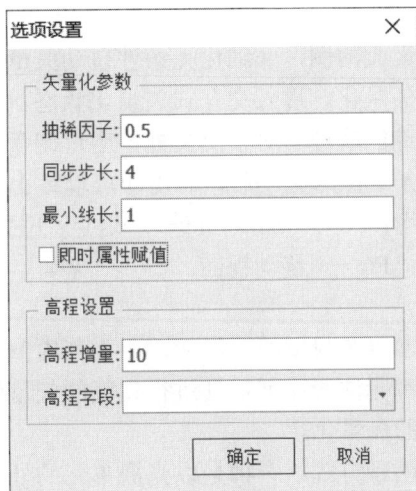

图 2.3-4　"选项设置"对话框

③ 最小线长：在自动矢量化时，小于最小线长的线将被舍去。

④ 即时属性赋值：若勾选此复选框，则在矢量化时每完成一个线条的输入，就自动弹出属性输入框提示用户输入属性。

（3）设置矢量化高程参数。

在进行等高线矢量化时，需要先右击"新地图 1"下 map 图层，选择"属性结构设置"选项，弹出"属性结构设置"对话框，建立高程字段，默认属性字段不允许赋高程值。然后在"选项设置"对话框中设置高程增量和高程字段，实习地形图等高距为 10 米。

① 当前高程：当前矢量化线的高程值。每矢量化一条线时，系统会根据指定的高程属性域将当前高程值赋予该属性域。

② 高程增量：高程递增量。相邻等高线间的高程差值，可以为正值或负值，正值表示按指定方向高程递增，负值表示按指定方向高程递减。

③ 高程字段：设置高程值所在属性字段，要求为浮点型或双精度型的属性字段。此参数影响"高程自动赋值"时的默认参数。

5. 矢量化

矢量化追踪的基本思想是沿着栅格数据的中央跟踪，并将其转化为线矢量数据。

（1）非细化无条件自动矢量化。

它是一种新的矢量化技术，与传统的细化矢量化方法相比，它具有无须细化处理、处理速度快、不会出现细化过程中常见的毛刺现象、矢量化精度高等特点。

非细化无条件自动矢量化无须人工干预，系统自动进行矢量追踪，既省事，又方便。非细化无条件自动矢量化对于图面比较洁净、线条比较分明、干扰因素比较少的图，跟踪效果比较好，但是对于干扰因素比较大的图（注释、标记特别多的图），则需要人工干预，才能追踪出比较理想的图。

MapGIS 10 的自动矢量化除了可以进行整幅图的矢量化，还可以对图上的一部分进行矢量化。在具体使用时，先用设置矢量化范围功能设置要处理的区域，再使用自动矢量化功能只对设置的范围内的图形进行矢量化。

（2）交互式矢量化。

对于图面复杂、干扰因素大的图，非细化无条件自动矢量化功能就显得力不从心了，需要人工导向自动识别跟踪矢量化。进入交互式矢量化状态，移动光标，选择需要追踪矢量化的线，屏幕上显示出追踪的轨迹。对于交叉处，通过键盘上的一些功能键，选择下一步跟踪的方向和路径。当一条线跟踪完毕后，右击即可以终止。

键盘上功能键的主要作用：F8——加点；F9——退点；F11——改变追踪方向；F5——放大视图；F7——缩小视图；F6——移动视图。

（3）封闭单元矢量化。

地图上的居民地等图元本身是封闭的，然而，由于其内部填充有阴影线等内容，无论自动矢量化或交互式矢量化都无法一次就对其进行完整的矢量化。这时，选用封闭单元矢量化功能就能对其进行完整的矢量化。

封闭单元矢量化功能有两种方式：一种是以光栅单元的外边界为准进行矢量化；另一种是以边界的中心线为准进行矢量化。

（4）高程自动赋值矢量化。

这是快速等高线赋值方法，具体操作如下。

① 增加高程字段。字段类型必须是浮点型。右击 map 图层，选择"属性结构设置"选项，弹出"属性结构设置"对话框，如图 2.3-5 所示，增加高程字段。

② 设置高程参数。依次选择"工具"→"矢量化"→"DRG 矢量化"→"矢量化设置"选项，弹出"选项设置"对话框，设置高程参数（参考"设置矢量化高程参数"）。

③ 高程自动赋值。单击"矢量化"菜单，选择"高程自动赋值"选项，在地图视图内单击，并拖动鼠标，绘制一条橡皮线。当橡皮线穿越所有需要赋值的等高线时，再次单击，此时系统弹出"选项设置"对话框，要求用户设置当前高程、高程增量和高程字段。系统以已设置的当前高程为基值，将与该橡皮线相交的等高线，逐条自动按高程增量递增赋值，得到的高程值将被保存到设置的高程字段下。

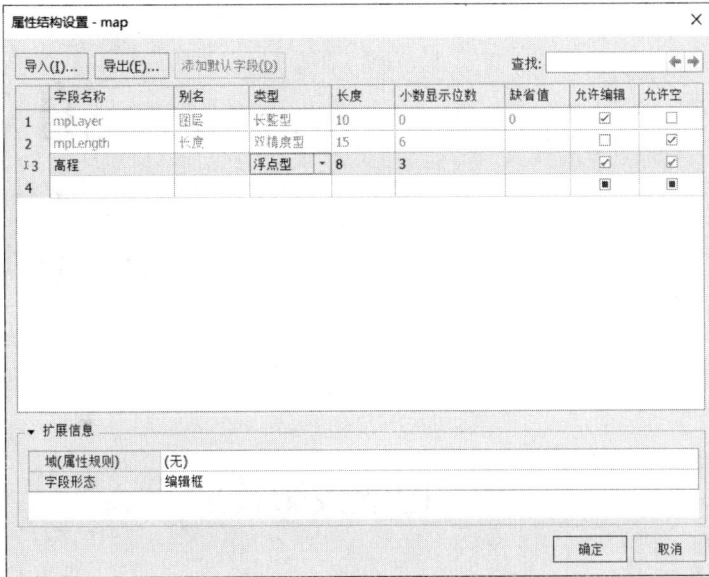

图 2.3-5 "属性结构设置"对话框

第 3 章

GIS 数据处理

3.1　地图投影转换

3.1.1　问题提出和数据准备

1. 问题提出

GIS 之所以有别于一般的信息系统，是因为它记录存储、管理分析、显示应用的是地理信息，而这些地理信息都具有三维空间分布特征但展示在二维地理平面上。为了准确表示和管理这些信息，GIS 需要一个空间定位框架，即共同的地理坐标系统和平面直角坐标系统。可以说，统一的坐标系统是 GIS 建立的基础。没有合适的地图投影系统或坐标系的空间数据不是好的空间数据，甚至是没有意义的空间数据，因为这种数据不具有实际地理意义。

地图投影对 GIS 的影响渗透在 GIS 建设的各个方面。GIS 的数据多来自各种类型的地图资料，不同的地图资料根据其成图的目的与需求的不同而采用不同的地图投影。当将来自这些地图资料的数据输入计算机时，必须先对它们进行转换，用共同的地理坐标系统和平面直角坐标系统作为参照系来记录存储各种信息要素的地理位置和属性，保证同一 GIS 内（甚至不同的 GIS 之间）的信息数据能够交换、配准和共享，否则后续所有基于地理位置的分析、处理及应用都是不可能的。

我国各种 GIS 都采用了与我国基本比例尺地形图系列一致的地图投影系统，大于或等于 1∶500 000 比例尺的地形图采用高斯-克吕格投影，而 1∶1 000 000 比例尺的地形图采用正轴等角圆锥投影。

2. 数据准备

（1）钻孔数据。

钻孔数据文件 drill.xls 打开后如图 3.1-1 所示，其中 id 为记录数，dh 为钻孔类型（ZK 表示钻孔，QJ 表示浅井，TC 表示探槽），bh 为钻孔编号，x、y 为地理坐标（DDDMMSS 格式，如 1121821 为 112°18′21″），tfe、mn、p、h 为样品分析数据，比例尺为 1∶10 000。钻孔数据存放在 E:\Data\gisdata3.1 文件夹下。

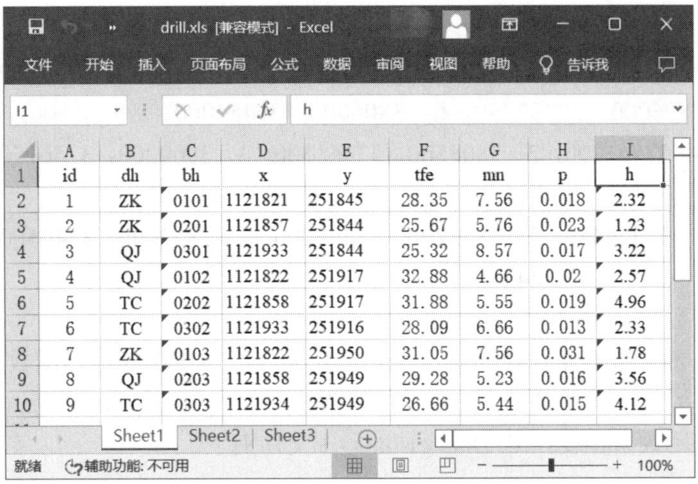

	A	B	C	D	E	F	G	H	I
1	id	dh	bh	x	y	tfe	mn	p	h
2	1	ZK	0101	1121821	251845	28.35	7.56	0.018	2.32
3	2	ZK	0201	1121857	251844	25.67	5.76	0.023	1.23
4	3	QJ	0301	1121933	251844	25.32	8.57	0.017	3.22
5	4	QJ	0102	1121822	251917	32.88	4.66	0.02	2.57
6	5	TC	0202	1121858	251917	31.88	5.55	0.019	4.96
7	6	TC	0302	1121933	251916	28.09	6.66	0.013	2.33
8	7	ZK	0103	1121822	251950	31.05	7.56	0.031	1.78
9	8	QJ	0203	1121858	251949	29.28	5.23	0.016	3.56
10	9	TC	0303	1121934	251949	26.66	5.44	0.015	4.12

图 3.1-1　drill.xls 文件

（2）矿区边界拐点数据。

现提供 12 个矿区多边形边界拐点的大地坐标，1，2，3，…为拐点序号，Y 轴坐标值前的 37 为投影带带号，比例尺为 1∶10 000。利用 MapGIS 10 将 12 个矿区多边形边界拐点的大地坐标投影到高斯-克吕格投影平面直角坐标系上，用圆形符号显示。在 MapGIS 10 的地图编辑器子系统中用线将这些点连接成多边形。矿区边界拐点数据存放在 E:\Data\gisdata3.1 文件夹下。

矿区边界拐点数据如下：

1，3809000，37451370，2，3809000，37452000，3，3807400，37452000，4，3807400，37451150，5，3808060，37451120，6，3808630，37451260

1，3810710，37455000，2，3810820，37455400，3，3810900，37455600，4，3810790，37455800，5，3810560，37456300，6，3810730，37456600，7，3810620，37456800，8，3810500，37457200，9，3810436，37457580，10，3810050，37457550，11，3810240，37457000，12，3810600，37455000

1，3809650，37463000，2，3811300，37463000，3，3811300，37464500，4，3809650，37464500

1，3815500，37462250，2，3815500，37462750，3，3815900，37462750，4，3815900，37462250

1，3809000，37464500，2，3811300，37464500，3，3811300，37464000，4，3813500，37464000，5，3813500，37467500，6，3812750，37467500，7，3812750，37467000，8，3809000，37467000

1，3815000，37484000，2，3815000，37486600，3，3814000，37486600，4，3814000，37484000

1，3816365.56，37464042.93，2，3816360.00，37466340.00，3，3814855.63，37466210.00，4，3814855.63，37464037.11

1，3814500，37462000，2，3814500，37464000，3，3814800，37464000，4，3814800，37464600，5，3813500，37464600，6，3813500，37462000

1，3816400，37466400，2，3814600，37466200，3，3814600，37470000，4，3816400，

37470000，

1，3808000，37454000，2，3808000，37457000，3，3807000，37457000，4，3807000，37457750，5，3806000，37457750，6，3806000，37454000

1，3808500，37461000，2，3808500，37461500，3，3809000，37461500，4，3809000，37461000

1，3813200，37444456，2，3813200，37445000，3，3812600，37445000，4，3812600，37444640，5，3812800，37444456

（3）地质图数据。

geomap.hdf 地理数据库中存储着一幅比例尺为 1：50 000 的地质图数据，图内包括标准图框经纬网、地质界线、地质代号、地质体等要素，包含 geomap.wt、geomap.wl、geomap.wp 三个图层。地质图数据存放在 E:\Data\gisdata3.1 文件夹下。

3.1.2　钻孔地理坐标转投影平面直角坐标

1. 数据转换

（1）打开 drill.xls 文件，如图 3.1-1 所示。

（2）将 drill.xls 文件另存为 drill.txt 文件，如图 3.1-2 所示。注意，必须另存为 TXT 格式文件，否则无法被 MapGIS 10 识别。

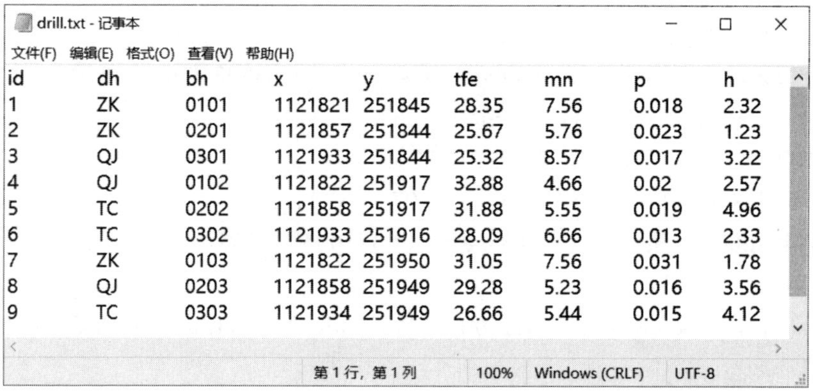

id	dh	bh	x	y	tfe	mn	p	h
1	ZK	0101	1121821	251845	28.35	7.56	0.018	2.32
2	ZK	0201	1121857	251844	25.67	5.76	0.023	1.23
3	QJ	0301	1121933	251844	25.32	8.57	0.017	3.22
4	QJ	0102	1121822	251917	32.88	4.66	0.02	2.57
5	TC	0202	1121858	251917	31.88	5.55	0.019	4.96
6	TC	0302	1121933	251916	28.09	6.66	0.013	2.33
7	ZK	0103	1121822	251950	31.05	7.56	0.031	1.78
8	QJ	0203	1121858	251949	29.28	5.23	0.016	3.56
9	TC	0303	1121934	251949	26.66	5.44	0.015	4.12

图 3.1-2　drill.txt 文件

2. 投影转换

（1）右击“GDBCatalog”窗格中的“MapGISLocal”，选择“创建地理数据库”选项，创建名为 drill.hdf 的地理数据库，方法见 4.1 节。

（2）将原始投影的钻孔数据导入 drill.hdf 地理数据库。在 drill.hdf 地理数据库下“空间数据”中右击“简单要素类”，选择“导入”→“其他数据”选项，打开“数据转换”对话框，在该对话框左上角单击“+”按钮，添加源数据。将“源数据名”设置为“drill.txt”，将“目的数据类型”设置为“简单要素类”，将“目的数据名”设置为“drill_point”，将“目的数据目录”设置为 drill.hdf 所在目录，如图 3.1-3 所示。

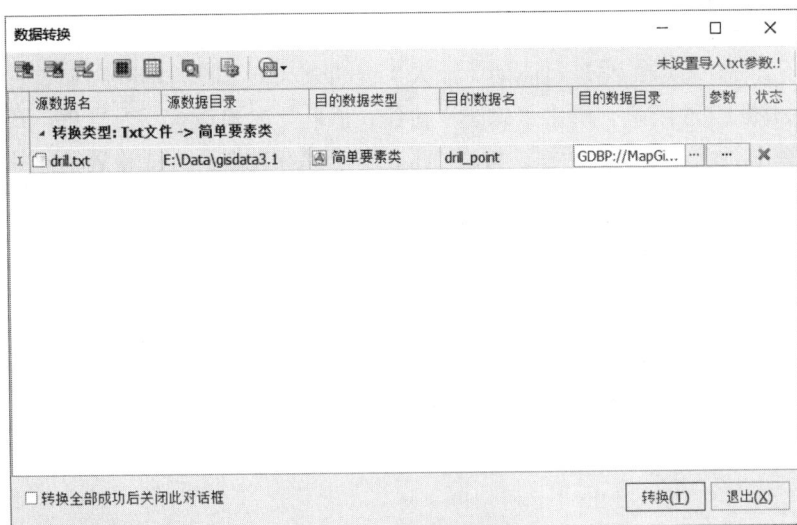

图 3.1-3　数据转换设置

（3）单击"数据转换"对话框中"参数"栏下的"⋯"按钮，打开"参数设置"对话框，进行高级参数设置。在"参数设置"对话框中先将"坐标"选区中的"X 位于""Y 位于"分别设置为"4"和"5"，然后将"起始行"指定为第二行，最后勾选"列分割符号"选区中的"Tab 键"复选框和"空格"复选框，如图 3.1-4 所示。

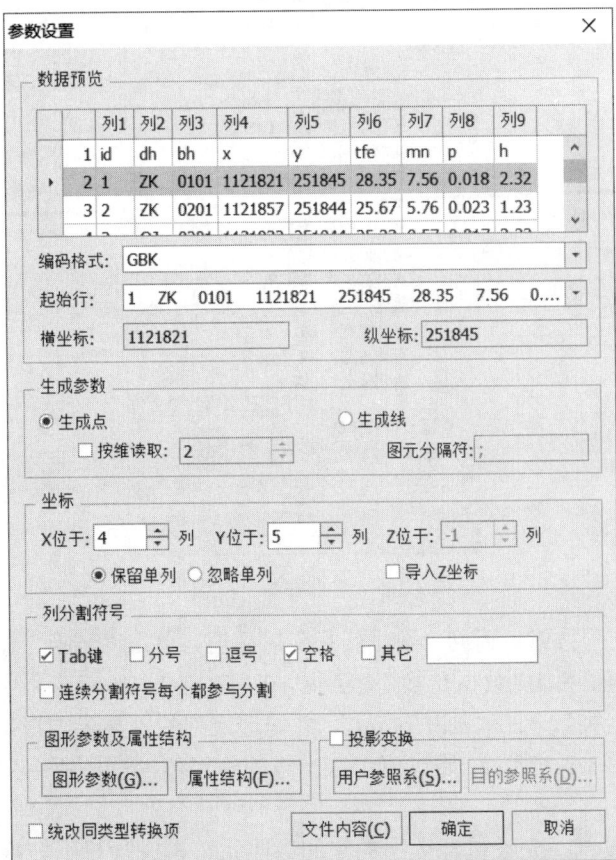

图 3.1-4　"参数设置"对话框

（4）在"图形参数及属性结构"选区中，单击"属性结构"按钮，弹出"设置属性结构"对话框。勾选"4"和"5"对应的"加入"栏的复选框，因为第四列和第五列是横坐标和纵坐标，如图 3.1-5 所示。单击"确定"按钮，返回"参数设置"对话框，单击"图形参数"按钮，弹出"点参数"对话框，按图 3.1-6 所示进行设置。完成设置后单击"确定"按钮，返回"参数设置"对话框。

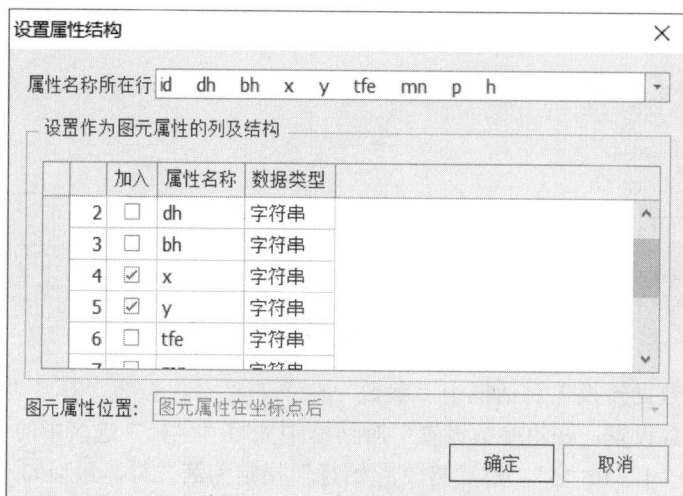

图 3.1-5　"设置属性结构"对话框

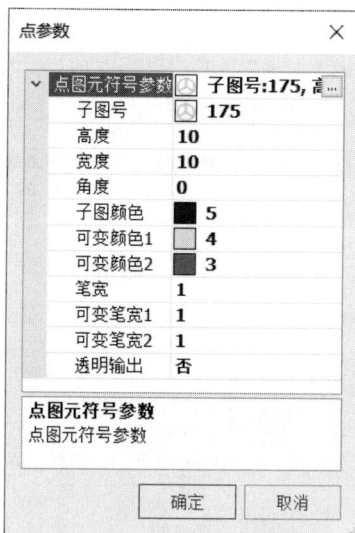

图 3.1-6　"点参数"对话框

（5）单击"确定"按钮，返回"数据转换"对话框，单击"转换"按钮，完成数据的导入。单击"退出"按钮，关闭"数据转换"对话框。在"GDBCatalog"窗格中的"MapGISLocal"下，单击"简单要素类"下的"drill_point"，并勾选底部的"显示图形"复选框，窗口中显示 9 个投影点，如图 3.1-7 所示，通过窗口左上方的标尺可以看出所用坐标系统为地理坐标系统。

（6）投影参数设置。先设置源数据的空间参照系，再进行投影转换，接着设置转换参数，设置完成后应用即可。

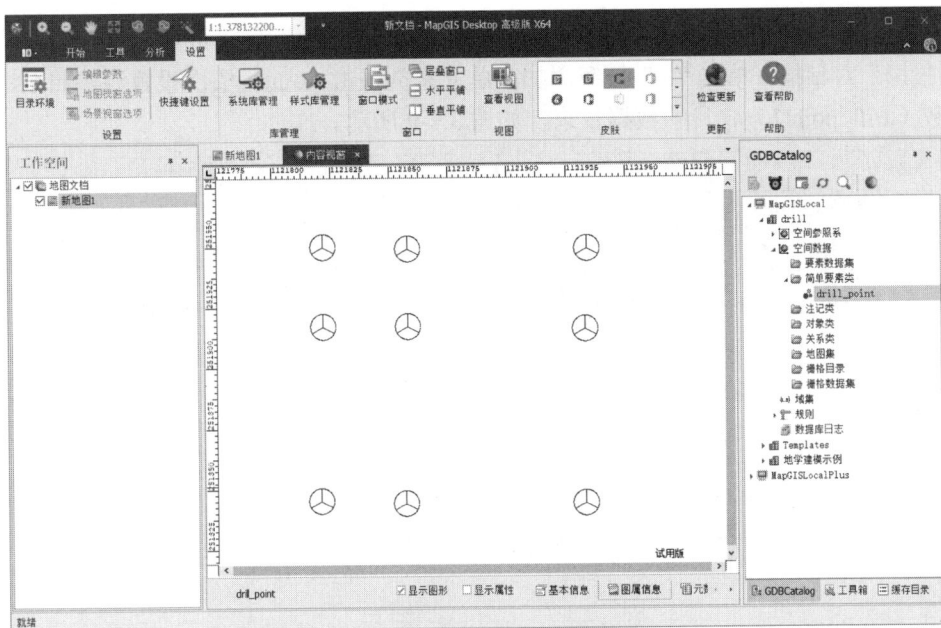

图 3.1-7　数据成功导入的结果

设置源数据的空间参照系。在"GDBCatalog"窗格中的"MapGISLocal"下，右击生成的简单要素类 drill_point，选择"空间参照系"选项，弹出"设置空间参照系"对话框，单击"新建"下拉按钮，选择"地理坐标系"选项，弹出"新建地理坐标系"对话框，将"名称"设置为"钻探原地理坐标系"，在"标准椭球"下拉列表框中选择"2:西安 80/1975 年 I.U.G.G 推荐椭球"选项，如图 3.1-8 所示。

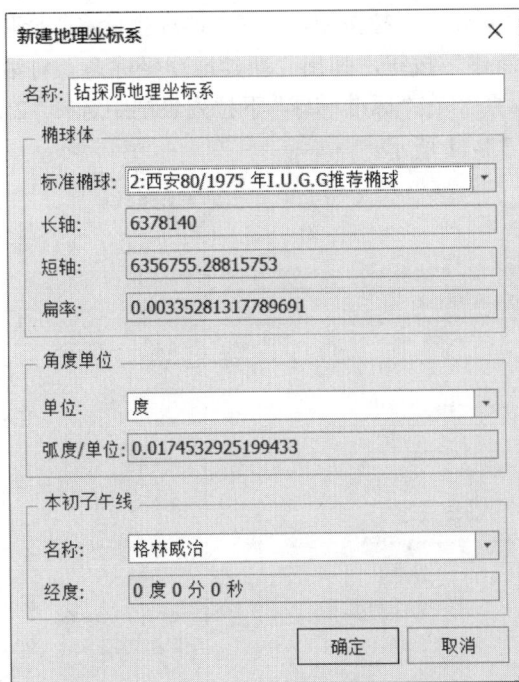

图 3.1-8　"新建地理坐标系"对话框

批量投影。在菜单栏中依次选择"工具"→"投影变换"→"批量投影"选项，弹出"批量投影"对话框，单击"+"按钮添加简单要素类 drill_point，依次设置源参照系、目的数据名（drill_point1）、目的数据目录，如图 3.1-9 所示。

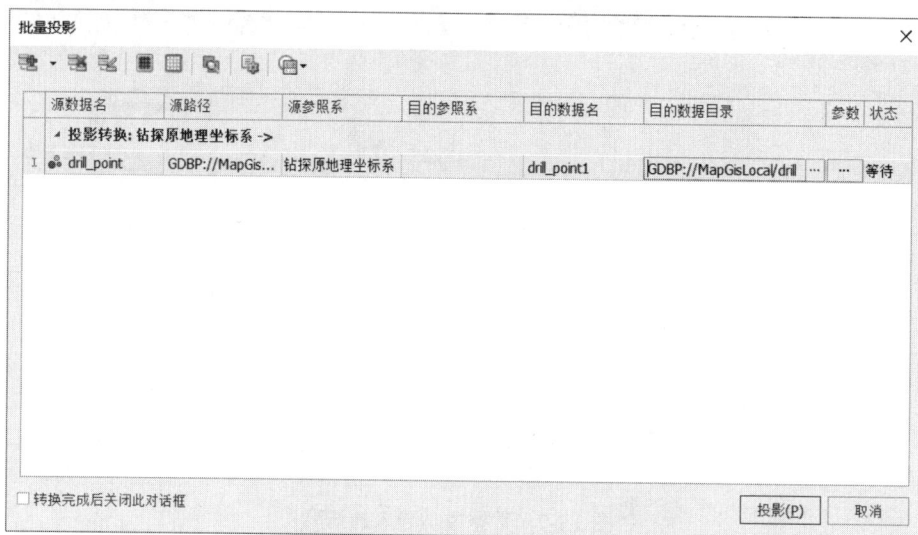

图 3.1-9　"批量投影"对话框

设置目的参照系。在"批量投影"对话框的"目的参照系"栏下的空白处单击，右端出现"…"按钮，单击"…"按钮，弹出"新建投影参照系"对话框。将"名称"设置为"钻孔投影平面直角坐标系"，在"投影类型"下拉列表框中选择"5:高斯-克吕格（横切椭圆柱等角）投影"选项，将"长度单位"设置为"米"，如图 3.1-10 所示。在"设置空间参照系"对话框中，单击"新建"下拉按钮，选择"地理坐标系"选项，或者在"新建投影参照系"对话框中单击"新建"按钮，弹出"新建地理坐标系"对话框，将"名称"设置为"钻孔投影平面直角坐标系"，在"标准椭球"下拉列表框中选择"2:西安 80/1975 年 I.U.G.G 推荐椭球"选项，如图 3.1-11 所示。

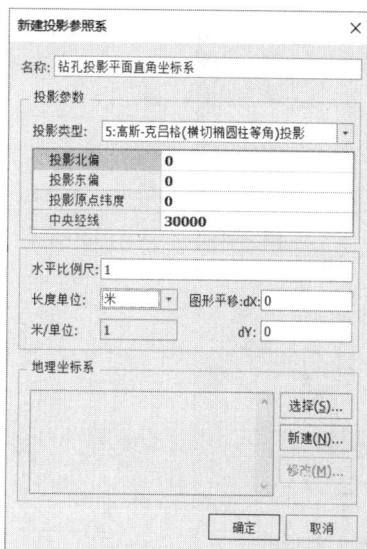

图 3.1-10　"新建投影参照系"对话框

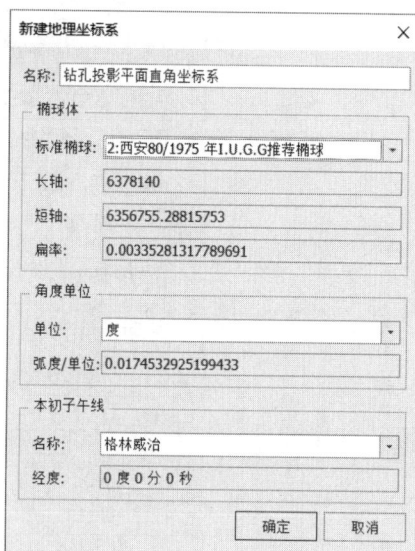

图 3.1-11　"新建地理坐标系"对话框

坐标转换设置。单击"批量投影"对话框中"参数"栏下"…"按钮,弹出"矢量投影参数"对话框,如图 3.1-12 所示。单击"+"按钮,弹出"地理转换参数设置"对话框,对地理转换参数进行设置,单击"添加"按钮,弹出"添加地理转换项"对话框,选择"手动输入"方式,输入源坐标系和目的坐标系,并将△X、△Y、△Z 均设置为 0,单击"确定"按钮,返回"地理转换参数设置"对话框,如图 3.1-13 所示。

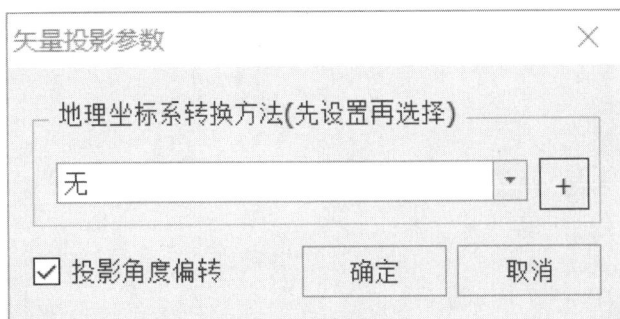

图 3.1-12　地理转换方法

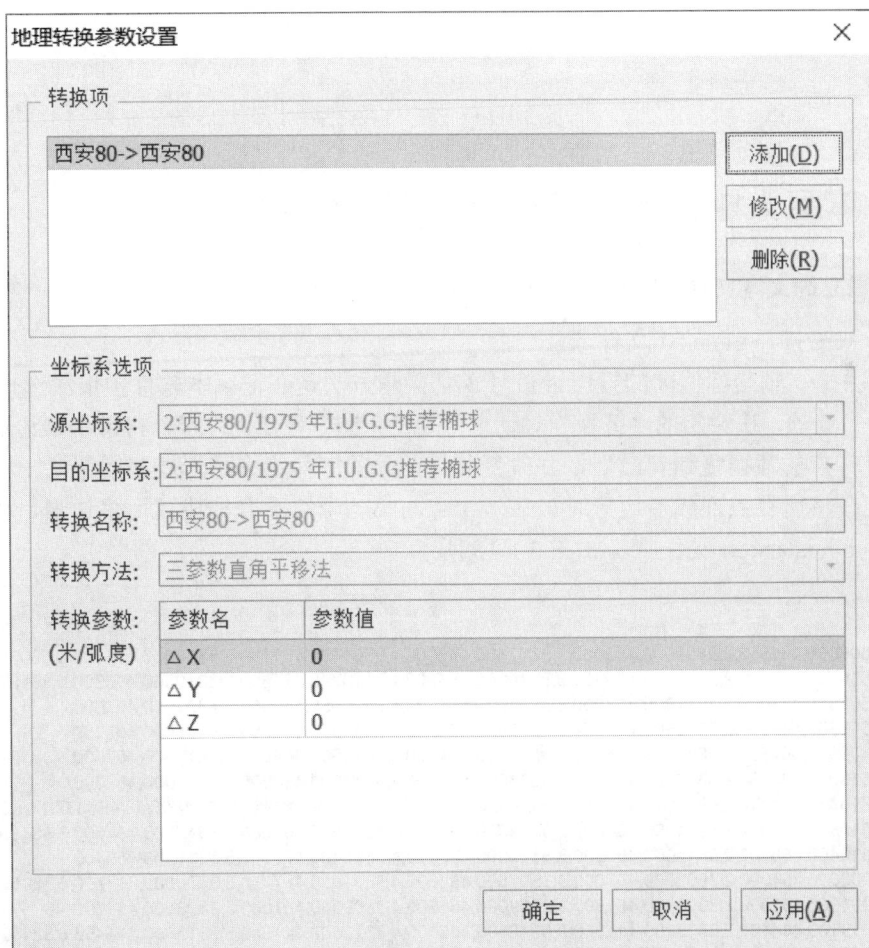

图 3.1-13　"地理转换参数设置"对话框

(7) 在"批量投影"对话框中完成参数设置后,单击"投影"按钮,显示如图 3.1-14 所示的界面，转换后的图的单位为米，比例尺为1∶1。

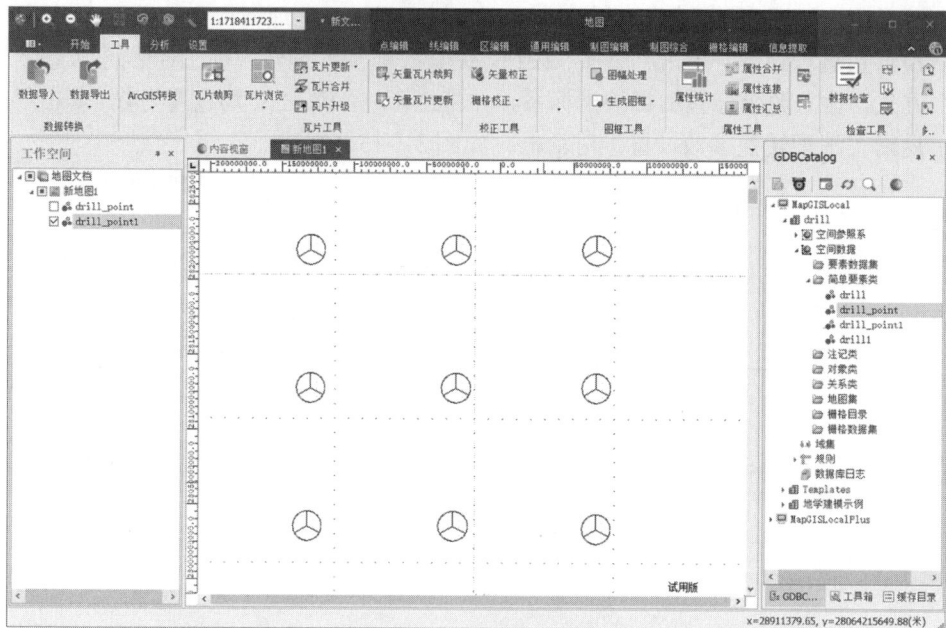

图 3.1-14　投影转换结果

3.1.3　矿区大地坐标转图形投影平面直角坐标

1.　建立纯文本文件

（1）双击打开 mine.txt 文件。

（2）去掉 Y 轴坐标值前的投影带带号 37，操作方法是在记事本软件中依次选择"编辑"→"替换"选项，在弹出的"替换"对话框中将"，37"替换为"，"，将每个多边形数据中第一个坐标点的数据复制到最后，并改变其最前面的序号为多边形顺延的最后一个点的序号，以便在将所有点连成多边形时最后一个点与第一个点重合构成封闭多边形，将修改结果保存到 boundary.txt 文件中，如图 3.1-15 所示。

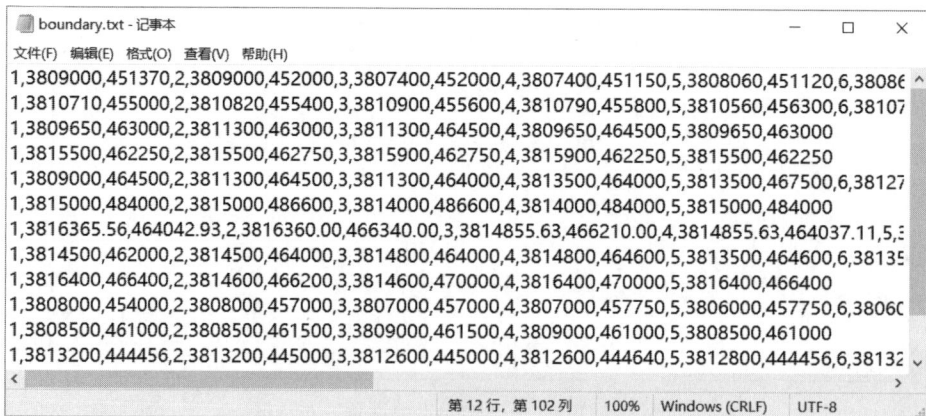

图 3.1-15　boundary.txt 文件

2. 投影转换

（1）右击"GDBCatalog"窗格中的"MapGISLocal"，选择"创建地理数据库"选项，创建名为 mine.hdf 的地理数据库，方法见 4.1 节。

（2）展开 mine.hdf，右击"空间数据"下的"简单要素类"，选择"导入"→"其他数据"选项，弹出"数据转换"对话框，单击左上角的"+"按钮，添加源数据 boundary.txt，将"目的数据类型"设置为"简单要素类"，将"目的数据名"设置为"boundary"，并设置"目的数据目录"，如图 3.1-16 所示。

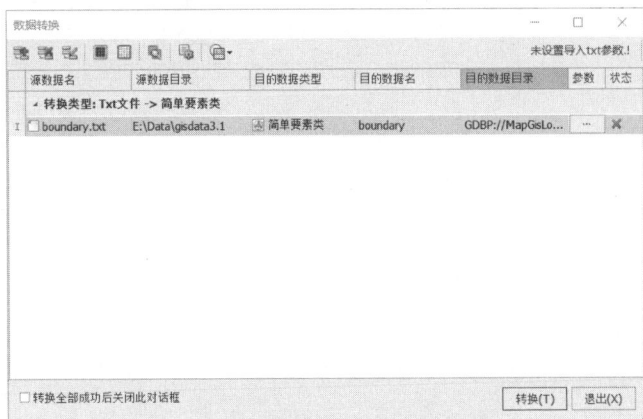

图 3.1-16　导入数据文件 boundary.txt

（3）单击"数据转换"对话框中"参数"栏下的"…"按钮，进入"参数设置"对话框，进行高级参数设置。在"参数设置"对话框中按图 3.1-17 所示设置参数，并单击"图形参数"按钮，进行图形参数设置。

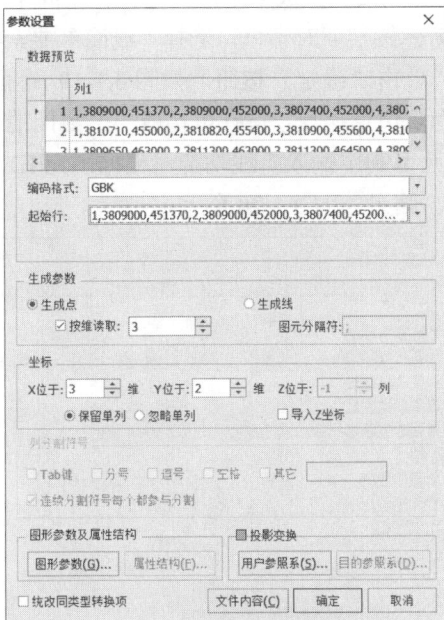

图 3.1-17　"参数设置"对话框

（4）完成设置后单击"确定"按钮，返回"数据转换"对话框，单击"转换"按钮，完成数据的导入。

（5）投影参数设置。在地图编辑器子系统中依次选择"工具"→"投影变换"→"批量投影"选项，弹出"批量投影"对话框，完成投影参数设置，同 3.1.2 节。

（6）在"批量投影"对话框中，单击"投影"按钮，完成坐标转换，投影转换结果如图 3.1-18 所示。

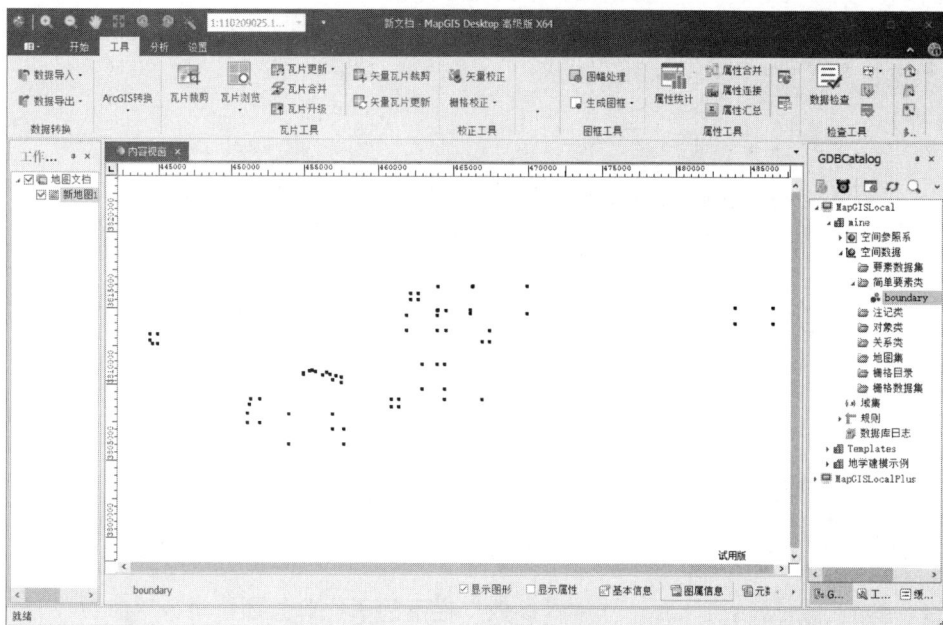

图 3.1-18　投影转换结果

（7）根据图元 ID 号依次连接点生成多边形。在工作空间中，右击"新地图 1"，选择"新建图层"选项，弹出"新建图层"对话框，选择"线简单要素类图层"选项，将图层命名为 mine，保存到 mine.hdf，单击"确定"按钮，如图 3.1-19 所示。将 mine 图层设为当前编辑状态，boundary.txt 坐标为多边形拐点，每行可构成一个封闭的多边形，坐标前序号与一个多边形拐点 ID 号一致，因此可利用输入折线功能，根据图元 ID 号依次连接点生成多边形，共可生成 12 个封闭多边形，结果如图 3.1-20 所示。

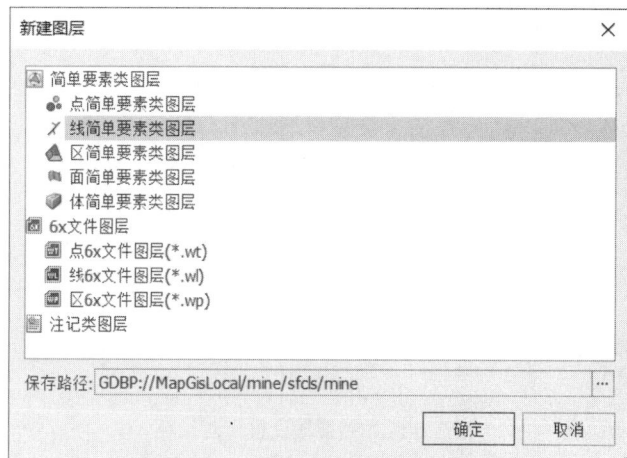

图 3.1-19　"新建图层"对话框

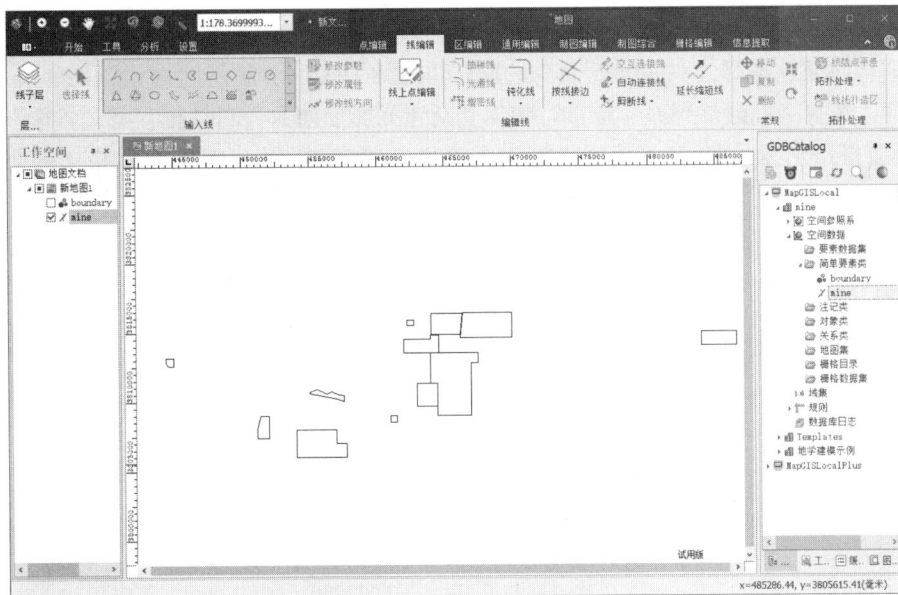

图 3.1-20　封闭多边形生成结果

3.1.4　投影平面直角坐标（mm）转投影平面直角坐标（m）

（1）右击"GDBCatalog"窗格中的"MapGISLocal"，选择"附加地理数据库"选项，导入名为 geomap.hdf 的地理数据库。

（2）在工作空间下的"新地图 1"下添加地质图点线面文件 geomap.wt（点类）、geomap.wt（注记类）、geomap.wl（线类）、geomap.wp（区类），其比例尺为 1∶50 000，网间间隔为 1km，起始经度为 114°，纬度为 29°40′。平面直角坐标系的地质图如图 3.1-21 所示。

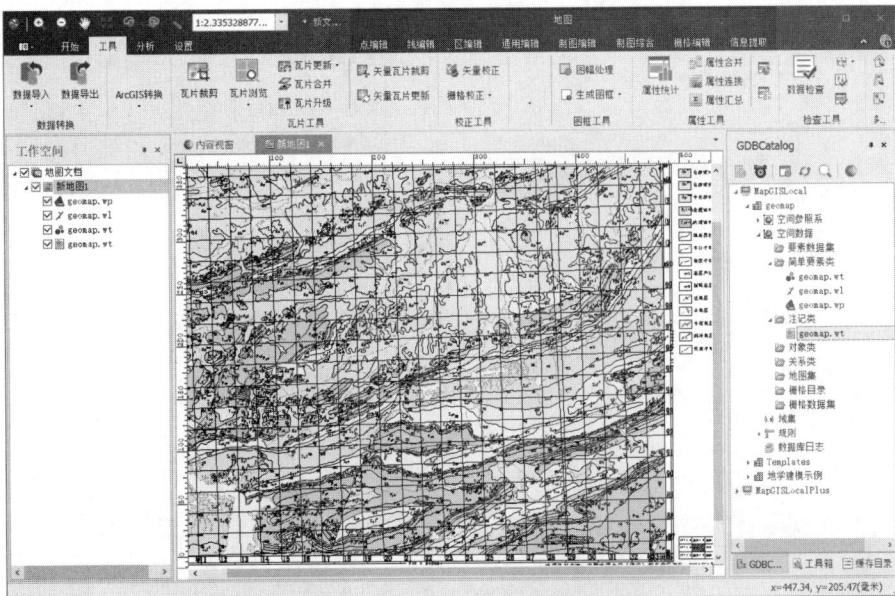

图 3.1-21　平面直角坐标系的地质图

（3）将所有数据修改到同一参照系下。在"GDBCatalog"窗格中"geomap"下分别右击上述四个图层，选择"空间参照系"选项，弹出如图 3.1-22 所示的对话框，单击"新建"下拉按钮，选择"投影参照系"选项，弹出"新建投影参照系"对话框，将"名称"设置为"投影平面直角坐标系"，在"投影类型"下拉列表框中选择"5:高斯-克吕格（横切椭圆柱等角）投影"选项，将"水平比例尺"设置为"50 000"，将"长度单位"设置为"毫米"，如图 3.1-23 所示。在"设置空间参照系-geomap"对话框中，单击"新建"下拉按钮，选择"地理坐标系"选项，或者在"新建投影参照系"对话框中单击"新建"按钮，弹出"新建地理坐标系"对话框。在"新建地理坐标系"对话框的"标准椭球"下拉列表框中选择"1:北京 54/克拉索夫斯基(1940 年)椭球"选项，将"单位"设置为"度"，如图 3.1-24 所示。

注意：导入的所有数据必须修改到同一参照系下。

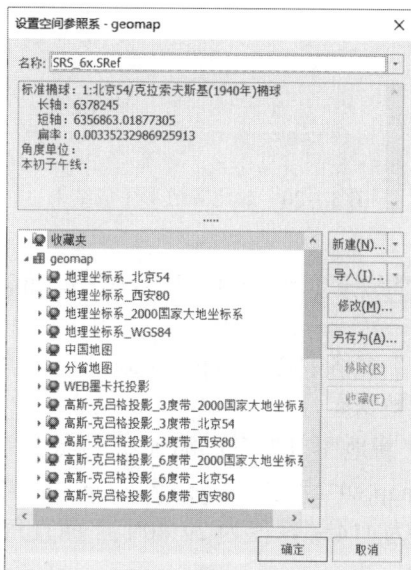

图 3.1-22　"设置空间参照系-geomap"对话框

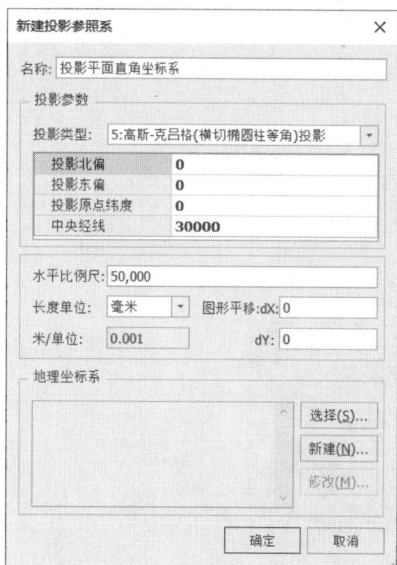

图 3.1-23　设置源投影参照系

图 3.1-24　设置源地理坐标系

（4）投影参数设置。依次选择"工具"→"投影变换"→"批量投影"选项，弹出如图 3.1-25 所示的对话框，导入所要进行投影变换的源类，并将目的类重命名为 geomap1.wt（点类）、geomap1.wt（注记类）、geomap1.wl（线类）、geomap1.wp（区类），目的地理数据库为 geomap。在"批量投影"对话框中，单击"目的参照系"栏下的空白处，右端出现"…"按钮，单击"…"按钮，弹出"设置空间参照系"对话框，如图 3.1-26 所示。单击"新建"下拉按钮，选择"投影参照系"选项。弹出"新建投影参照系"对话框，将"名称"设置为"投影平面直角坐标系 m"，在"投影类型"下拉列表框中选择"5:高斯-克吕格（横切椭圆柱等角）投影"选项，将"水平比例尺"设置为"1"，将"长度单位"设置为"米"，如图 3.1-27 所示。在"新建投影参照系"对话框中单击"新建"按钮，弹出"新建地理坐标系"对话框。在"新建地理坐标系"对话框的"标准椭球"下拉列表框中选择"1:北京 54/克拉索夫斯基(1940 年)椭球"选项，将"单位"设置为"度"，如图 3.1-28 所示。单击"确定"按钮，返回"新建投影参照系"对话框，再单击"确定"按钮，返回"设置空间参照系-geomap"对话框，再单击"确定"按钮完成设置。

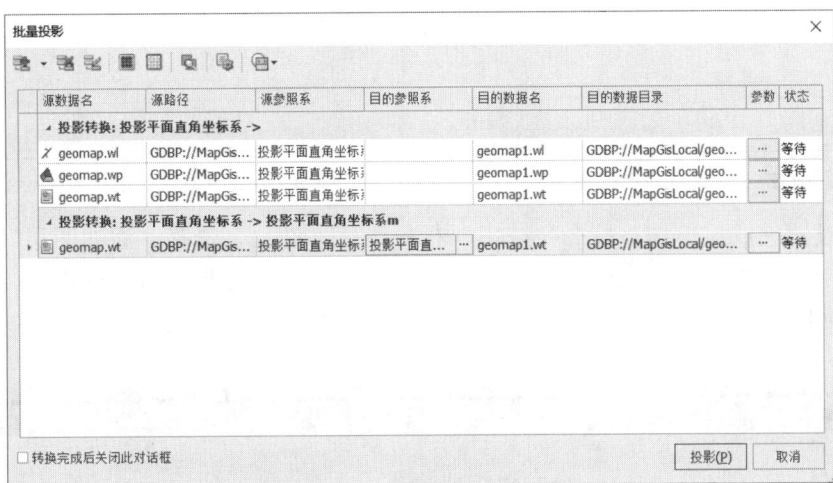

图 3.1-25　"批量投影"对话框

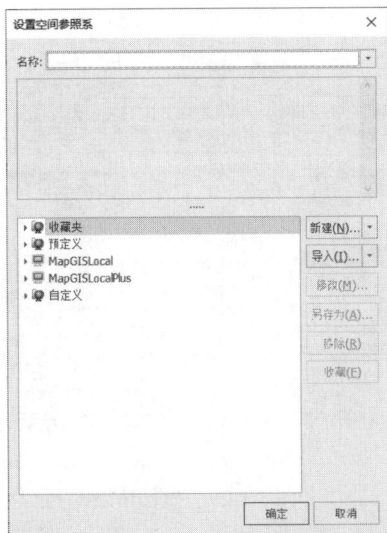

图 3.1-26　设置目的参照系

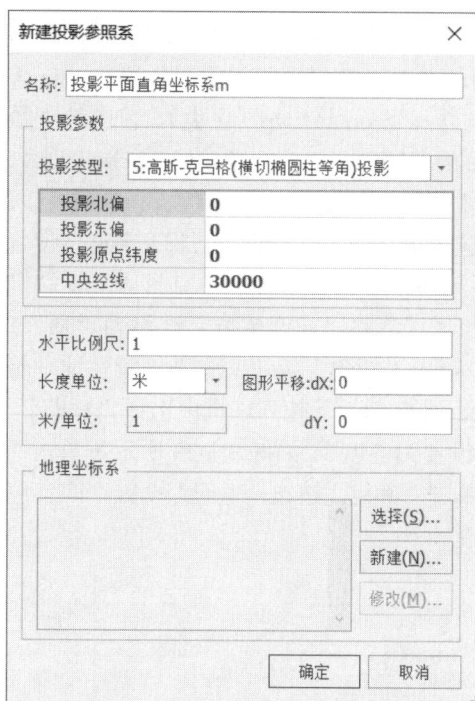

图 3.1-27　设置目的投影参照系

图 3.1-28　设置目的地理坐标系

（5）设置完成后单击"投影"按钮。右击"新地图 1"，选择"添加图层"选项，将 geomap1.wt（点类）、geomap1.wt（注记类）、geomap1.wl（线类）、geomap1.wp（区类）添加到"新地图 1"中，结果如图 3.1-29 所示。

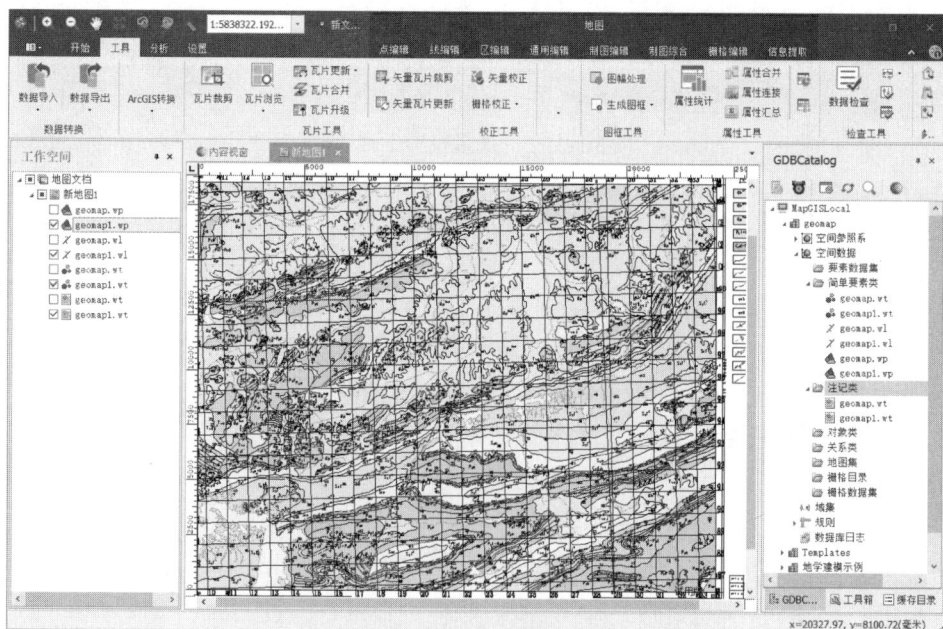

图 3.1-29　执行结果

3.1.5 去带号大地坐标（m）转投影平面直角坐标（mm）

（1）添加 3.1.4 节生成的地质图点线面文件 geomap1.wt（点类）、geomap1.wt（注记类）、geomap1.wl（线类）、geomap1.wp（区类），如图 3.1-29 所示。

（2）依次选择"工具"→"投影变换"→"批量投影"选项，弹出"批量投影"对话框，导入要进行投影变换的源类 geomap1.wt（点类）、geomap1.wt（注记类）、geomap1.wl（线类）、geomap1.wp（区类），并将目的类重命名为 geomap2.wt（点类）、geomap2.wt（注记类）、geomap2.wl（线类）、geomap2.wp（区类），如图 3.1-30 所示。

图 3.1-30 "批量投影"对话框

（3）设置目的参照系。在"批量投影"对话框的"目的参照系"栏下的空白处单击，右端出现"…"按钮，单击"…"按钮，弹出如图 3.1-31 所示的对话框，单击"新建"下拉按钮，选择"投影参照系"选项，弹出"新建投影参照系"对话框，将"名称"设置为"投影平面直角坐标系 mm"，在"投影类型"下拉列表框中选择"5:高斯-克吕格（横切椭圆柱等角）投影"选项，将"水平比例尺"设置为"50 000"，将"长度单位"设置为"毫米"，如图 3.1-32 所示。在"新建投影参照系"对话框中单击"新建"按钮，弹出"新建地理坐标系"对话框，在"标准椭球"下拉列表框中选择"1:北京 54/克拉索夫斯基(1940 年)椭球"选项，将"单位"设置为"度"，如图 3.1-33 所示。单击"确定"按钮，返回"新建投影参照系"对话框，再单击"确定"按钮，返回"设置空间参照系"对话框，再单击"确定"按钮完成设置。

图 3.1-31 "设置空间参照系"对话框

（4）返回"批量投影"对话框，单击"投影"按钮，生成 geomap2.wt（点类）、geomap2.wt（注记类）、geomap2.wl（线类）、geomap2.wp

（区类），如图 3.1-34 所示。

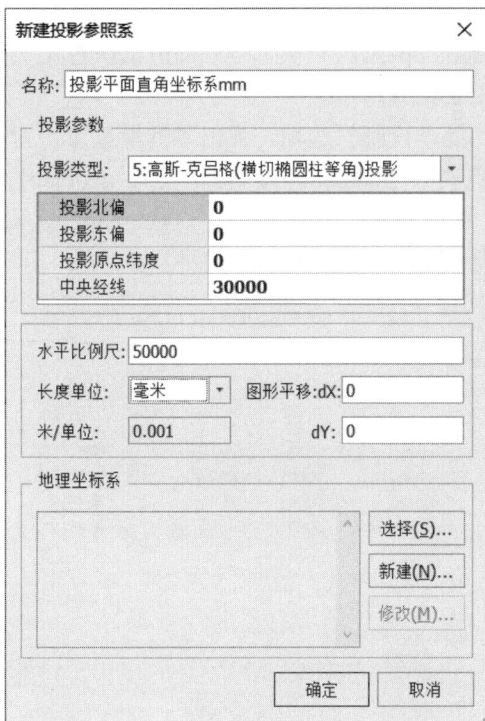

新建投影参照系   ✕

名称：投影平面直角坐标系mm

投影参数

投影类型：5:高斯-克吕格(横切椭圆柱等角)投影 ▼

投影北偏	0
投影东偏	0
投影原点纬度	0
中央经线	30000

水平比例尺：50000

长度单位：毫米 ▼   图形平移:dX: 0

米/单位： 0.001   dY: 0

地理坐标系

选择(S)...
新建(N)...
修改(M)...

确定   取消

图 3.1-32　"新建投影参照系"对话框

新建地理坐标系   ✕

名称：投影平面直角坐标系mm

椭球体

标准椭球：1:北京54/克拉索夫斯基(1940年)椭球 ▼

长轴： 6378245

短轴： 6356863.01877305

扁率： 0.00335232986925914

角度单位

单位： 度 ▼

弧度/单位：0.0174532925199433

本初子午线

名称： 格林威治 ▼

经度： 0 度 0 分 0 秒

确定   取消

图 3.1-33　"新建地理坐标系"对话框

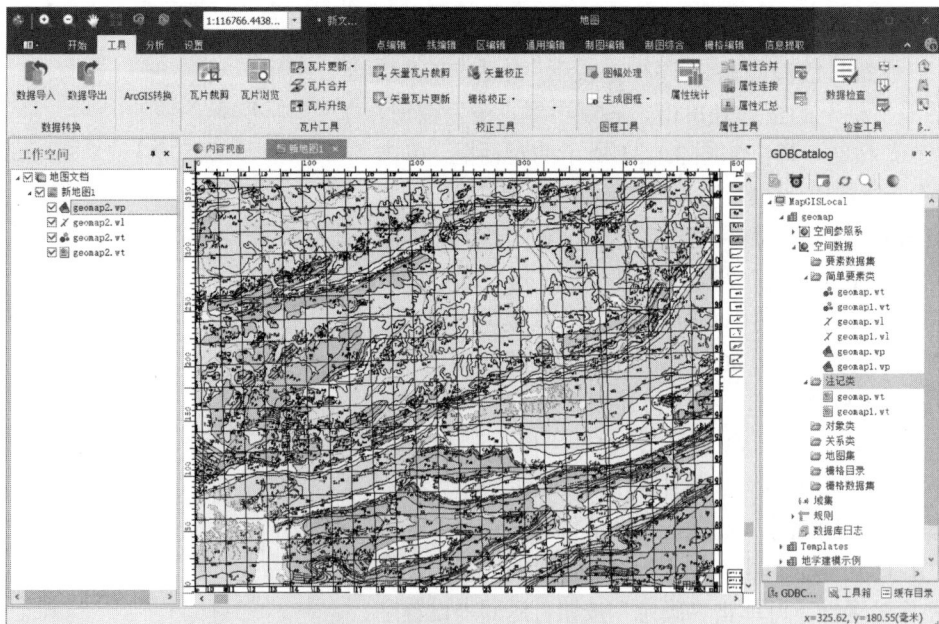

图 3.1-34　平面直角坐标系的地质图

3.2 几何误差校正

3.2.1 问题提出和数据准备

1. 问题提出

GIS 的数据精度是一个关系到数据可靠性和系统可信度的重要指标。GIS 在建立过程中综合了不同来源、不同时间、不同分辨率、不同比例尺的数据，它利用不同的数据模型进行空间操作分析，从而使用户在不管比例尺的大小、图形的精度的情况下，较容易地对来源不同的数据进行综合、覆盖和分析。如果 GIS 的空间数据精度不高，那么误差将增加，从而使 GIS 数据误差问题变得极为复杂。如果不考虑 GIS 的数据精度，那么当用户发现 GIS 的结论与实际的地理状况相差惊人时，GIS 产品就会失去用户的信任。为了有效抵抗和削弱误差的影响，需要了解 GIS 数据所含误差的来源和特性等，花大力气从理论上研究 GIS 空间数据的误差问题，对 GIS 工程每一阶段的数据进行校正。

2. 数据准备

本节准备了三组数据，每组数据涉及三个文件，分别是实际的线文件、理论控制点线文件、实际控制点线文件。第一组数据实际控制点与理论控制点间的误差不太大，可以采用自动校正的方法进行实际控制点与理论控制点的匹配；第二组数据实际控制点与理论控制点间的误差较大，采用自动校正的方法无法找到控制点间一一对应的关系，因此采用交互校正的方法添加控制点；第三组数据用于遥感影像数据配准。数据存放在 E:\Data\gisdata3.2 文件夹下。

3.2.2 几何误差校正基本原理

1. 几何变换函数

误差校正过程实质上是用理论坐标校正实际坐标，把实际坐标点恢复到理论坐标位置，即找到一种数学关系（或函数关系），描述图形变形前的坐标(x, y)与变形后的坐标(x', y')间的换算关系，其函数关系可描述为

$$\begin{cases} x' = \sum_{i=0}^{n} \sum_{j=0}^{n-i} a_{ij} x^i y^i \\ y' = \sum_{i=0}^{n} \sum_{j=0}^{n-i} b_{ij} x^i y^i \end{cases}$$

将已知的多个理论控制点和实际控制点代入上式后可得出多个方程组，解方程组求出系数 a_{ij} 和 b_{ij}，就可建立真正的函数关系。

常见几何误差校正的基本方法有一次变换（相似变换、仿射变换）、双线性变换、二次变换及高次变换（包括三次变换、四次变换……）。在一般情况下，3 个控制点用一次变换，4～7 个控制点用双线性变换，8～19 个控制点用二次变换，20～49 个控制点用三次变换，50 个及以上控制点用四次变换。控制点增加，可提高位置精度，但计算量会加大。

2．控制点选择

控制点的选取应不少于 4 个，标准分幅地图在内图框四角上有本幅图的四个控制点，相应地标有实际地理坐标，除此之外，图面上往往还有可供选择的大地测量控制点。当没有现成的可供选择的控制点或需要增加控制点时，控制点的选取原则是尽可能选取点状要素或线状要素（如河流、道路等）的交点，并使控制点在图面上大致均匀分布。这样做有利于提高数字化精度。在一般情况下，控制点主要有图廓点、经纬网交点、方里网交点、三角点、水准点等。

3.2.3　MapGIS 自动误差校正

1．附加地理数据库

右击"GDBCatalog"窗格中的"MapGISLocal"，选择"附加地理数据库"选项，附加名为 Rectify1.hdf 的地理数据库。

2．添加数据层

添加 line1.wl、fact1.wl、theory1.wl，如图 3.2-1 所示。

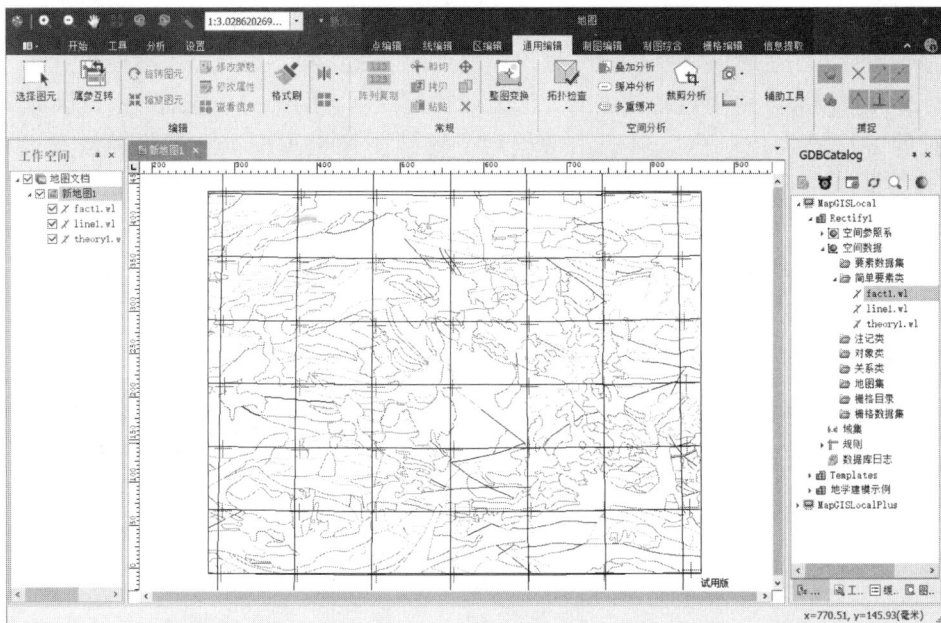

图 3.2-1　添加数据层

3．误差校正操作

（1）在菜单栏中，依次选择"工具"→"矢量校正"→"误差校正"选项，操作结果如图 3.2-2 所示。

（2）单击"误差校正"窗口下方的图层管理工具，添加图层。将原始图层设置为 Rectify1.hdf 中的实际图层 fact1.wl，将参考图层设置为理论图层 theory1.wl，并且在"是否采集"栏下面选择"采集"选项，如图 3.2-3 所示。

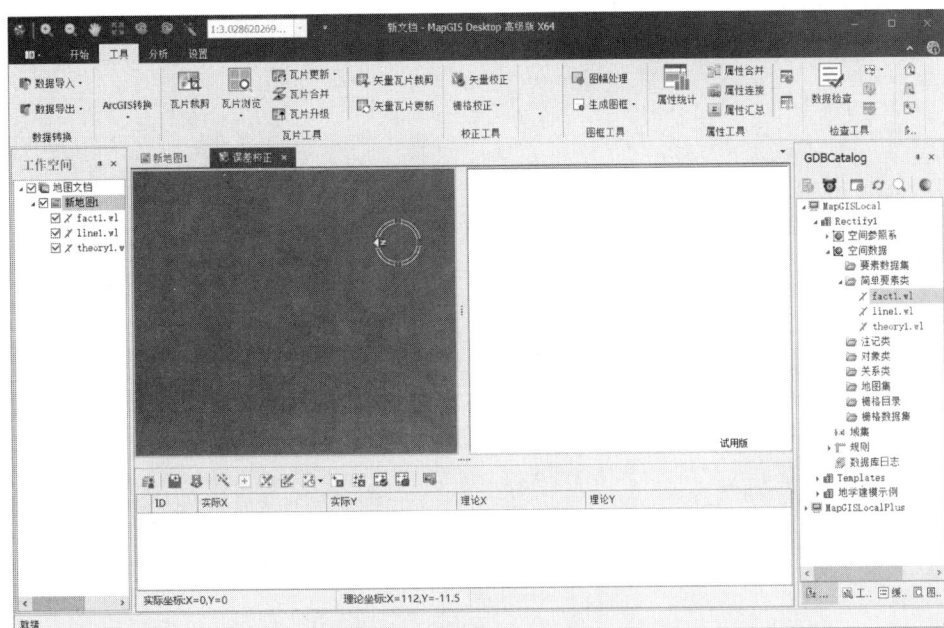

图 3.2-2　误差校正操作结果

图 3.2-3　添加图层

（3）单击"误差校正"窗口下方的自动提取控制点工具，选择"自动提取实际控制点"选项，则系统自动采集实际图层 fact1.wl 中的控制点，结果如图 3.2-4 所示。

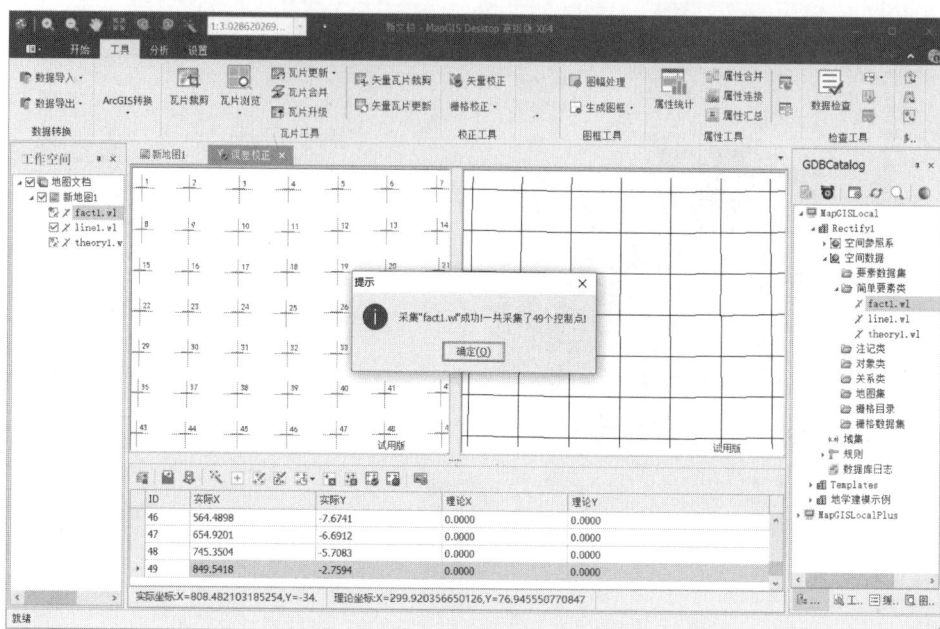

图 3.2-4　自动采集实际图层 fact1.wl 中的控制点

（4）单击"误差校正"窗口下方的自动提取控制点工具 ，选择"自动提取理论控制点"选项，则系统自动采集理论图层 theory1.wl 中的控制点，结果如图 3.2-5 所示。

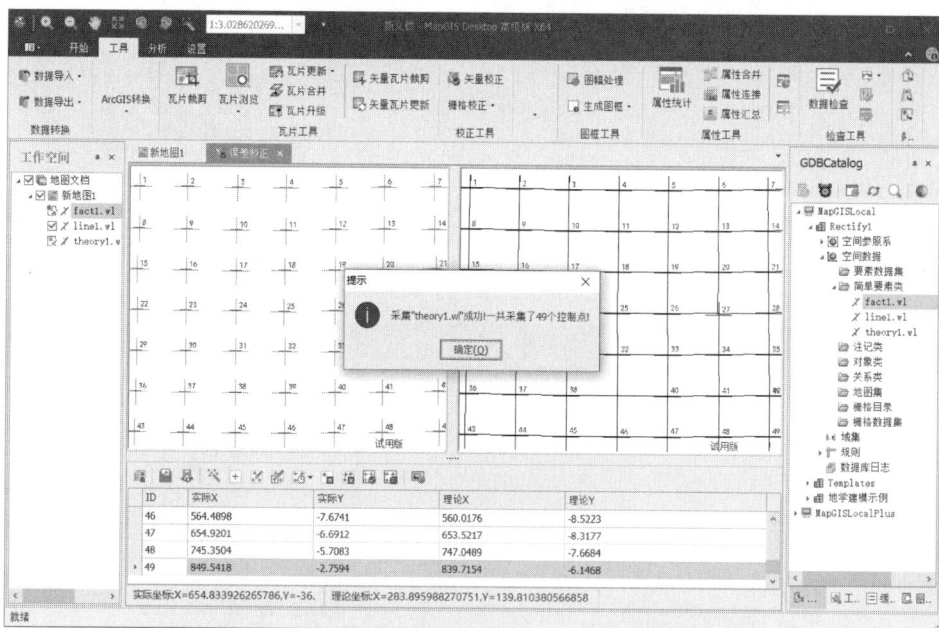

图 3.2-5　自动采集理论图层 theory1.wl 中的控制点

（5）控制点采集结束后，保存控制点文件，保存格式为.gcp 格式，如图 3.2-6 所示。

（6）单击"误差校正"窗口下方的误差校正工具，弹出"矢量校正"对话框，在其中完成原始数据和目的数据的设置，将原始数据设为 line1.wl 文件，目的数据设为 newline.wl 文件，选择"根据控制点校正"单选按钮，设置"控制点文件"存放目录，例如，

E:\Data\gisdata3.2\control.gcp，如图 3.2-7 所示。

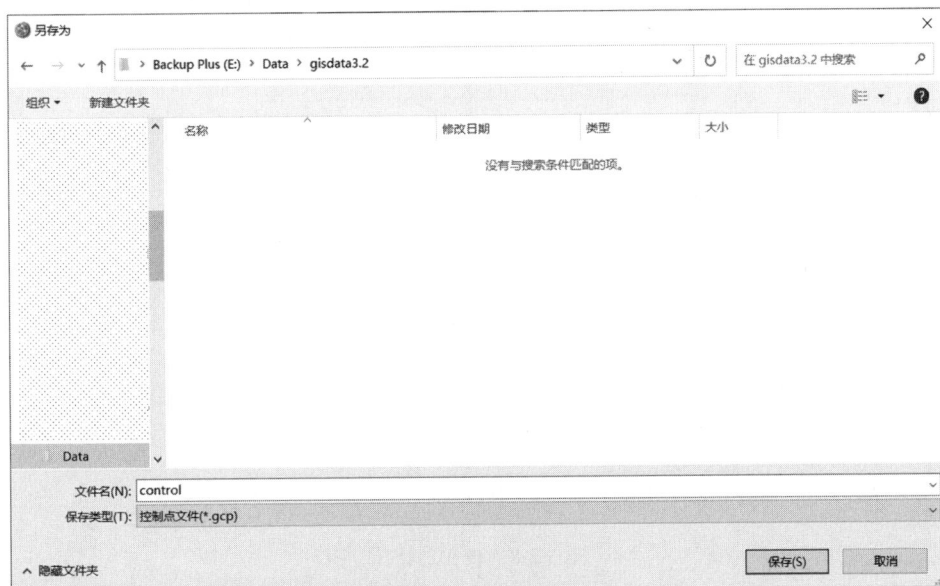

图 3.2-6　保存控制点文件

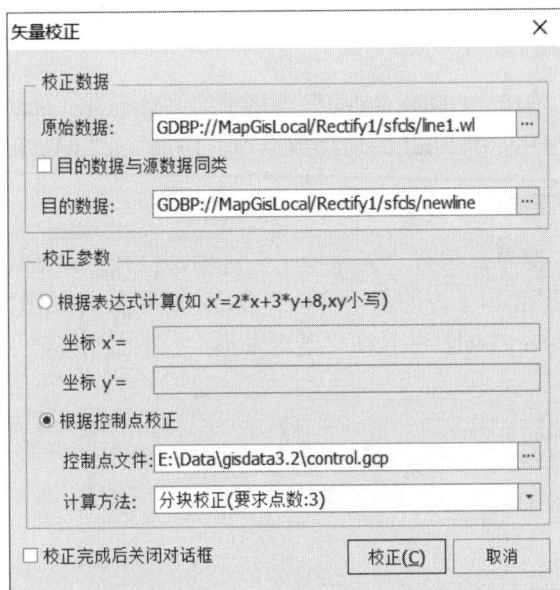

图 3.2-7　"矢量校正"对话框

（7）待校正成功后，在"GDBCatalog"窗格中的"MapGISLocal"下，右击"Rectify1.hdf"，选择"更新窗口"选项，会出现 newline.wl 文件，在"新地图 1"下添加"newline.wl"，勾选"line1.wl"和"newline.wl"前的复选框，显示校正对比图，如图 3.2-8 所示。

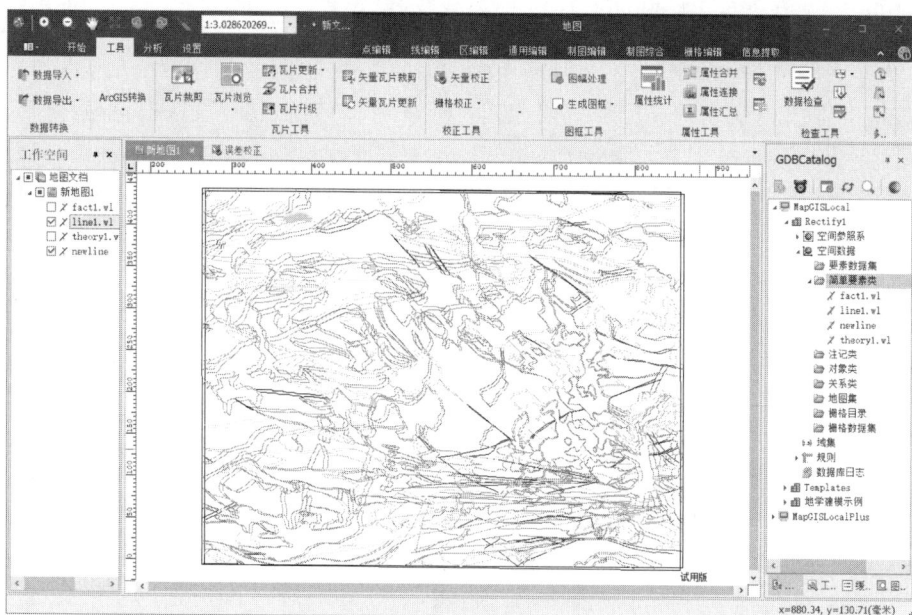

图 3.2-8　校正对比图

3.2.4　MapGIS 交互式误差校正

1. 添加数据层

打开 MapGIS 10，右击"GDBCatalog"窗格中的"MapGISLocal"，选择"附加地理数据库"选项，附加名为 Rectify1.hdf 的地理数据库，添加 line2.wl、fact2.wl、theory2.wl。

2. 交互式误差校正操作

（1）单击"工具"菜单，选择"矢量校正"选项，打开"误差校正"窗口。

（2）单击"误差校正"窗口下方的图层管理工具，添加图层。原始图层为实际图层 fact2.wl，参考图层为理论图层 theory2.wl，并且在"是否采集"栏下面选择"采集"选项，如图 3.2-9 所示。

图 3.2-9　添加图层

（3）添加完图层后，单击"误差校正"窗口下方的输入控制点工具，将光标移到控制点处单击，弹出"添加控制点"对话框，进行如图 3.2-10 所示的设置。

紧接着，对理论控制点进行采集，采集方法与实际控制点的采集方法相似，将光标移到理论控制点处单击，弹出"理论控制点"对话框，输入该理论控制点对应的实际控制点 ID，单击"确定"按钮，如图 3.2-11 所示。

图 3.2-10　添加实际控制点　　　　图 3.2-11　添加理论控制点

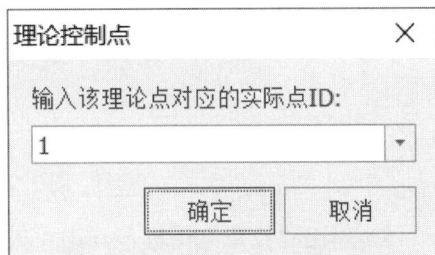

一一对应选择四个控制点之后，结果如图 3.2-12 所示。

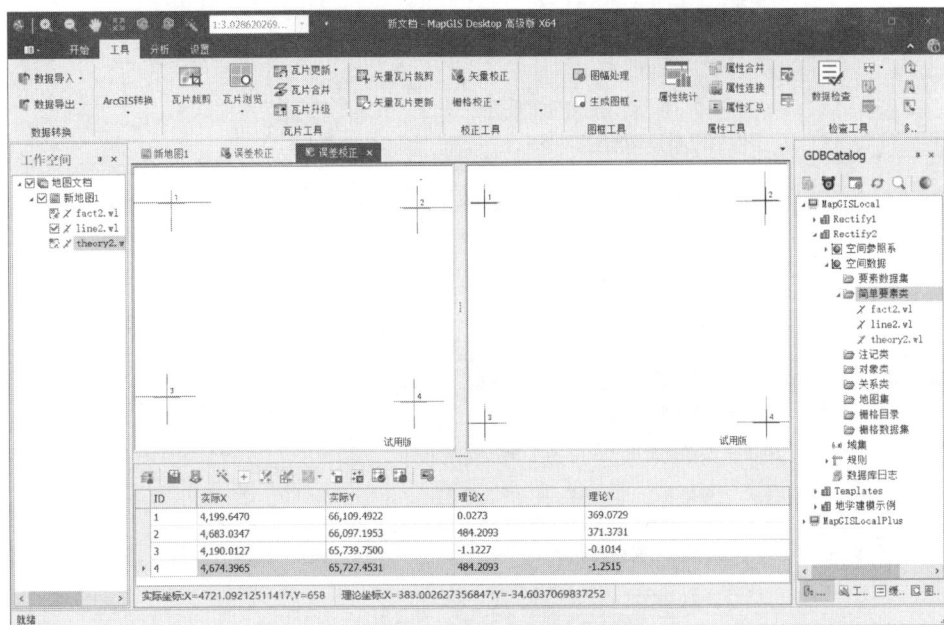

图 3.2-12　控制点采集结果

（4）控制点采集完毕，单击"保存"图标，弹出"另存为"对话框，将控制点文件保存为 GCP2.gcp 文件，如图 3.2-13 所示。

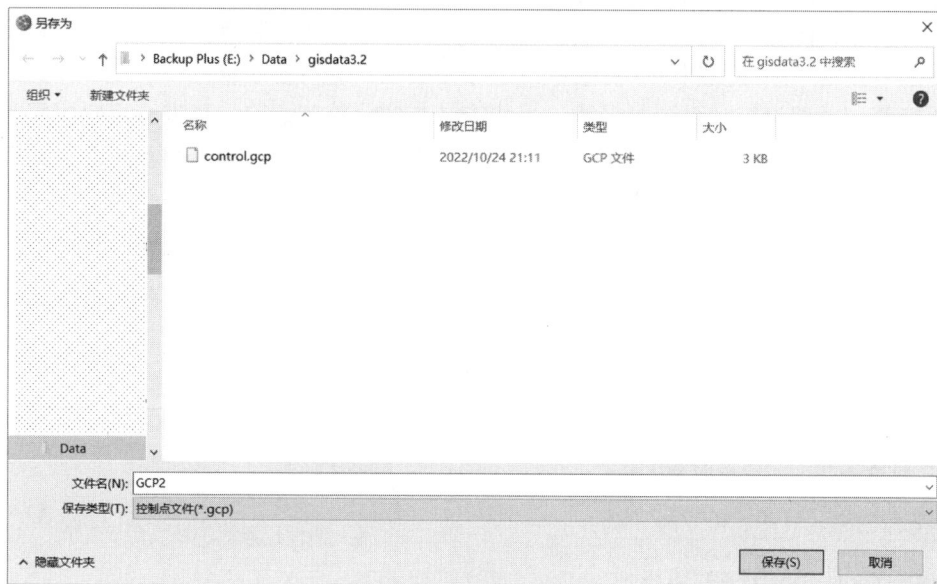

图 3.2-13 保存控制点文件

（5）单击"校正"图标，弹出"矢量校正"对话框，将"原始数据"设置为 line2.wl，将"目的数据"设置为 newline2，选择"根据控制点校正"单选按钮，将"控制点文件"设置为刚刚得到的 GCP2.gcp，如图 3.2-14 所示。

图 3.2-14 "矢量校正"对话框

（6）复位显示。在工作空间中勾选"theory2.wl"和"newlin2.wl"前的复选框，进行 1∶1 复位显示，如图 3.2-15 所示，由图可知 theory2.wl 和 newlin2.wl 套合准确。

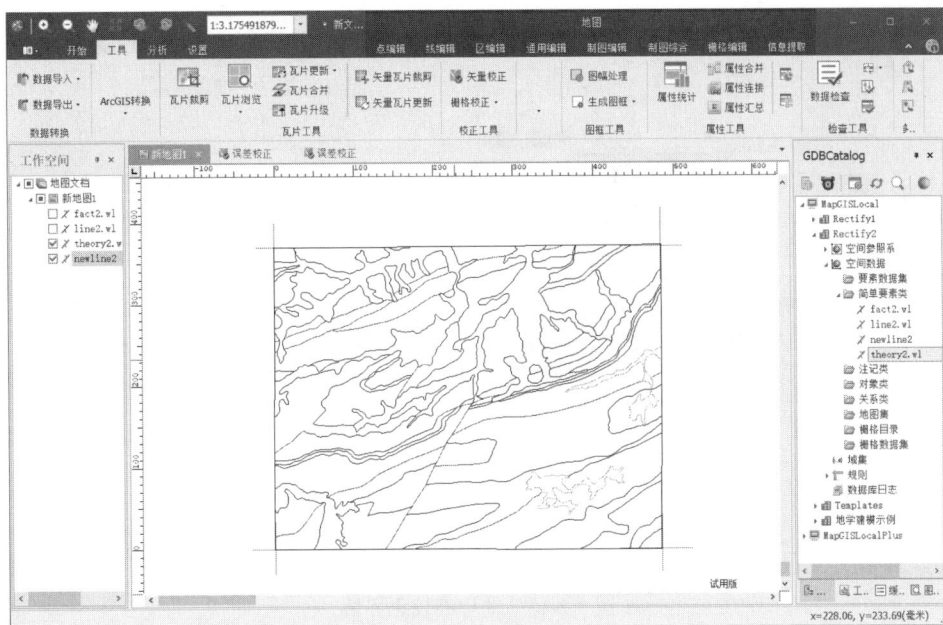

图 3.2-15　复位显示

3.2.5　影像匹配误差校正

（1）附加 Rectify3.hdf 地理数据库，添加 RS.msi、line3.wl、theory3.wl。在菜单栏中依次选择"工具"→"栅格校正"→"非标准图幅校正"选项，弹出"参考图层管理"对话框，添加待校正的遥感影像图层及参考图层，待校正的遥感影像图层为 RS.msi 文件，参考图层为 theory3.wl 文件，如图 3.2-16 所示。单击"确定"按钮后，出现如图 3.2-17 所示的界面，其中左上方为校正文件显示窗口，左下方为校正文件局部放大显示窗口，右上方为参考文件显示窗口，右下方为参考文件局部放大显示窗口。参考文件可以是影像、点文件、区文件、图库文件及自动生成图框。

图 3.2-16　添加图层

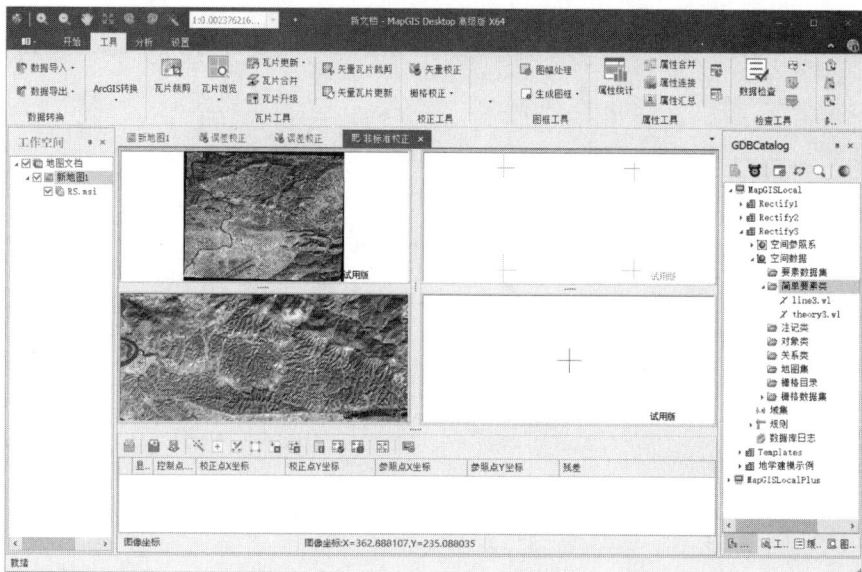

图 3.2-17　非标准校正界面

（2）输入控制点。单击"输入控制点"图标之后，分别在校正图层和参考图层上选择对应的控制点。在校正文件显示窗口中单击图上的 4 个控制点（图像角点）中的一个（大致位置），被单击位置显示在局部放大显示窗口中，鼠标指针转化为绿色十字，若刚才单击的位置不准确，呈红色十字。移动绿色十字，单击校正文件局部放大显示窗口中的控制点，并在右边参考文件显示窗口中单击对应的控制点，被单击部分也显示在参考文件局部放大显示窗口中；同样在参考文件局部放大显示窗口中准确单击对应的控制点，连续按两次空格键，确定控制点，如图 3.2-18 所示。确定添加的控制点组数不少于 4 个，这里依次选取左上角点、右上角点、左下角点、右下角点。4 个控制点添加结果如图 3.2-19 所示。如果底部的框中已显示控制点数据，可在工具栏中单击"修改控制点"图标，对已经确定的控制点进行修改和删除操作。

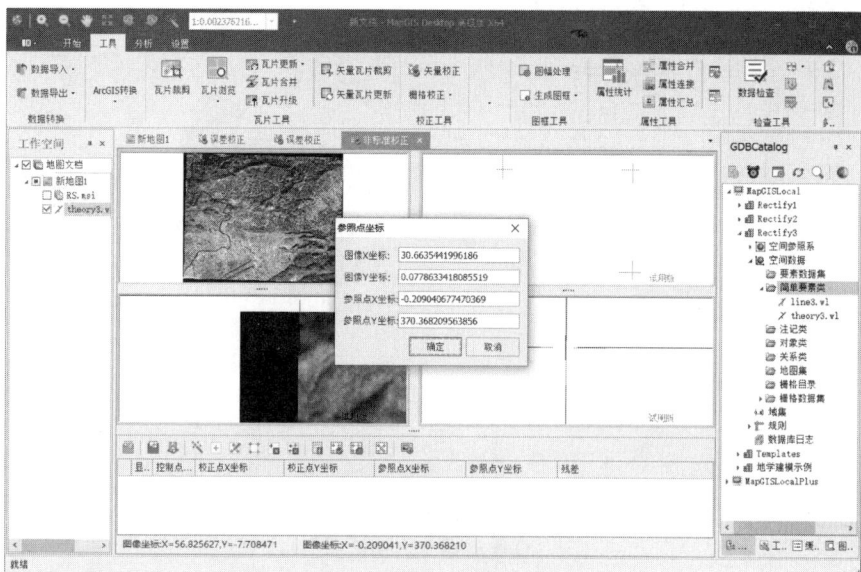

图 3.2-18　控制点添加操作

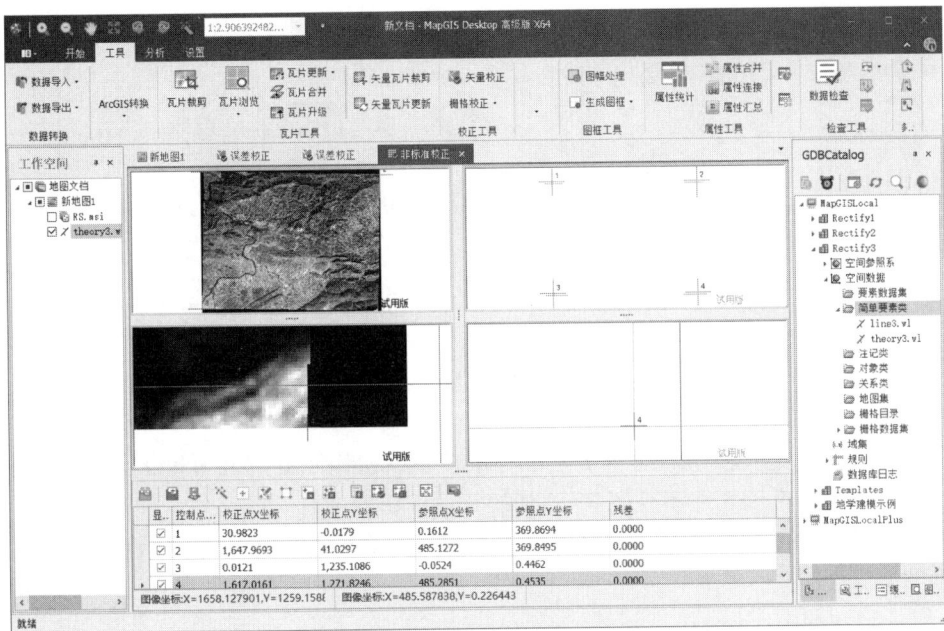

图 3.2-19 4 个控制点添加结果

（3）控制点添加完毕后，单击"计算残差"图标，检查残差值是否过大，若一切正常，如图 3.2-20 所示，将文件保存为名为 newRS 的遥感影像文件（见图 3.2-21）后就可以开始设置校正参数了。采取的重采样方式为最邻近算法，如图 3.2-22 所示。

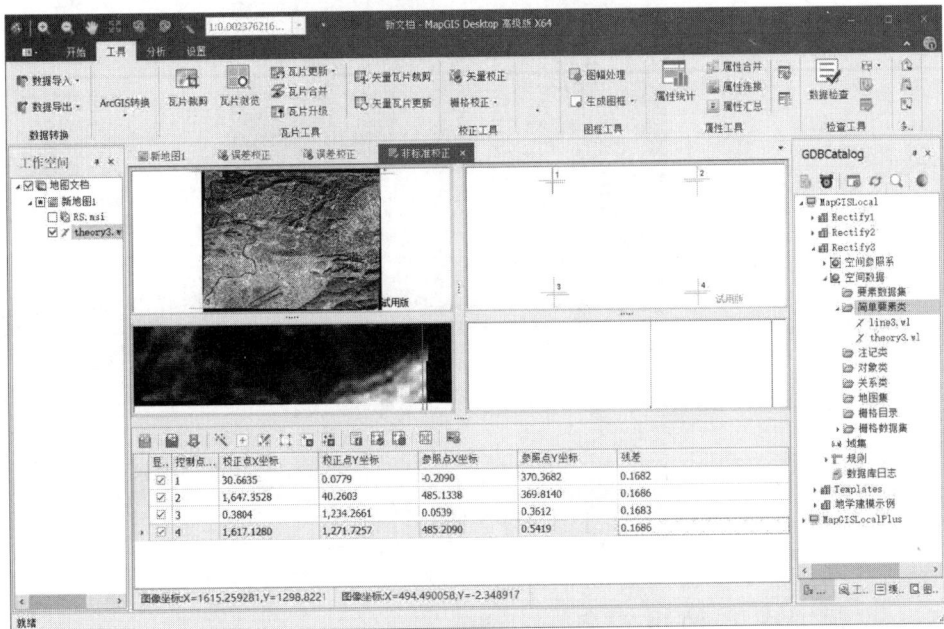

图 3.2-20 检查残差值结果

图 3.2-21　保存为 newRS 文件

图 3.2-22　校正参数的设置

（4）单击"确定"按钮，再单击"非标准校正"窗口下方的几何校正工具开始进行校正，校正完成后切换到"地图视图"，添加校正后的影像文件、线文件、控制点文件，检查是否套合，结果如图 3.2-23 所示，由图可知，校正后的影像数据彩色区域和控制点文件及线文件准确套合。

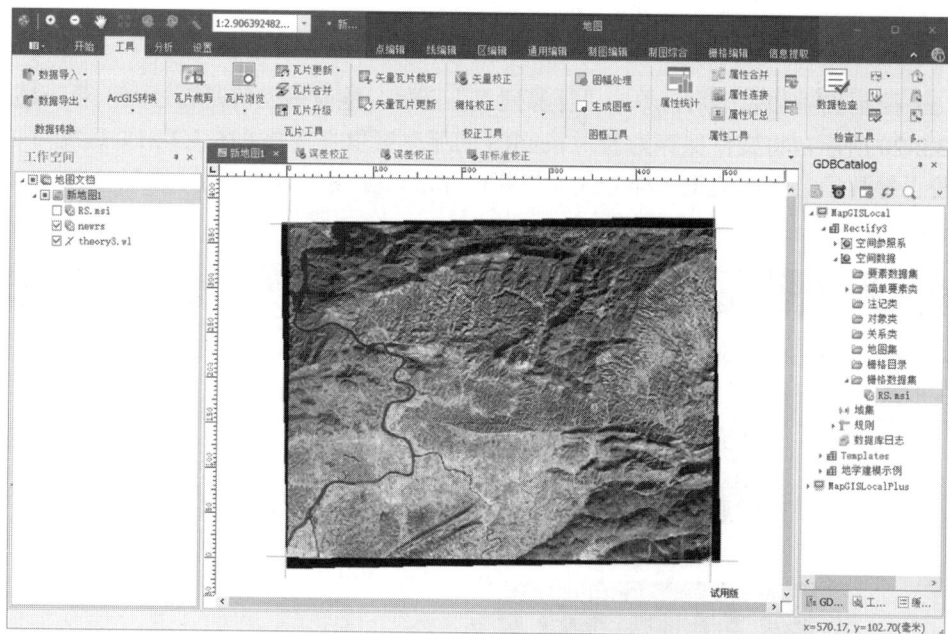

图 3.2-23　校正影像和控制点及线文件套合结果

3.3　图幅拼接

3.3.1　问题提出和数据准备

1. 问题提出

我国 GIS 中都采用与基本比例尺地形图系列一致的地图投影系统，基本比例尺大于或等于 1∶500 000 采用高斯-克吕格投影，基本比例尺为 1∶1 000 000 采用正轴等角圆锥投影，这两种投影均实现了对大区域空间的分割。对于一些大比例尺专题图件，还可以选择矩形分幅。一幅图最多可以与邻近的 8 幅图相接，如图 3.3-1（a）、（b）所示。对于要数字化的大幅面地图，常常按矩形分块，如图 3.3-1（c）所示。无论是哪种情况，在数字化时每幅图的坐标系均不一样，不能反映出图幅间的位置邻接关系，若要拼接，必须建立统一的坐标系，之后通过平移、旋转操作将数字化数据转换到统一坐标系上，进而拼接成一幅完整的大图。

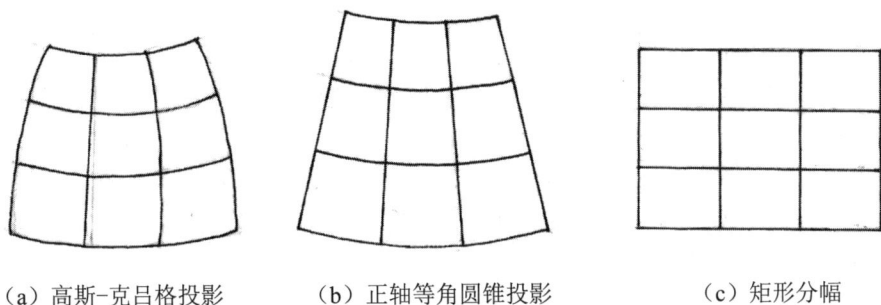

（a）高斯-克吕格投影　　（b）正轴等角圆锥投影　　（c）矩形分幅

图 3.3-1　图幅邻接关系

2. 数据准备

MapGIS 10 提供了平移、旋转、缩放等图形变换功能，用户可利用这些功能实现图幅坐标变换。表 3.3-1 给出了相邻 9 幅 1∶50 000 标准图幅左下角的起始经度和起始纬度。利用 MapGIS 10 地图编辑器子系统及投影变换功能对表 3.3-1 所示的 9 幅标准图幅进行拼接。

表 3.3-1　图幅起始经纬度

项目	图幅 1	图幅 2	图幅 3	图幅 4	图幅 5	图幅 6	图幅 7	图幅 8	图幅 9
起始经度	106° 30′	106° 30′	106° 30′	106° 45′	106° 45′	106° 45′	107° 00′	107° 00′	107° 00′
起始纬度	29° 30′	29° 40′	29° 50′	29° 30′	29° 40′	29° 50′	29° 30′	29° 40′	29° 50′

3.3.2　拼图基本原理

在小范围内，高斯-克吕格投影和圆锥投影的图框可看作梯形，现以 9 幅高斯-克吕格投影图幅为例来说明图幅拼接过程。梯形图幅邻接关系如图 3.3-2 所示。

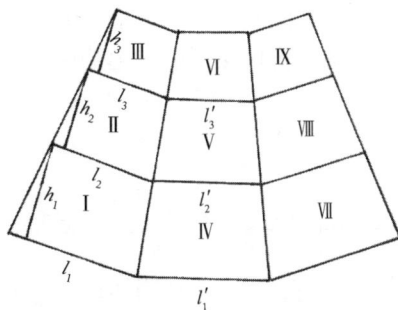

图 3.3-2　梯形图幅邻接关系

1. 先纵向，后从中间到两侧

（1）利用平移、旋转操作，分别将 9 幅图幅的左下角平移至坐标原点，且上下图框平行于 x 轴。

（2）图幅Ⅰ固定；图幅Ⅱ沿 x 轴正方向平移$(l_1-l_2)/2$，沿 y 轴正方向平移 h_1；图幅Ⅲ沿 x 轴正方向平移$(l_1-$

$l_3)/2$，沿 y 轴正方向平移 h_1+h_2。将三个文件添加到一起，图幅Ⅰ、图幅Ⅱ、图幅Ⅲ相拼得到图幅A。同理，将图幅Ⅳ、图幅Ⅴ、图幅Ⅵ相拼得到图幅B，将图幅Ⅶ、图幅Ⅷ、图幅Ⅸ相拼得到图幅C。

（3）图幅B固定；将图幅A沿 x 轴负方向平移 l_1，图幅A右下角点同图幅B左下角点重合，如图3.3-3（a）所示；将图幅A沿顺时针方向旋转角度 θ。将图幅A文件添加到图幅B所在文件中，图幅A与图幅B相拼，如图3.3-3（b）所示。

（4）图幅B固定；将图幅C沿逆时针方向旋转角度 θ'，如图3.3-3（c）所示，再沿 x 轴正方向平移 l_1。将图幅C所在文件添加到图幅A、图幅B合并的文件中，完成图幅A、图幅B、图幅C相拼，如图3.3-3（d）所示。

（5）将拼接后的图沿 x 轴正方向平移 $l_1\cos\theta$，沿 y 轴负方向平移 $-l_1\sin\theta$，拼接完毕，如图3.3-3（e）所示。

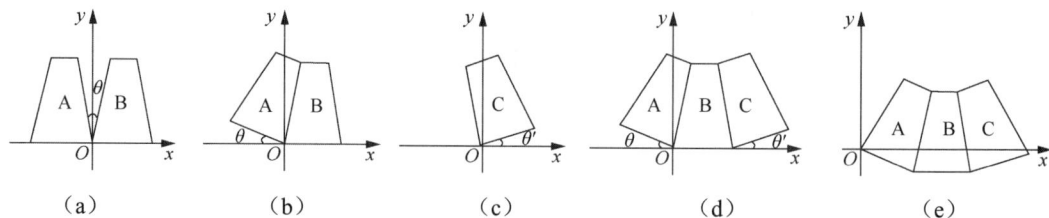

图3.3-3　图幅A、图幅B、图幅C拼接过程（1）

2. 先纵向，后从左到右

（1）利用平移、旋转操作，分别将9幅图幅的左下角平移至坐标原点，且上、下图框平行于 x 轴。

（2）图幅Ⅰ固定；图幅Ⅱ沿 x 轴正方向平移 $(l_1-l_2)/2$，沿 y 轴正方向平移 h_1；图幅Ⅲ沿 x 轴正方向平移 $(l_1-l_3)/2$，沿 y 轴正方向平移 h_1+h_2。将三个文件添加到一起，图幅Ⅰ、图幅Ⅱ、图幅Ⅲ相拼得到图幅A。同理，将图幅Ⅳ、图幅Ⅴ、图幅Ⅵ相拼得到图幅B，将图幅Ⅶ、图幅Ⅷ、图幅Ⅸ相拼得到图幅C。

（3）图幅A固定；将图幅B沿逆时针方向旋转角度 θ，如图3.3-4（a）所示，再沿 x 轴正方向平移 l_1；将图幅B所在文件添加到图幅A所在文件中，图幅B与图幅A相拼，如图3.3-4（b）所示。

（4）将图幅C沿逆时针方向旋转角度 $\theta+\theta'$，如图3.3-4（c）所示，再沿 x 轴正方向平移 $l_1+l_1'\cos\theta$，沿 y 轴正方向平移 $l_1'\sin\theta$，将图幅C文件添加到图幅A、图幅B合并的文件中，完成图幅A、图幅B、图幅C相拼，如图3.3-4（d）所示。

（5）将拼接后的图沿顺时针方向旋转角度 α，拼接完毕，如图3.3-4（e）所示。

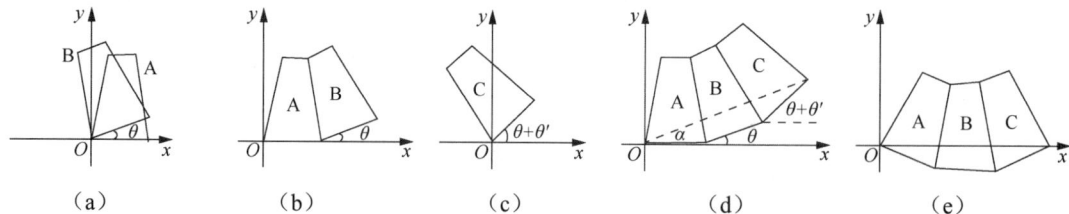

图3.3-4　图幅A、图幅B、图幅C拼接过程（2）

3.3.3　图幅拼接过程

1. 创建地理数据库

在"GDBCatalog"窗格中的"MapGISLocal"下创建一个名为 MapJoin.hdf 的地理数据库，方法见 4.1 节。

2. 系列标准图框生成

在菜单栏中依次选择"工具"→"生成图框"→"标准分幅图框"选项，弹出"标准分幅图框"对话框，将"选择比例尺"设置为"1：5 万"，按表 3.3-1 所示的起始经度、起始纬度生成 9 幅 1：50 000 的标准图幅 Frame1～Frame9（简单要素类），并保存到 MapJoin.hdf 地理数据库中，如图 3.3-5 所示。单击"下一步"按钮，进行更详细的图框样式设置。在左边栏里取消勾选"外框 1"和"外框 2"对应的复选框，并勾选"平移图框至原点"和"旋转图框至水平"对应的复选框（因为图形的平移、旋转、缩放操作都是相对于原点的，所以生成的图框应将左下角平移至原点，同时要保证图框底边处于水平状态）；取消勾选"格网"部分的"网线外延"复选框，设置"刻度"部分的"坐标注记"为"无坐标注记"。在右边栏中取消勾选所有复选框，如图 3.3-6 所示。接着用同样的方法生成另外 8 幅标准图幅。以下是 Frame1～Frame9 简单要素类图幅拼接的步骤。

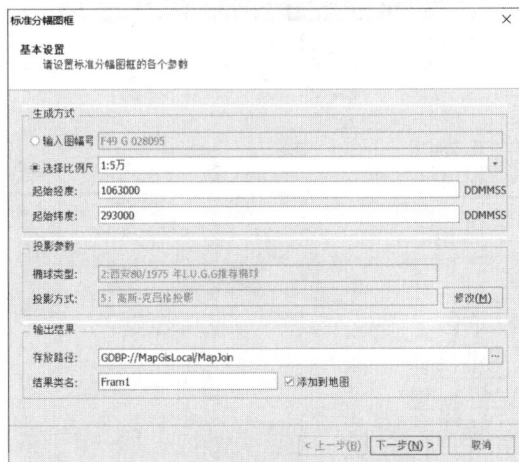

图 3.3-5　标准分幅图框基本设置　　　　图 3.3-6　图框样式设置

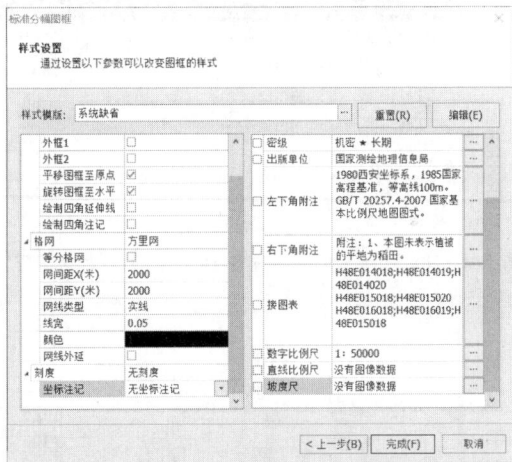

3. 图幅拼接过程

（1）按照"先纵向，后从中间到两侧"顺序，先拼接图幅 Frame1、图幅 Frame2、图幅 Frame3，利用鼠标读取图幅 Frame1 左上角的坐标，并记录坐标值(0.41,369.52)。使图幅 Frame2 处于当前编辑状态，关闭其他图层。依次选择"通用编辑"→"整图变换"→"整图变换（键盘定义）"选项，弹出"图形变换"对话框，在"参数输入"选区的"X 位移"框和"Y 位移"框中分别输入"0.41"和"369.52"，如图 3.3-7 所示。单击"确定"按钮，图幅 Frame2 的左下角平移至 Frame1 的左上角。

（2）右击图幅 Frame1，选择"导出/追加"→"追加图层"选项，在弹出的对话框中选择 Frame2_Lin 线简单要素类，将图幅 Frame2 添加到图幅 Frame1 上，完成上下两幅图的拼接，并将其重命名为 Frame12。同理，完成图幅 Frame12 与图幅 Frame3 的拼接，得到图幅 Frame123，如图 3.3-8 所示。图幅 Frame456 和图幅 Frame789 的拼接方法与此相同。

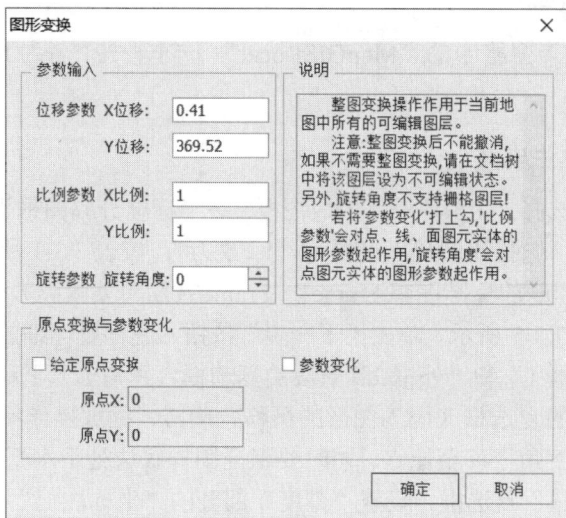

图 3.3-7　图形变换

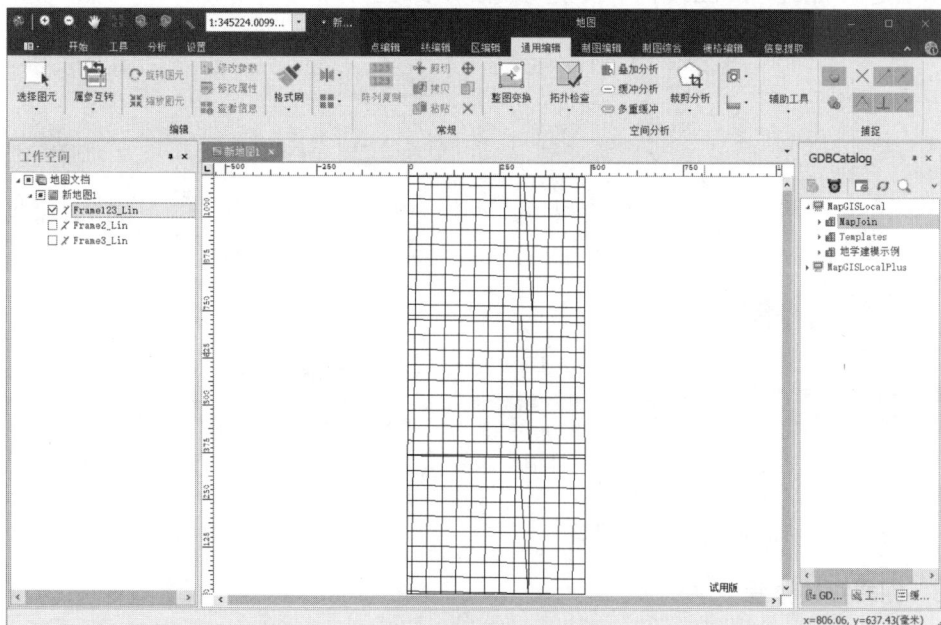

图 3.3-8　拼接得到的图幅 Frame123

（3）利用鼠标读取图幅 Frame123 的右下角坐标，并记录坐标值(484.98,0)；利用鼠标读取图幅 Frame456 的左上角坐标，并记录坐标值(1.16,1108.86)；利用 $\tan(\theta/2)= 1.16/1108.86$ 算得 θ=0.120。

（4）使图层 Frame123 处于当前编辑状态，关闭其他图层，依次选择"通用编辑"→"整图变换"→"整图变换（键盘定义）"选项，弹出"图形变换"对话框。在"参数输入"选区的"X 位移"框和"Y 位移"框中分别输入"–484.98"和"0"，在"旋转角度"框中输

入 "−0.120"，使图幅 Frame123 向 *x* 轴负方向平移 484.98，再沿顺时针方向旋转 0.120，如图 3.3-9 所示。追加 Frame456 图层，并将其重命名为 Frame123456，完成图幅 Frame123 和图幅 Frame456 的拼接，如图 3.3-10 所示。

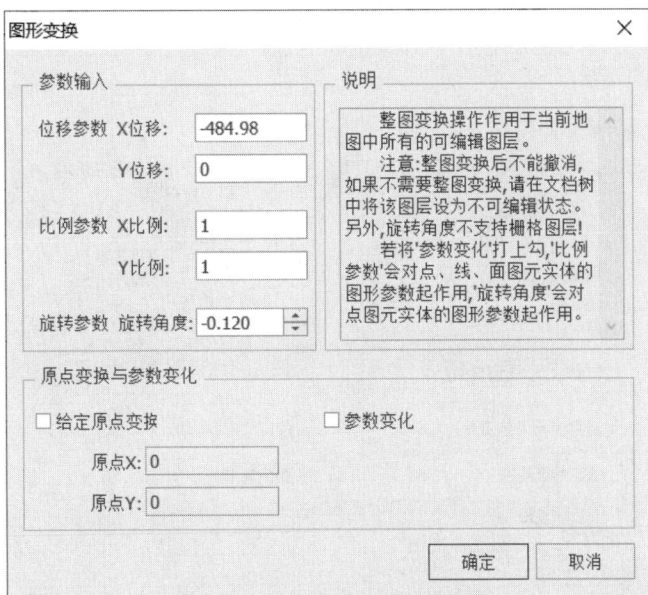

图 3.3-9　"图形变换"对话框

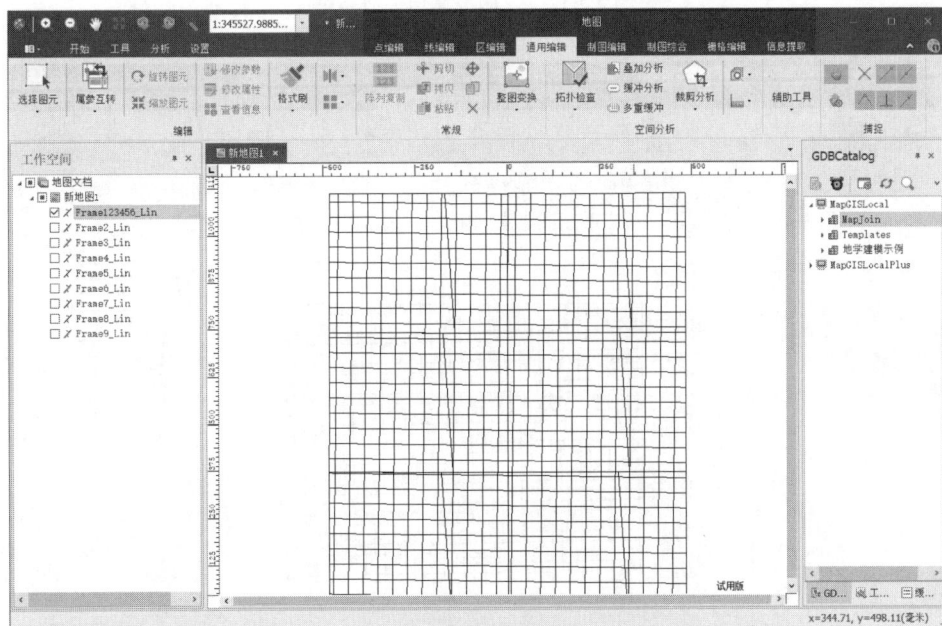

图 3.3-10　拼接得到的图幅 Frame123456

（5）使 Frame789 图层处于当前编辑状态，关闭其他图层，依次选择"通用编辑"→"整图变换"→"整图变换（键盘定义）"选项，弹出"图形变换"对话框。在"参数输入"选区的"X 位移"框和"Y 位移"框中分别输入"485.03"和"0",在"旋转角度"框中输入"0.12",如图 3.3-11 所示,将图幅 Frame789 向 x 轴正方向平移 485.03,并沿逆时针方向旋转 0.12,追加 Frame123456 图层,并将其重命名为 Frame123456789,完成图幅 Frame789 与图幅 Frame123456 的拼接,如图 3.3-12 所示。

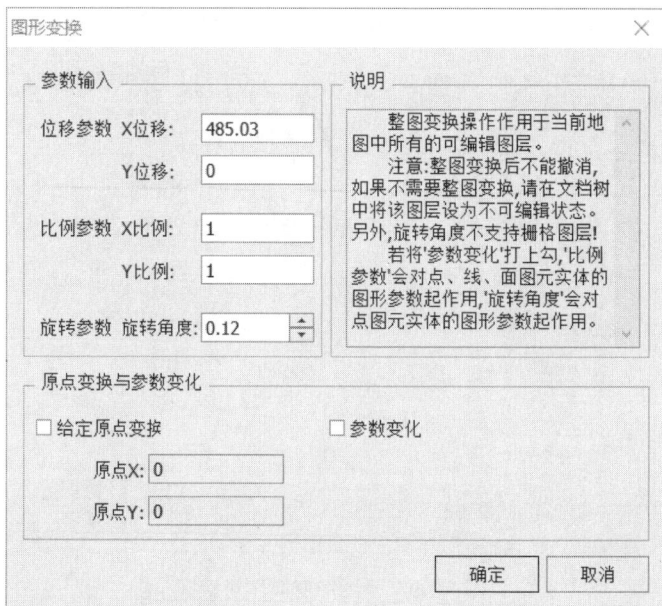

图 3.3-11 "图形变换"对话框

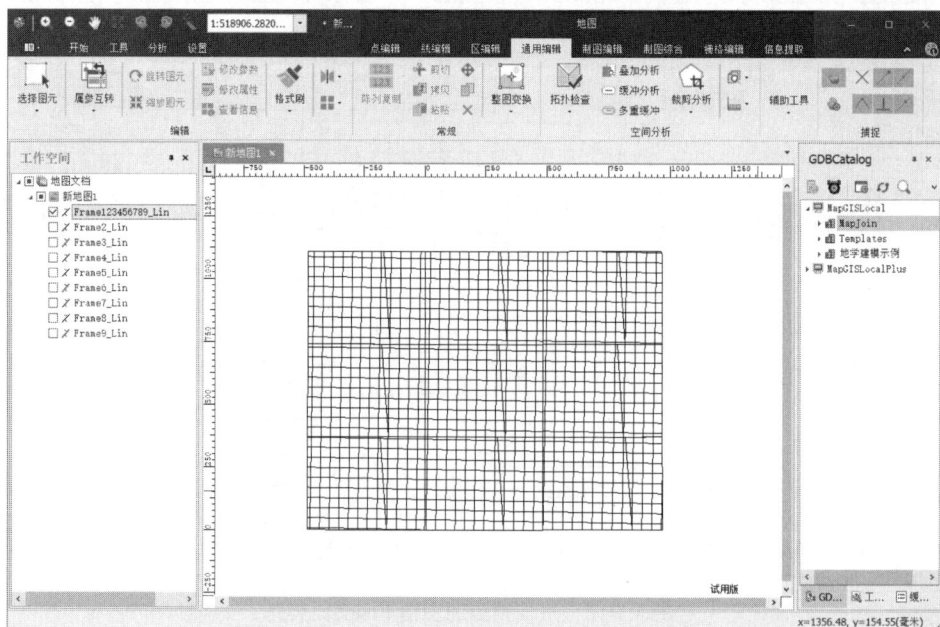

图 3.3-12 拼接得到的图幅 Frame123456789

3.4　拓扑关系建立

3.4.1　问题提出和数据准备

1. 问题提出

拓扑关系是 GIS 中描述地理要素空间关系不可缺少的基本信息。拓扑关系是明确定义空间关系的一种数学方法，研究的是几何图形发生弯曲、拉大、缩小或任意变形的情况下保持不变的性质，主要涉及点、线、面间的连接、相邻、包含等信息。拓扑关系关注的是空间中点、线、面之间的连接关系，并不涉及实际图形的几何形状。因此，几何形状相差很大的图形的拓扑结构却可能相同。矢量数据拓扑关系对于空间数据的查询与分析而言非常重要，矢量数据拓扑关系自动建立算法是 GIS 的关键算法之一。

对于 GIS 用户而言，空间数据编辑的本质，具体取决于用户使用的是拓扑的 GIS 数据还是非拓扑的 GIS 数据，以及使用的 GIS 软件包。基于拓扑关系的 GIS 软件能够发现和显示拓扑错误，并且能轻松消除拓扑错误。

2. 数据准备

本节使用的数据是三门峡市陕州区铝土矿核查矿区柿树沟储量估算图，仅提供点、线两层数据。点数据层中的储量标注圆注记用于观展示储量类型、矿体面积、厚度、重量、品位等信息，拓扑造区完成后的区参数主要根据储量类型来修改。线数据层包括储量类型边界、十字经纬网、图框、图外整饰。建立拓扑关系使用的数据主要是储量类型边界（4 号图层）。数据存放在 E:\Data\gisdata3.4 文件夹下。

3.4.2　拓扑造区基本过程

（1）在 MapGIS 数据编辑界面中使线数据层处于当前编辑状态。

（2）自动剪断线。

依次选择"线编辑"→"剪断线"→"剪断相交线"选项，完成线剪断。"剪断线"功能用来剪断造区过程中节点处没有断开的线。"剪断线"包括"有剪断点"和"无剪断点"，以及"剪断母线"和"不剪断母线"四种形式。"有剪断点"指保留剪断部位端点坐标，"无剪断点"指不保留剪断部位端点坐标。母线指参考线，即以哪条线为参考。"剪断母线"指连同母线全部剪断，"不剪断母线"指剪断除母线外的其他所有线。在进行自动剪断线操作后，会生成许多短线头，可通过第（3）步清除。

（3）清除微短线。

可通过"清除微短线"选项来清除线工作区中的短线头，以免影响拓扑处理和空间分析。依次选择"线编辑"→"拓扑处理"→"清除微短线"选项，弹出"最短线长"对话框，如图 3.4-1 所示，输入最短线长，单击"确定"按钮，系统自动删除工作区中线长小于该值

图 3.4-1　设置最短线长

的线。

（4）线节点平差。

依次选择"线编辑"→"线节点平差"选项，完成线节点平差。

（5）线拓扑错误检查。

依次选择"线编辑"→"拓扑处理"→"线拓扑查错"选项，进行线拓扑错误检查。在数据输入过程中难免会出现错误，而用户很难通过观察发现这些错误。用户利用此功能可以方便地找到错误，并指出错误的类型。在建立拓扑关系前，应该先进行线拓扑错误检查，只有数据规范、无错误后，才能建立正确的拓扑关系。此功能可以用来检查重叠坐标、悬挂线（弧段）、线（弧段）自相交、重叠弧段、节点不封闭等严重影响拓扑关系建立的错误。所有查错工作都是自动进行的，查错系统在显示错误的同时会提示错误位置，并将其在屏幕上动态地显示出来，供用户在改正错误时参考。拓扑错误信息显示效果如图3.4-2所示，在"拓扑错误信息"对话框中，将鼠标指针移动到相应的信息提示上双击，系统将自动显示出错位置，并将出错的弧段用红色显示，同时在错误点上会有一个不停闪烁的小黑方框。在"拓扑错误信息"对话框中，移动鼠标指针到需修改的错误类型处，右击，选择"自动修改"选项，也可将鼠标指针移到闪烁小黑方框指定的拓扑错误地方，进行交互修改。

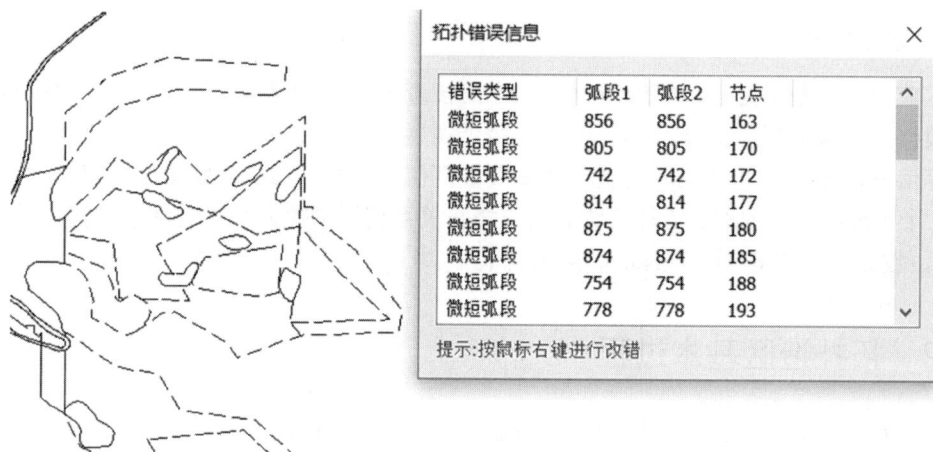

图3.4-2　拓扑错误信息显示效果

（6）线拓扑造区。

通过修改拓扑错误，第（5）步不断迭代，直到没有发现拓扑错误，即可执行这项功能。依次选择"线编辑"→"线拓扑造区"选项，自动建立节点和弧段间的拓扑关系及弧段构成的区域之间的拓扑关系，同时为每个区域赋予属性，并自动为区域填色。建立好拓扑关系后，用户可以修改区域参数及属性，以满足需求。

（7）子区搜索。

系统自动搜索当前工作区中所有区的子区，完成挑子区，并重建拓扑关系。

3.4.3　提取造区线要素层

（1）附加数据库并添加图层。在"GDBCatalog"窗格中的"MapGISLocal"下附加 minemap.hdf。右击"新地图1"，选择"添加图层"选项，添加 minemap.wl、minemap.wt

（点类）、minemap.wt（注记类）到"新地图 1"中，如图 3.4-3 所示。

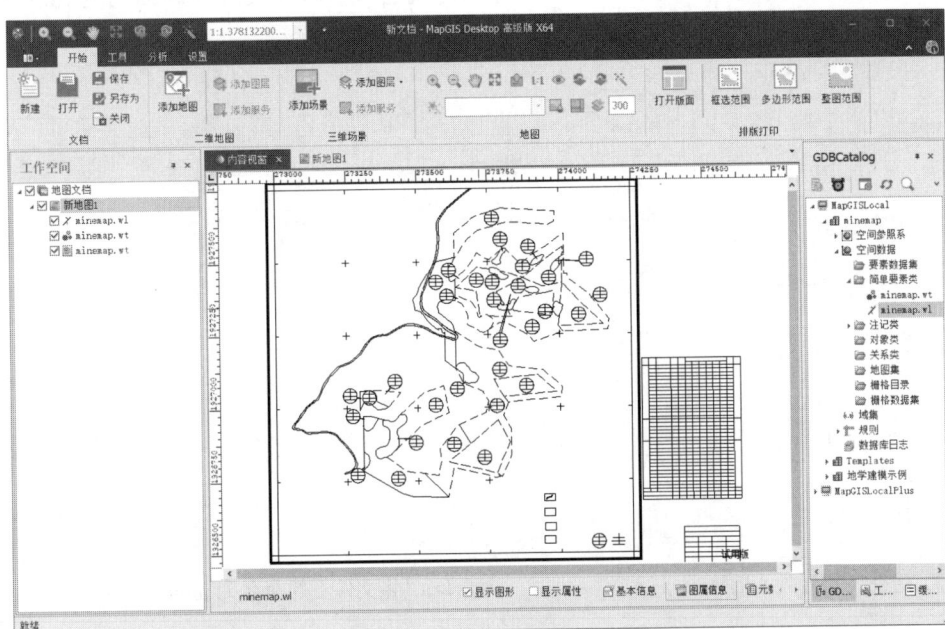

图 3.4-3　添加图层

（2）查看线图层号。将上述文件设为当前编辑状态，依次选择"线编辑"→"修改属性"选项，单击图中的线，弹出"修改图元属性"对话框，该对话框显示了线属性结构，包括线图层号（mpLayer），如图 3.4-4 所示。

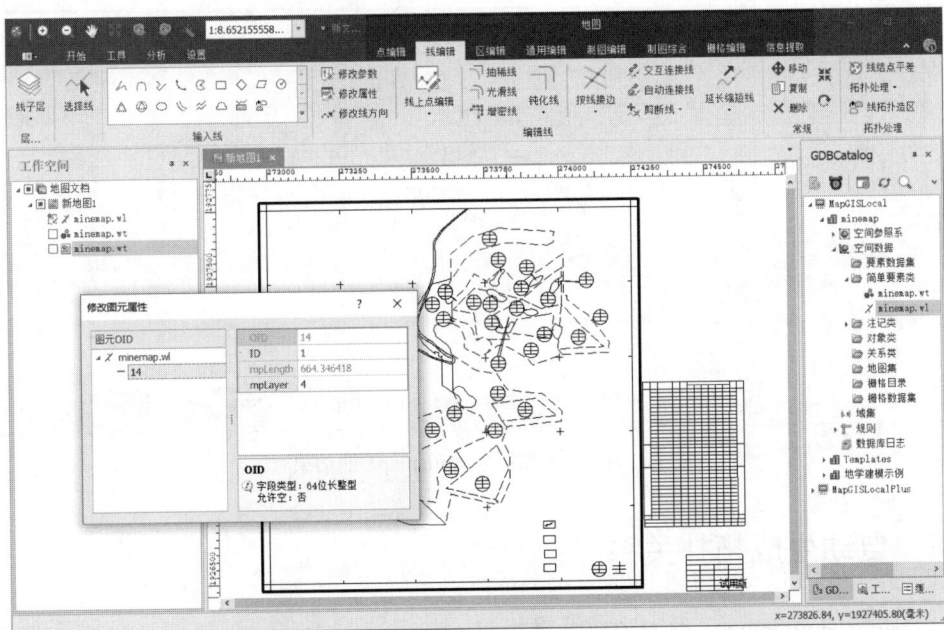

图 3.4-4　查看线图层号

（3）提取 4 号图层的线数据。依次选择"线编辑"→"线子层"→"设置当前线层"

选项，弹出"选择图层"对话框，选择图层号为 4 的选项，如图 3.4-5 所示，单击"确定"按钮。依次选择"线编辑"→"线子层"→"另存当前线层"选项，将文件重新命名为 minemap1，如图 3.4-6 所示，添加图层 minemap1，结果如图 3.4-7 所示。

图 3.4-5　选择图层号为 4 的选项　　　　图 3.4-6　将文件重新命名为 minemap1

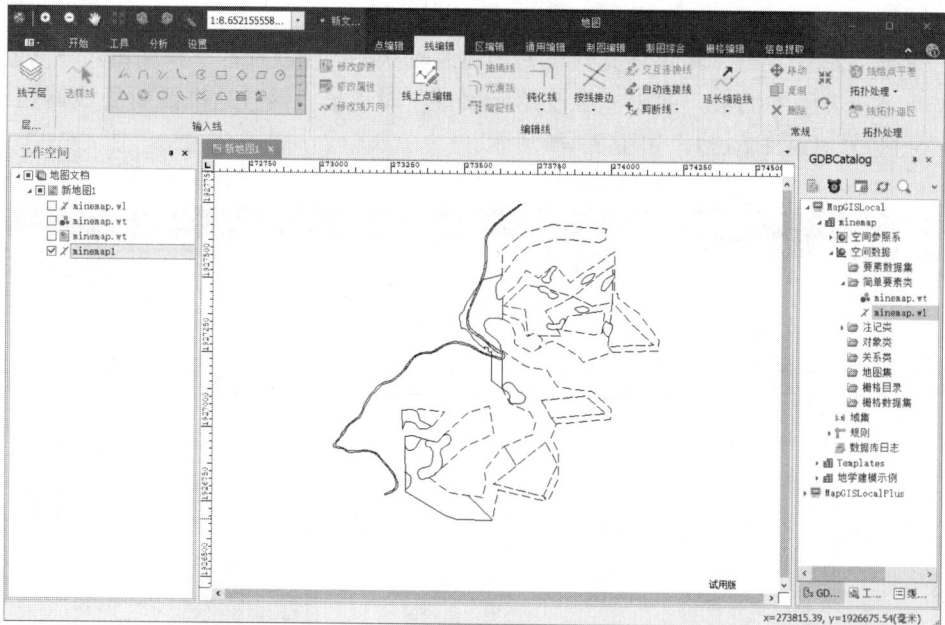

图 3.4-7　添加图层 minemap1 的结果

3.4.4　自动生成拓扑关系

（1）将图层 minemap1 设为当前编辑状态。

（2）依次选择"线编辑"→"剪断线"→"剪断相交线"选项。在进行自动剪断线操作后，会生成许多短线头，可通过第（3）步清除。

（3）清除微短线。依次选择"线编辑"→"拓扑处理"→"清除微短线"选项，弹出"最短线长"对话框，如图 3.4-8 所示，输入最短线长，单击"确定"按钮，系统自动删除工作区中线长小于该值的线。

图 3.4-8 "最短线长"对话框

（4）线节点平差。依次选择"线编辑"→"线节点平差"选项，完成线节点平差。

（5）线拓扑错误检查。依次选择"线编辑"→"拓扑处理"→"线拓扑查错"选项，进行线拓扑错误检查。拓扑错误信息显示界面如图 3.4-9 所示。

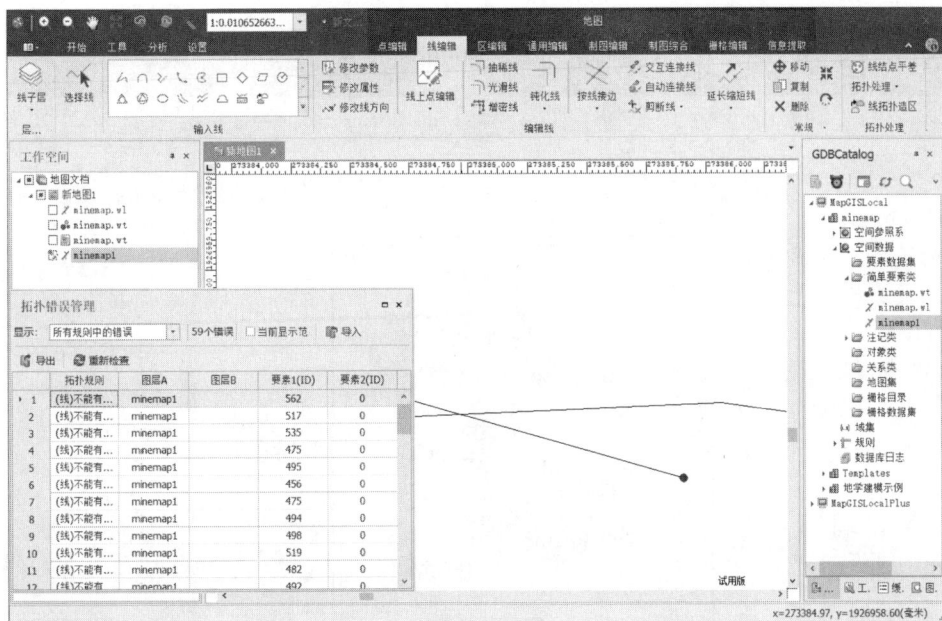

图 3.4-9 拓扑错误信息显示界面

（6）线拓扑造区。通过修改错误，反复执行第（2）步、第（3）步、第（4）步、第（5）步操作，直至没有拓扑错误，即可执行本步操作。依次选择"线编辑"→"线拓扑造区"选项，生成区文件，将区文件命名为 minemap.wp。线拓扑造区结果如图 3.4-10 所示。

（7）添加 minemap.wl、minemap.wt（点类）、minemap.wt（注记类）、minemap.wp，效果如图 3.4-11 所示。

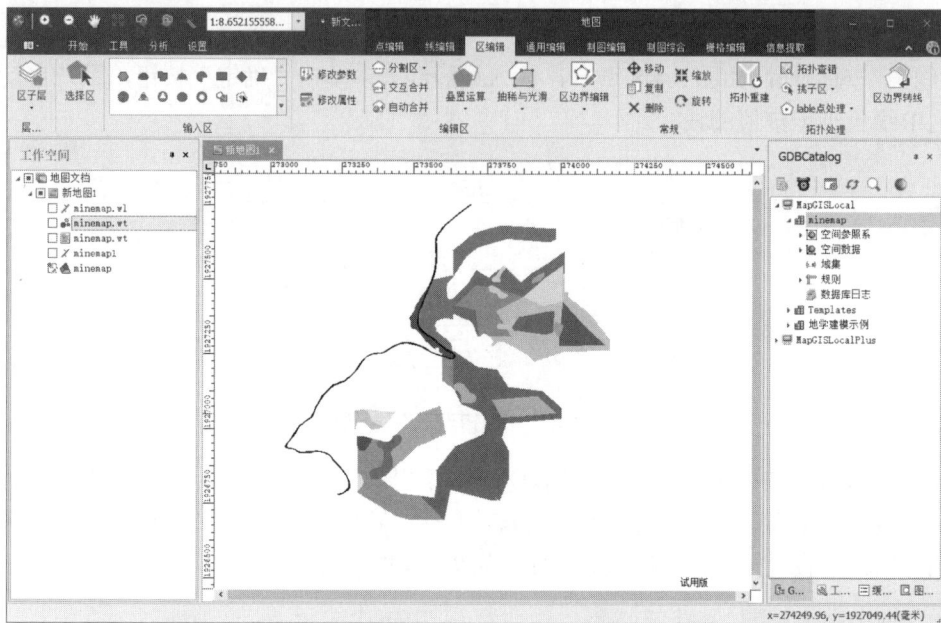

图 3.4-10　线拓扑造区结果

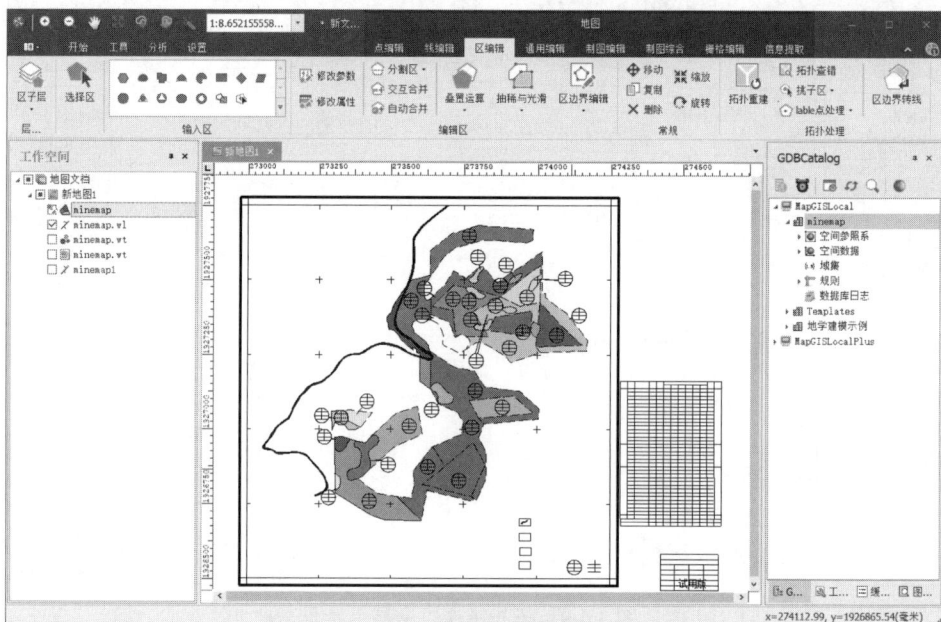

图 3.4-11　矿产储量图

第 4 章

GIS 数据管理

4.1 地理数据库

4.1.1 问题提出和数据准备

1. 问题提出

地理数据库是 MapGIS 10 推出的一种全新的面向对象的地理空间数据模型，它完整且一致地表达了被描述区域的地理模型，支持在标准表中存储和管理地理信息，实现了图形数据和属性数据的一体化管理。地理空间数据模型包含描述要素的矢量数据、描述影像和表面的栅格数据、描述表面的不规则三角网（Triangle Irregular Network，TIN）数据及描述拓扑关系的网络数据等。一个地理数据库包括 1 个全局的空间参照系、1 个域集、1 个规则集、多个数据集、多个数据包和各种对象类。地理数据库按照"地理数据库—数据集—类"这几个层次组织数据，以满足不同应用领域对不同专题数据的组织和管理需要。

2. 数据准备

本节介绍简单要素类、影像栅格数据、Grid 数据、TIN 数据、对象类、注记类等的创建，数据主要源于 1：50 000 崇阳县幅区域地质调查成果。使用的原始数据包括地质注记、点、线、区要素（geocode.wt、geopoint.wt、geoline.wl、geoarea.wp），遥感影像数据（RS.msi），以及等高线 SHP 格式数据（contour）、Grid 数据（DemGrid）、TIN 数据（TemTIN.TIN）、表格数据 land.xls 等。数据存放在 E:\Data\gisdata4.1 文件夹下。

4.1.2 创建地理数据库

因为数据都是由地理数据库来管理的，所以需要先创建地理数据库。

（1）右击"GDBCatalog"窗格中的"MapGISLocal"，选择"创建地理数据库"选项，弹出"地理数据库创建向导"对话框，如图 4.1-1 所示。

（2）单击"基本信息"选项，将"数据库名称"设置为"geodatabase"，如图 4.1-2 所示，单击"下一步"按钮。

图 4.1-1　"地理数据库创建向导"对话框

图 4.1-2　为数据库命名

（3）在"文件信息"界面中设置数据库对应文件和日志文件的存储位置，如图 4.1-3 所示，单击"下一步"按钮。

图 4.1-3　设置数据库对应文件和日志文件的存储位置

（4）在"确认创建"界面中，单击"完成"按钮，地理数据库 geodatabase 创建完毕。打开地理数据库 geodatabase，可看到空间参照系管理、空间数据管理、域集管理、规则管理、数据库日志管理等内容。

4.1.3　定义空间参照系

（1）设置坐标系。在 MapGISLocal 下打开刚刚创建的数据库 geodatabase，打开空间参照系，右击"用户自定义坐标系"，选择"新建地理坐标系"选项或"新建投影参照系"选项，弹出"新建地理坐标系"对话框或"新建投影参照系"对话框。设置坐标系：设置需要的参数及参照系名称，名称不能为空，否则无法成功创建。

（2）分别按图 4.1-4 和图 4.1-5 所示设置地理坐标系及投影参照系参数。

图 4.1-4　设置地理坐标系参数　　　　图 4.1-5　设置投影参照系参数

（3）完成设置后单击"确定"按钮，完成空间参照系的创建。依次单击"GDBCatalog"→"MapGISLocal"→"geodatabase"→"空间参照系"→"project"，在中间视窗页面可查看投影坐标系与地理坐标系的信息，如图 4.1-6 所示。

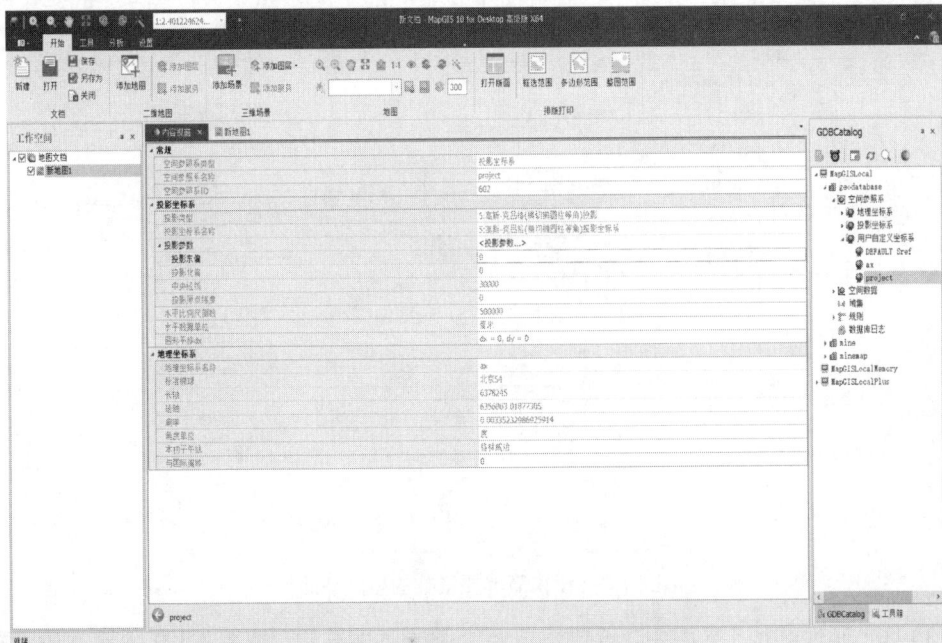

图 4.1-6　浏览创建的投影坐标系与地理坐标系

4.1.4 创建空间数据库

1. 创建空间数据

企业管理器可以创建新的空间数据及数据的集合，可创建的对象有要素数据集、简单要素类、对象类、注记类、关系类、CAD 类、栅格目录、栅格数据集、TIN 数据集等。下面以创建一个简单要素类为例来进行说明，其他对象的创建与此相同。

（1）在"GDBCatalog"窗格中的"MapGISLocal"下展开"geodatabase"，右击"空间数据"下的"简单要素类"，选择"创建"选项，弹出如图 4.1-7 所示的对话框，在该对话框中输入简单要素类的名称、类型等信息，完成设置后单击"下一步"按钮。

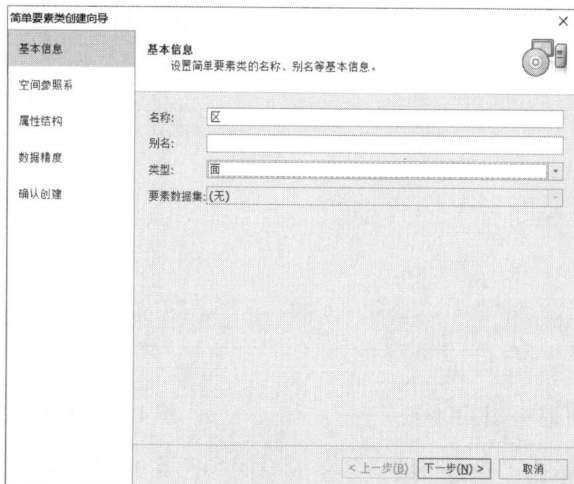

图 4.1-7　设置基本信息

（2）在"空间参照系"界面中，设置简单要素类的空间参照系，按图 4.1-8 所示完成设置后，单击"下一步"按钮。

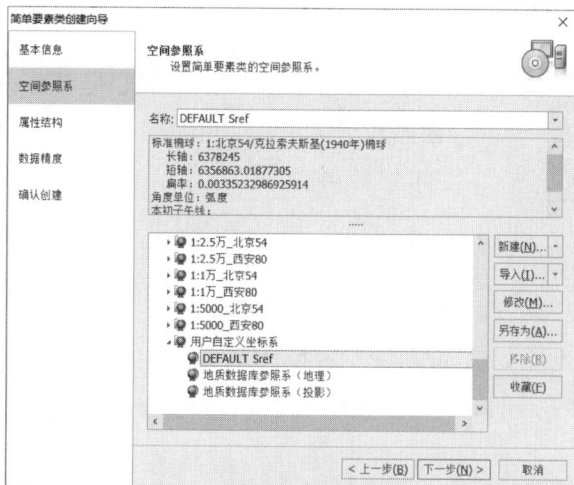

图 4.1-8　设置简单要素类的空间参照系

（3）在"属性结构"界面中，设置简单要素类的属性结构，按图 4.1-9 所示完成设置后，单击"下一步"按钮。

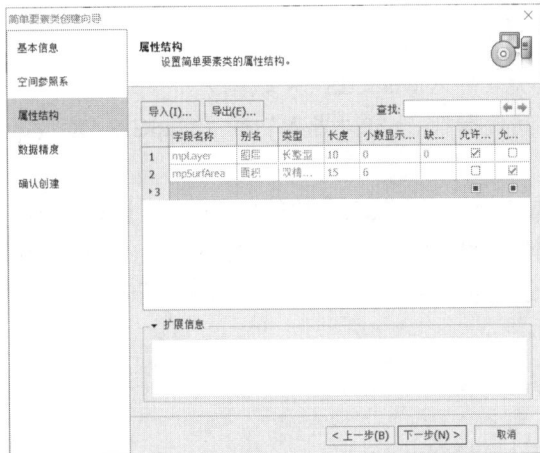

图 4.1-9　设置简单要素类的属性结构

（4）在"数据精度"界面中，设置简单要素类的数据精度，当数据量大时建议勾选"使用数据压缩策略（建议使用）"复选框。按图 4.1-10 所示完成设置后，单击"下一步"按钮，打开"确认创建"界面，如图 4.1-11 所示，单击"完成"按钮。

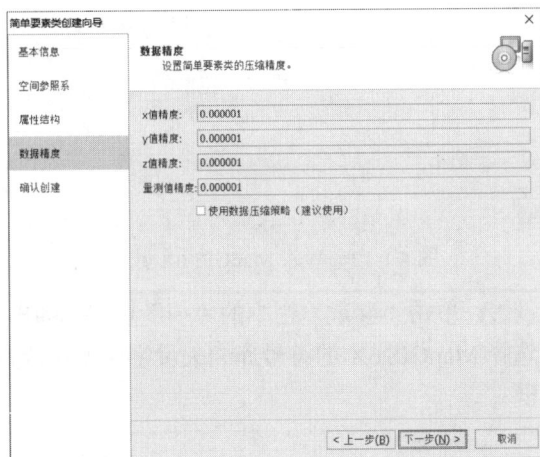

图 4.1-10　设置简单要素类的数据精度

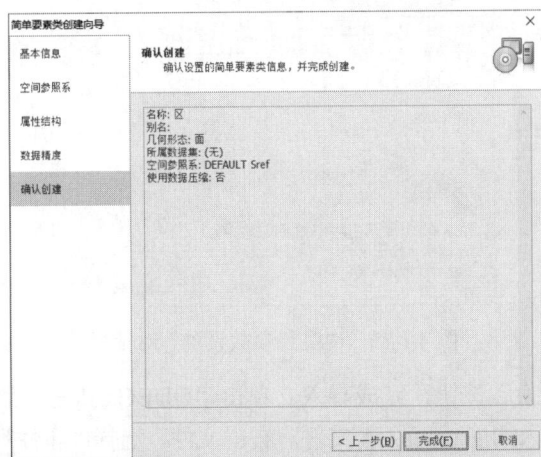

图 4.1-11　"确认创建"界面

2. 导入空间数据

（1）生成简单要素类（导入 MapGIS 6X 数据）。

第一步：右击"空间数据"，选择"导入"→"MapGIS 6X 数据"选项，弹出"数据转换"对话框。

第二步：单击"数据转换"对话框左上角的"+"按钮，选择"源数据名"为"geoarea.wp"，目的数据默认保存到创建的地理数据库 geodatabase 中，"目的数据类型"默认为"简单要素类"，可以根据情况设置为不同的类型，如图 4.1-12 所示。

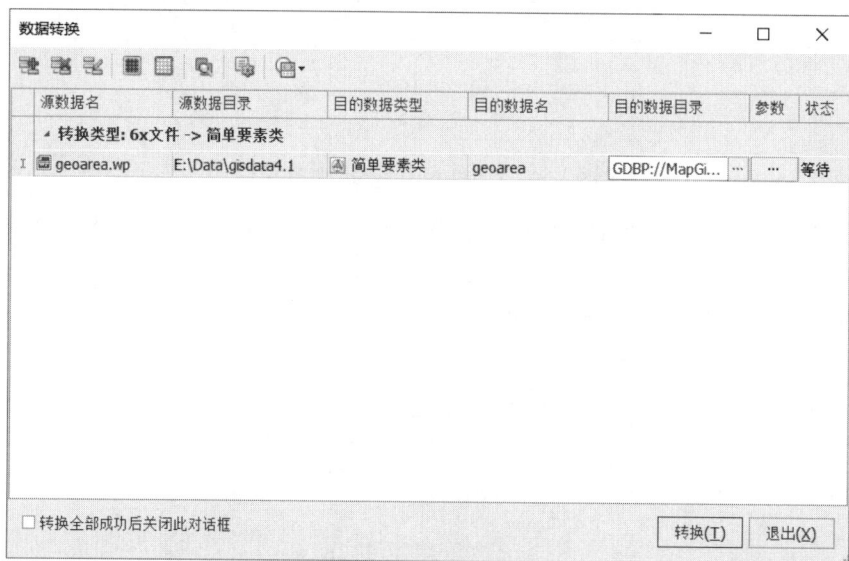

图 4.1-12　导入 MapGIS 6X 数据

第三步：高级参数设置。单击"参数"栏中的"…"按钮，弹出"高级参数设置"对话框，如图 4.1-13 所示，选择 MapGIS 6X 的符号库、矢量字库所在位置，单击"确定"按钮，返回"数据转换"对话框。

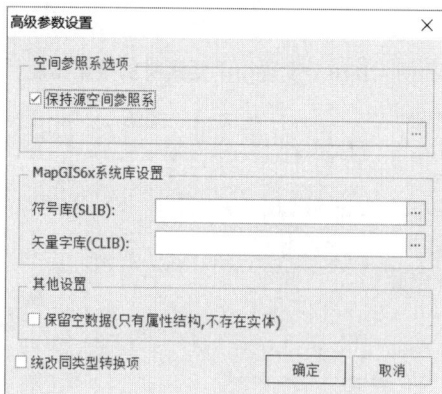

图 4.1-13　"高级参数设置"对话框

第四步：单击"转换"按钮，完成导入。单击"GDBCatalog"窗格中的"简单要素类"选项，可以看到已经导入的 geoarea.wp 文件。右击文件，选择"属性"选项，查看基本信息，如图 4.1-14 所示；右击文件，选择"预览"选项，可预览 geoarea.wp 文件，如图 4.1-15 所示。

图 4.1-14 导入的 geoarea.wp 文件的属性

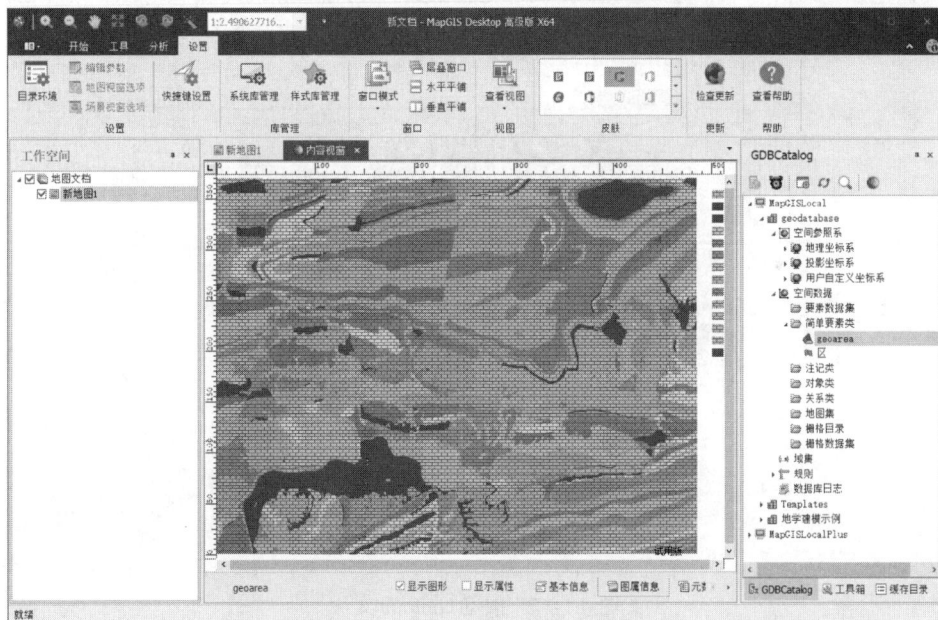

图 4.1-15 预览 geoarea.wp 文件

（2）生成简单要素类（导入 SHP 格式文件）。

MapGIS 10 支持多种格式的数据转换，比如 TXT、MIF、E00、SHP、DXF 等。下面以导入 SHP 格式文件为例进行说明。

第一步：右击"空间数据"，选择"导入"→"其他数据"选项，弹出"数据转换"对话框。单击"数据转换"对话框左上角的"+"按钮，选择"源数据名"为"contour.shp"；将"目的数据目录"设置为 geodatabase.hdf 所在目录，如图 4.1-16 所示。

图 4.1-16　导入 SHP 格式文件数据

第二步：单击"转换"按钮，完成 SHP 格式文件的生成，右击"GDBCatalog"窗格中的"contour"，选择"预览"选项，预览 contour 文件，如图 4.1-17 所示。

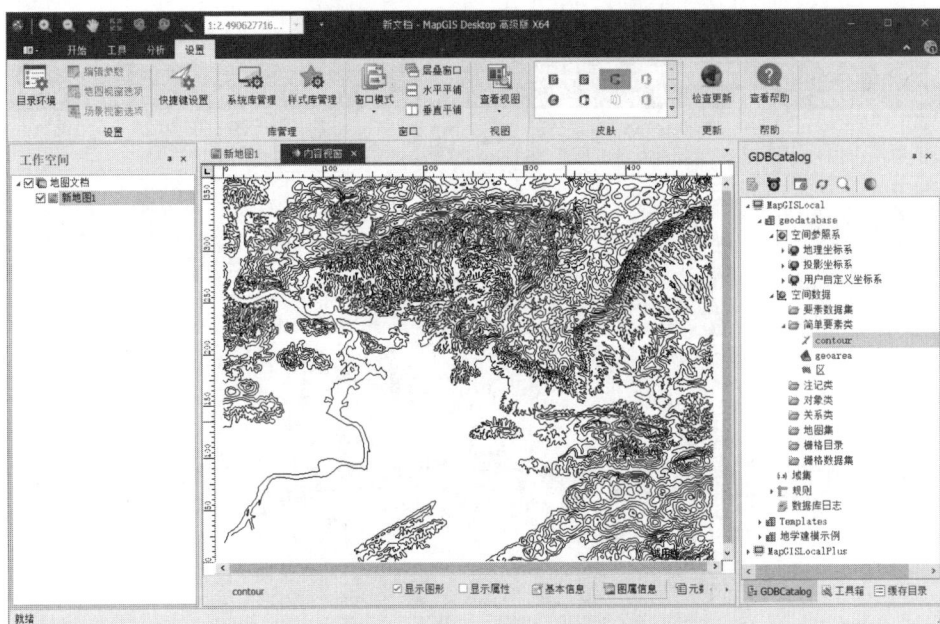

图 4.1-17　预览 contour 文件

（3）转移数据库间数据（导入 MapGIS GDB 数据，实现数据库间的数据转移）。

第一步：右击"空间数据"，选择"导入"→"MapGIS GDB 数据"选项，弹出"数据转换"对话框。

第二步：源数据为需要迁移的数据，目的数据为从其他数据库迁移过来的数据。按图 4.1-18 完成相关设置，单击"转换"按钮，即可将 Sample 数据库的线简单要素类文件"公路"（位置在 MapGISLocala Plus\sample\地图综合）迁移到创建的 geodatabase 数据库中。

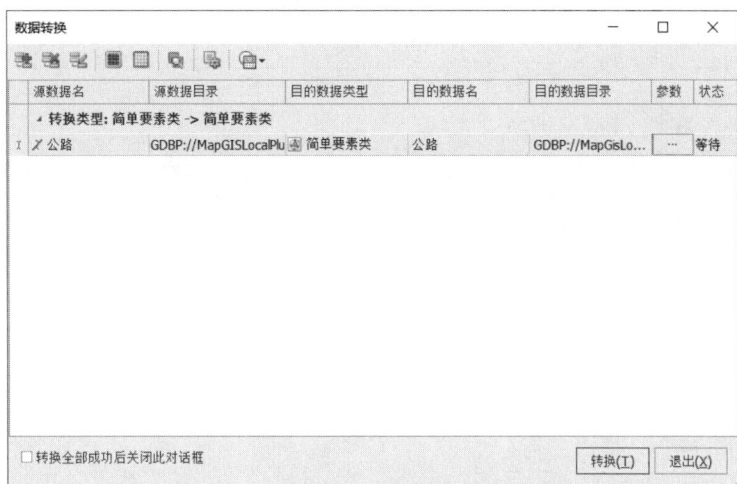

图 4.1-18　导入 MapGIS GDB 数据

第三步：完成转换后，右击"GDBCatalog"窗格中的"公路"，选择"预览"选项，预览"公路"文件，如图 4.1-19 所示。

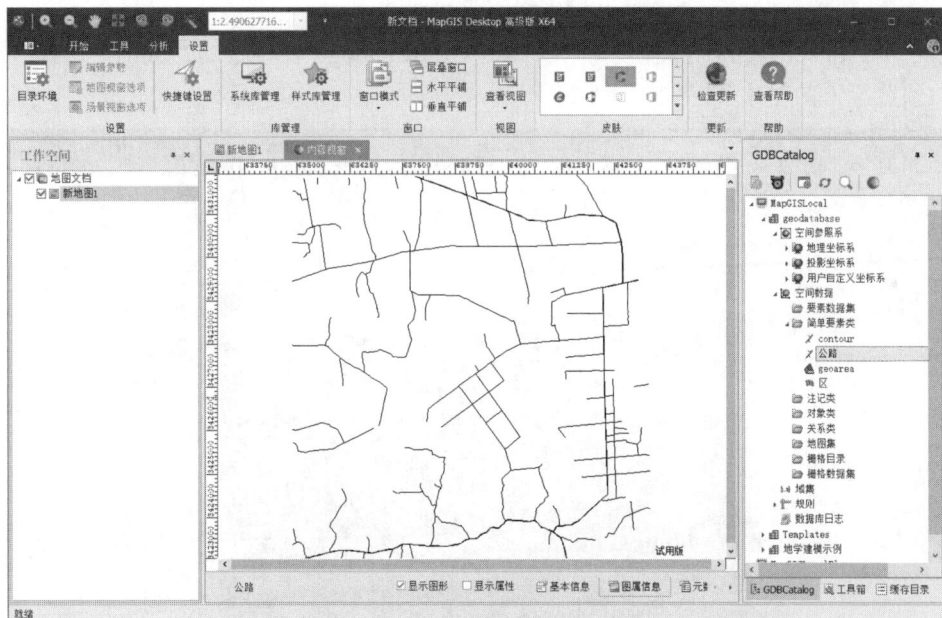

图 4.1-19　预览"公路"文件

（4）生成对象类（导入表格数据）。

MapGIS 10 支持外部表格数据的导入，如 Excel 表、Access 表等，导入的表格数据将转换成 geodatabase 中的对象类。下面以导入 Excel 表为例，来介绍对象类的生成。

第一步：右击"空间数据"，选择"导入"→"表格数据"选项，弹出"数据转换"对话框。

第二步：单击"数据转换"对话框左上角的"+"按钮，选择"源数据名"为"land.xls"，将目的数据目录设置为 geodatabase.hdf 所在目录。按图 4.1-20 所示完成相关设置后单击"转换"按钮，完成导入。

图 4.1-20　导入表格数据

第三步：窗口切换到"内容视窗"，右击"GDBCatalog"窗格中的"land"，选择"预览"选项，预览导入的对象类，如图 4.1-21 所示。

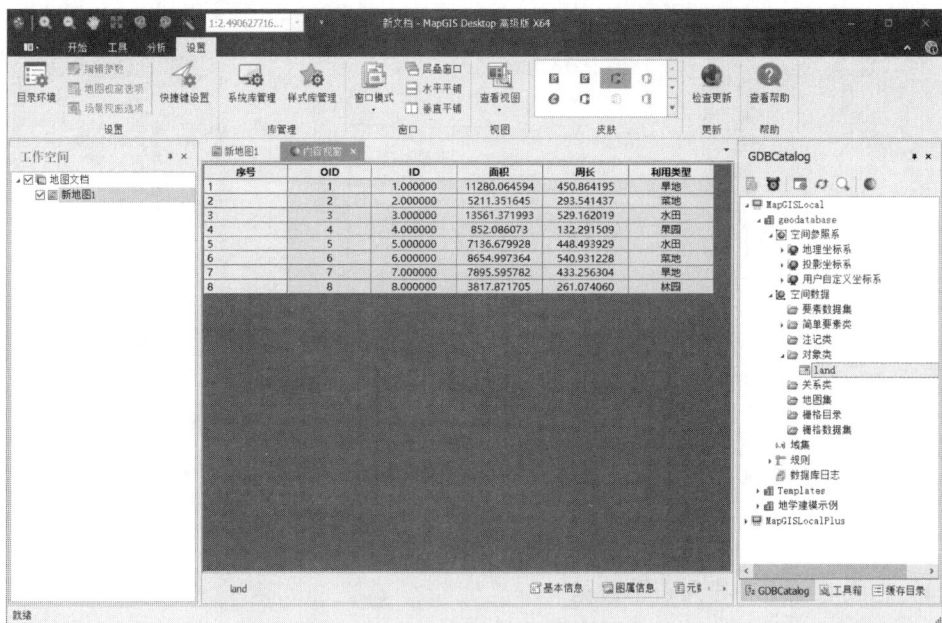

图 4.1-21　导入的对象类

（5）生成影像数据（导入影像数据）。

第一步：在"空间数据"下，右击"栅格数据集"，依次选择"导入→栅格文件"选项，弹出"数据转换"对话框。

第二步：单击"数据转换"对话框左上角的"+"按钮，选择"源数据名"为"RS.msi"，选择转换后目的数据存放目录为 geodatabase.hdf 所在目录，如图 4.1-22 所示。

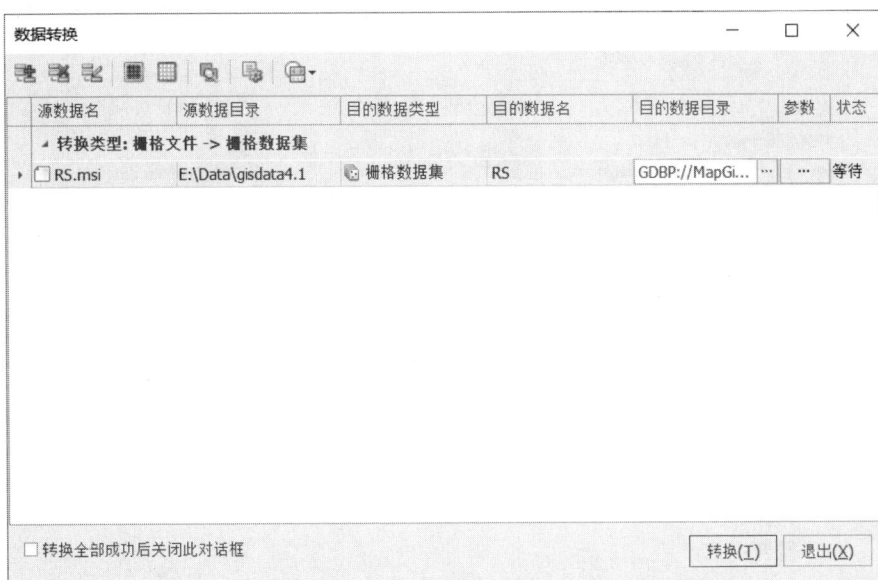

图 4.1-22　导入影像数据 RS.msi

第三步：单击"转换"按钮，完成转换后，右击"GDBCatalog"窗格中的"rs"，选择"预览"选项，预览 rs，如图 4.1-23 所示。

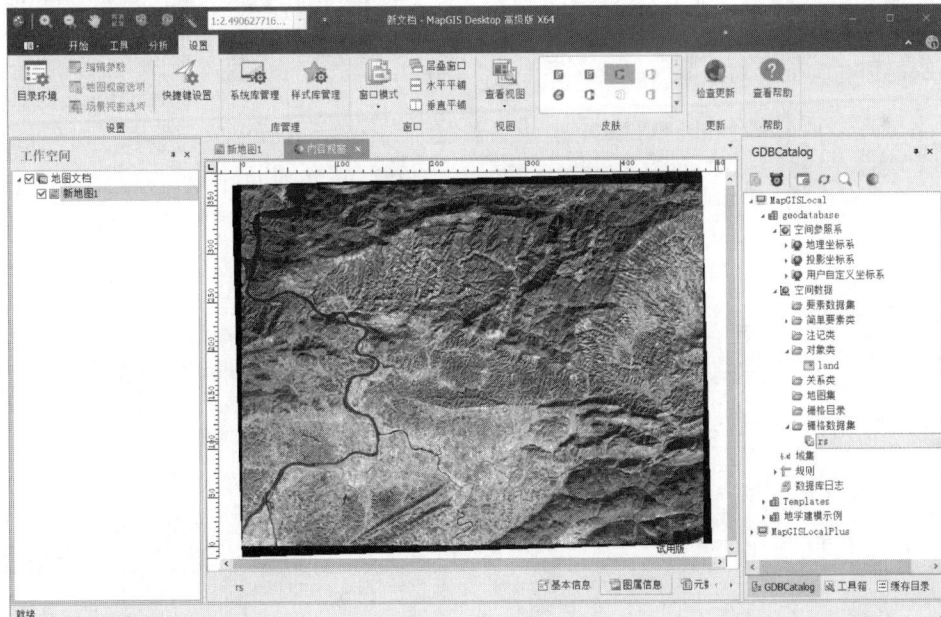

图 4.1-23　预览 rs

（6）生成注记类。

第一步：右击注记类，选择"导入"→"导入 MapGIS 6X 数据"选项，弹出"数据转换"对话框。单击"数据转换"对话框左上角"+"按钮，选择"源数据名"为 geopoint.wt，"目的数据类型"为注记类，"目的数据目录"为 geodatabase.hdf 所在目录，按图 4.1-24 所示进行设置。完成设置后单击"转换"按钮。

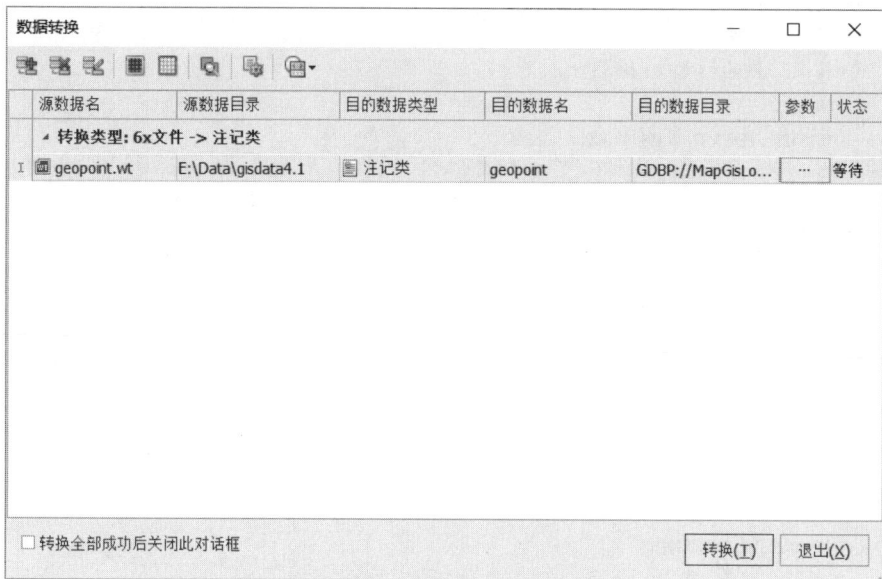

图 4.1-24　生成注记类数据

第二步：生成 geopoint 注记文件，右击"GDBCatalog"窗格中的"geopoint"，选择"预览"选项，预览 geopoint 注记文件，如图 4.1-25 所示。

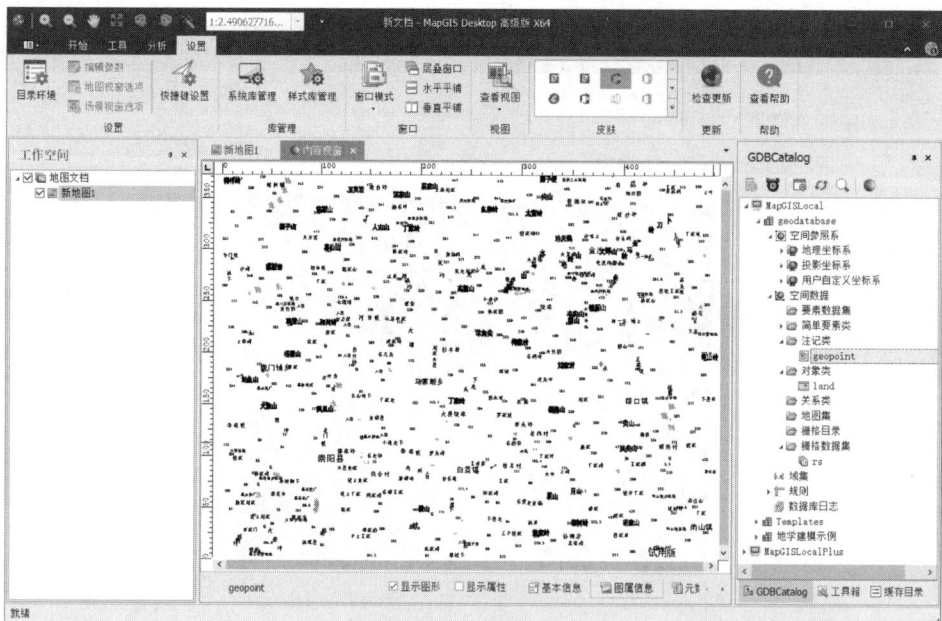

图 4.1-25　预览 geopoint 注记文件

（7）生成 TIN 数据。

第一步：依次选择"分析"→"TIN 转换"→"TIN 导入"选项，弹出"TIN 导入"对话框，按图 4.1-26 所示进行设置。

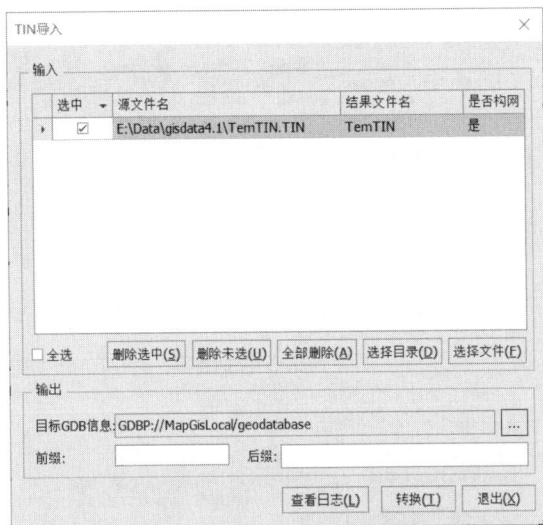

图 4.1-26 生成 TIN 数据

第二步：单击"转换"按钮，生成 TemTIN 文件，右击"GDBCatalog"窗格中的"TemTIN"，选择"预览"选项，预览 TemTIN 文件，如图 4.1-27 所示。

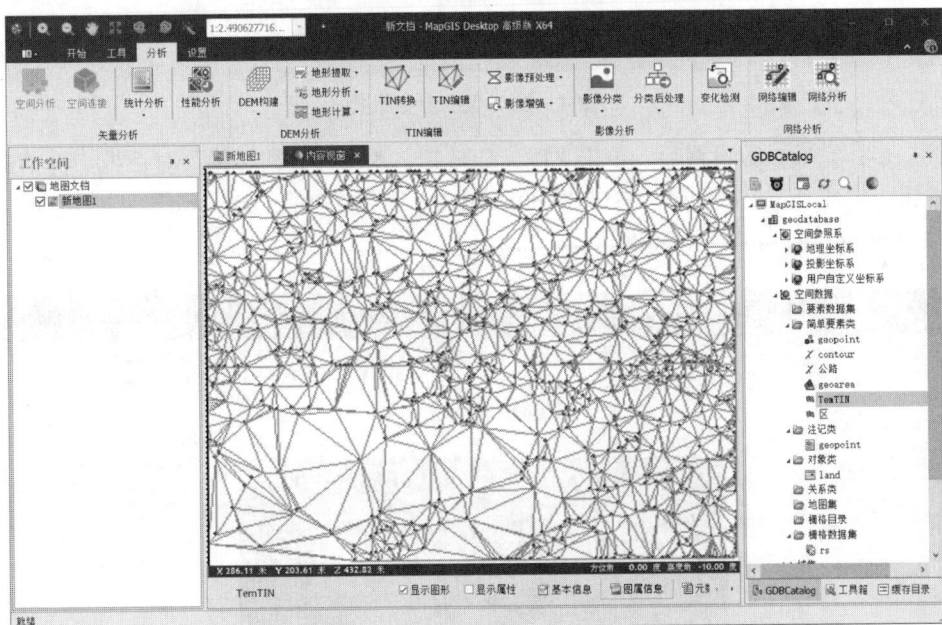

图 4.1-27 预览 TemTIN 文件

（8）GRID 数据生成。

第一步：右击"栅格数据集"，选择"导入"→"栅格文件"选项，弹出"数据转换"对话框。单击"数据转换"对话框左上角的"+"按钮，选择"源数据名"为 TmpGrid.Grid，"目的数据目录"为 geodatabase.hdf 所在目录，按图 4.1-28 所示进行设置。

第二步：单击"参数"栏中的"…"按钮，弹出"参数设置"对话框，按图 4.1-29 所示进行参数设置。

图 4.1-28　添加数据

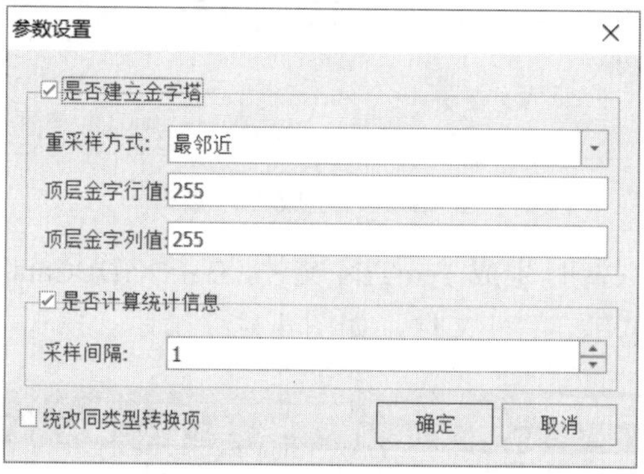

图 4.1-29　数据参数设置

第三步：完成参数设置后，单击"确定"按钮，返回"数据转换"对话框，再单击"转换"按钮，生成 tmpgrid 数据，右击"GDBCatalog"窗格中的"tmpgrid"，选择"预览"选项，预览 tmpgrid，如图 4.1-30 所示。

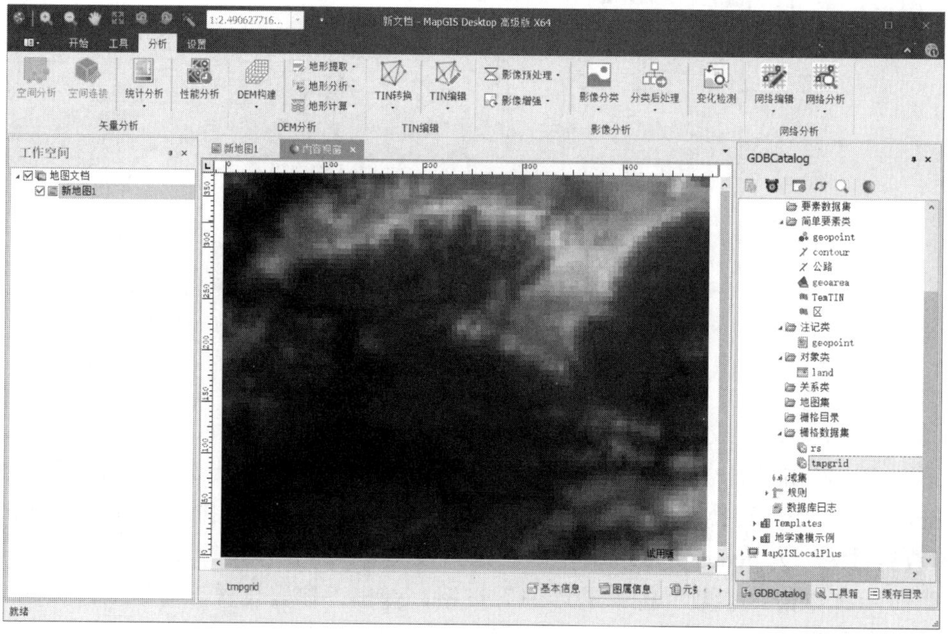

图 4.1-30　预览 tmpgrid

4.1.5　属性数据表创建

1.　利用*.dbf、*.xls 文件创建属性表

（1）添加数据。将 resident.xls 导入地理数据库 geodatabase，生成相应的对象类。在"新地图 1"中添加该对象类，右击该图层，选择"查看属性"选项，查看属性表，如图 4.1-31 所示。

序号	OID	ID	面积	周长	楼栋
1	1	1.000000	92.653389	77.754068	D1栋
2	2	2.000000	126.191205	98.493987	D2栋
3	3	3.000000	92.396399	78.552943	D3栋
4	4	4.000000	91.987952	74.846720	D4栋
5	5	5.000000	61.598375	53.181379	D5栋
6	6	6.000000	61.329879	51.490776	D6栋
7	7	7.000000	61.440717	51.826700	D7栋
8	8	8.000000	90.615211	70.822810	D8栋
9	9	9.000000	79.700740	69.731119	D9栋
10	10	10.000000	59.065963	43.691714	D10栋
11	11	11.000000	83.880253	69.632453	D11栋

图 4.1-31　resident.xls 属性表

（2）利用 MapGIS 表格的另存功能，选择属性表的字段并存储。右击属性表任意属性字段，选择"数据保存"选项，弹出"另存"对话框，在"选项"选区中单击"浏览"按钮，选择文件存放位置，并将文件命名为 resident1，勾选"保存为 EXCEL"复选框，需要保存哪些字段，就勾选该字段名称前的复选框，若不勾选字段名称前的复选框，则删除该字段，如图 4.1-32 所示，单击"确定"按钮，刷新数据库 resident1。右击"GDBCatalog"窗格中"空间数据"下"对象类"，选择"导入"选项，添加刚才保存的表格数据，生成一个新表格，如图 4.1-33 所示。

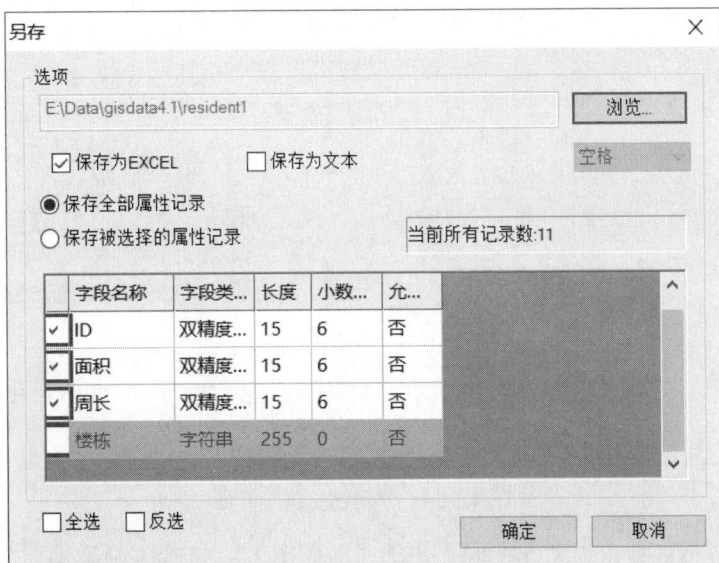

图 4.1-32　"另存"对话框

序号	OID	ID	面积	周长
1	1	1.000000	92.653389	77.754068
2	2	2.000000	126.191205	98.493987
3	3	3.000000	92.396399	78.552943
4	4	4.000000	91.987952	74.846720
5	5	5.000000	61.598375	53.181379
6	6	6.000000	61.329879	51.490776
7	7	7.000000	61.440717	51.826700
8	8	8.000000	90.615211	70.822810
9	9	9.000000	79.700740	69.731119
10	10	10.000000	59.065963	43.691714
11	11	11.000000	83.880253	69.632453

图 4.1-33   生成一个新表格

2. 创建新的属性表

（1）在"GDBCatalog"窗格中的"MapGISLocal"下，展开"geodatabase"，右击"空间数据"下"对象类"，选择"创建"选项，弹出"对象类创建向导"对话框，将"名称"设置为 owner，单击"下一步"按钮。

（2）增加字段。在"属性结构"界面中设置字段名称、类型、长度、小数显示位数、是否允许编辑及是否允许空。例如，设置"字段名称"为"户主"，设置"类型"为"字符串"，设置"长度"为"16"，允许编辑，允许为空，如图 4.1-34 所示。也可以右击某字段，在弹出的快捷菜单中选择对应选项，如"插入""删除""上移字段""下移字段"，进而实现对应操作。单击"下一步"按钮，保持默认设置，直到完成，即可创建名为 owner 的表格对象类。

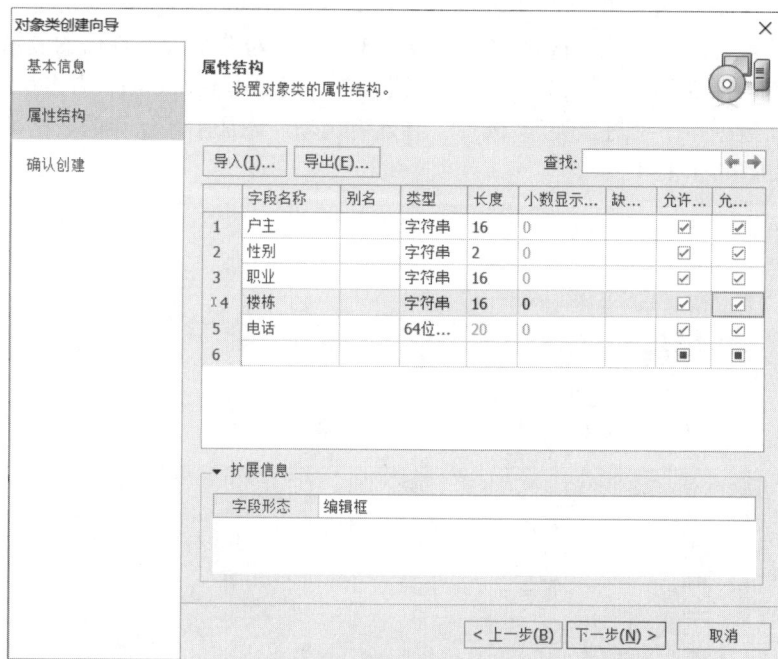

图 4.1-34   "属性结构"界面

（3）输入数据。右击"工作空间"中的"新地图 1"，选择"新建图层"选项，添加新建的 owner 表格。右击该表格，选择"查看属性"选项，记录为空。右击"序号"字段，选择"属性记录增加"选项，可以连续增加多条记录，按照表信息输入数据，如图 4.1-35 所示。

序号	OID	户主	性别	职业	楼栋	电话
1	1	王民权	男	教师	D1栋	071267762365
2	2	王汉保	男	工人	D1栋	071267763465
3	3	王田圣	男	工人	D10栋	071267767786

图 4.1-35　输入数据

（4）删除表格记录。右击表格，选择"查看属性"选项，查看属性表。右击"序号"字段，选择"属性记录删除"选项，即可删除要删除的记录。可以逐条删除，也可以全部删除。

需要注意的是，由于表格编辑没有撤销功能，删除字段或记录后将不能恢复，因此在进行删除操作时一定要慎重。

4.1.6　空间数据导出

MapGIS 10 支持将 MapGIS 10 数据导出到 MapGIS 6X 版本中，支持将属性导出到 Excel 表、Access 表、txt 表中，支持将空间要素数据导出为 SHAPE、MIF、E00、DXF 等格式文件。导出空间数据的操作过程是导入空间数据的逆过程，这里不再赘述。

4.2　属性合并

4.2.1　问题提出和数据准备

1. 问题提出

属性合并是对象属性的合并功能，即将源类属性表合并到目的类属性表中。源类属性表可以为多个简单要素类对应的属性表，合并后的属性表为对象类属性表。

（1）源表：表中数据被合并到其他表中的表。

（2）目的表：接收源表数据合并过来的表。

若两个源文件属性结构相同，则数据可直接追加到一起；若两个源文件属性结构不同，则需要设置合并选项。

2. 数据准备

某镇土地详查地理数据库 parcel.hdf 涉及两个乡的数据，每个乡有多个村。现给出两个乡的土地详查空间数据，对应的属性表包含图斑编号、地类编码、地类名称、权属性质、权属单位编码、权属单位名称、图斑面积、耕地坡度级等信息。要求对这两个乡的土地详查属性数据进行合并，并生成新的对象类。数据存放在 E:\Data\gisdata4.2 文件夹下。

4.2.2　属性表合并

（1）右击"GDBCatalog"窗格中的"MapGISLocal"，选择"附加地理数据库"选项，附加名为 parcel.hdf 的地理数据库。在"新地图 1"中添加 parcel1.WP 图层、parcel2.WP 图层，如图 4.2-1 所示。右击"新地图 1"下的 parcel1.WP、parcel2.WP，选择"查看属性"

选项，打开对应的属性表，分别如图 4.2-2、图 4.2-3 所示。

（2）设置源类及目的类。依次选择"工具"→"属性工具"→"属性合并"选项，弹出
"属性合并"对话框，如图 4.2-4 所示，将"源数据目录"设置为 parcel 所在目录，将"源
类名称"设置为 parcel1.WP、parcel2.WP。单击"属性结构"栏中的"…"按钮，可查看对
应文件的属性结构。

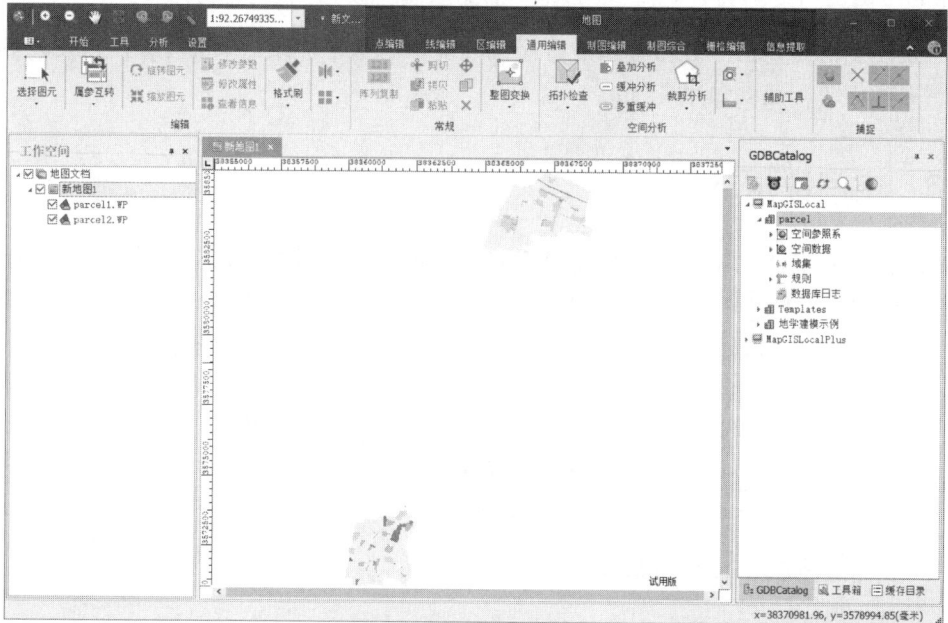

图 4.2-1　添加图层

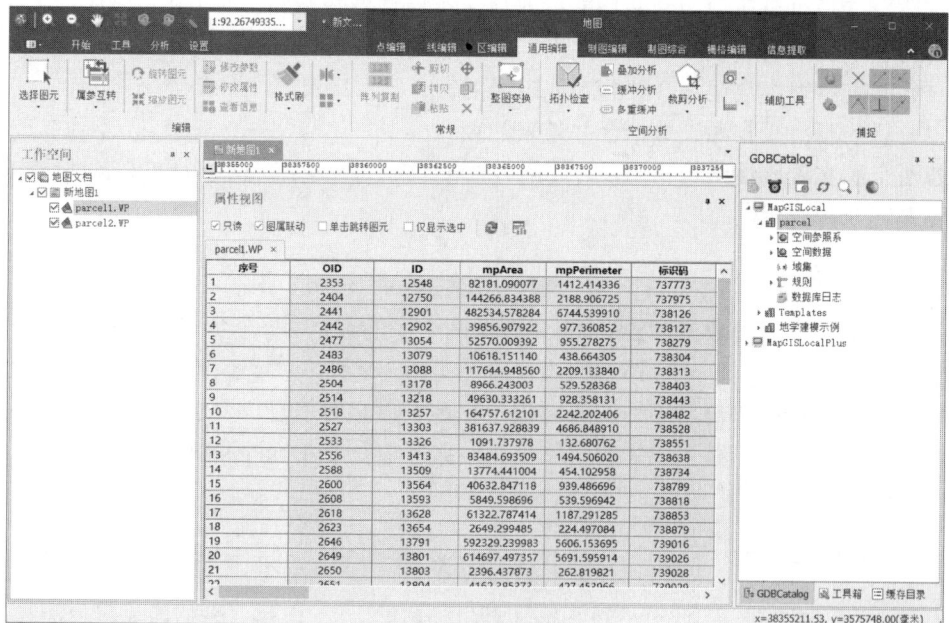

图 4.2-2　parcel1.WP 属性表

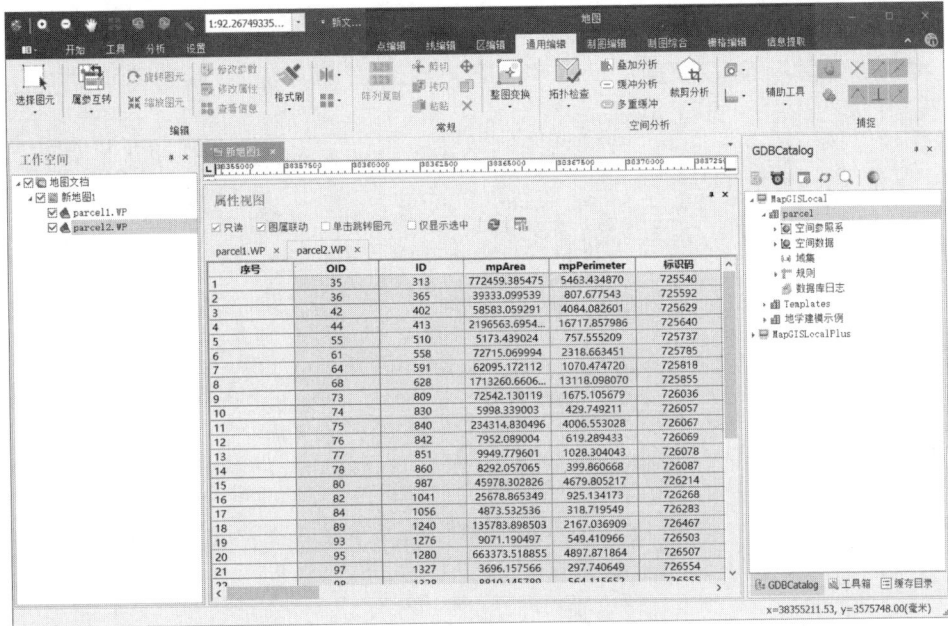

图 4.2-3　parcel2.WP 属性表

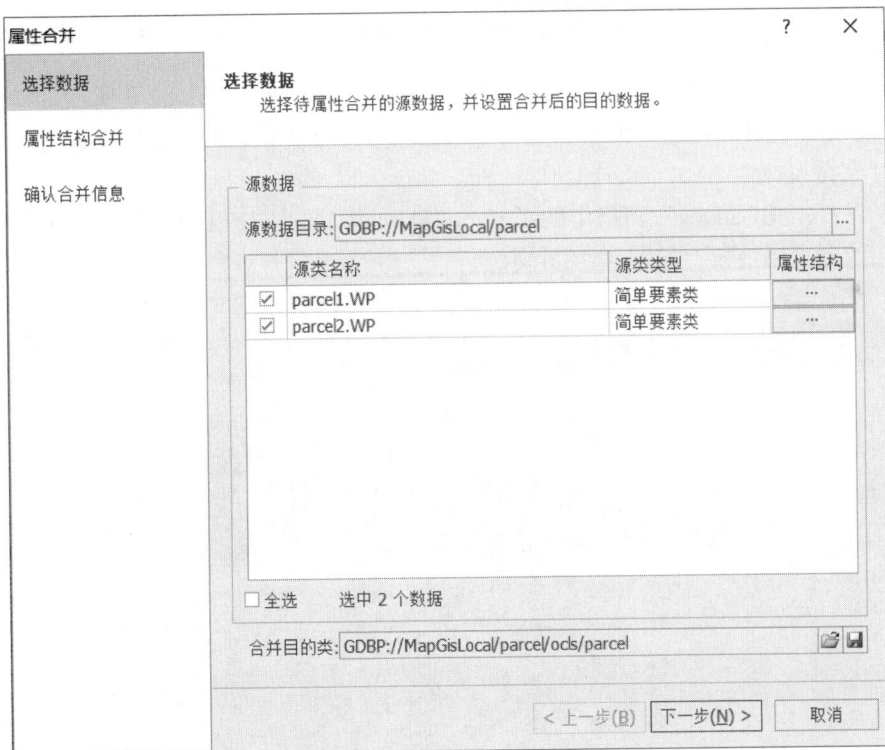

图 4.2-4　"属性合并"对话框

（3）设置目的类及创建新类 parcel。设置"合并目的类"为 GDBP://MapGisLocal/parcel/ocls/parcel，单击"下一步"按钮，进入"属性结构合并"界面。

（4）设置合并选项。若两个文件的属性结构相同，则数据可直接追加到一起；若属性结构不同，则需要在如图 4.2-5 所示界面中设置合并选项。这里两个文件的属性结构相同，故数据可以直接追加到一起。

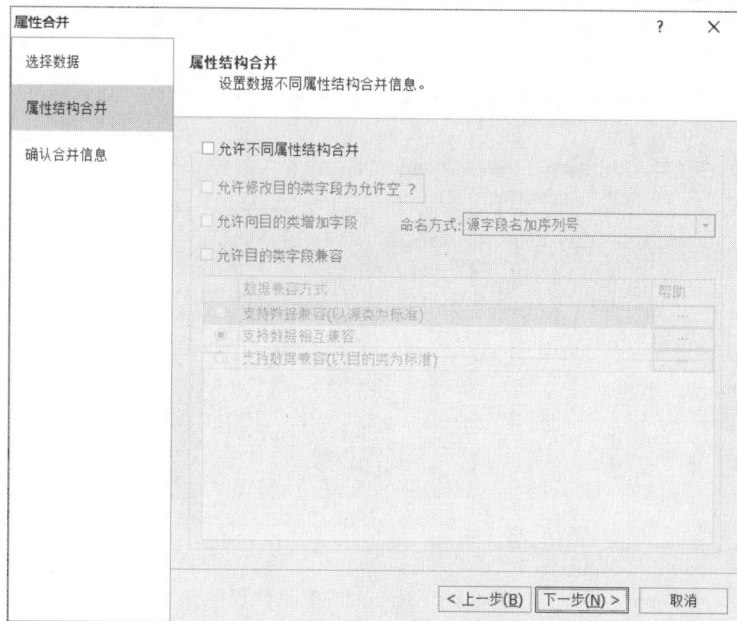

图 4.2-5　"属性结构合并"界面

（5）单击"下一步"按钮，进入"确认合并信息"界面，如图 4.2-6 所示。

（6）单击"完成"按钮，弹出属性合并日志，显示合并记录数，如图 4.2-7 所示。合并结果为对象类 parcel。

（7）在"GDBCatalog"窗格中的"MapGISLocal"下，右击 parcel 对象类，选择"预览"选项，预览属性表，如图 4.2-8 所示。

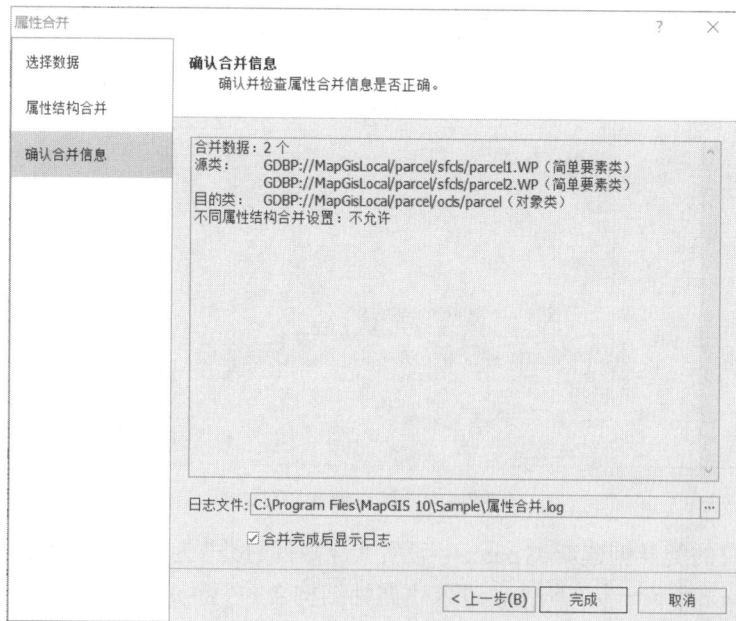

图 4.2-6　"确认合并信息"界面

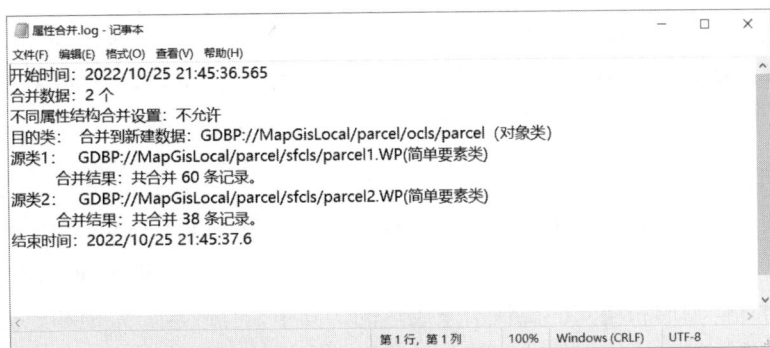

图 4.2-7　属性合并日志

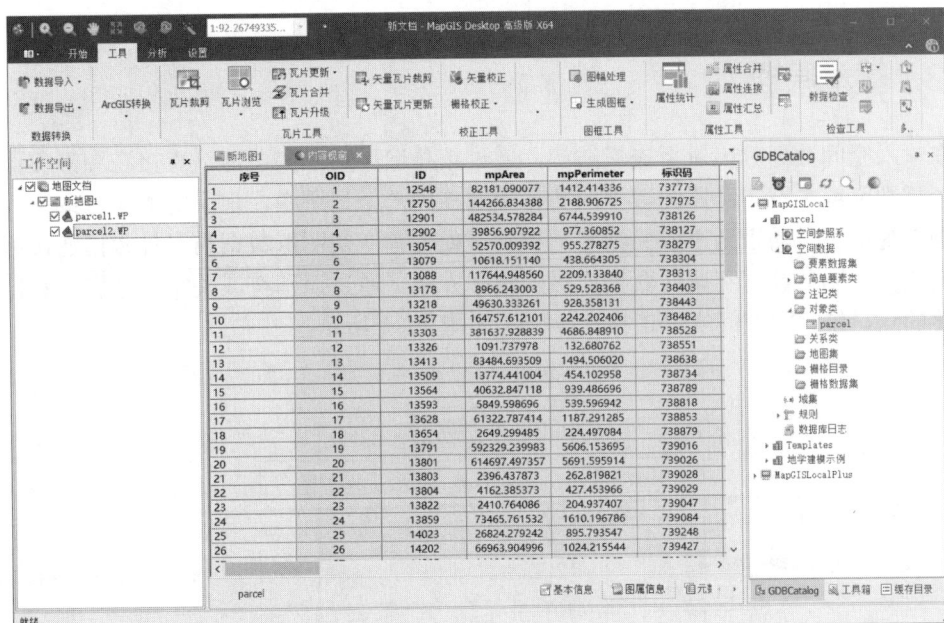

图 4.2-8　parcel 对象类属性表

4.3　图形与属性连接

4.3.1　问题提出和数据准备

1. 问题提出

GIS 空间数据库中的数据比较复杂，不仅有与一般数据库性质相似的地理要素的属性数据，还有大量的空间数据。空间数据描述了空间实体的空间分布位置及形状，属性数据描述了与空间实体有关的应用信息，这两种数据之间具有不可分割的联系。在很多应用中要对空间数据进行合适的空间分析，只有空间位置数据是不够的，还要有丰富的属性数据。

MapGIS 提供了强大的属性数据管理功能，支持连接和外挂多种数据库和文件类型，包括 DBASE、FoxBASE、FoxPro、Visual FoxPro、Paradox、Access、Excel 等数据库软件生成的文件，还可与其他大型商用数据库（如 Sybase、Informix、Oracle 等）连接。

2. 数据准备

本分析使用的数据库为 cell.hdf 地理数据库。土地利用数据包括行政区、宗地、境界、等高线、高程点、线状地物、地类界线、界址线、地类图斑、注记等土地利用要素，其内容是通过矢量的几何图形和相应的属性值来表达的。其中，行政区、宗地和地类图斑用面状图形表达，境界、等高线、界址线、线状地物和地类界线用线状图形表达，高程点、界址点和零星地物用点状地物表达。本节的土地利用数据仅包含地类图斑要素数据；属性数据主要是户主信息表。数据存放在 E:\Data\gisdata4.3 文件夹下。

4.3.2　基本原理

在输入空间数据时，对于矢量结构，通过拓扑造区建立多边形，直接在图形实体上附加一个识别符或关键字。属性数据的数据项放在同一个记录中，记录的顺序号或某一特征数据项作为该记录的识别符或关键字。识别符或关键字是图形数据与属性数据连接和相互检索的纽带。图形数据和属性数据连接的较好方法是通过识别符或关键字把属性数据与已数字化的点、线、面空间实体连接在一起，如图 4.3-1 所示。

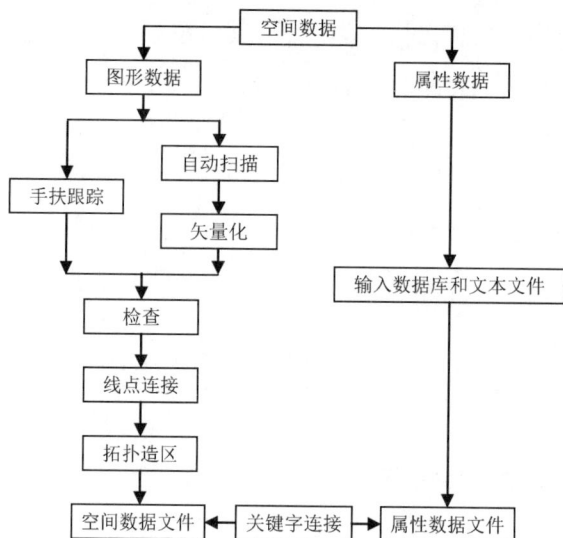

图 4.3-1　空间与属性数据连接

4.3.3　地块空间数据与属性数据连接

（1）右击"GDBCatalog"窗格中的"MapGISLocal"，选择"附加地理数据库"选项，附加名为 cell 的地理数据库，在"新地图 1"中添加 land.wp 图层，如图 4.3-2 所示。

（2）连接的数据源表可以是.xls、.dbf 格式的文件等。这些表应先在"GDBCatalog"窗格中转为 cell 地理数据库下的对象类，具体步骤参考 4.1.4 节。这里连接的源表为 land.xls，导入数据库中对应的对象类为 land。land 对象类的属性表如图 4.3-3 所示。

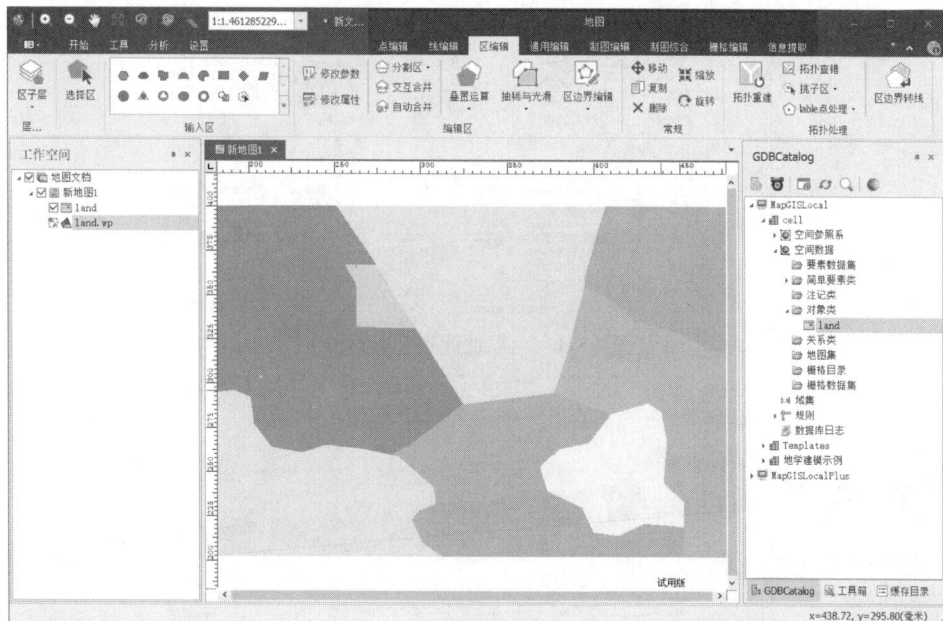

图 4.3-2　添加 land.wp 图层

序号	OID	fldID	利用类型	土地权属	土地估价	户主
1	1	1.000000	旱地	使用权	20000.000000	张小明
2	2	2.000000	菜地	所有权	10000.000000	李小刚
3	3	3.000000	水园	使用权	21000.000000	李山册
4	4	4.000000	果园	所有权	8000.000000	李成江
5	5	5.000000	水田	使用权	17000.000000	李小刚
6	6	6.000000	菜地	所有权	16000.000000	张小明
7	7	7.000000	旱地	使用权	15000.000000	李小刚
8	8	8.000000	林园	所有权	12000.000000	李成江

图 4.3-3　land 对象类的属性表

（3）选择源类及目的类。依次选择"工具"→"属性工具"→"属性连接"选项，弹出"属性连接"对话框，如图 4.3-4 所示，这里把对象类 land 作为源类，将简单要素类 land.wp 作为目的类，连入字段默认选择全部字段。

（4）设置源类和目的类连接的关键字段。可以指定多个字段，将源类的关键字段 fldID 与目的类的关键字段 ID 进行数据匹配连接，单击"添加"按钮，如图 4.3-5 所示。

（5）设置连接方式，若将连接结果保存为对象类，则需指定新对象类的保存路径及名称，这里保持默认连接方式，即完全连接，不改变目的类，如图 4.3-6 所示。若选择"不完全连接"单选按钮，将会删除无法匹配的记录。单击"完成"按钮，开始连接。

（6）属性连接结果。属性连接成功后源表数据将挂接到相应记录后，右击该图层，选择"查看属性"选项，结果如图 4.3-7 所示。

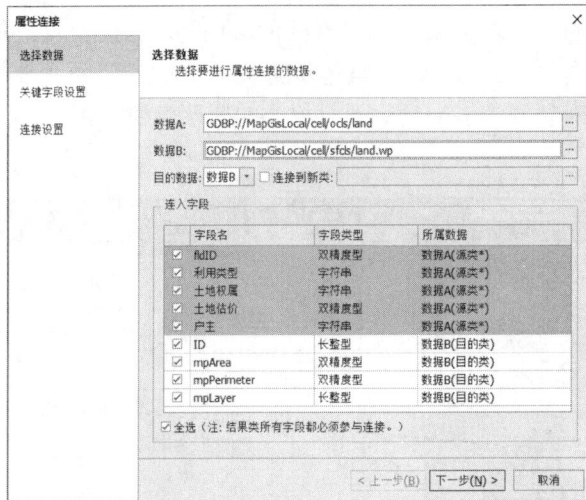

图 4.3-4　"属性连接"对话框

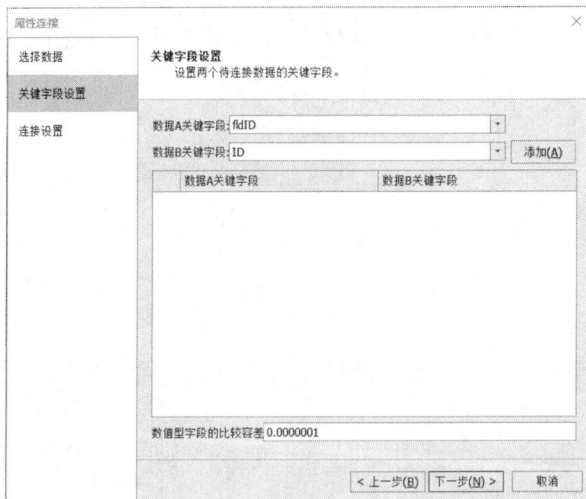

图 4.3-5　关键字段设置

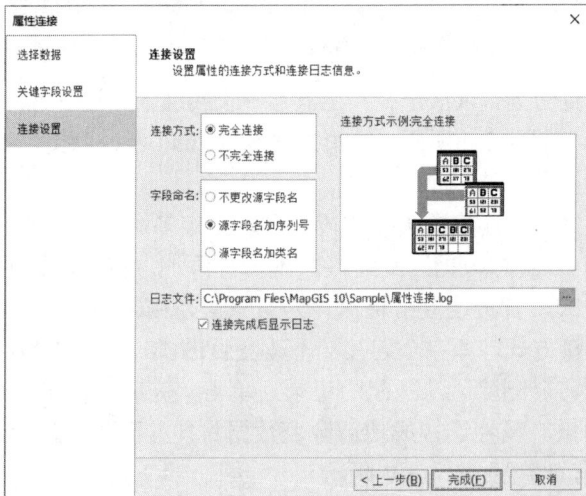

图 4.3-6　属性连接设置

序号	OID	mpArea	mpPerimeter	mpLayer	fldID	利用类型	土地权属	土地估价	户主
1	1	11280.064594	450.864195	0	1.000000	旱地	使用权	20000.000000	张小明
2	2	5211.351645	293.541437	0	2.000000	菜地	所有权	10000.000000	李小刚
3	3	13561.371993	529.162019	0	3.000000	水田	使用权	21000.000000	李山册
4	4	852.086073	132.291509	0	4.000000	果园	所有权	8000.000000	李成江
5	5	7136.679928	448.493929	0	5.000000	水田	使用权	17000.000000	李小刚
6	6	8654.997364	540.931228	0	6.000000	菜地	所有权	16000.000000	张小明
7	7	7895.595782	433.256304	0	7.000000	旱地	使用权	15000.000000	李小刚
8	8	3817.871705	261.074060	0	8.000000	林园	所有权	12000.000000	李成江

图 4.3-7　连接后的地块空间数据与属性数据

第5章

栅格分析

5.1 栅格基本分析

5.1.1 问题提出和数据准备

1. 问题提出

栅格数据模型将地理空间分割成固定的格网，格网的基本单元是大小固定的矩形，空间实体通过其在格网中的行、列、取值进行表达。使用矢量数据模型解决邻近问题，需要明确的边界条件或能够产生明确的边界。例如，在使用矢量数据计算人口密度时，需要确定计算范围的边界，并根据这些边界计算面积；同样，空间分析中的缓冲区分析及网格分析中的服务区分析，都会产生明确的边界。栅格数据模型可以用于边界不确定的一类问题的求解。本节重点研究对矢量数据进行栅格分析的几种方法，如距离制图、邻近制图、计算密度、邻域统计。

2. 数据准备

本节使用的数据为矢量数据，主要是存储在 wells.HDF 中的水源分布点离散数据（wells_point）和存储在 population 地理数据库中的居民点人口数量离散数据（population_point），两种数据均为点主题。数据存放在 E:\Data\gisdata5.1 文件夹下。

5.1.2 距离制图

1. 测定距离

测定距离就是计算每个栅格与最近要素之间的距离并按远近分级。基于最终输出的距离数据，可产生缓冲区或找出位于某个要素一定范围内的其他要素。

（1）右击"GDBCatalog"窗格中的"MapGISLocal"，选择"附加地理数据库"选项，附加 wells 地理数据库，结果如图 5.1-1 所示。

（2）依次选择"分析"→"DEM 分析"→"地形分析"→"距离制图"选项，弹出"距离分析"对话框，将"源数据"设置为 wells_point，将"最大制图距离"设置为 10，按图 5.1-2 所示修改其他参数。

通过勾选"直线方向"复选框和"直线分配"复选框，来确定输出方式，在"直线方向"栏、"直线分配"栏和"直线距离"栏中设置输出路径和输出文件名。

直线方向：用于后面的邻域分析。

直线分配：即邻近制图，将所有栅格分配给距其欧几里得距离最近的要素。输出数据的每个栅格值是距其欧几里得距离最近的要素的特征值。

直线距离（测定距离）：计算每个栅格与最近要素之间的距离，并按远近分级。

（3）设置输出文件名为 distance to wells。单击"确定"按钮，结果如图 5.1-3 所示。

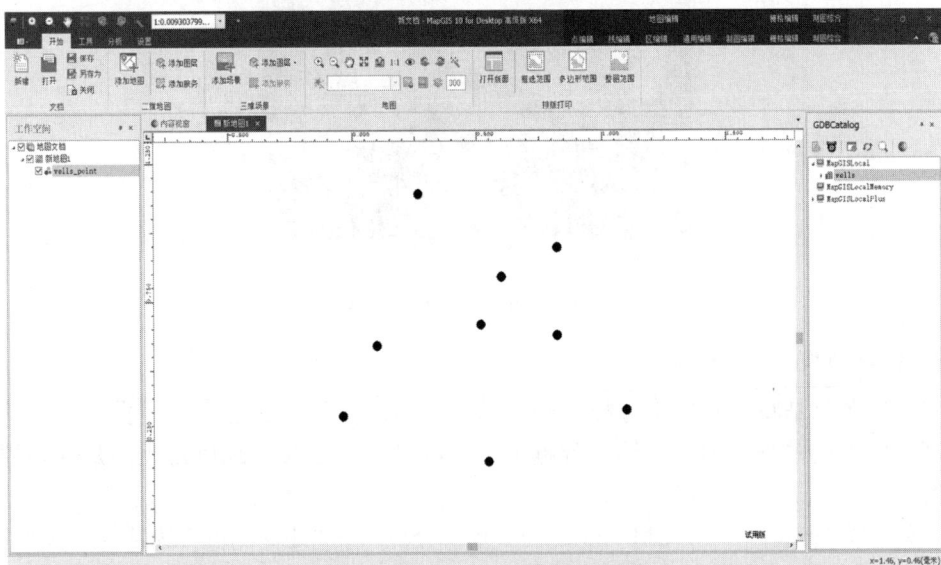

图 5.1-1　附加 wells 地理数据库

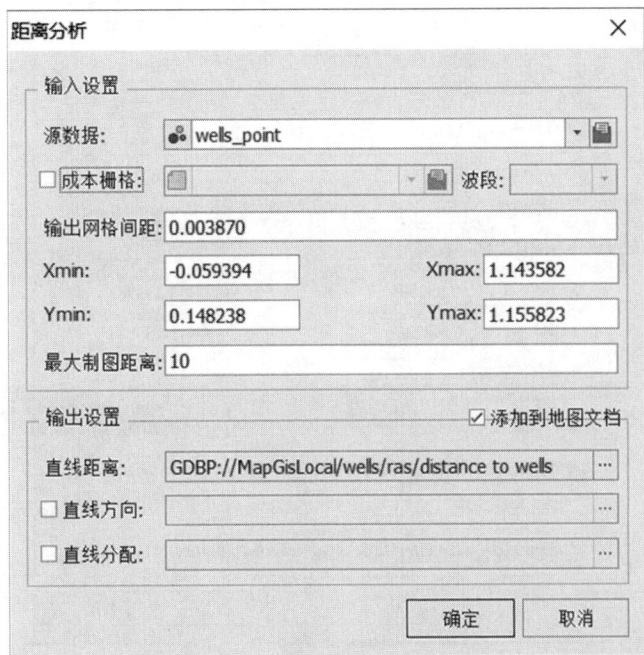

图 5.1-2　"距离分析"对话框

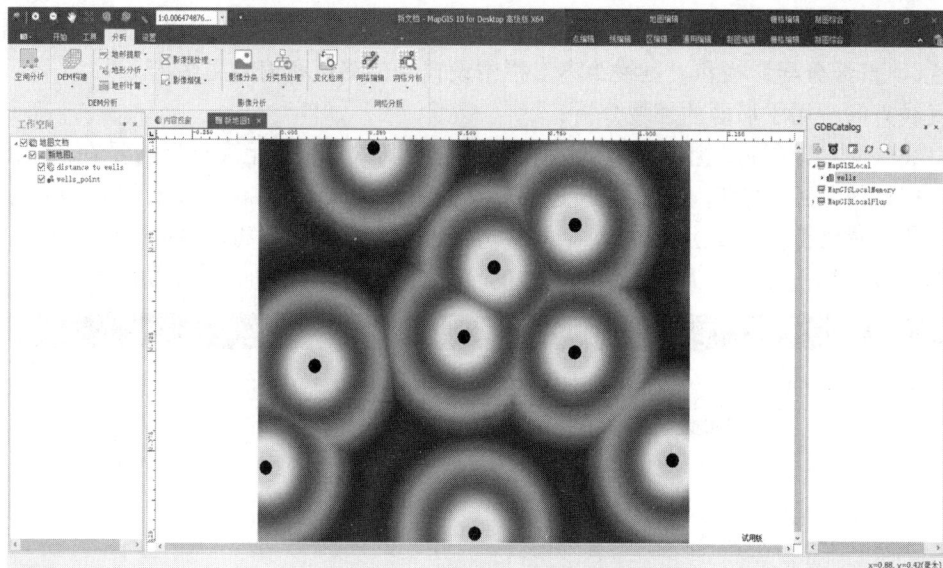

图 5.1-3　distance to wells 文件

2. 邻近制图

邻近制图就是将所有栅格分配给距其欧几里得距离最近的要素。根据要素的特征值确定每个要素的覆盖范围，其输出数据的每个栅格值是距其欧几里得距离最近的要素的特征值。

依次选择"分析"→"DEM 分析"→"地形分析"→"距离制图"选项，弹出"距离分析"对话框，将"源数据"设置为 wells_point，将"最大制图距离"设置为 10，勾选"直线分配"复选框，将输出文件命名为 proximity to wells，如图 5.1-4 所示，单击"确定"按钮，结果如图 5.1-5 所示。

图 5.1-4　"距离分析"对话框

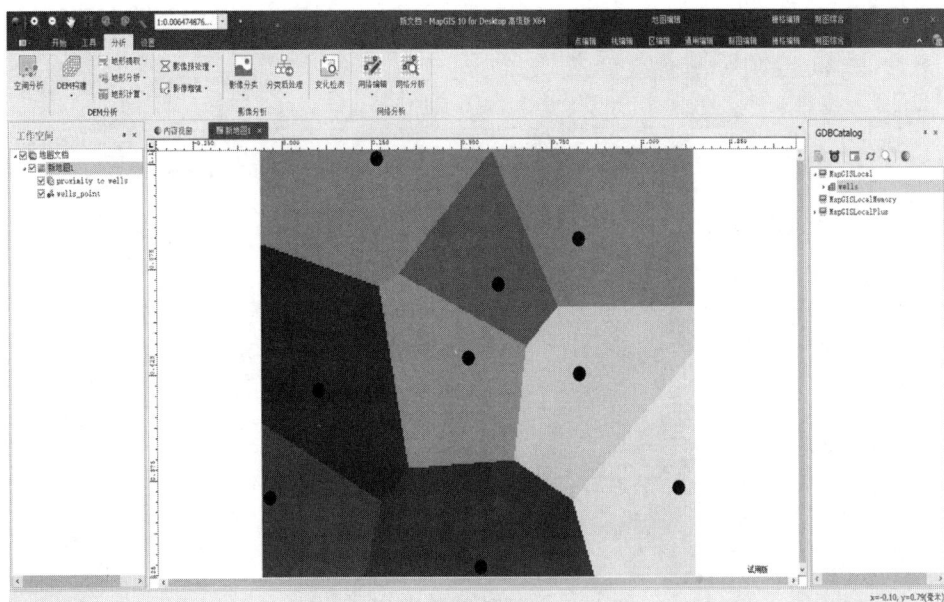

图 5.1-5　proximity to wells 文件

3. 方向制图

依次选择"分析"→"DEM 分析"→"地形分析"→"距离制图"选项，弹出"距离分析"对话框，将"源数据"设置为 wells_point，将"最大制图距离"设置为 10，按图 5.1-6 所示修改其他参数，勾选"直线方向"复选框，将输出文件命名为 direction to wells，如图 5.1-6 所示，单击"确定"按钮，结果如图 5.1-7 所示。

图 5.1-6　"距离分析"对话框

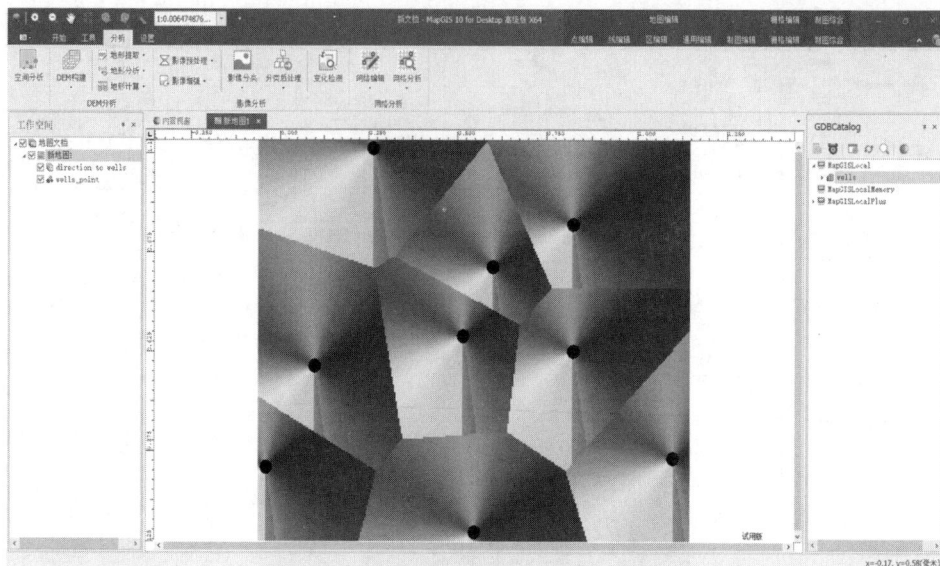

图 5.1-7　direction to wells 文件

5.1.3　计算密度

计算密度就是根据输入的点要素，计算整个区域的数据分布状况，常用于制作人口密度图、城镇密度图等。

1. 显示居民点人口数

（1）右击"GDBCatalog"窗格中的"MapGISLocal"，选择"附加地理数据库"选项，附加 population 地理数据库，在"新地图 1"中添加 population_point 图层，如图 5.1-8 所示。

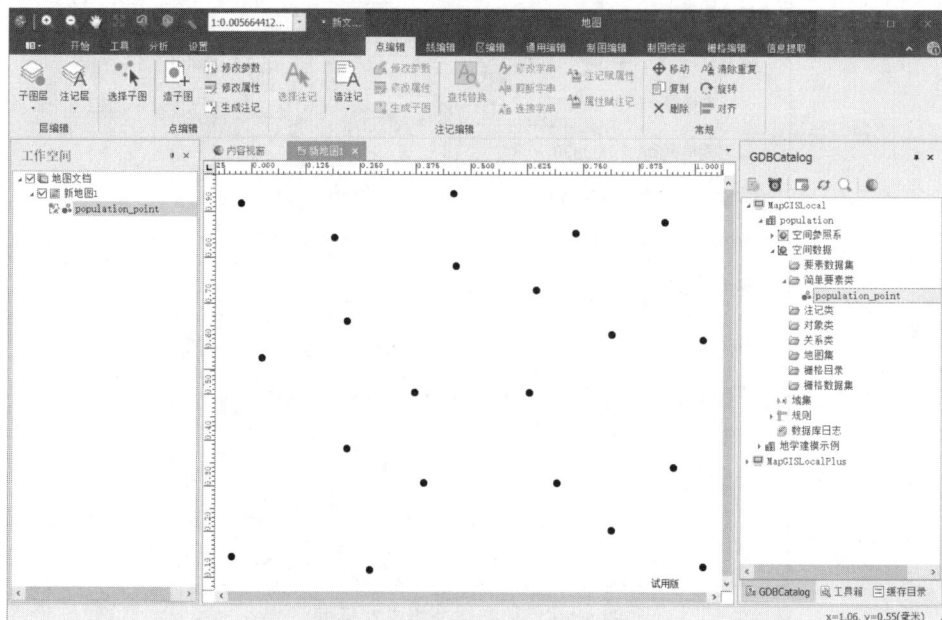

图 5.1-8　添加 population_point 图层

（2）右击 population_point 图层，选择"属性"选项。弹出"population_point 属性页"对话框，选择"动态注记"选项，勾选"标注此图层中的要素"复选框，将"字段"设置为 POPULATION，并根据实际情况设置字体、字号等属性，如图 5.1-9 所示，单击"确定"按钮。

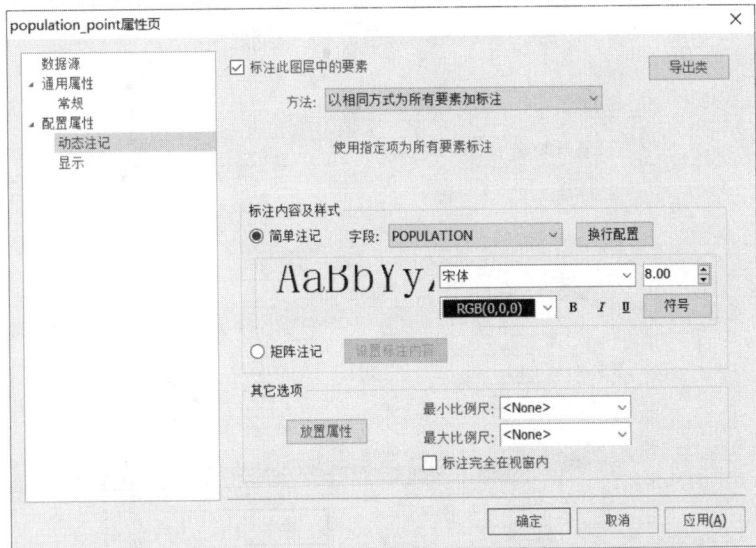

图 5.1-9　"动态注记"界面

（3）将中间窗口切换到"新地图 1"标签页，并在中间区域右击，选择"更新窗口"选项，每个居民点人口数动态注记就显示出来，如图 5.1-10 所示。

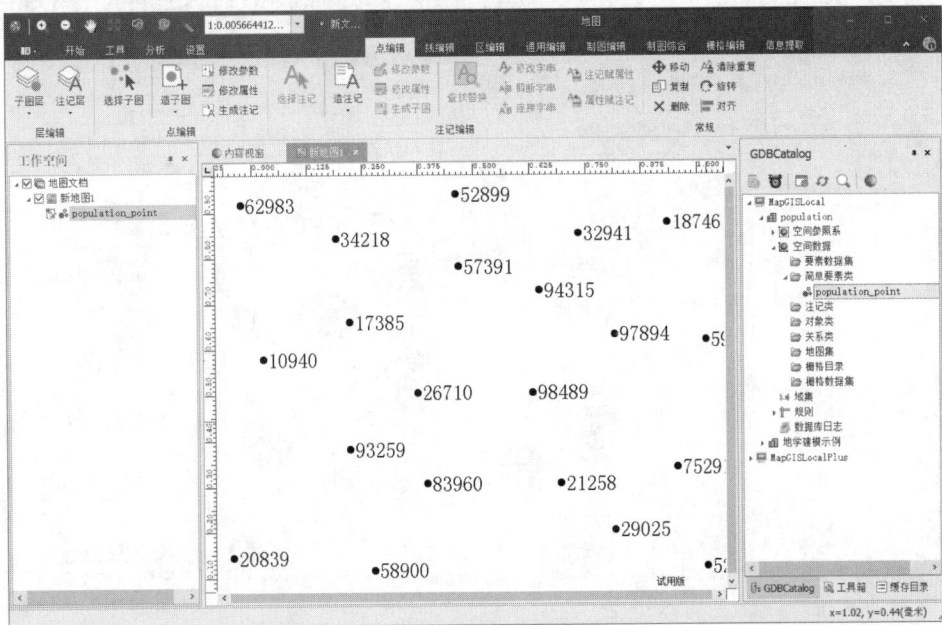

图 5.1-10　显示居民点人口数动态注记

2. 密度制图

（1）依次选择"分析"→"DEM 分析"→"地形分析"→"密度制图"选项，弹出"密度分析"对话框。将"简单要素类"设置为 population_point；将"属性字段"设置为 POPULATION，将"密度类型"设置为 Kernel（这是一种计算密度的方法），将"搜索半径"设置为 0.1，将"结果栅格"设置为 Density1 所在目录，如图 5.1-11 所示。

图 5.1-11　"密度分析"对话框

（2）单击"确定"按钮，得到的密度图如图 5.1-12 所示，图中圆圈颜色越深的地方密度越大，颜色越浅的地方密度越小。

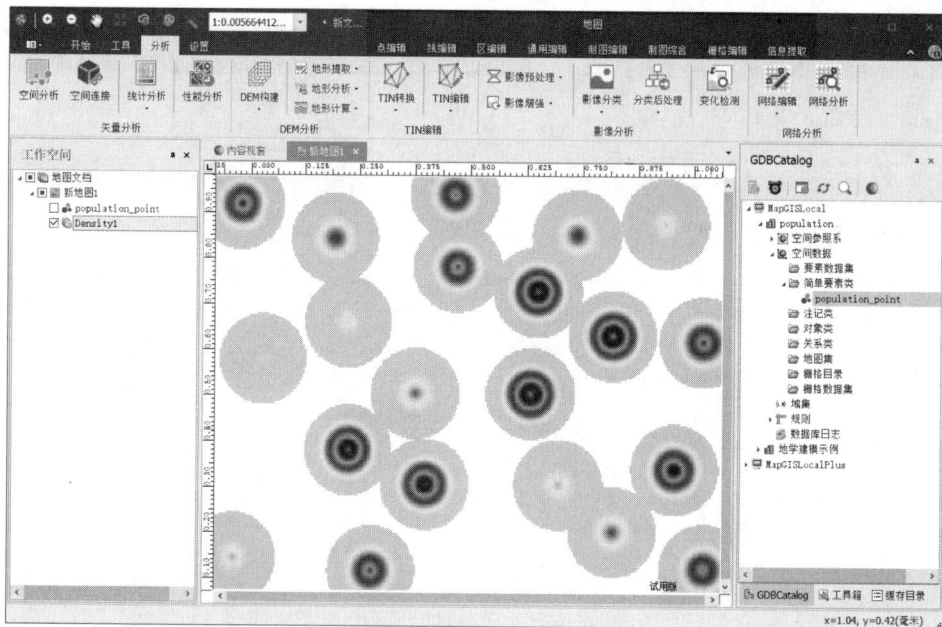

图 5.1-12　密度图（Kernel 法）

若将"密度类型"设置为 Simple，则得到如图 5.1-13 所示的密度图。

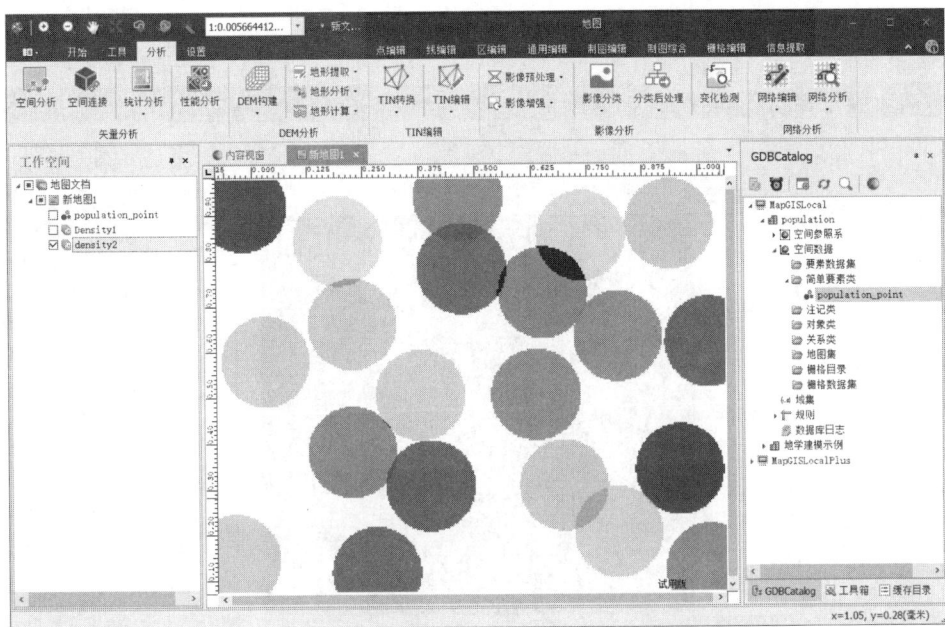

图 5.1-13 密度图（Simple 法）

5.1.4 邻域统计

邻域统计的基本思路就是以待计算的栅格像元为中心，向周围邻域扩展一定的范围，然后根据这些扩展栅格像元与中心像元的值或仅用扩展像元（分析窗口）的值进行函数运算，从而得到这个待计算像元的新值。像元邻域统计功能以待计算栅格为中心向周围扩展一定范围，基于这些扩展栅格数据进行函数运算，完成像元邻域分析。统计方式有最小值、最大值、高程范围、累加值、平均值、标准差和中值。这里仅对高程范围和最小值两种统计方式进行介绍，其他统计方式与此类似。

依次选择"分析"→"DEM 分析"→"地形分析"→"栅格统计"→"像元邻域统计"选项，弹出"像元邻域统计"对话框，在"输入设置"选区中将"栅格数据"设置为 distance to wells，将"统计方式"设置为高程范围；在"区域设置"选区中，将"宽度"设置为 3，将"高度"设置为 3；在"输出设置"选区中，将"结果栅格"设置为 AnalyseDEM 所在目录，其余选项保持默认设置，如图 5.1-14 所示，单击"确定"按钮，结果如图 5.1-15 所示。

图 5.1-14 "像元邻域统计"对话框

若在"像元邻域统计"对话框中，将"栅格数据"设置为 distance to wells，将"统计方式"设置为最小值，将"结果栅格"设置为 AnalyseMin 所在目录，将"宽度"设置为 3，将"高度"设置为 3，其余选项保持默认设置，则单击"确定"按钮后，将得到如图 5.1-16 所示的统计结果。

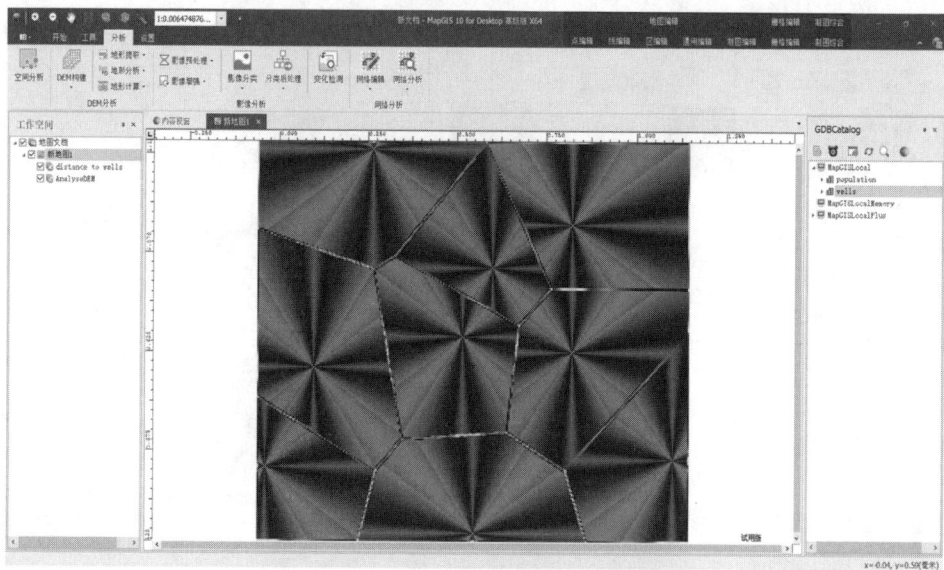

图 5.1-15　AnalyseDEM 文件

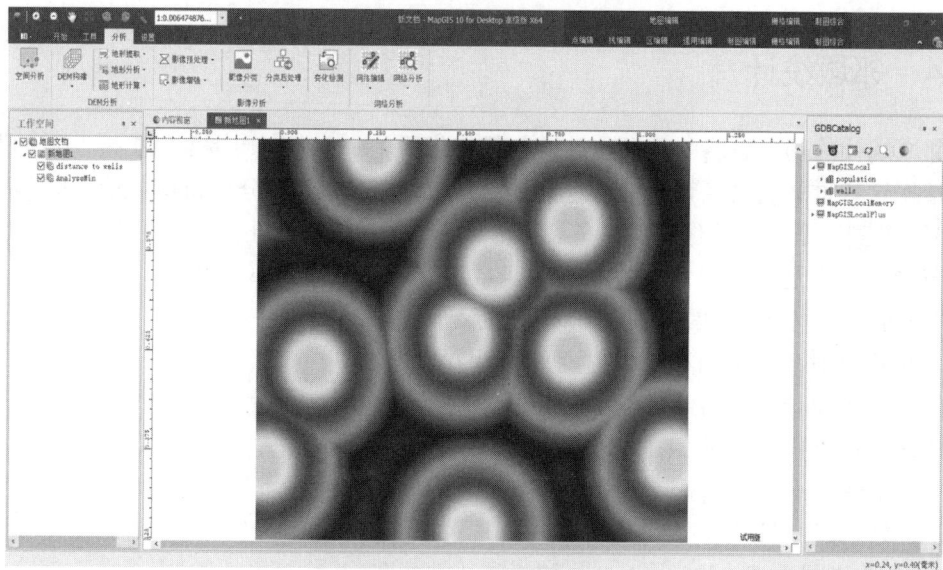

图 5.1-16　AnalyseMin 文件

5.1.5　频率统计

频率统计就是对输入的栅格主题中的栅格数据进行像元频率信息统计。统计类型有相等的频率、大于的频率、小于的频率、最高的位置、最低的位置、普及度和等级。下面仅对统计类型为相等的频率的情况进行介绍，其他情况与此类似。

（1）依次选择"分析"→"DEM 分析"→"地形分析"→"栅格统计"→"栅格频率统计"选项，弹出"频率统计"对话框，将"选择类型"设置为相等的频率，将参与统计栅格数据设置为 density1，选择"数值"单选按钮，并在下方的框中输入 10，将"结果栅格"设置为density10 所在目录，如图 5.1-17 所示。

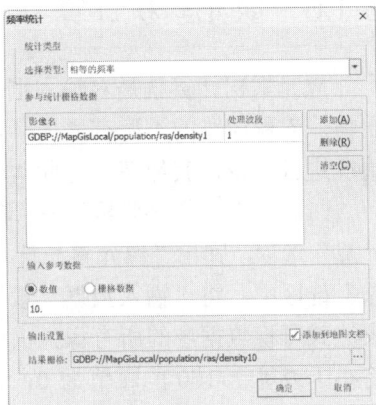

① 相等的频率：统计指定的若干数据层中像元值与参考数据层像元值相等的像元数，并生成新的栅格数据。若有 n 个值相等，则新栅格数据中相应的像元值为 n。

② 大于的频率：统计指定的若干数据层中像元值大于参考数据层像元值的像元数，并生成新的栅格数据。若有 n 个数据层对应的像元值大于参考值，则新栅格数据中相应的像元值为 n。

图 5.1-17　"频率统计"对话框

③ 小于的频率：统计指定的若干数据层中像元值小于参考数据层像元值的像元数，并生成新的栅格数据。若有 n 个数据层对应的像元值小于参考值，则新栅格数据中相应的像元值为 n。

④ 最高的位置：统计待统计栅格中每个对应像元的最大像元值所在位置，并生成新的栅格数据。若某一像元处最大像元值是第 n 个待统计栅格，则该处像元值为 n。

⑤ 最低的位置：统计待统计栅格中每个对应像元的最小像元值所在位置，并生成新的栅格数据。若某一像元处最小像元值是第 n 个待统计栅格，则该处像元值为 n。

⑥ 普及度：统计待统计栅格中指定参考值出现的次数。

⑦ 等级：对多幅栅格对应单元格进行由小到大排序，若参考值为 n，则将序列为 n 的像元值赋值给对应单元格；若没有序列为 n 的像元值，则将 0 赋值给该单元格。

（2）单击"确定"按钮，执行频率统计操作，结果如图 5.1-18 所示。

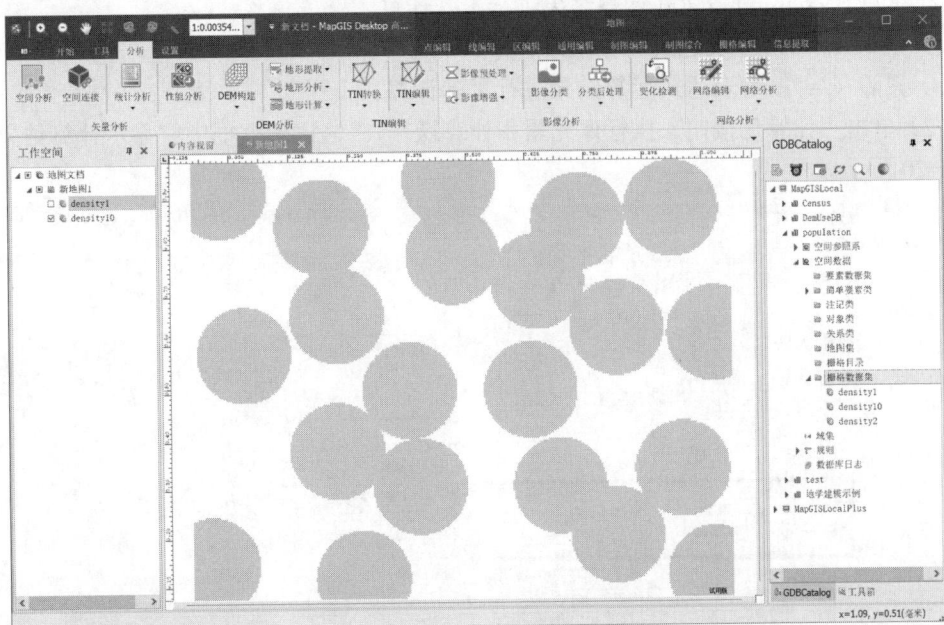

图 5.1-18　density1 频率统计结果

5.1.6 像元累积计算

像元累积计算就是对输入栅格数据的像元按照某种累积计算方式进行计算，并获得输出值。累积计算的类型有累加（+=）、累减（-=）、累乘（*=）和累除（/=）。下面仅对累加情况进行介绍，其他情况与此类似。

（1）依次选择"分析"→"DEM 分析"→"地形分析"→"栅格统计"→"像元累积计算"选项，弹出"像元累积计算"对话框，将"操作类型"设置为累加(+=)；在"操作对象"选区中，将"输入数据"设置为 density1，将"表达式"设置为 IF（A>100，1，0），该表达式可将数据层的所有像元值进行累加运算，即先将数据层像元值大于 100 的赋值为 1，将小于或等于 100 的赋值为 0，再将这些结果进行累加运算，以统计像元值大于 100 的像元数。其他选项保持默认值，如图 5.1-19 所示。

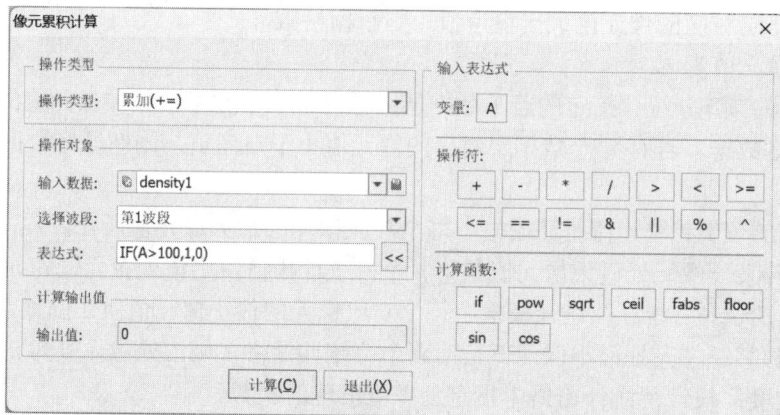

图 5.1-19 "像元累积计算"对话框

① 累加（+=）：对表达式运算结果进行累加计算。
② 累减（-=）：对表达式运算结果进行累减计算。
③ 累乘（*=）：对表达式运算结果进行累乘计算。
④ 累除（/=）：对表达式运算结果进行累除计算。

（2）单击"计算"按钮，执行像元累积计算操作，"输出值"框中将显示计算结果，如图 5.1-20 所示。

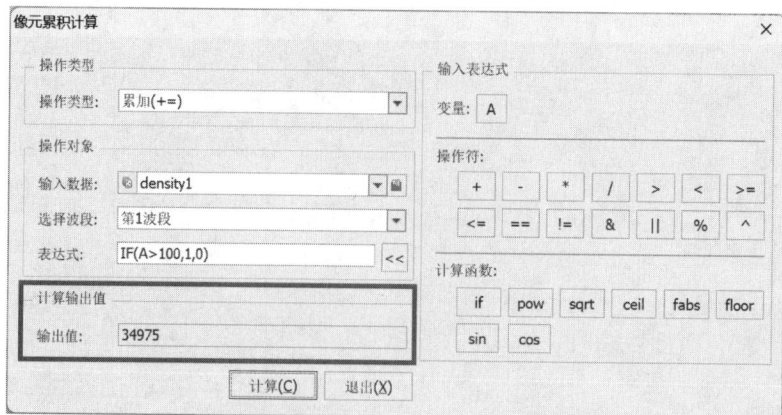

图 5.1-20 像元累积计算结果

5.1.7　像元聚集统计

像元聚集统计就是对输入的栅格主题中的栅格数据的像元按照分块方式进行像元聚集分析的功能。统计方式有最大值、最小值、平均值、高程和、高程范围、高程标准差和中值。下面仅对最大值情况进行介绍，其他情况与此类似。

（1）依次选择"分析"→"DEM 分析"→"地形分析"→"栅格统计"→"像元聚集统计"选项，弹出"像元聚集统计"对话框，将"栅格数据"设置为 density1，将"统计方式"设置为最大值，将"分块宽度"和"分块高度"都设置为 3，将"统计类型"设置为原始分辨率，将"结果栅格"设置为 density_max 所在目录，如图 5.1-21 所示。

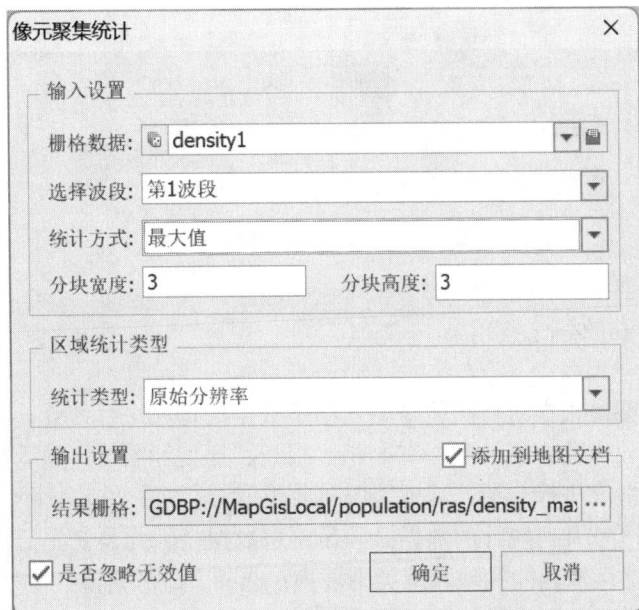

图 5.1-21　"像元聚集统计"对话框

① 最大值：统计邻域内出现的最大数值，聚集统计结果中该邻域范围所有像元值都为该值。

② 最小值：统计邻域内出现的最小数值，聚集统计结果中该邻域范围所有像元值都为该值。

③ 平均值：统计邻域内的平均数，聚集统计结果中该邻域范围所有像元值都为该值。

④ 高程和：统计邻域单元值的总和，聚集统计结果中该邻域范围所有像元值都为该值。

⑤ 高程范围：统计邻域单元值的取值范围，聚集统计结果中该邻域范围所有像元值都为该值。

⑥ 高程标准差：统计邻域单元值的标准差，聚集统计结果中该邻域范围所有像元值都为该值。

⑦ 中值：统计邻域单元值中的中值，聚集统计结果中该邻域范围所有像元值都为该值。

（2）单击"确定"按钮，执行像元聚集统计操作，结果如图 5.1-22 所示。

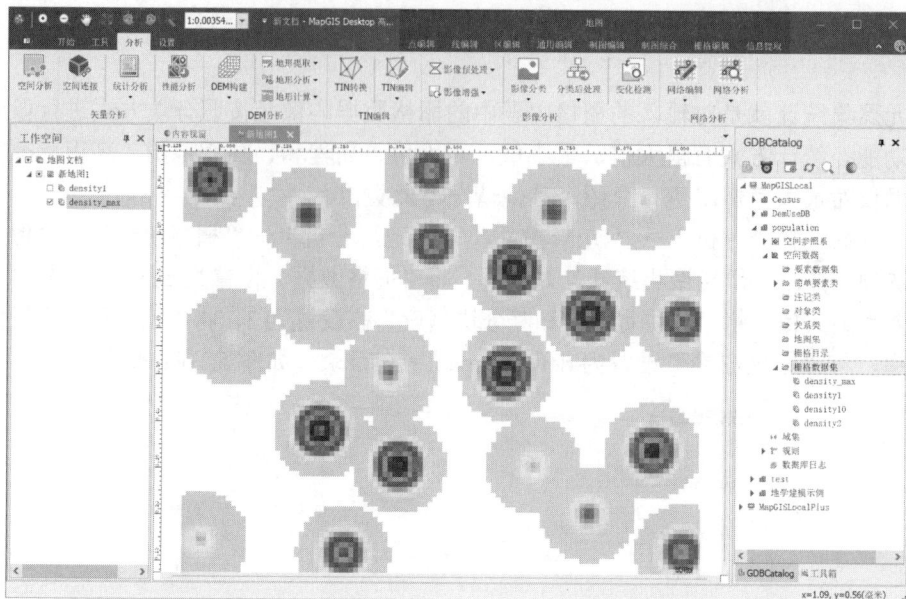

图 5.1-22　像元聚集统计结果

5.1.8　区域几何统计

区域几何统计就是根据统计类型对输入栅格数据的像元进行统计，并将统计结果赋给输出栅格数据的相应像元。统计类型有面积、周长、厚度和质心，输入数据必须是整型数据。下面仅对面积情况进行介绍，其他情况与此类似。

（1）由于进行区域几何统计的数据必须是整型数据，因此需要先把 density1 由浮点型转为整型。利用栅格运算功能实现数据类型转换：选择"栅格编辑"→"栅格工具"→"栅格计算器"选项，弹出"栅格运算"对话框，将"输入数据"设置为 density1，将"公式设置"设置为 I1，将"输出路径"设置为 density1_int32 所在目录，将"结果类型"设置为 32 位有符号整数，如图 5.1-23 所示，单击"确定"按钮，将输入数据转换为整型数据。

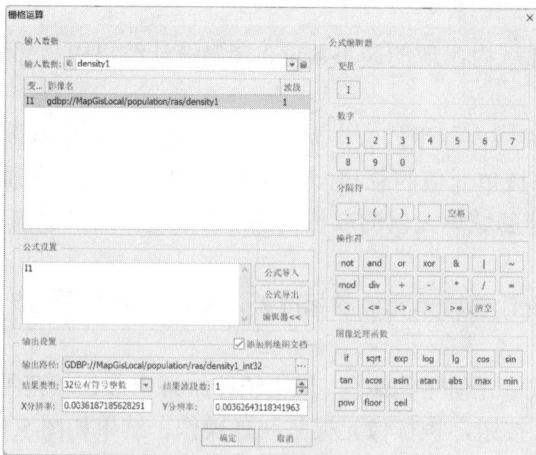

图 5.1-23　"栅格运算"对话框

（2）依次选择"分析"→"DEM 分析"→"地形分析"→"栅格统计"→"区域几何

统计"选项，弹出"区域几何统计"对话框，将"栅格数据"设置为 density1_int32，将"统计类型"设置为面积，将"结果栅格"设置为 density1_area 所在目录，如图 5.1-24 所示。

图 5.1-24 "区域几何统计"对话框

① 面积：统计原始数据每类面积大小，并将总面积大小赋值给该类所有像元。
② 周长：统计原始数据每类周长大小，并将总周长大小赋值给该类所有像元。
③ 厚度：统计原始数据每类厚度大小，并将总厚度大小赋值给该类所有像元。
④ 质心：确定原始数据每类的质心，并将质心所在区域的像元值赋给输出栅格中质心位置像元。

（3）单击"确定"按钮，执行区域几何统计操作，结果如图 5.1-25 所示。

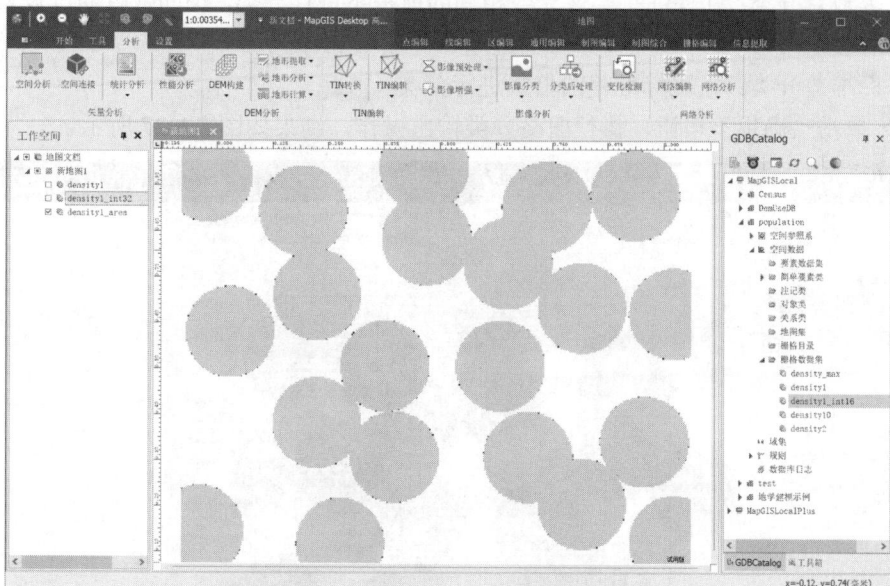

图 5.1-25 区域几何统计结果

5.1.9 栅格分类输出

栅格分类输出就是对输入栅格数据的像元进行分类并输出制图。输入数据必须是整型数据。下面仅对面积情况进行介绍，其他情况与此类似。

（1）依次选择"分析"→"DEM 分析"→"地形分析"→"栅格统计"→"栅格分类输出"选项，弹出"栅格分类输出"对话框，将"栅格数据"设置为 density1，将"分类方法"设置为等间距分类，将"分类数"设置为 8，在"输出设置"选区中将"区要素类""线要素类""注记类"设置为 classified 所在目录，如图 5.1-26 所示。

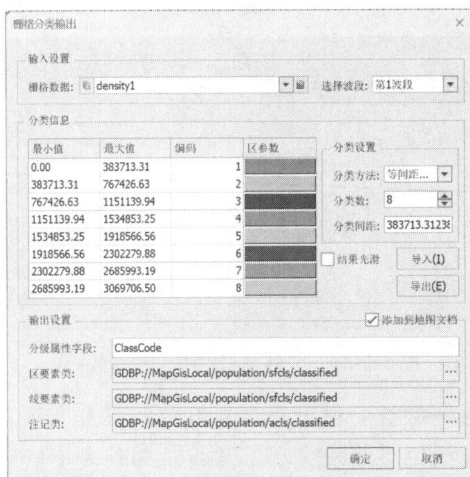

图 5.1-26　"栅格分类输出"对话框

① 等间距分类：在保证每类像元值间距相等的前提下进行分类，类的数目通过设置"分类数"或"分类间距"来控制。

② 等数目分类：在保证每类像元数相等的前提下进行分类，类的数目通过设置"分类数"控制。

③ 标准差分类：按照标准差的倍数进行分类。

（2）单击"确定"按钮，执行栅格分类输出操作，结果如图 5.1-27 所示。

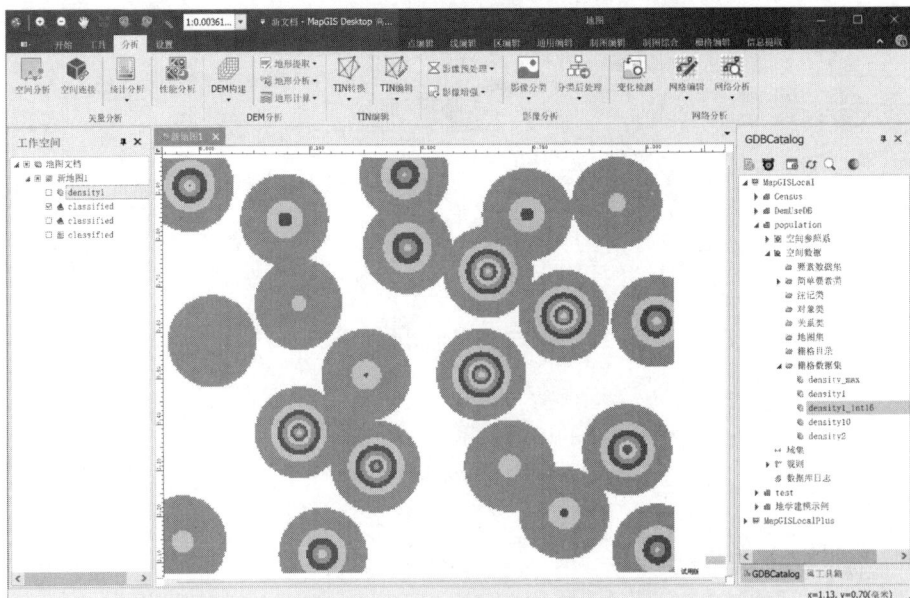

图 5.1-27　栅格分类输出结果

5.1.10 栅格数据比较

栅格数据比较是选择一定的比较项目，对两个不同的输入栅格主题中栅格数据的像元进行差异比较的功能。比较项有数据集范围、行列值、像元类型、无效值、网格间距、金字塔层数、统计信息。

（1）依次选择"分析"→"DEM 分析"→"地形分析"→"栅格统计"→"栅格数据比较"选项，弹出"栅格数据比较"对话框，将"基础栅格"设置为 density1，将"比较栅格"设置为 density1_int32，在"选择比较项"选区中勾选各比较项前的复选框，设置"输出路径"，例如，E:\work\rt.txt，如图 5.1-28 所示。

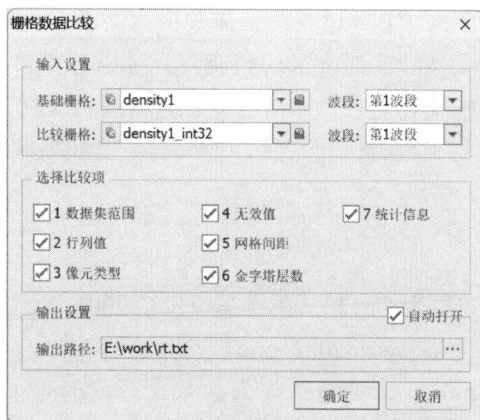

图 5.1-28 "栅格数据比较"对话框

（2）单击"确定"按钮，执行栅格数据比较操作，结果如图 5.1-29 所示。

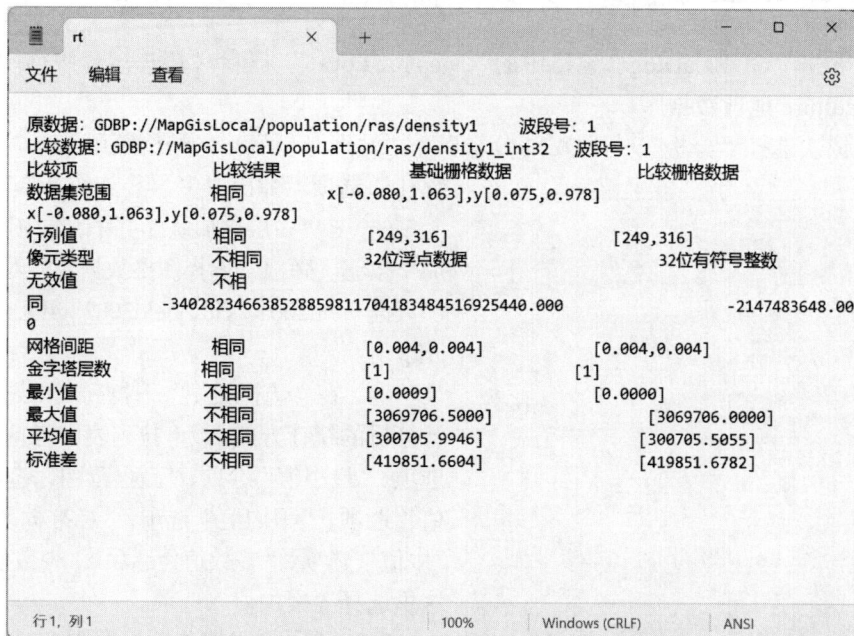

图 5.1-29 栅格数据比较结果

5.2 栅格叠加分析（粮食估产）

5.2.1 问题提出和数据准备

1. 问题提出

栅格叠加分析是空间分析的一种重要类型。在执行栅格叠加操作时要求不同层具有同一空间坐标系、同一网格尺度、同一像元个数。本节利用栅格叠加分析研究粮食产量与影响因素之间的关系。粮食产量与土壤有机质含量及土壤肥沃程度有直接关系，土壤有机质含量越高，土壤越肥沃，产量越高。粮食产量还受地形影响，一般来说，地形坡度越平缓，越有利于农作物种植。坡向决定了阳光的照射强度，光合作用可促进植物生长，但阳光过强可能导致气候干旱，影响植物生长。本节希望通过 MapGIS 10 的栅格分析中的栅格叠加分析功能，发现粮食产量与土壤有机质含量、地形的坡度和坡向之间的规律，进一步指导粮食生产，提高粮食产量。

2. 数据准备

本节使用的原始数据主要为 Grd 格式的数据，包括 2001 年、2002 年、2003 年、2008 年粮食产量数据（yield2001_grid、yield2002_grid、yield2003_grid、yield2008_grid）、连续三年粮食总产量数据（yield_grid）、土壤有机质含量数据（organic_grid）、土壤肥沃程度数据（fertiliser_grid）和 DEM 数据（dem_grid）。数据存放在 E:\Data\gisdata5.2 文件夹下。

5.2.2 粮食产量栅格叠加局部统计

（1）右击"GDBCatalog"窗格中的"MapGISLocal"，选择"附加地理数据库"选项，附加 agriculture 地理数据库。

（2）依次选择"分析"→"DEM 分析"→"地形分析"→"栅格统计"→"多层叠加统计"选项，弹出"多层叠加统计"对话框。

（3）在"多层叠加统计"对话框中，单击"添加"按钮，弹出"选择栅格数据集"对话框，添加数据 yield2001_grid、yield2002_grid、yield2003_grid。

（4）在"选择类型"下拉列表中选择叠加统计分析的统计方式，该下拉列表中包括"最大值"选项、"最小值"选项、"高程范围"选项、"累加值"选项、"平均值"选项、"标准偏差"选项、"中值"选项、"多数值"选项、"少数值"选项，这里选择"累加值"选项。

（5）将"结果栅格"设置为 yieldsum 所在目录，如图 5.2-1 所示。

图 5.2-1 "多层叠加统计"对话框

（6）单击"确定"按钮，得到 2001—2003 年区域总产量（yieldsum），如图 5.2-2 所示。

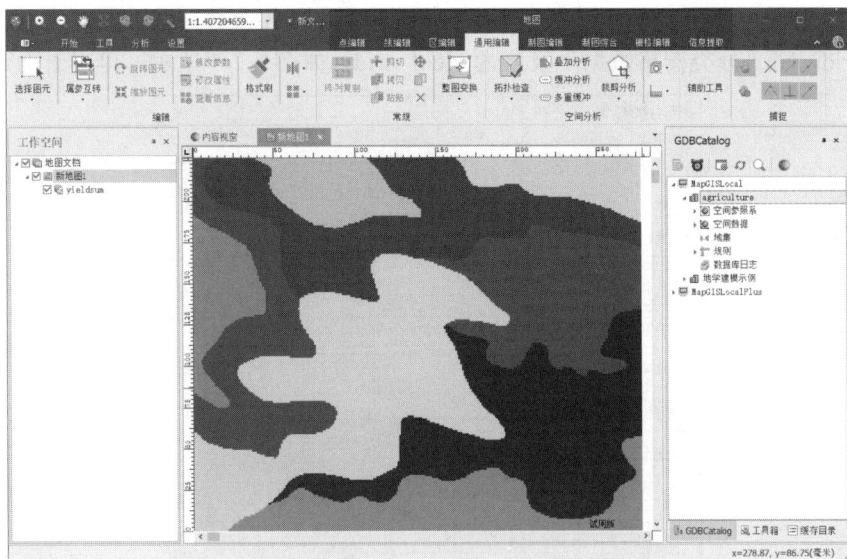

图 5.2-2　2001—2003 年区域总产量（yieldsum）

5.2.3　粮食产量关联因素分区统计

1. 粮食产量与土壤有机质含量分区汇总

下面统计粮食产量与土壤有机质含量的关系，分析土壤有机质含量对粮食产量的影响，以便为粮食生产提供科学决策。粮食产量有 8 个级别，每个分区对应不同级别土壤有机质含量，具体步骤如下。

（1）添加 organic_grid 图层和 yield_grid 图层，如图 5.2-3 所示。

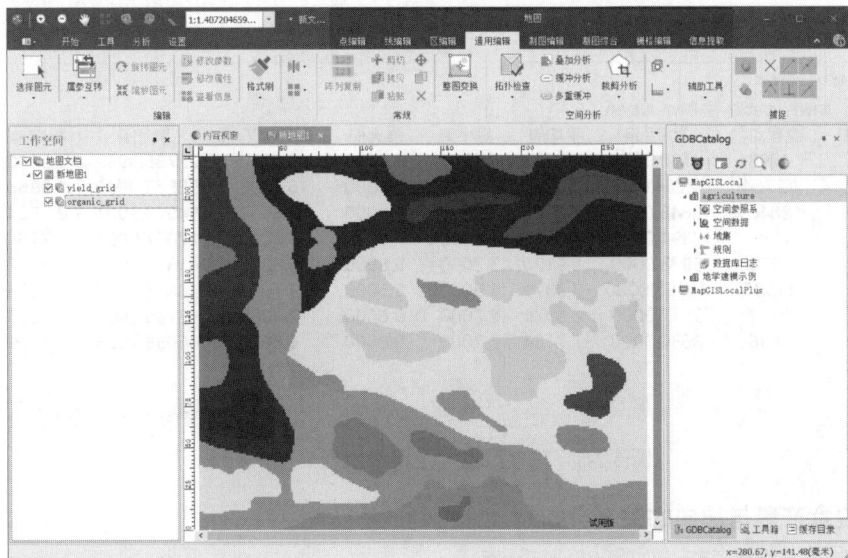

图 5.2-3　添加 organic_grid 图层和 yield_grid 图层

（2）依次选择“分析”→“DEM 分析”→“地形分析”→“栅格统计”→“像元分类区域统计”选项，弹出“像元分类统计”对话框，设置各参数，将“栅格数据”设置为 organic_grid，将“分类栅格数据”设置为 yield_grid，如图 5.2-4 所示，单击“确定”按钮。

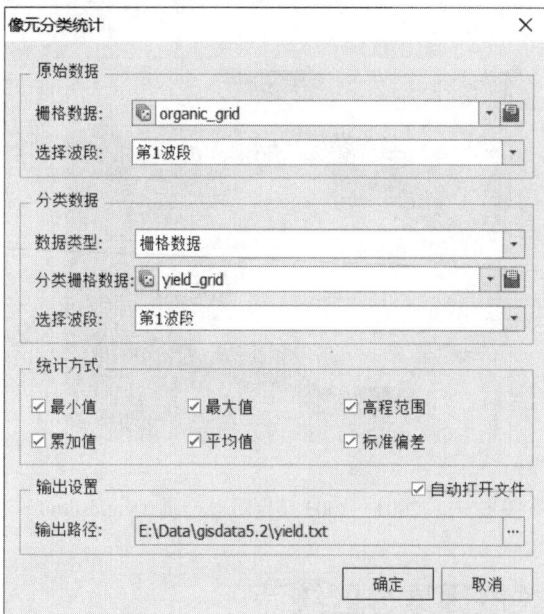

图 5.2-4　“像元分类统计”对话框

（3）打开 yield.txt 文件，主要统计内容有：高程点数、水平面积、平均值、最小值、最大值、高程值范围、累加值、标准差，如图 5.2-5 所示。

从统计表中可以看出，粮食产量较低的区域的土壤有机质含量普遍偏低，粮食产量较高的区域的土壤有机质含量普遍偏高，以土壤有机质含量平均值为依据，8 区是高产区，其土壤有机质含量平均值为 7.7164，土壤有机质含量最高。因此，可以推断土壤有机质含量是影响粮食产量的一个重要因素。

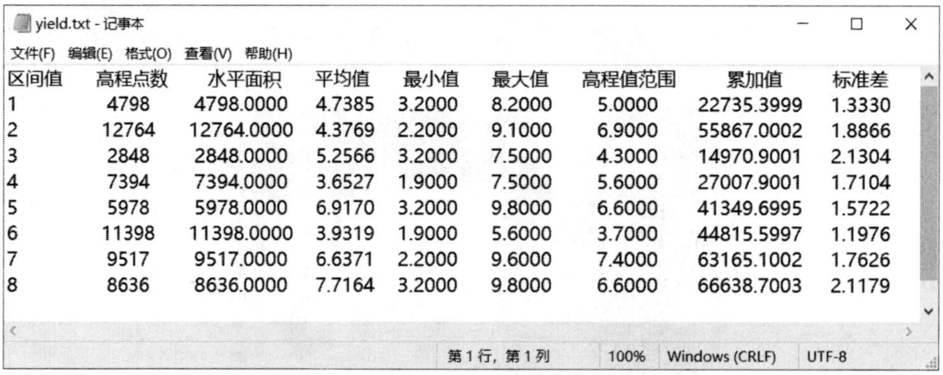
yield.txt - 记事本

文件(F) 编辑(E) 格式(O) 查看(V) 帮助(H)

区间值	高程点数	水平面积	平均值	最小值	最大值	高程值范围	累加值	标准差
1	4798	4798.0000	4.7385	3.2000	8.2000	5.0000	22735.3999	1.3330
2	12764	12764.0000	4.3769	2.2000	9.1000	6.9000	55867.0002	1.8866
3	2848	2848.0000	5.2566	3.2000	7.5000	4.3000	14970.9001	2.1304
4	7394	7394.0000	3.6527	1.9000	7.5000	5.6000	27007.9001	1.7104
5	5978	5978.0000	6.9170	3.2000	9.8000	6.6000	41349.6995	1.5722
6	11398	11398.0000	3.9319	1.9000	5.6000	3.7000	44815.5997	1.1976
7	9517	9517.0000	6.6371	2.2000	9.6000	7.4000	63165.1002	1.7626
8	8636	8636.0000	7.7164	3.2000	9.8000	6.6000	66638.7003	2.1179

第 1 行，第 1 列　100%　Windows (CRLF)　UTF-8

图 5.2-5　粮食产量与土壤有机质含量的关系

2. 粮食产量与坡向的关系分析

（1）添加 dem_grid 图层，如图 5.2-6 所示。

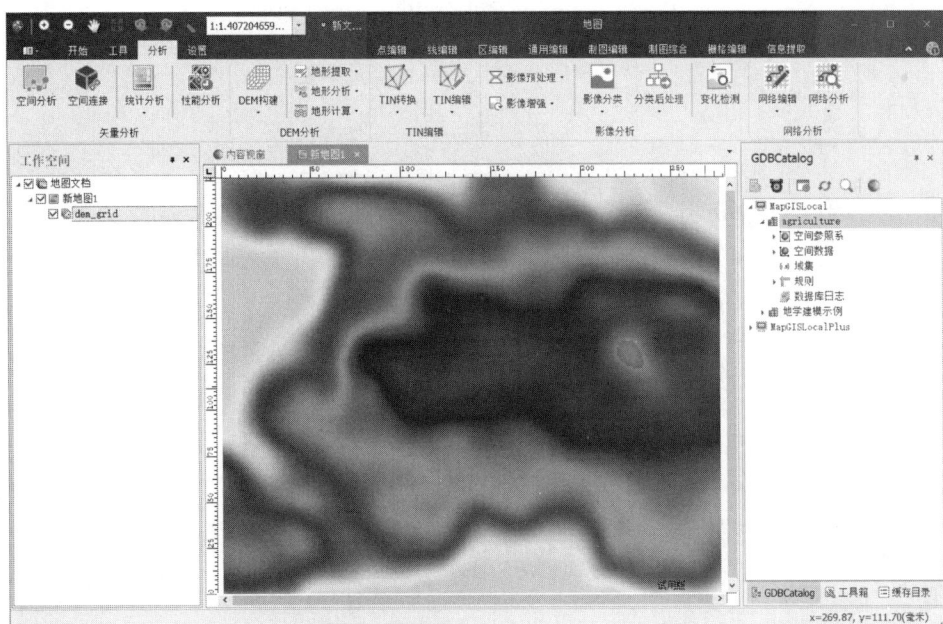

图 5.2-6　添加 dem_grid 图层

（2）制作坡向图。让 dem_grid 图层处于编辑状态，依次选择"分析"→"DEM 分析"→"地形提取"→"地形因子分析"选项，弹出"地形因子分析"对话框，如图 5.2-7 所示。

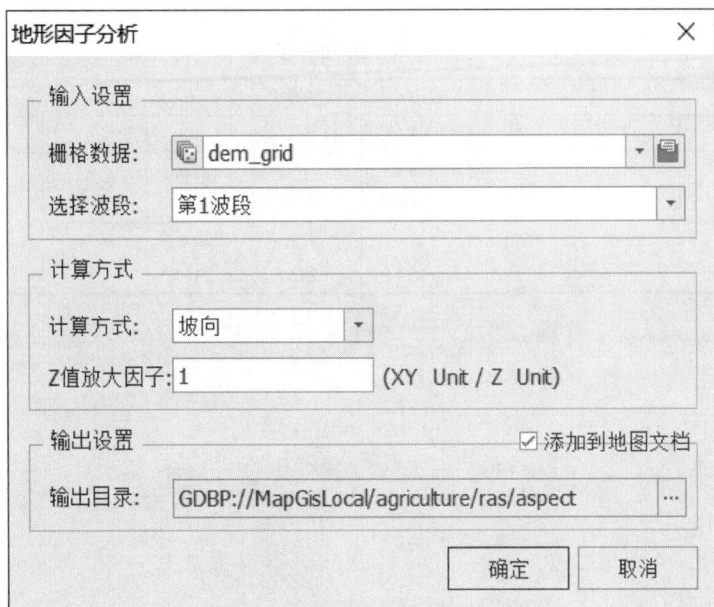

图 5.2-7　"地形因子分析"对话框

（3）设置各参数，单击"确定"按钮，生成坡向图，如图 5.2-8 所示。

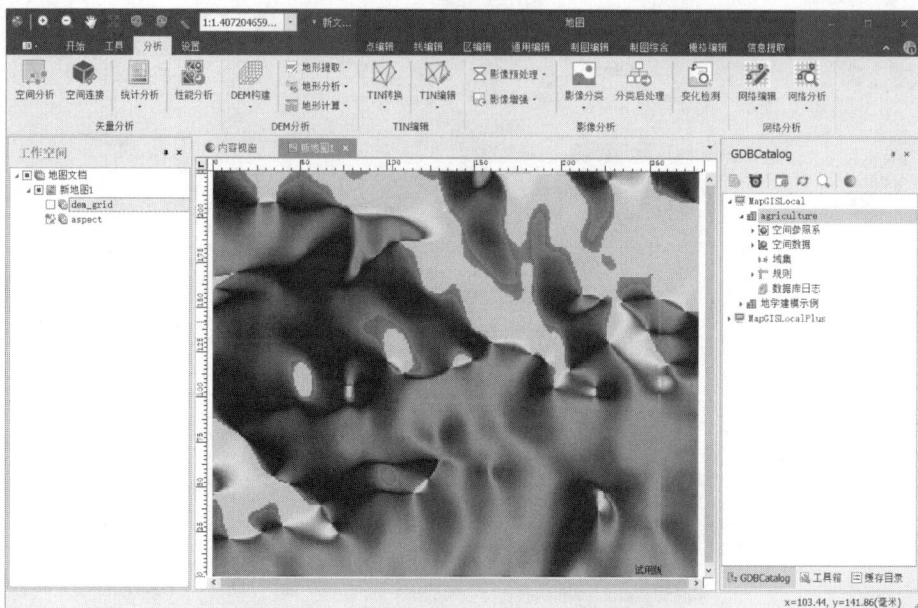

图 5.2-8 坡向图

（4）生成坡向分类图。依次选择"栅格编辑"→"栅格工具"→"重分类"选项，弹出"栅格重分类"对话框，如图 5.2-9 所示。将"栅格数据"设置为 aspect，将"分类方法"设置为等间距分类，将"分类数"设置为 9，分类上限和下限按表 5.2-1 所示进行修改，选择"栅格数据"单选按钮，并按图 5.2-9 所示设置栅格数据的存储路径及名称，单击"确定"按钮，生成坡向分类图，如图 5.2-10 所示。

表 5.2-1 坡向分类表

	序号								
	1	2	3	4	5	6	7	8	9
坡向	north	north east	east	south east	south	south west	west	north west	north
分级	0 ~22.5	22.6 ~67.5	67.6 ~112.5	112.6 ~157.5	157.6 ~202.5	202.6 ~247.5	247.6 ~292.5	292.6 ~337.5	337.6 ~360

图 5.2-9 "栅格重分类"对话框

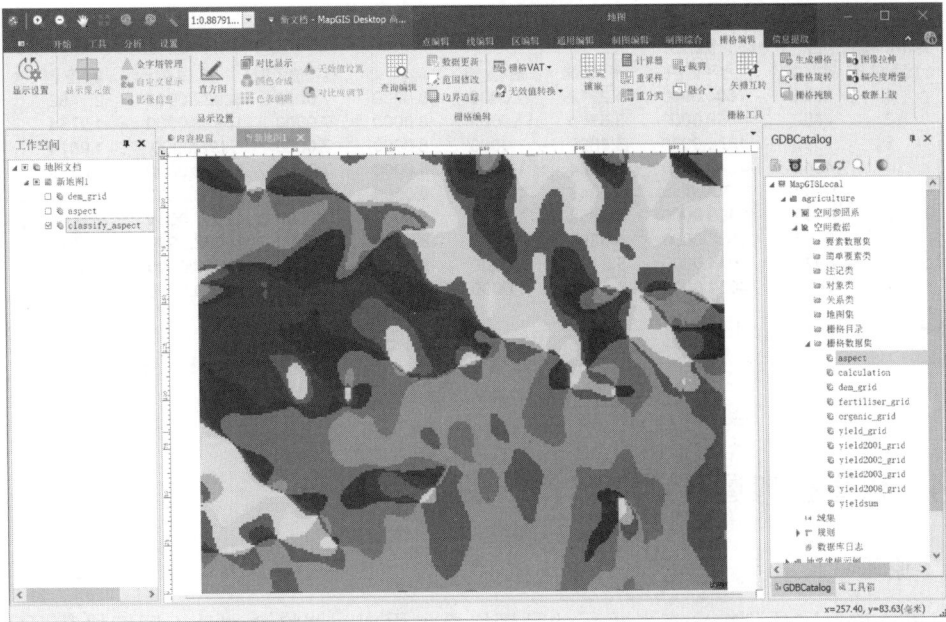

图 5.2-10　坡向分类图

（5）依次选择"分析"→"DEM 分析"→"地形分析"→"栅格统计"→"像元分类区域统计"选项，弹出"像元分类统计"对话框，将"栅格数据"设置为 yield_grid，将"分类栅格数据"设置为 classify_aspect，按图 5.2-11 所示设置相关参数。

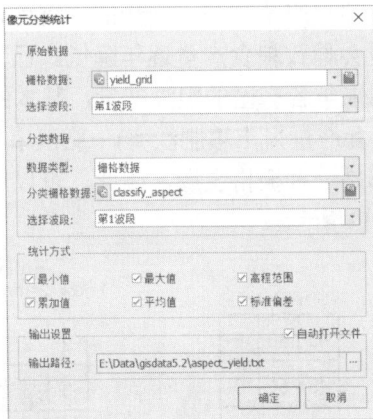

图 5.2-11　"像元分类统计"对话框

（6）单击"确定"按钮，产生一个新表，该表显示 9 个坡向分类区粮食产量的统计结果，主要统计内容有高程点数、水平面积、平均值、最小值、最大值、高程值范围、累加值、标准差等，如图 5.2-12 所示。

从统计表中可以看出，粮食产量与坡向的关系，坡向 4、坡向 5 地区粮食产量的平均值分别为 5.4684 和 5.3043，东南坡向和南坡向属于高产区，其他坡向属于低产区，这说明不同坡向由于阳光照射、雨水、风沙等存在差异，在一定程度上会影响粮食产量。

图 5.2-12　9 个坡向分类区粮食产量的统计结果

5.2.4　权重叠加运算预测粮食产量

1. 原理

权重叠加运算预测粮食产量采用的是栅格叠加原理。栅格叠加是不同栅格数据层间通过像元之间的各种运算来实现的。栅格叠加有局部变换、邻域变换、分段变换等类型，这里采用的是多次局部变换的方式。设 A、B、C 等表示第一层、第二层、第三层上同一坐标处的属性值；f 函数表示各层上属性与用户需求之间的关系；U 为叠加后属性输出层的属性值，则有 $U=f(A, B, C, …)$。

一般来说，土壤越肥沃，粮食产量越高。肥沃的土壤可以保证粮食产量稳定，甚至高产。而贫瘠的土壤，一般来说会导致粮食产量逐年降低。已知今年各产区的粮食产量，根据土壤肥沃程度可以大致预测来年各产区的粮食产量，基本的经验公式是

(前年粮食产量×土壤肥沃率)÷肥沃率等级

粮食产量和土壤肥沃率都是一种栅格主题，因此，可以通过栅格数据间的叠加运算来计算来年粮食产量，如图 5.2-13 所示。

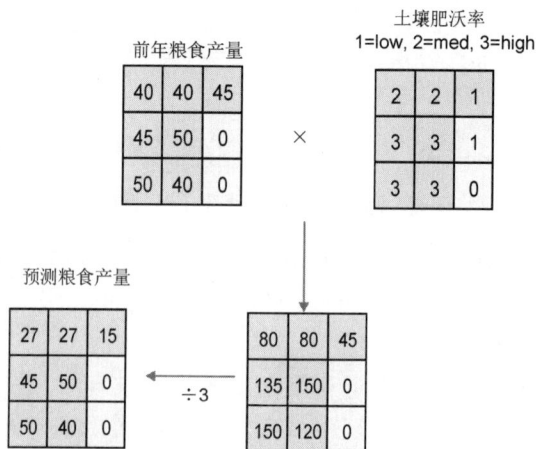

图 5.2-13　栅格叠加运算

2. 基本步骤

（1）依次选择"栅格编辑"→"栅格工具"→"栅格计算器"选项，弹出"栅格运算"

对话框。

（2）在"输入数据"选区中将变量 I1 设置为 yield2008_grid 所在目录，将变量 I2 设置为 fertiliser_grid 所在目录；将"公式设置"设置为 I1*I2/3。

（3）将进行表达式（I1*I2/3）计算所得到的结果图层命名为 calculation，如图 5.2-14 所示，单击"确定"按钮。

图 5.2-14　"栅格运算"对话框

（4）得到 calculation 图层，如图 5.2-15 所示。该图层显示的各产区粮食产量就是预测的来年粮食产量。

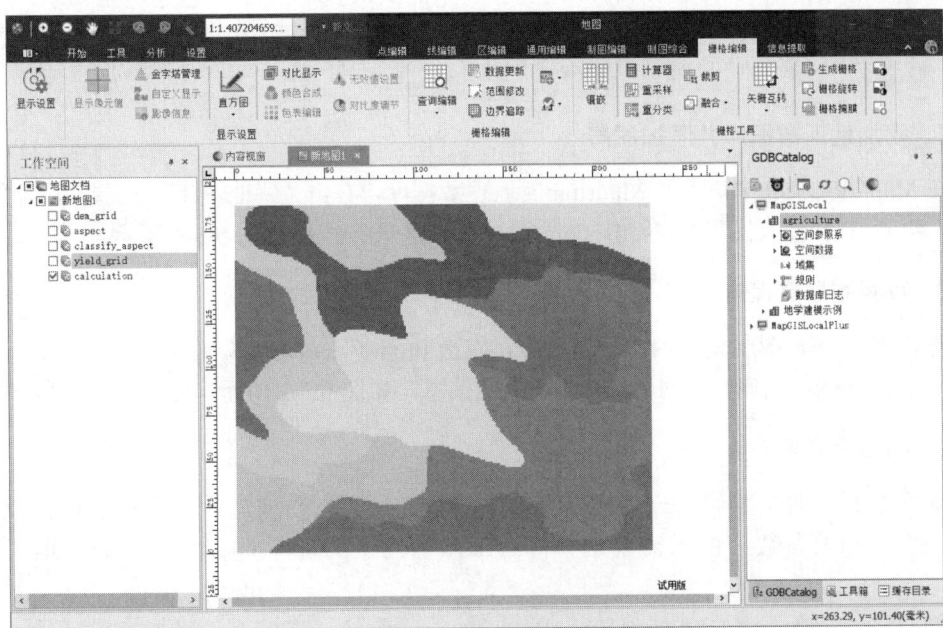

图 5.2-15　calculation 图层

5.3 栅格统计分析（农田保护）

5.3.1 问题提出和数据准备

1. 问题提出

当进行多层栅格数据叠合分析时，经常需要以栅格单元为单位来进行统计分析，本节利用 MapGIS 10 的高程带区域统计功能确定研究区域内的可耕种区域及对土质特征进行分类。在研究区域内的河流南岸有一块呈马蹄形的区域，在洪水来临时这片土地会被淹没，因此只能在雨季过后退去洪水的土地上耕种。现在为了更好地利用土地，有关部门决定在最北边的弯曲处沿河流北岸修建一个水坝，以长期蓄水及保护农田。本节的任务是找出水坝保护的农田范围，主要是通过重分类和叠加相交多个图层来进行一些简单的 GIS 分析，分析准则如下。

- 位于洪水区域内。
- 有适合耕种的土质。
- 面积至少有数公顷[①]。

2. 数据准备

本节使用的数据存储在 Mauritania 地理数据库中，原始数据是一些 Grd 格式的数据，包括高程（drelief_dem）、土质类型（dsoils_dem）。

5.3.2 找出洪水淹没区域

由往年的数据记录可知，所有高程低于 8 米的洪水区域都将被淹没，因此现在要找到所有高程低于 8 米的区域。利用 MapGIS 10 栅格分析中的高程带区域统计功能来完成此项工作。

1. 附加地理数据库并添加图层

在 MapGISLocal 中，附加 Mauritania 地理数据库，右击"新地图 1"，选择"添加图层"选项，将 drelief_dem 图层与 dsoils_dem 图层添加进来，结果如图 5.3-1 所示。

2. 查看图层高程信息

使 drelief_dem 图层处于当前编辑状态，右击 drelief_dem 图层，选择"属性"选项，查看 drelief_dem 图层的属性，查看 DEM 数据集信息，如图 5.3-2 所示，记录高程范围。

3. 栅格重分类

依次选择"栅格编辑"→"栅格工具"→"重分类"选项，弹出"栅格重分类"对话框，设置相关参数。由于需要选择高程上限值为 8、高程下限值为 5 的土地，因此

---

① 1 公顷=10 000 平方米。

将高程在该范围内的土地归为一类，并将对应数值设为 1。按图 5.3-3 所示进行设置，单击"确定"按钮，统计结果如图 5.3-4 所示。

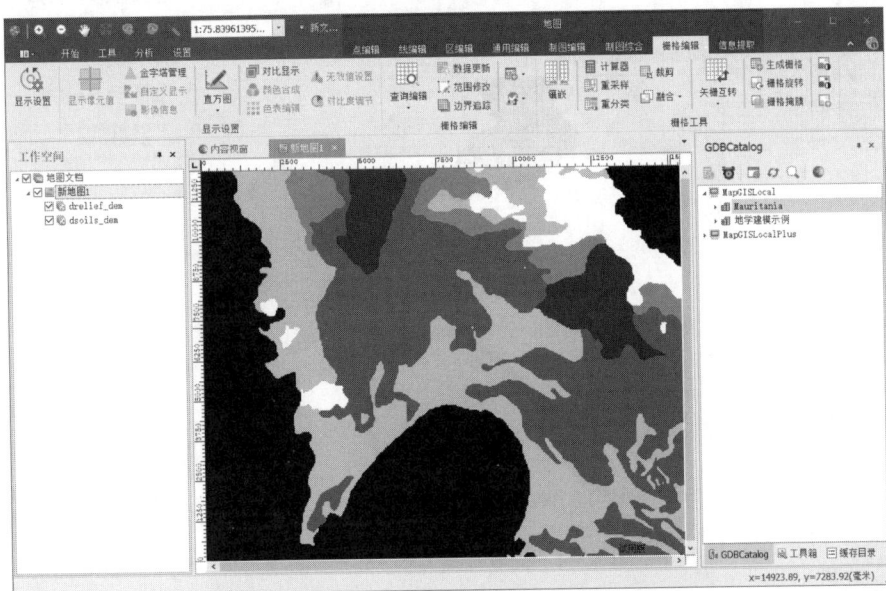

图 5.3-1 添加 drelief_dem 图层和 dsoils_dem 图层结果

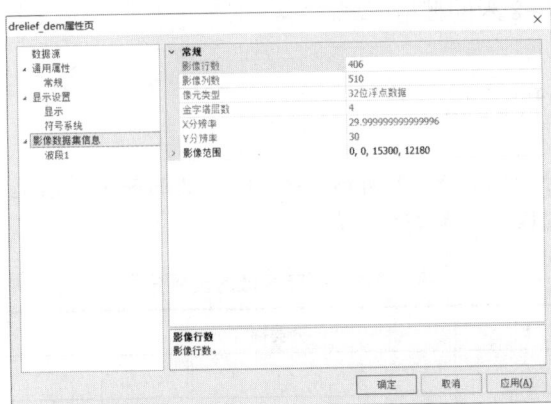

图 5.3-2 查看 DEM 数据集信息

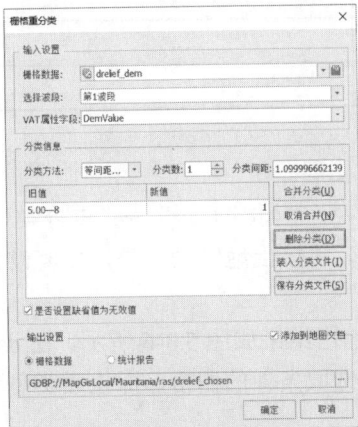

图 5.3-3 "栅格重分类"对话框

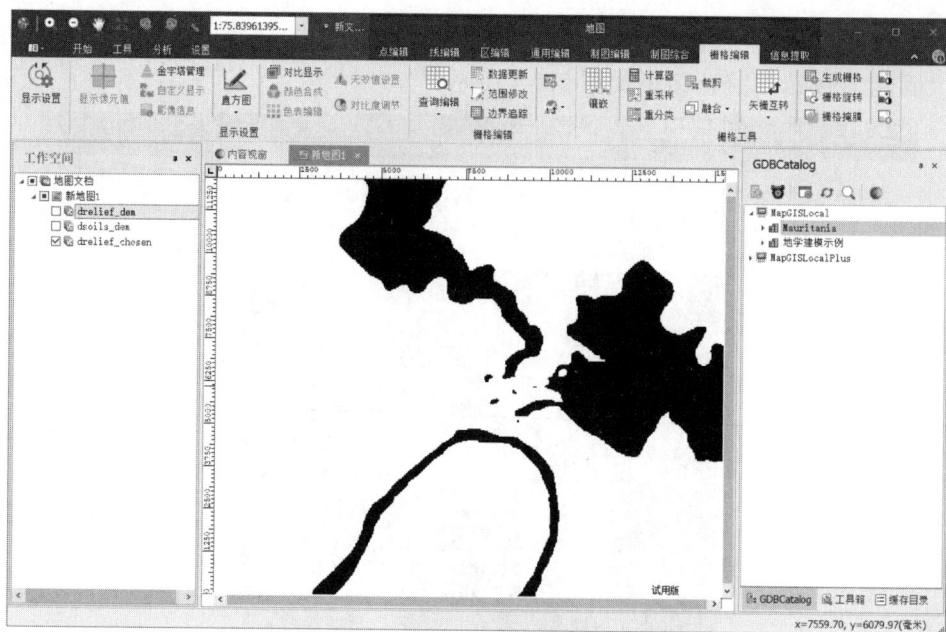

图 5.3-4　提取高程为 5～8 米的区域

在 drelief_chosen 图层中，进行高程带区域统计的结果为二值数值层，落在高程范围内的值为 1，即高程为 5～8 米的栅格区域。

5.3.3　寻找可耕种区域

研究区域的土质分类如表 5.3-1 所示，分类码为 2 的黏土是最适合进行农业种植的，利用栅格计算器找到研究区域内所有黏土的分布。

表 5.3-1　研究区域的土质分类

土质类型	分类码	说明
Heavy clays	1	重质黏土
Clays	2	黏土
Sandy clays	3	砂质黏土
Levee	4	防洪堤
Stony	5	碎石滩

（1）双击激活 dsoils_dem 图层。

（2）依次选择"栅格编辑"→"栅格工具"→"重分类"选项，弹出"栅格重分类"对话框，选择分类码为 2 的土地，将该土地归为一类，数值设为 1。按图 5.3-5 所示进行相关设置。

（3）单击"确定"按钮，输出结果如图 5.3-6 所示。在 dsoils_chosen 图层中，栅格数据只包含满足上一步设置的栅格选取条件的栅格，即土质类型为 2 的区域。

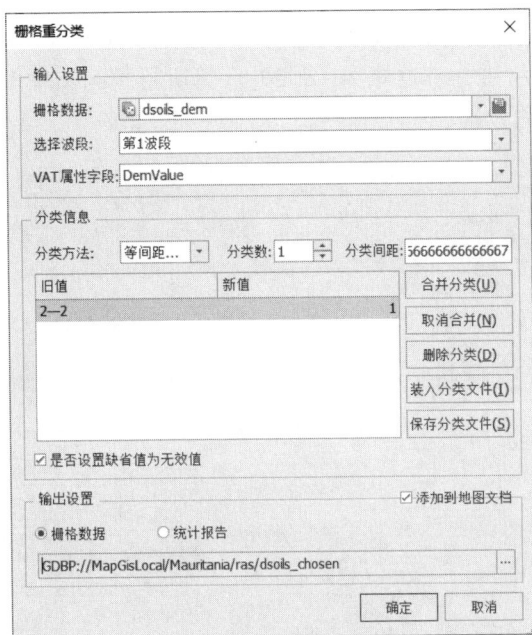

图 5.3-5　参数设置

图 5.3-6　黏土的分布

5.3.4　确定水坝保护的可耕种区域

水坝保护的可耕种区域就是高程低于 8 米的黏土土质区域，在 drelief_chosen 图层中，高程低于 8 米的区域代码为 1，在 dsoils_chosen 图层中黏土土质区域代码为 1，只需要用布尔操作运算符 "&" 就可以得到 drelief_chosen 图层和 dsoils_chosen 图层都为真的区域。

（1）依次选择 "栅格编辑" → "栅格工具" → "栅格计算器" 选项，弹出 "栅格运算"

对话框，进行参数设置。在"输入数据"选区中将变量 I1 设置为 drelief_chosen，将变量 I2 设置为 dsoils_chosen；将进行表达式（I1&I2）计算所得到的结果图层命名为 Calculation。按图 5.3-7 所示进行相关设置。

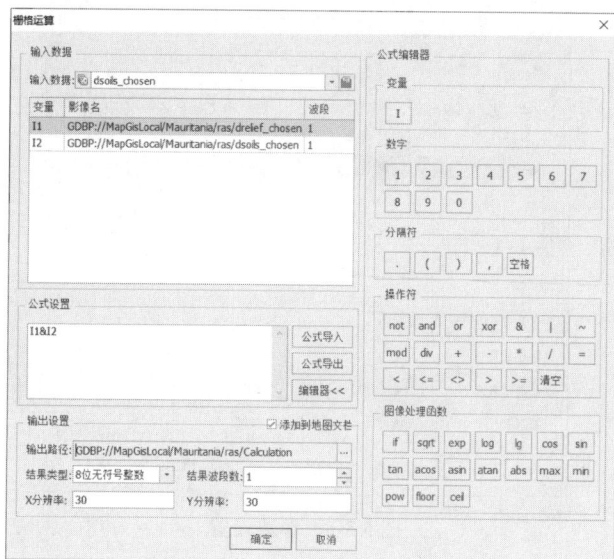

图 5.3-7 "栅格运算"对话框

（2）单击"确定"按钮，结果如图 5.3-8 所示。

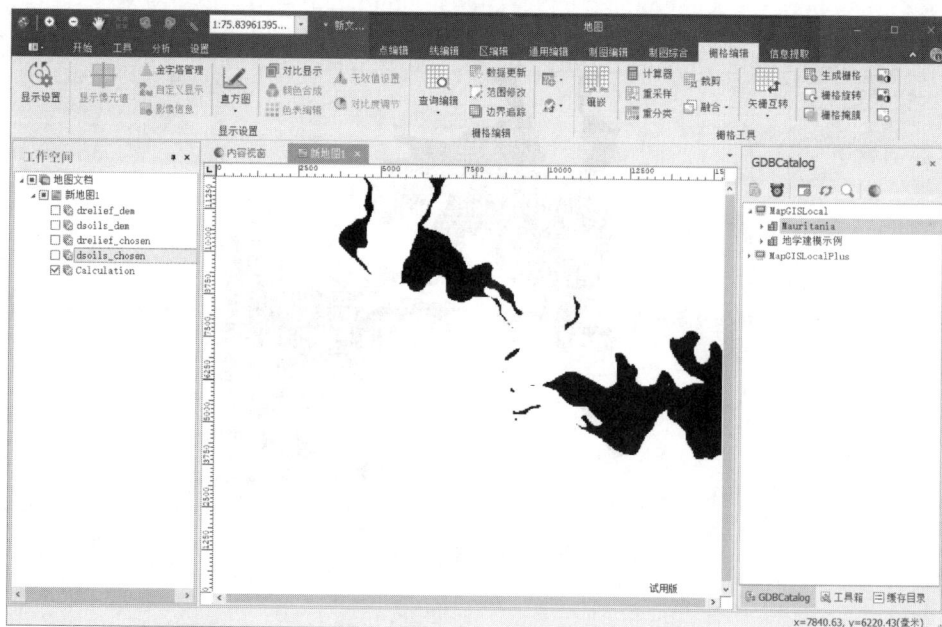

图 5.3-8 Calculation 图层

5.3.5 选择面积为数公顷的区域

为了计算每个可耕种区域的面积，要先将栅格数据转换为矢量数据。

1．栅格转矢量

依次选择"栅格编辑"→"栅格工具"→"矢栅互转"→"栅格转矢量"选项，弹出"栅格转矢量"对话框，按图 5.3-9 所示进行相关设置，单击"确定"按钮，得到 bestarea 图层，如图 5.3-10 所示。

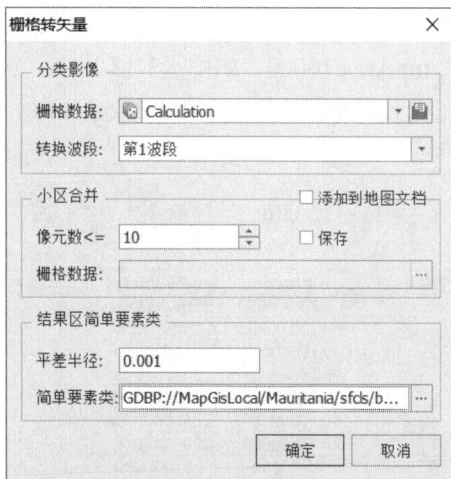

图 5.3-9　"栅格转矢量"对话框

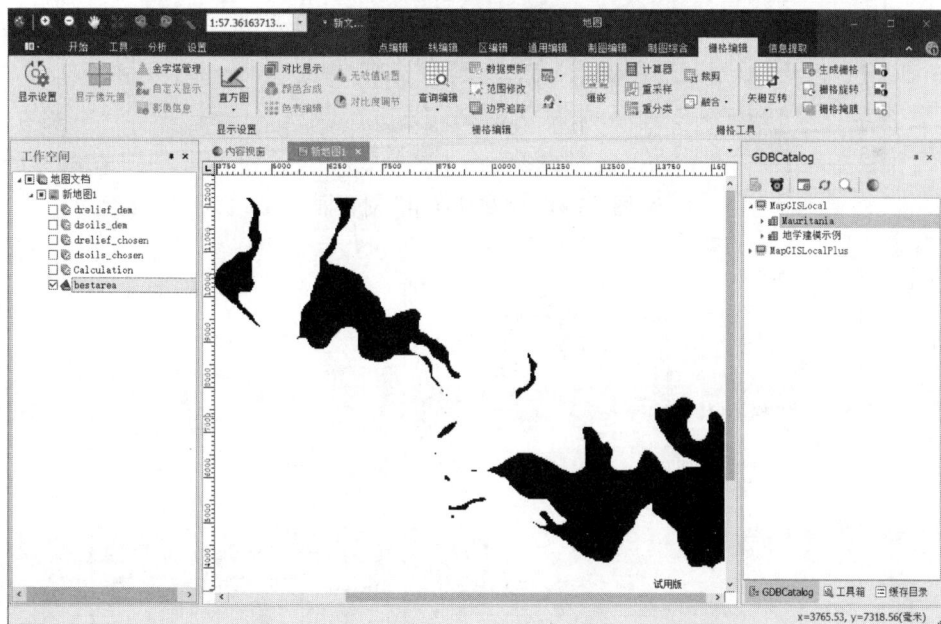

图 5.3-10　bestarea 图层

2．查看属性表

右击 bestarea 图层，选择"查看属性"选项，打开"属性视图"对话框，如图 5.3-11 所示。

3. 计算区域公顷数

在工作空间中，右击 bestarea 图层，选择"属性结构设置"选项，在弹出的"属性结构设置-bestarea"对话框中增加公顷 hectare 字段，如图 5.3-12 所示。打开属性表，在属性表中 hectare 字段上右击，选择"查找替换"选项，或在"地图编辑器"子系统中以类似方法右击 bestarea 图层，选择"查看属性"选项，查看 bestarea 属性。选择"查找替换"选项后，在弹出的对话框中选择"高级替换"选项卡，并且选择"表达公式替换"选项，在 SQL 语句框中，输入计算表达式 mpArea/10000，如图 5.3-13 所示，选择被替换字段 hectare，单击"全部替换"按钮，即完成 hectare 计算，结果如图 5.3-14 所示。

序号	OID	mpArea	mpPerimeter	mpLayer	ID
1	1	947700.000000	9300.000000	0	1
2	2	3966300.0000...	19740.000000	0	1
3	3	900.000000	120.000000	0	1
4	4	900.000000	120.000000	0	1
5	5	117000.000000	3240.000000	0	1
6	6	900.000000	120.000000	0	1
7	7	52200.000000	2220.000000	0	1
8	8	900.000000	120.000000	0	1
9	9	900.000000	120.000000	0	1
10	10	900.000000	120.000000	0	1
11	11	9510300.0000...	31440.000000	0	1
12	12	59400.000000	1620.000000	0	1
13	13	900.000000	120.000000	0	1
14	14	3600.000000	300.000000	0	1
15	15	9900.000000	480.000000	0	1
16	16	70200.000000	2280.000000	0	1
17	17	3600.000000	240.000000	0	1
18	18	900.000000	120.000000	0	1
19	19	900.000000	120.000000	0	1

图 5.3-11 "属性视图"对话框

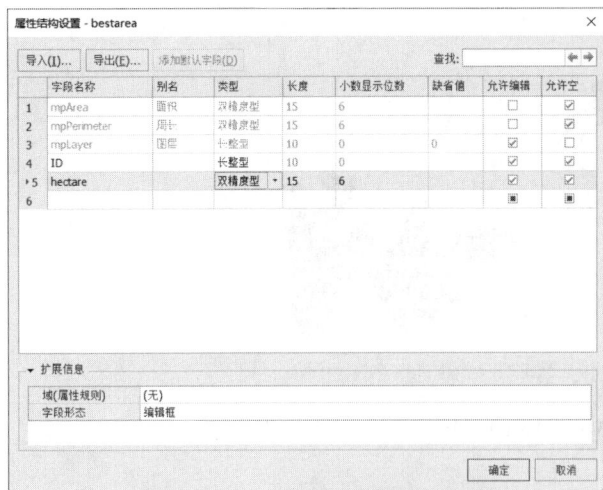

图 5.3-12 "属性结构设置"对话框   图 5.3-13 "查找与替换"对话框

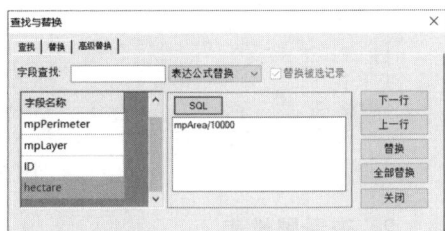

4. 查询面积大于 10 公顷的区域

添加 bestarea 图层，并设置其为当前编辑状态，依次选择"通用编辑"→"空间分析"

→"空间查询"→"按条件查询"选项，弹出"空间查询"对话框，如图 5.3-15 所示，将输出的目标类图层设置为 finalarea，在"SQL 表达式"下方单击"..."按钮，弹出"输入查询条件"对话框，如图 5.3-16 所示，设置 SQL 表达式，单击"确定"按钮，返回"空间查询"对话框，单击"确定"按钮，得到 finalarea 图层，如图 5.3-17 所示。

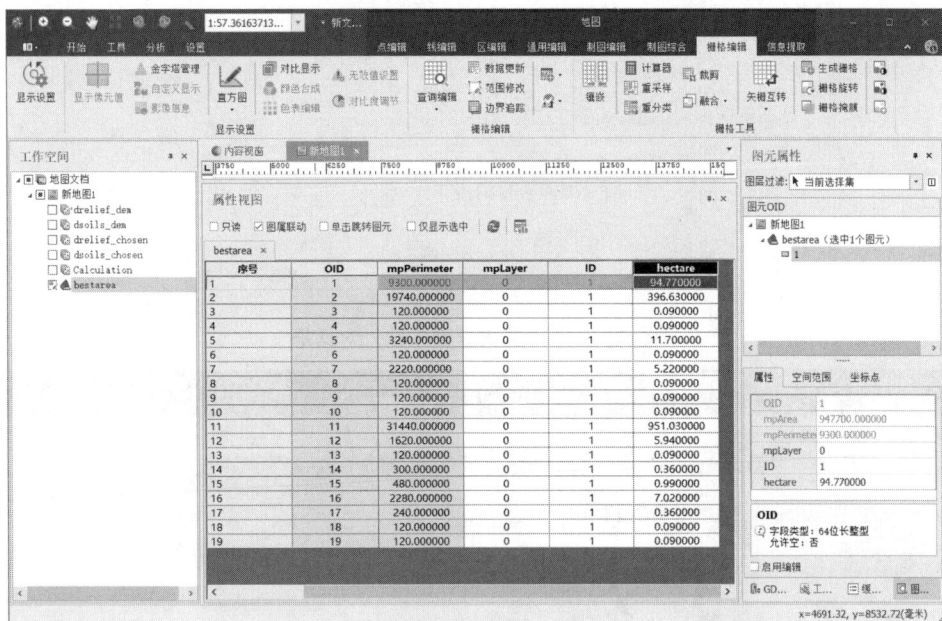

图 5.3-14 结果显示

图 5.3-15 "空间查询"对话框

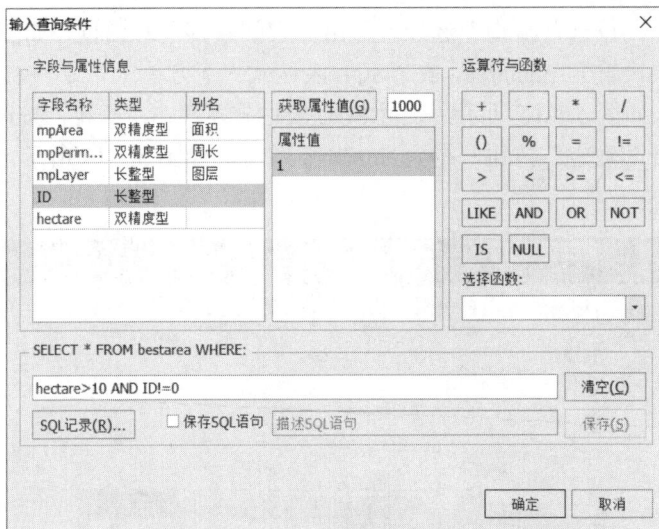

图 5.3-16 "输入查询条件"对话框

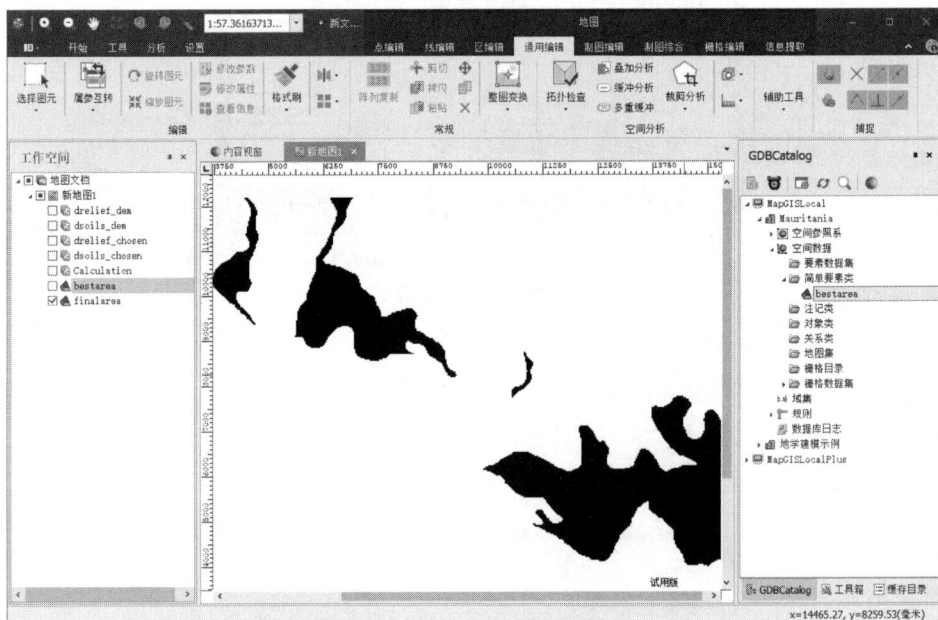

图 5.3-17 finalarea 图层

第 6 章

矢量分析

6.1 商店选址评价

6.1.1 问题提出和数据准备

1. 问题提出

影响商业设施盈利的一个重要因素是选址。利用 GIS 对相关空间位置数据和属性数据进行分析，对商业设施的选址进行评价并优化决策已经逐渐被商业营销人士重视并应用。本节利用空间扩张分析功能来对商店的服务范围进行确定，并对服务范围内的人口特征进行分析，以探索商店的盈利情况和潜在客户之间的关系，进而为商店的选址提供数据支持。

2. 数据准备

本分析使用的原始数据是矢量数据，包括商店、生活方式，这些数据构成了名为 Shoppers 的地理数据库。

6.1.2 确定商店的服务范围

1. 附加地理数据库并添加图层

右击 "GDBCatalog" 窗格中的 "MapGISLocal"，选择 "附加地理数据库" 选项，附加 Shoppers 地理数据库，在 "新地图 1" 下添加 lifestyle 图层与 Stores 图层，如图 6.1-1 所示。

2. 选择盈利商店

设置 Stores 图层为当前编辑状态，依次选择 "通用编辑" → "空间分析" → "空间查询" → "按条件查询" 选项，弹出 "空间查询" 对话框，如图 6.1-2 所示，在 "查询选项" 选区，选择 "只查询 B 中符合给定 SQL 查询条件的图元" 单选按钮，将输出图层设置为 profstores，在 "被查询图层 B 设置" 选区中，单击 "SQL 表达式" 下方的空白处，或下方的 ⋯ 按钮，弹出 "输入查询条件" 对话框，添加 SQL 表达式，如图 6.1-3 所示，单击 "确定" 按钮，可以看到，有 3 个满足条件的商店，如图 6.1-4 所示。

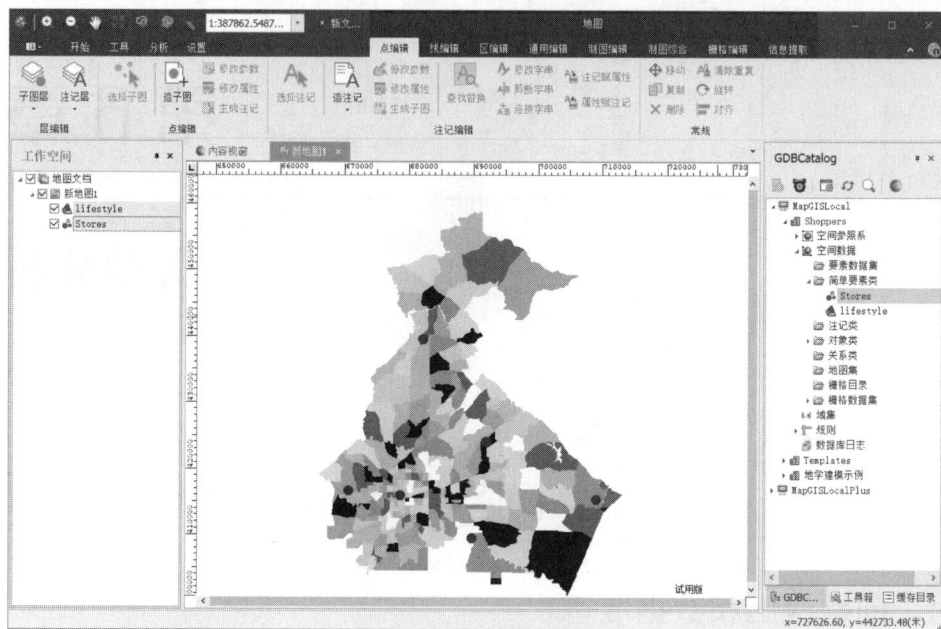

图 6.1-1　添加 lifestyle 图层与 Stores 图层

图 6.1-2　"空间查询"对话框

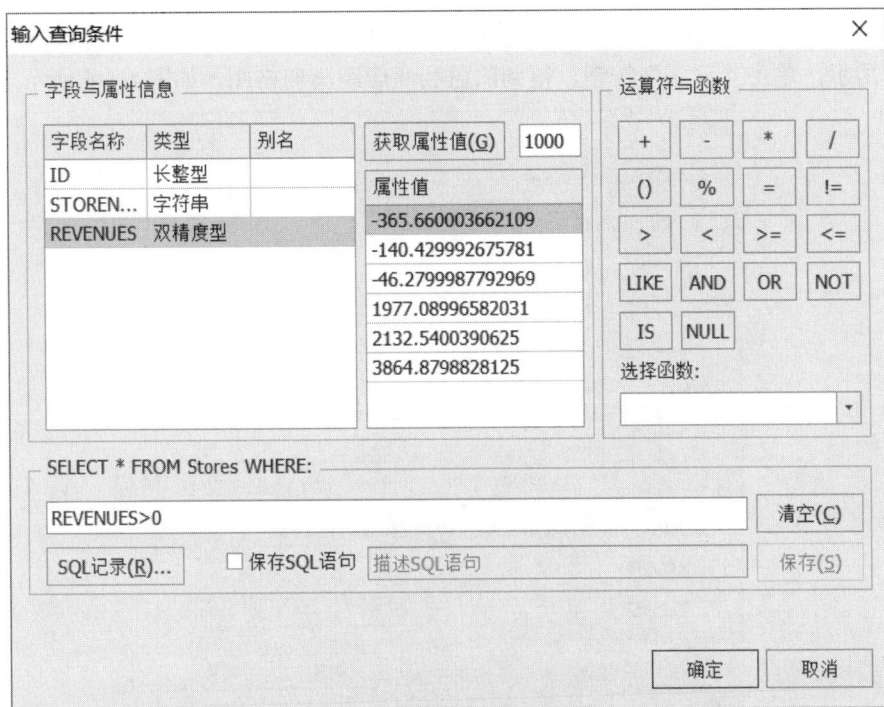

图 6.1-3　"输入查询条件"对话框

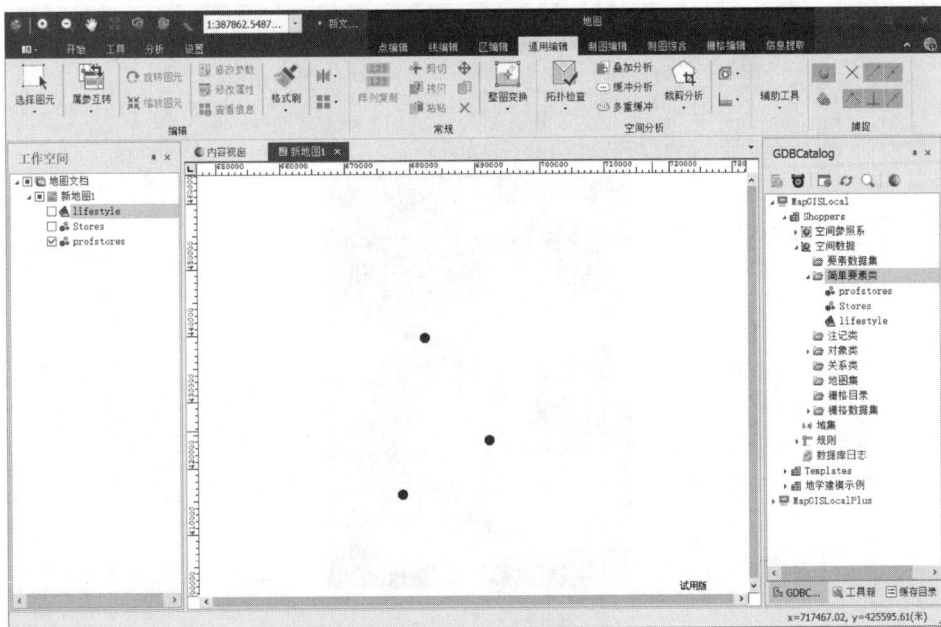

图 6.1-4　盈利商店地址

3．求盈利商店的距离栅格图

依次选择"分析"→"DEM 分析"→"地形分析"→"距离制图"选项，弹出"距离分析"对话框，将"源数据"设置为 profstores；将"输出网格间距"设置为 250；将输出坐标系和图层范围设置得与 lifestyle 图层一致，即将"Xmin"设置为 666069.749991，将"Xmax"设置为 713431.881244，将"Ymin"设置为 400761.093750，将"Ymax"设置为

464350.887505；将"直线距离"设置为 distStore 所在目录，其他选项保持默认设置，如图 6.1-5 所示，单击"确定"按钮，得到的盈利商店距离栅格图，如图 6.1-6 所示。

图 6.1-5　"距离分析"对话框

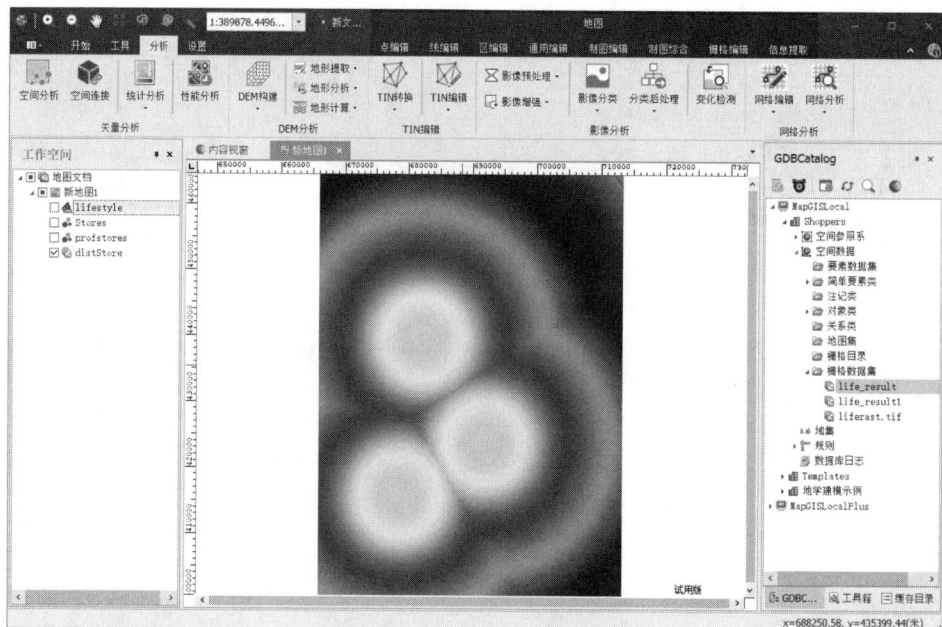

图 6.1-6　盈利商店距离栅格图

4. 距离栅格图重分类

凭借经验推测商店 4km 以内为服务范围，因此对 distStore 图层进行重分类。依次选择"栅格编辑"→"栅格工具"→"重分类"选项，在弹出的"栅格重分类"对话框中将"栅格数据"设置为 distStore，将"分类方法"设置为等间距分类，将"分类数"设置为 10，将"分类间距"设置为 4000，将输出图层命名为 recldist，如图 6.1-7 所示。单击"确定"按钮，分类结果如图 6.1-8 所示，其中中心区域为商店服务范围，其余区域为非商店服务范围。

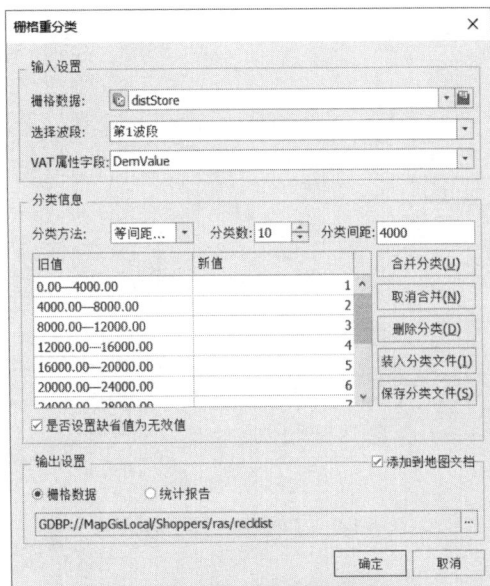

图 6.1-7　"栅格重分类"对话框

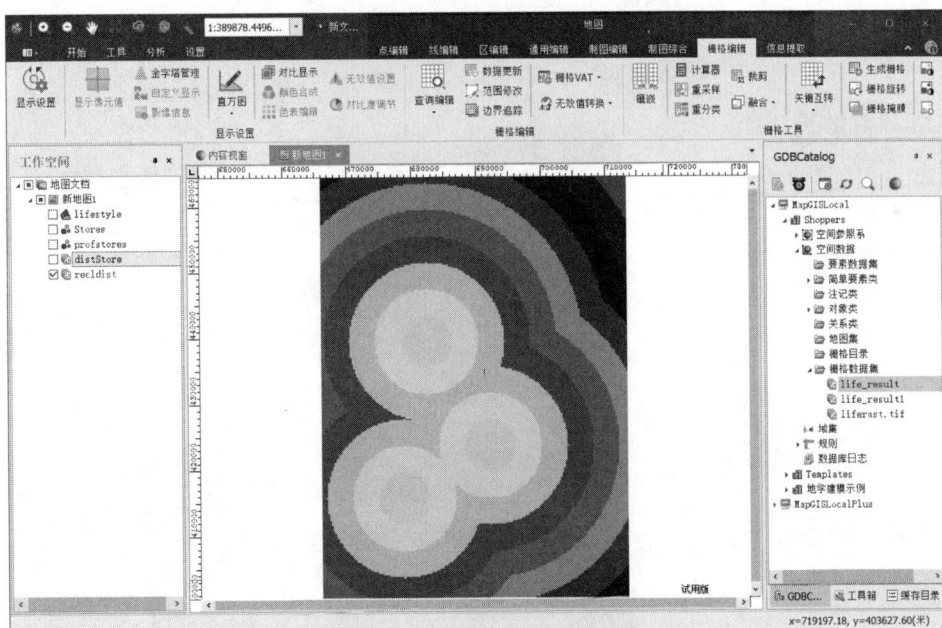

图 6.1-8　距离栅格图重分类结果

5．确定商店的服务范围

依次选择"栅格编辑"→"栅格工具"→"栅格计算器"选项，弹出如图 6.1-9 所示的对话框，将"输入数据"设置为 recldist，将"公式设置"设置为 I1＜2，将结果命名为 recldist1，单击"确定"按钮，得到 recldist1 图层，如图 6.1-10 所示。

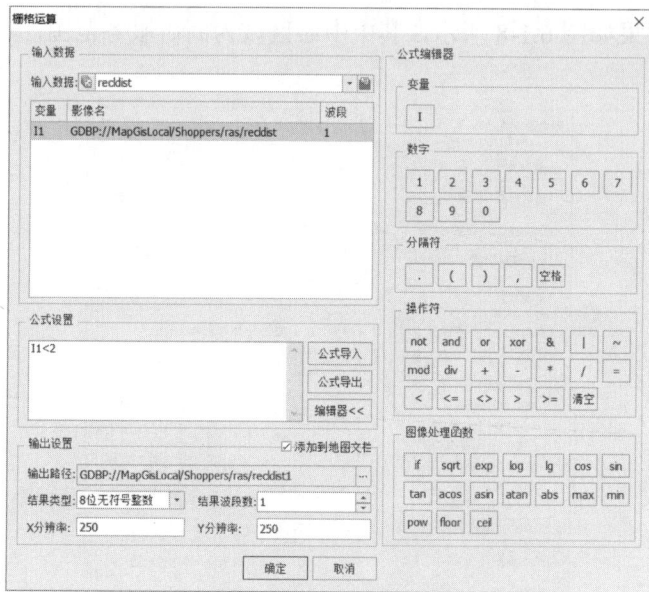

图 6.1-9　"栅格运算"对话框

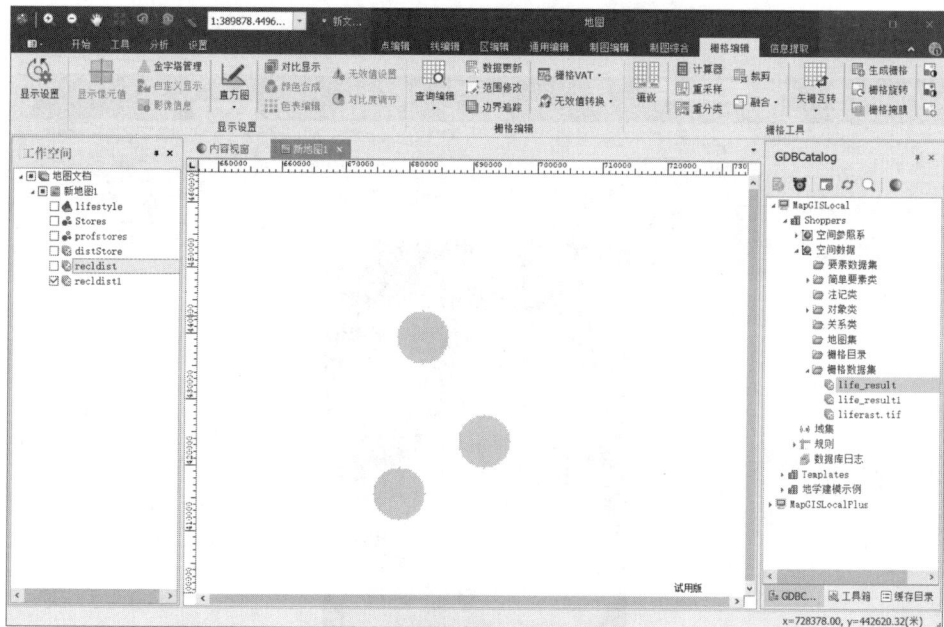

图 6.1-10　recldist1 图层（商店的服务范围）

6.1.3　分析消费者特征

lifestyle 图层属性表中的 1 到 HH_SEG50 为该区域不同生活方式人群的数量；TOTAL 为该区域总人口数；JOESCUST 为潜在客户指标，该值越高表示该区域的潜在客户越多。凭借经验推测，类型为 HH-SEG8、HH-SEG15、HH-SEG37 的人群是潜在客户，潜在客户指标 JOESCUST 用表达式"JOESCUST=(HH-SEG8+HH-SEG15+HH-SEG37)*TOTAL/100"来算得。

1. 将矢量数据转换为栅格数据

将 lifestyle 图层中的 JOESCUST 字段作为像元属性所在字段转换为栅格数据。依次选择"栅格编辑"→"栅格工具"→"矢栅互转"→"矢量转栅格"选项，弹出"矢量转栅格"对话框，将"矢量文件"设置为 lifestyle，将"输出栅格"设置为 liferast 所在目录，将网格间距设置为 250，将"像元属性所在字段"设置为 JOESCUST，其他选项保持默认设置，如图 6.1-11 所示。单击"确定"按钮，转换结果如图 6.1-12 所示。

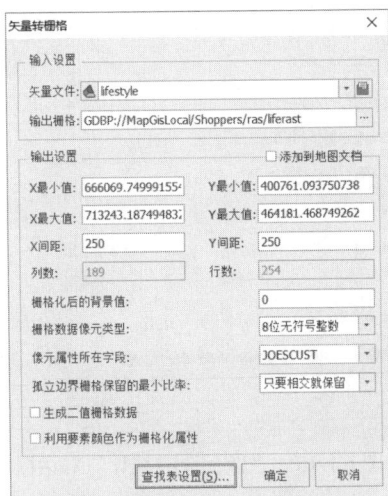

图 6.1-11　将矢量数据转换为栅格数据

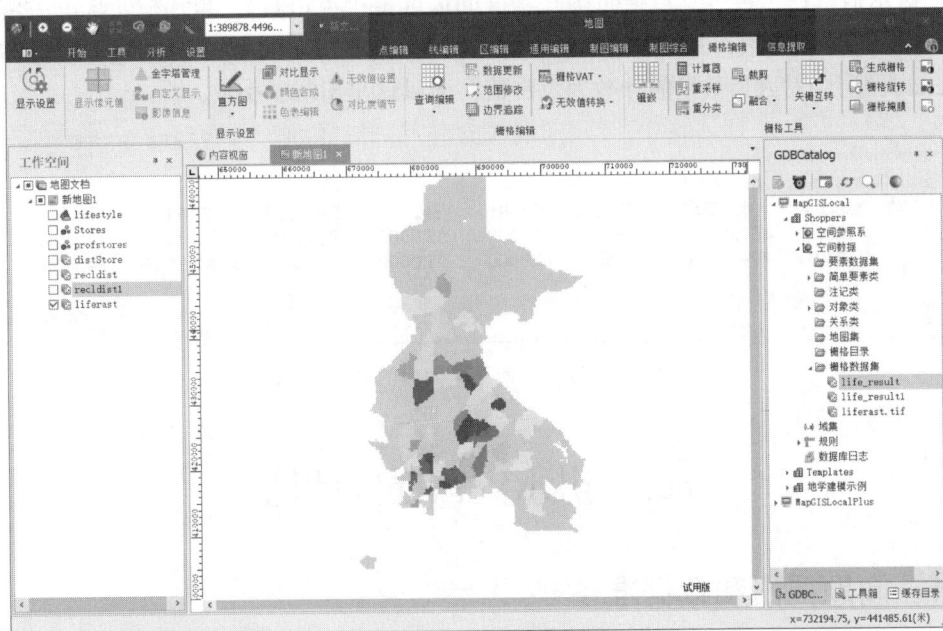

图 6.1-12　转换结果

2. 确定盈利商店服务范围内的潜在客户数

（1）依次选择“分析”→“DEM 分析”→“地形分析”→“栅格统计”→“像元分类区域统计”选项，弹出“像元分类统计”对话框，如图 6.1-13 所示。设置各参数，将“栅格数据”设置为 liferast，将分类栅格数据设置为 recldist1。

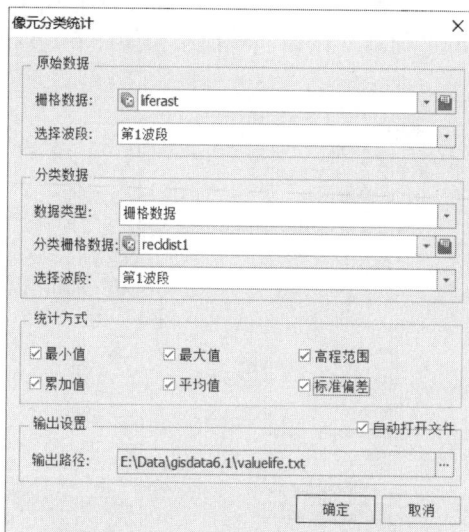

图 6.1-13 “像元分类统计”对话框

（2）单击“确定”按钮，生成一个新表，该表显示 0 和 1 两个区间内 liferast 图层涉及的客户统计结果。区间 1 为盈利商店服务范围，主要统计内容有高程点数、水平面积、平均值、最小值、最大值、高程值范围（指区间内的最大人口数）、累加值、标准差等，如图 6.1-14 所示。由此表可知，盈利商店服务范围内的潜在客户数累加值为 55 009.000 0。因为 liferast 图层中对人口数量的计数为范围值，所以这里出现了小数。

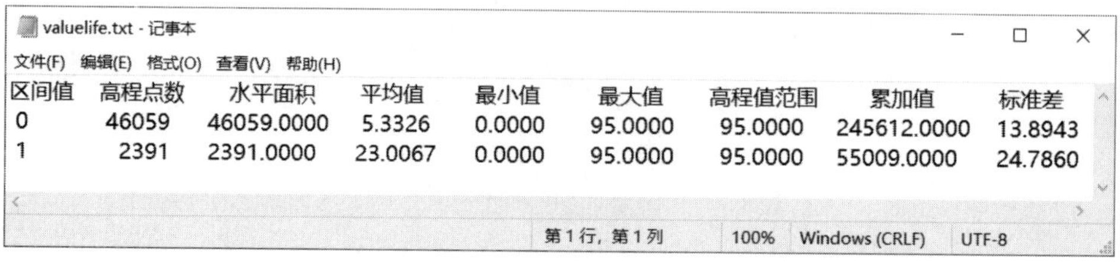

区间值	高程点数	水平面积	平均值	最小值	最大值	高程值范围	累加值	标准差
0	46059	46059.0000	5.3326	0.0000	95.0000	95.0000	245612.0000	13.8943
1	2391	2391.0000	23.0067	0.0000	95.0000	95.0000	55009.0000	24.7860

图 6.1-14 0 和 1 两个区间内的客户统计表

6.2 洪水灾害损失评估

6.2.1 问题提出和数据准备

1. 洪水灾害指标

（1）洪水灾害自然特征指标如下。

洪水灾害发生的位置：是指洪水灾害发生的地理位置或区域，自然位置以经纬度或地理坐标表示，社会位置以所属行政单元表示。

洪水灾害影响的范围：是指直接过水或受淹地区，自然影响范围以淹没范围表达，社会影响范围以洪水影响的行政管辖范围表达。

洪水淹没深度：是指受淹地区的积水深度，是度量洪水灾害严重程度的一个重要指标，是评价洪水灾害损失的一个重要因子。

（2）洪水灾害社会特征指标如下。

人口指标：包括受灾人口、死亡人口、受伤人口和受影响人口。

淹没土地利用类型：指淹没范围内的土地利用现状。

房屋：洪水淹没、冲垮和破坏的各种房屋。

农作物：洪水长时间淹没或冲毁农田造成的农作物减产、绝收的面积或产量损失。

传染病：长期洪水灾害引起的疾病。

（3）洪水灾害经济损失指标如下。

财产损失率：是指洪水淹没区域内各类财产损失的价值与灾前原有价值或正常年份各类财产价值之比。显然，只要确定了各类财产的损失率，用其乘以灾前原有各类财产的价值，就可以得到遭受洪水灾害后各类财产的损失值。财产损失率是基于居民经验和相关科技人员调查、统计得来的。不同土地利用类型在不同淹没深度下的损失率是不同的。

面上综合经济损失描述指标：除财产损失率直接用来描述经济损失外，国内常用面上综合经济损失描述指标来描述经济损失，主要有亩均损失值指标、单位面积损失值指标、人均损失值指标。

2. 问题提出

洪水淹没存在一个最高水位，因此可以根据等高线数据区间，按一定等高距生成等高线区多边形，把最大高程作为属性字段，然后将等高线区多边形与地块多边形进行矢量数据叠加分析，通过条件检索得到小于洪水最高水位的淹没区的地块类型，根据不同地块类型的估计财产、损失系数等计算财产损失。分析准则如下。

（1）估计住宅用地 R 因洪水淹没造成的损失。

（2）洪水水位的相对高程为 500m。

（3）损失大小与居民的估计财产、地基类型有关。

3. 数据准备

（1）提供数字化的地块多边形地图（见图 6.2-1）线文件 land.wl 和点文件 land.wt，将文件存储在 Flood 地理数据库中。地块属性表如表 6.2-1 所示。

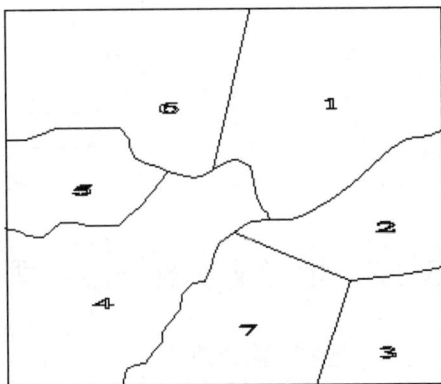

图 6.2-1　地块多边形地图

表 6.2-1　地块属性表

多边形编号	面积	土地利用类型	估计财产	地基类型	地均财产
1		R1	10000	A	
2		R2	50000	C	
3		C	30000	B	
4		C	90000	A	
5		R1	100000	C	
6		R1	115000	A	
7		R2	100000	C	

注：R1 为一类住宅用地，R2 为二类住宅用地，C 为公共设施用地。

（2）对每一类地基，用损失系数来估计房屋倒塌的可能性，如表 6.2-2 所示。

表 6.2-2　地基类型与损失系数对照表

地基类型	损失系数
A	0.75
B	0.25
C	0.50

（3）提供数字化等高线地形图（见图 6.2-2）线文件 height.wl 和点文件 height.wt。这些等高线组成了多边形；每个多边形都有最大高程值，这个值由组成该多边形的不同等高线的高程值决定。

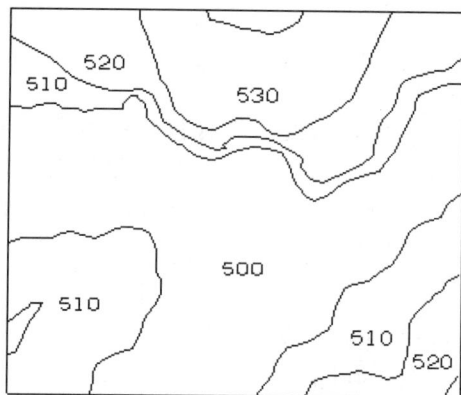

图 6.2-2　数字化等高线地形图

6.2.2　地形地块数据预处理

1. 地块数据预处理

（1）右击"GDBCatalog"窗格中的"MapGISLocal"，选择"附加地理数据库"选项，附加名为 Flood 的地理数据库。添加 land.wl 图层，根据 3.4 节内容进行拓扑造区，得到如图 6.2-3 所示的 land 图层。

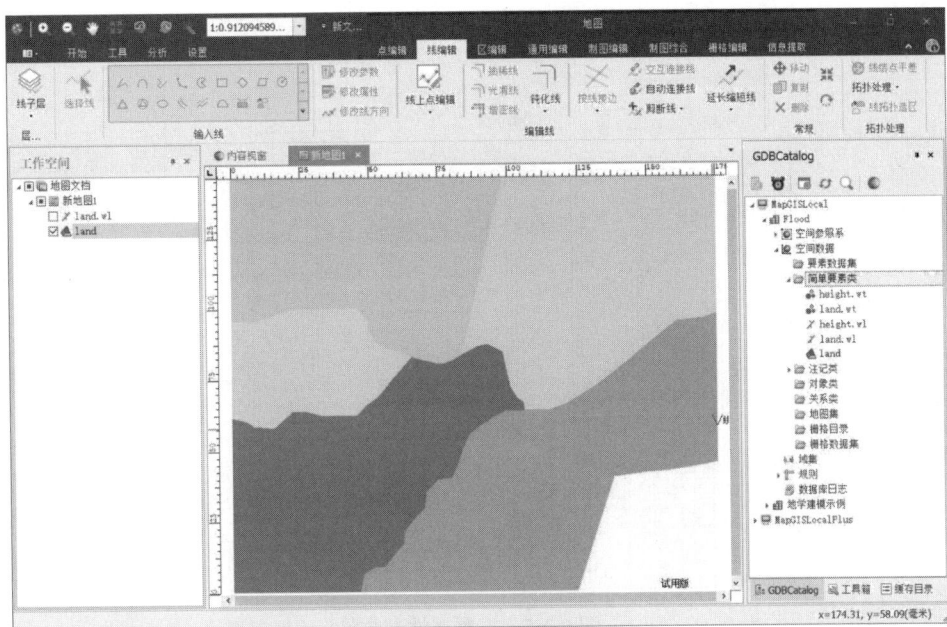

图 6.2-3　land 图层

（2）在工作空间的"新地图 1"下右击 land 图层；或者在"GDBCatalog"窗格中的"MapGISLocal"下，右击 land 图层，选择"属性结构设置"选项，弹出如图 6.2-4 所示对话框，添加土地使用、估计财产、地均财产等属性字段。设置 land 图层为当前编辑状态，依次选择"区编辑"→"修改属性"选项，弹出"修改图元属性"对话框，选中区，设置相应属性参数，如图 6.2-5 所示。

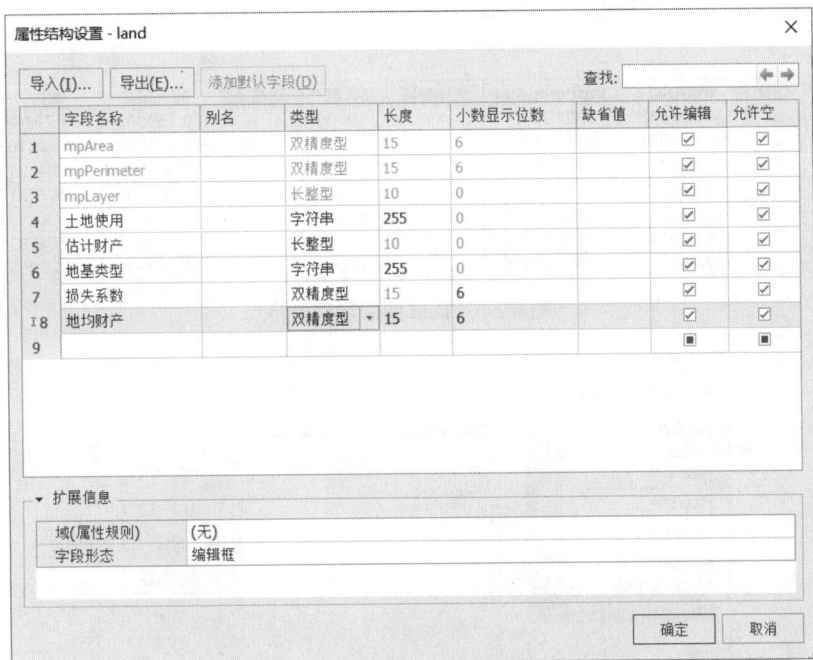

图 6.2-4　"属性结构设置-land"对话框

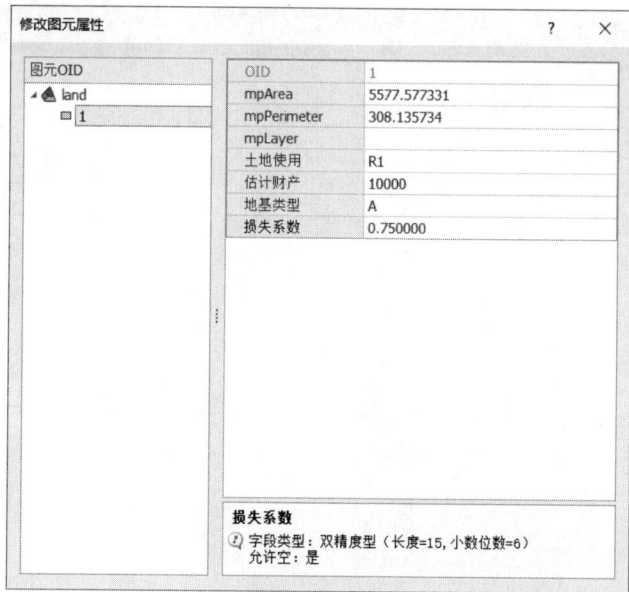

图 6.2-5　设置属性参数

（3）在"GDBCatalog"窗格中的"MapGISLocal"下，右击 land 图层，选择"查看属性"选项，内容视窗中显示属性表格，如图 6.2-6 所示，右击新增加的"地均财产"属性，选择"查找替换"选项，在弹出的对话框中选择"高级替换"选项卡，将"字段名称"设置为地均财产，在"字段查找"框后面的下拉列表中选择"表达公式替换"选项，如图 6.2-7 所示，单击"SQL"按钮，出现如图 6.2-8 所示的"输入表达式"对话框，输入"地均财产"计算表达式：估计财产/mpArea，单击"确定"按钮，返回"查找与替换"对话框，单击"全部替换"按钮，即完成地均财产属性数值的编辑。

序号	OID	mpArea	mpPerimeter	土地使用	估计财产	地基类型	损失系数	地均财产
1	1	5577.615420	308.136670	R1	10000	A	0.750000	1.792881
2	2	4943.889617	306.594561	R1	115000	A	0.750000	23.261037
3	3	2571.603975	236.968158	R2	50000	C	0.500000	19.443118
4	4	2009.962296	185.882160	R1	100000	C	0.500000	49.752177
5	5	5259.672594	339.580971	C	90000	A	0.750000	17.111331
6	6	3394.581463	252.020202	R2	100000	C	0.500000	29.458713
7	7	1874.351265	176.940458	C	30000	B	0.250000	16.005538

图 6.2-6　land 图层属性表格

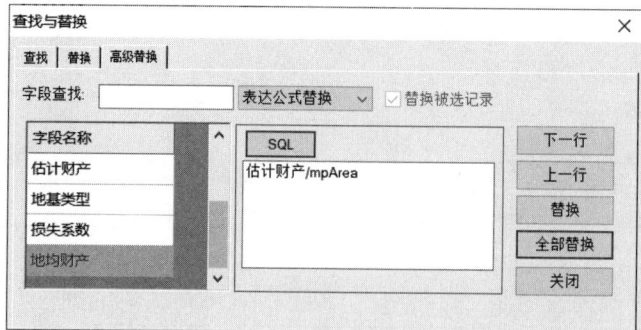

图 6.2-7　"查找与替换"对话框

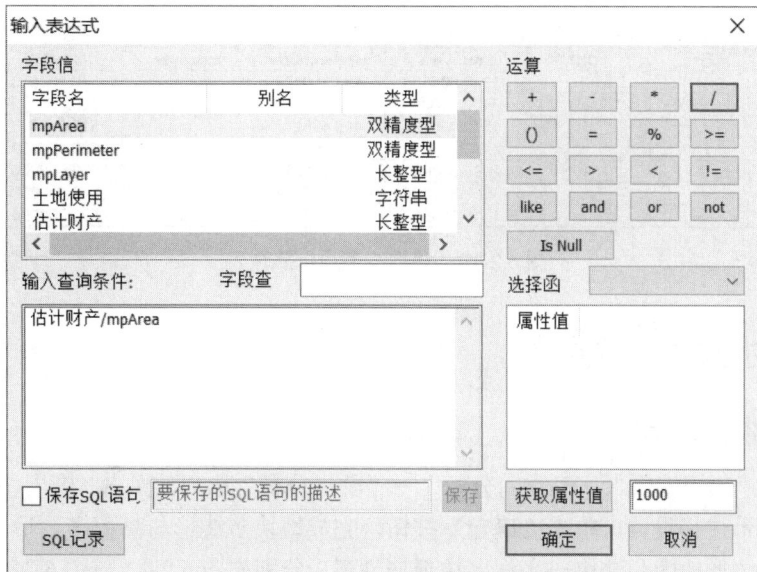

图 6.2-8　"输入表达式"对话框

2. 等高线数据预处理

（1）参照 3.4 节的拓扑造区方法，对 height.wl 线文件进行造区，生成 height 图层，如图 6.2-9 所示。

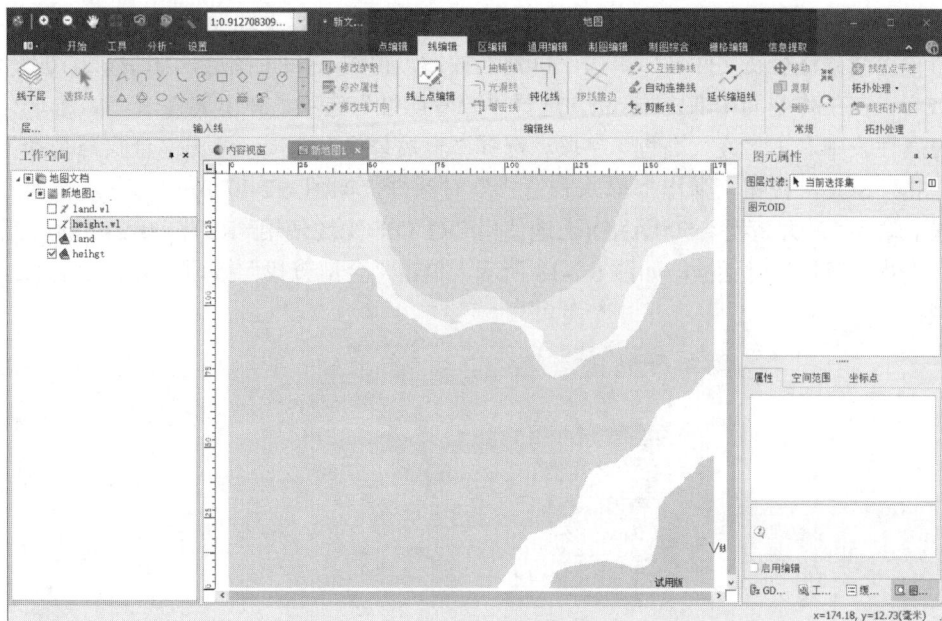

图 6.2-9　height 图层

（2）编辑属性结构，增加"最大高程"属性字段，按照图 6.2-2 所示对最大高程进行赋值，得到的等高线多边形属性表如图 6.2-10 所示。

land ×	heihgt ×				
序号	OID	mpArea	mpPerimeter	mpLayer	最大高程
1	1	3339.806564	488.550479	*<NULL>*	520.000000
2	2	3430.998815	252.119136	*<NULL>*	530.000000
3	3	1572.920791	489.458112	*<NULL>*	510.000000
4	4	10971.691390	632.361331	*<NULL>*	500.000000
5	5	2135.342661	257.131899	*<NULL>*	510.000000
6	6	3067.811546	222.826344	*<NULL>*	510.000000
7	7	1113.104863	197.138000	*<NULL>*	520.000000

图 6.2-10 等高线多边形属性表

6.2.3 洪水灾害损失分析

1. 多边形叠加分析

依次选择"通用编辑"→"空间分析"→"叠加分析"选项,弹出"图层叠加"对话框,按图 6.2-11 所示进行设置,单击"确定"按钮,完成地块多边形与高程多边形的叠合,产生地块—高程多边形地图和地块—高程多边形属性表,分别如图 6.2-12 与图 6.2-13 所示。每个多边形包含面积、土地使用、估计财产、地基类型、地均财产、损失系数、最大高程等属性。

2. 选择高程≤500m,土地使用性质为住宅(R1,R2)的记录

依次选择"通用编辑"→"空间分析"→"空间查询"→"按条件查询"选项,弹出"空间查询"对话框,如图 6.2-14 所示,选择"采用查询图层 A"单选按钮,将其设置为合并后的图层,单击被查询图层对应的"SQL 表达式"栏中的"…"按钮,弹出"输入查询条件"对话框,设置表达式为最大高程<=500 AND(土地使用='R1' OR 土地使用='R2')(见图 6.2-15),并设置输出结果路径及文件名,单击"确定"按钮,得到 result1 图层,如图 6.2-16 所示。

或者,在工作空间中右击 result,选择"查看属性"选项,弹出属性表,如图 6.2-13 所示,在属性表中右击"最大高程"字段,选择"查找替换"选项,弹出"查找与替换"对话框。单击"SQL"按钮,弹出"输入表达式"对话框,如图 6.2-17 所示。在"输入查询条件"框中输入"最大高程<=500 AND(土地使用='R1' OR 土地使用='R2')",单击"确定"按钮,返回"查找与替换"对话框,如图 6.2-18 所示,单击"全部查找"按钮,得到如图 6.2-16 所示结果。

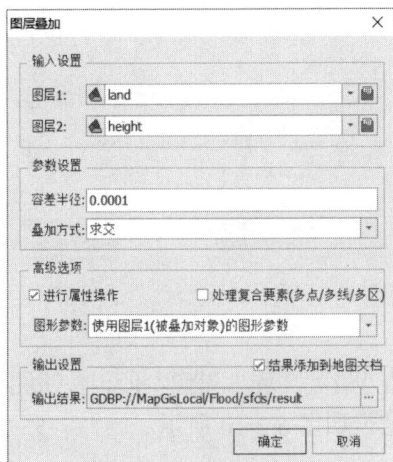

图 6.2-11 "图层叠加"对话框

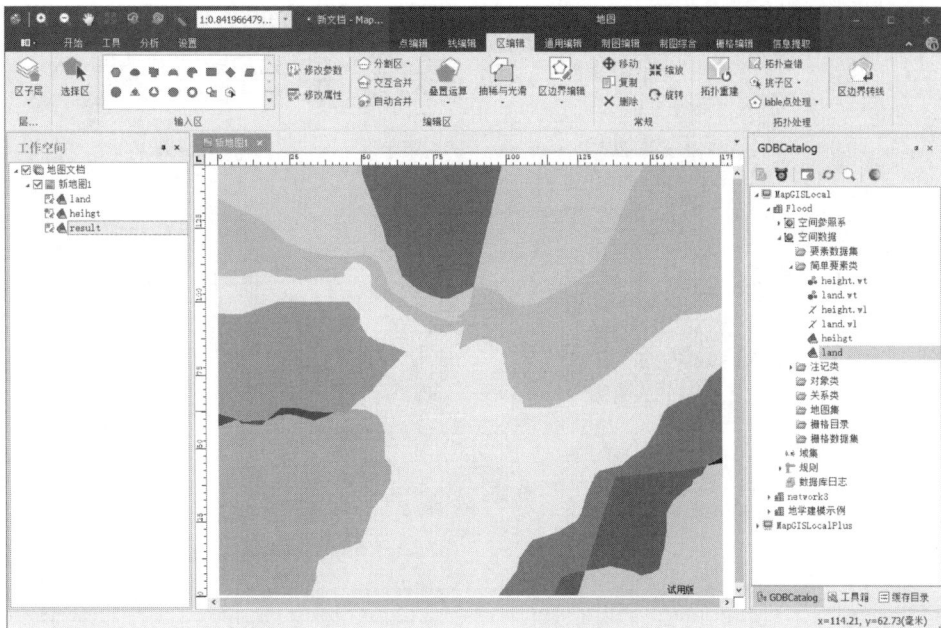

图 6.2-12 地块—高程多边形地图

序号	OID	mpArea	mpPerimeter	mpLayer	GIS FID Class1	GIS FID Class2	土地使用	估计财产	地基类型	损失系数	地均财产	最大高程
1	1	1995.856421	184.705555	0	4	4	R1	100000	A	0.500000	49.752177	500.000000
2	2	14.093769	18.241151	0	5	4	C	90000	A	0.750000	17.111231	500.000000
3	3	1580.204967	243.737232	0	2	1	R1	115000	A	0.750000	23.261037	520.000000
4	4	868.965532	240.474686	0	2	3	R1	115000	A	0.750000	23.261037	510.000000
5	5	961.107561	215.716941	0	2	4	R1	115000	A	0.750000	23.261037	510.000000
6	6	3045.481098	223.752321	0	1	4	C	90000	A	0.750000	17.111231	510.000000
7	7	8.934789	21.347853	0	4	6	R1	100000	C	0.500000	49.752177	510.000000
8	8	43.948831	49.298165	0	5	4	C	90000	A	0.750000	17.111231	510.000000
9	9	2155.148896	281.810987	0	5	4	C	90000	A	0.750000	17.111231	510.000000
10	10	5.171086	13.245140	0	4	6	R1	100000	C	0.500000	49.752177	500.000000
11	11	2715.425016	234.966049	0	6	4	R2	100000	C	0.500000	29.458713	500.000000
12	12	1528.540479	158.535306	0	2	2	R1	115000	A	0.750000	23.261037	500.000000
13	13	1206.599112	270.893871	0	1	4	R1	10000	A	0.750000	1.792881	500.000000
14	14	701.378195	260.918596	0	1	4	R1	10000	A	0.750000	1.792881	510.000000
15	15	1758.539982	259.554188	0	1	4	R1	10000	A	0.750000	1.792881	530.000000
16	16	1902.458336	178.352295	0	1	2	R1	10000	A	0.750000	1.792881	530.000000
17	17	1871.154670	218.762449	0	5	6	R2	50000	C	0.500000	19.443118	510.000000
18	18	618.691830	132.432160	0	6	5	R2	100000	C	0.500000	29.458713	510.000000
19	19	60.464617	33.018985	0	6	7	R2	100000	C	0.500000	29.458713	510.000000
20	20	1044.485623	179.432009	0	7	7	C	30000	B	0.250000	16.005538	520.000000
21	21	825.457570	134.351488	0	7	7	C	30000	B	0.250000	16.005538	530.000000
22	22	690.223484	133.662705	0	3	3	R2	50000	C	0.500000	19.443118	510.000000
23	23	5.085826	13.658841	0	3	7	R2	50000	C	0.500000	19.443118	520.000000

图 6.2-13 地块—高程多边形属性表

图 6.2-14 "空间查询"对话框

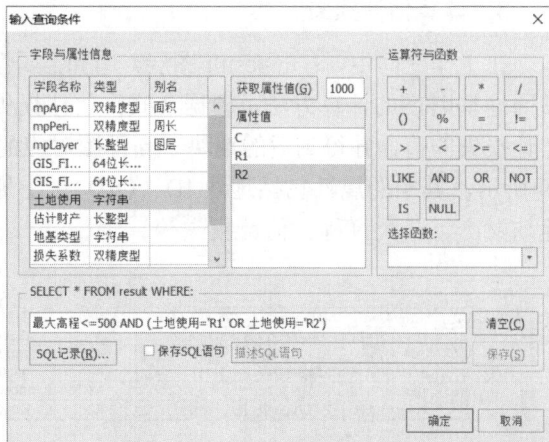

图 6.2-15 设置 SQL 表达式

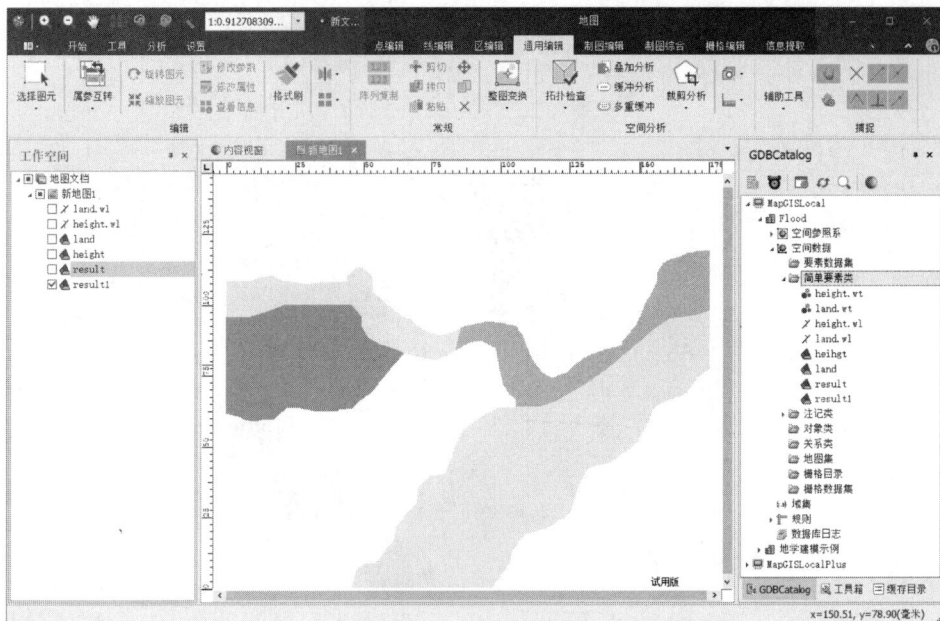

图 6.2-16　result1 图层

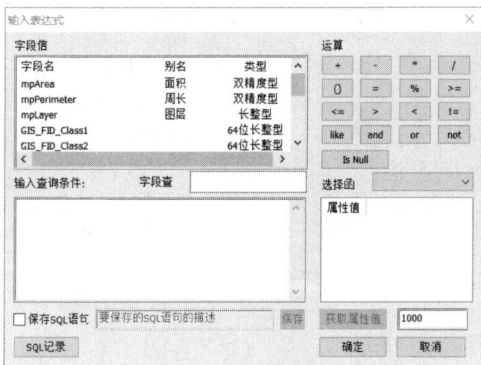

图 6.2-17　"输入表达式"对话框

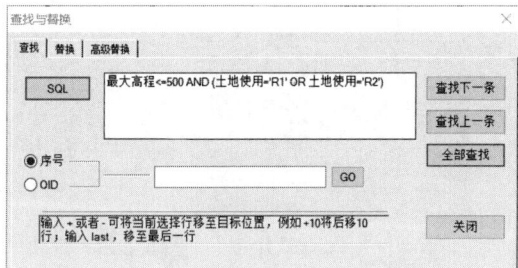

图 6.2-18　"查找与替换"对话框

3. 计算估计损失

在工作空间中，右击 result 图层，选择"属性结构设置"选项，添加"估计损失"字段，参照地均财产的计算方法，根据公式：估计损失=多边形面积×地均财产×损失系数，计算估计损失的值，并得到新的地块—高程图对应的属性表，该表称为损失估计表，如图 6.2-19 所示，其中的属性包括地块 ID（OID）、土地使用、估计财产、地基类型、损失系数、地均财产、最大高程、估计损失等。

序号	OID	mpArea	mpPerimeter	GIS FID Class1	土地使用	估计财产	地基类型	损失系数	地均财产	最大高程	估计损失
1	1	1995.856421	184.705555	4	R1	100000	C	0.500000	49.752177	500.000000	49647.983067
2	2	961.107561	215.716941	2	R1	115000	A	0.750000	23.261037	500.000000	17259.687453
3	3	2715.425016	234.966049	6	R2	100000	C	0.500000	29.458713	500.000000	39993.753219
4	4	1206.599112	270.893871	1	R1	10000	A	0.750000	1.792881	500.000000	13473.517432
5	5	1871.154670	218.762449	3	R2	50000	C	0.500000	19.443118	500.000000	18218.275587

图 6.2-19　损失估计表

4．制作洪水淹没损失分布图

按估计损失将地块—高程图分成>30000、15000～30000、<15000 三类，并分别用三种图例表示，画出洪水淹没损失分布图。具体操作：让 result1 图层处于当前编辑状态，依次选择"通用编辑"→"选择图元"→"按属性选择"选项，弹出"输入查询条件"对话框，输入三个条件，如图 6.2-20 所示，单击"确定"按钮，找到三种类型对应的区。依次选择"区编辑"→"修改区参数"选项，选择不同填充图案显示图形，最终得到的洪水淹没损失分布图如图 6.2-21 所示。

图 6.2-20　"输入查询条件"对话框

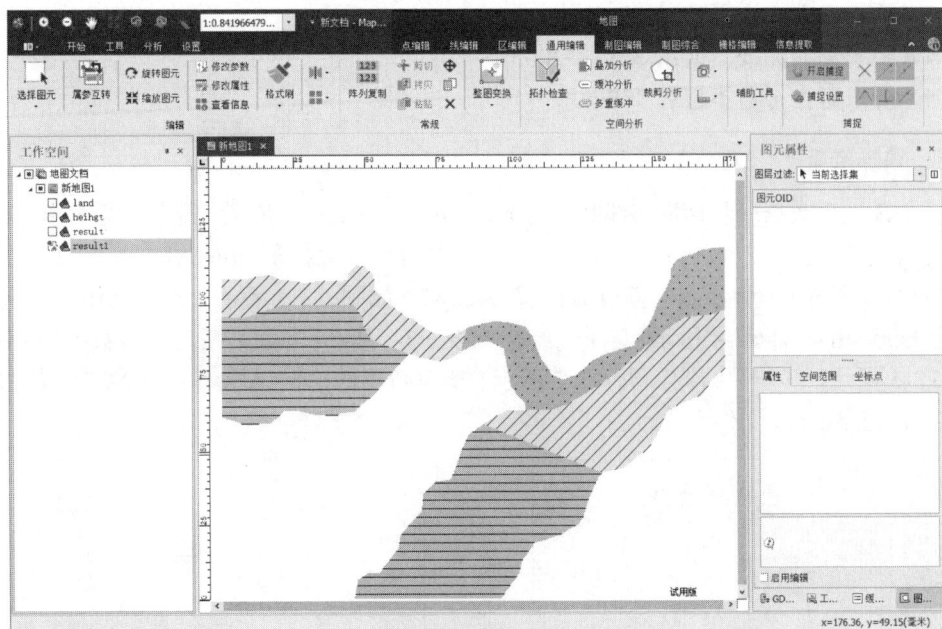

图 6.2-21　洪水淹没损失分布图

5．分析结论

计算每个地块被淹没的面积比，得出分析结论表，如表 6.2-3 所示。该表包括的属性项有多边形编号、估计财产、估计损失、被淹没面积比例。

表 6.2-3　分析结论表

多边形编号	估计财产/元	估计损失/元	被淹没面积比例
1	100000	13473.517432	0.109000
6	115000	17259.687453	0.088000
2	50000	18218.275587	0.170000
5	100000	49647.983067	0.018300
7	100000	39993.753219	0.246000

6.3　实验室选址

6.3.1　问题提出和数据准备

1. 问题提出

影响实验室选址的因素主要有道路、下水道、河流等，利用缓冲区分析方法确定道路、下水道、河流影响的范围，利用矢量数据叠加分析方法对多边形与多边形进行相交、相并、相减等操作，利用条件检索功能检索满足条件的候选地址。通过空间分析标出适宜于未来实验室建设的地址。利用表格分析提供购买这片土地的预计价格。分析准则如下。

（1）要求土地利用类型为灌木地。

（2）要求土壤类型为强适应性，以利于搭建建筑物。

（3）要求离下水道不超过 500m。

（4）要求离河流或其他水域至少 200m。

（5）要求距主干道不超过 400m。

2. 数据准备

LabDB 地理数据库包括道路线数据层 road.wl，如图 6.3-1 所示（其中 1 级表示主干道，2 级表示次要道路，3 级表示山间小道）及道路等级点数据层 road.wt；下水道线数据层 sewer.wl，如图 6.3-2 所示；河流线数据层 river.wl，如图 6.3-3 所示；土地利用类型边界线数据层 land.wl，如图 6.3-4 所示，其属性结构如表 6.3-1 所示；土壤类型边界线数据层 soil.wl，如图 6.3-5 所示，其属性结构如表 6.3-2 所示。所有数据的比例尺均为 1∶50 000。数据存放在 E:\Data\gisdata6.3 文件夹内。

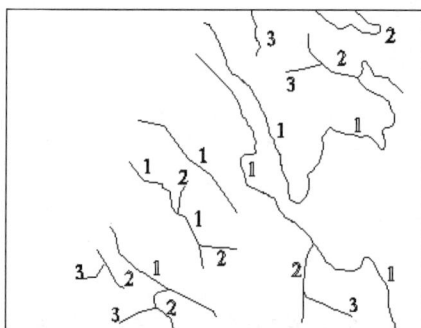

图 6.3-1　道路线数据层

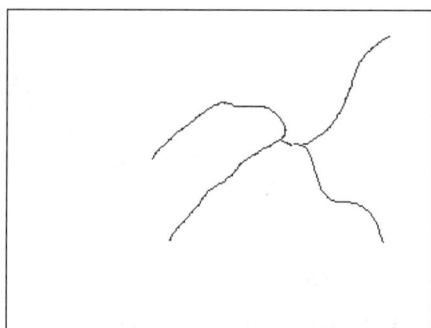

图 6.3-2　下水道线数据层

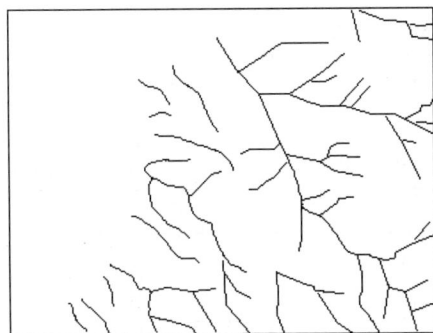

图 6.3-3　河流线数据层

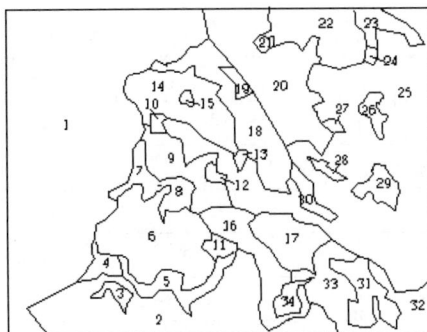

图 6.3-4　土地利用类型边界线数据层

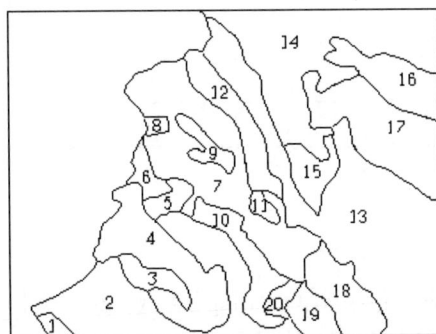

图 6.3-5　土壤类型边界线数据层

表 6.3-1　土地利用类型属性结构表

ID	面积	周长	类型	ID	面积	周长	类型
1			Water	18			Forest
2			Forest	19			Brush
3			Brush	20			Wetland
4			Urban	21			Brush
5			Wetband	22			Forest
6			Agriculture	23			Barren
7			Forest	24			Brush
8			Urban	25			Agriculture
9			Barren	26			Brush
10			Brush	27			Brush
11			Brush	28			Brush
12			Brush	29			Urban
13			Brush	30			Brush
14			Agriculture	31			Brush
15			Brush	32			Brush
16			Wetwater	33			Brush
17			Forest	34			Urban

表 6.3-2　土壤类型属性结构表

ID	面积	周长	类型	ID	面积	周长	类型
1			Low	11			Low
2			High	12			Middle
3			Middle	13			Low
4			Middle	14			Middle
5			Low	15			High
6			Middle	16			Low
7			High	17			High
8			Middle	18			Middle
9			Middle	19			Low
10			Low	20			Middle

6.3.2　数据预处理

（1）右击"GDBCatalog"窗格中的"MapGISLocal"，选择"附加地理数据库"选项，附加名为 LabDB 的地理数据库。

（2）添加 land.wl，完成土地利用类型多边形拓扑造区，得到土地利用类型多边形图，即 land 图层，如图 6.3-6 所示。拓扑造区方法参见 3.4 节。

（3）在地图编辑器子系统中，完成土壤类型多边形拓扑造区，得到土壤类型多边形图，即 soil 图层，如图 6.3-7 所示。拓扑造区方法参见 3.4 节。

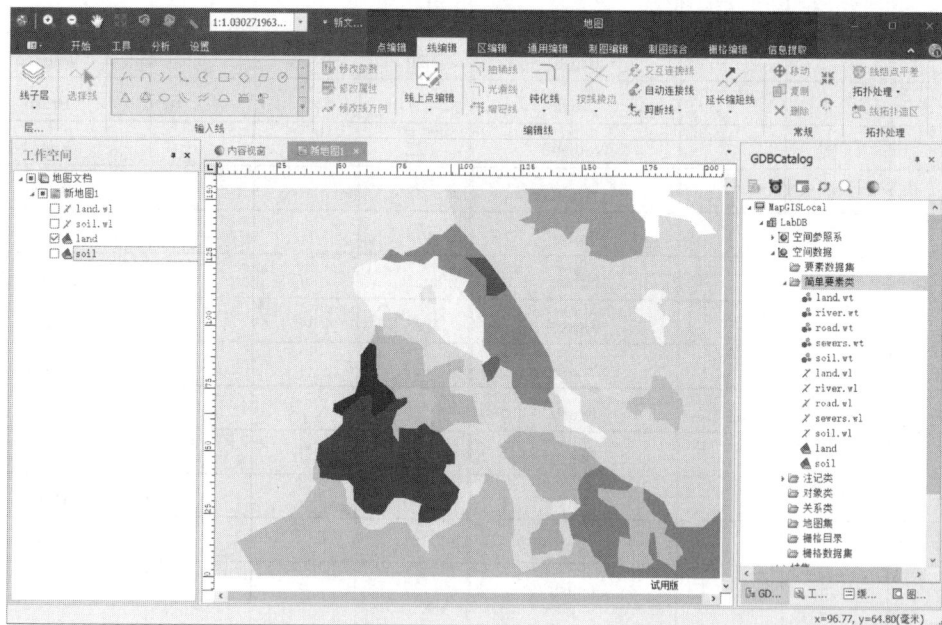

图 6.3-6　土地利用类型多边形图

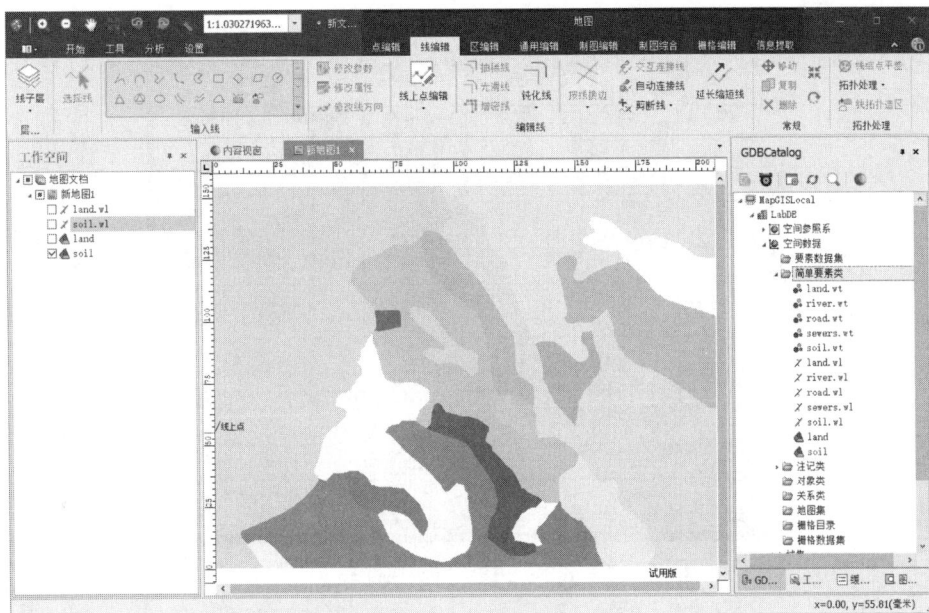

图 6.3-7　土壤类型多边形图

6.3.3　属性结构编辑

（1）道路等级属性结构编辑。在"新地图 1"下右击 road 图层，或者在 GDB 企业管理器的"GDBCatalog"窗格中的"MapGISLocal"下，右击 road.wl 图层，选择"属性结构设置"选项，在弹出的对话框中增加"道路等级"属性字段，如图 6.3-8 所示，为"道路等级"赋值，单击"确定"按钮，在"属性视图"中显示道路等级属性表，如图 6.3-9 所示。

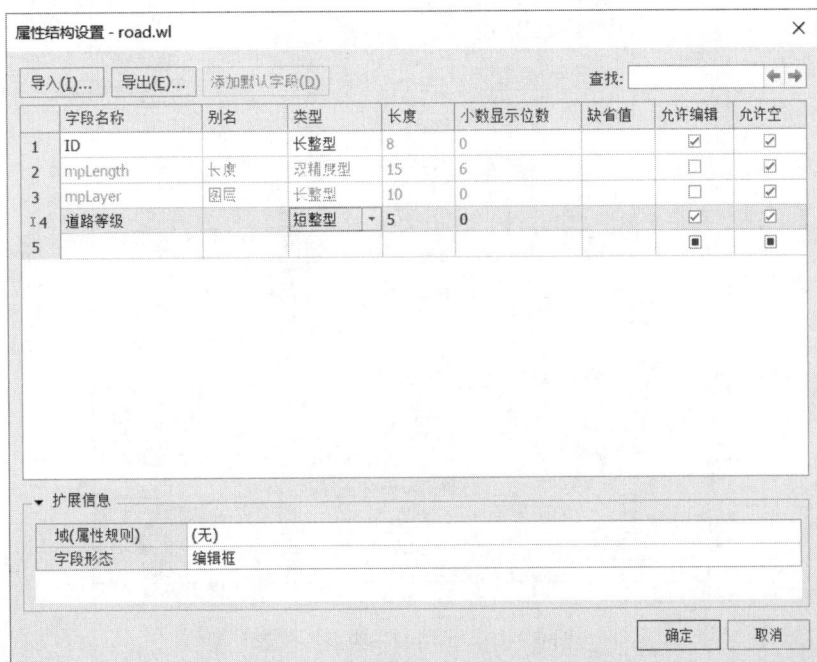

图 6.3-8　增加"道路等级"属性字段

属性视图

□只读 ☑图属联动 □单击跳转图元 □仅显示选中

LAND.WP × road.wl ×

序号	OID	ID	mpLength	mpLayer	道路等级
1	2	2	23.441348	0	2
2	3	3	14.201273	0	3
3	6	6	77.487320	0	1
4	8	8	14.177673	0	3
5	9	9	69.371112	0	1
6	10	10	204.115978	0	1
7	11	11	37.045096	0	1
8	14	14	24.165296	0	3
9	15	15	55.109873	0	2
10	18	104	725.096034	0	0
11	19	19	37.389295	0	2
12	20	20	19.368777	0	3
13	22	22	19.929099	0	3
14	25	6	11.677511	0	3
15	26	26	38.646303	0	2
16	27	27	28.467247	0	2
17	29	12	258.308639	0	1
18	30	12	0.035609	0	1
19	40	12	0.178664	0	1
20	50	11	0.079063	0	1
21	51	4	27.054923	0	1
22	52	4	45.124082	0	1
23	54	4	28.498047	0	2

图 6.3-9　道路等级属性表

（2）土地利用类型属性结构编辑。在“新地图 1”下右击 land 图层，或者在 GDB 企业管理器的“GDBCatalog”窗格中的“MapGISLocal”下，右击 land 图层，选择“属性结构设置”选项，在弹出的对话框中增加“类型”属性字段，按图 6.3-4 和表 6.3-1 所示为土地利用类型赋值，单击“确定”按钮，得到的土地利用类型属性表如图 6.3-10 所示。

land ×

序号	OID	mpArea	mpPerimeter	类型
1	1	6456.808362	911.247368	Agriculture
2	2	311.965819	106.537401	Barren
3	3	965.786650	162.475140	Forest
4	4	2013.738511	270.095148	Wetland
5	5	8408.025226	494.331648	Water
6	6	57.083948	30.305816	Brush
7	7	1259.338981	264.756279	Forest
8	8	44.338638	25.734236	Brush
9	9	103.582137	50.609701	Brush
10	10	1180.740933	200.352571	Agriculture
11	11	37.014317	23.947626	Brush
12	12	154.853409	65.072776	Brush
13	13	62.664108	34.761831	Brush
14	14	763.648625	180.349874	Barren
15	15	49.152466	28.887680	Brush
16	16	269.204775	103.365525	Forest
17	17	45.424029	27.393917	Brush
18	18	186.784216	79.572929	Brush
19	19	63.910277	35.791777	Brush
20	20	69.638931	48.872549	Brush
21	21	222.300919	79.850494	Urban
22	22	1768.954053	231.083761	Agriculture
23	23	268.302403	78.663911	Urban
24	24	875.834753	233.372563	Wetwater
25	25	682.535236	114.366837	Forest
26	26	129.269186	50.141532	Brush
27	27	176.982019	73.946127	Urban
28	28	1254.939454	341.491145	Brush
29	29	2847.937646	457.523688	Forest
30	30	447.139459	187.928348	Wetband
31	31	550.162621	155.567801	Brush
32	32	50.864271	30.425576	Brush
33	33	173.725151	65.051416	Urban
34	34	111.940576	61.309616	Brush

图 6.3-10　土地利用类型属性表

（3）土壤类型属性结构编辑。在“新地图 1”下右击 soil 图层，或者在 GDB 企业管理器的"GDBCatalog"窗格中的"MapGISLocal"下，右击 soil 图层，选择"属性结构设置"选项，在弹出的对话框中增加"类型"属性字段，按图 6.3-5 和表 6.3-2 所示为土壤类型赋值，单击"确定"按钮，得到的土壤类型属性表如图 6.3-11 所示。

land ×	soil ×			
序号	OID	mpArea	mpPerimeter	类型
1	1	3391.077026	436.324169	Middle
2	2	8492.104788	495.916350	<NULL>
3	3	4804.891913	522.983831	Low
4	4	864.887695	187.124387	Middle
5	5	2957.266740	512.089120	High
6	6	942.404845	162.806958	Low
7	7	1926.157895	235.146490	High
8	8	81.468632	37.561205	Middle
9	9	500.328609	121.466921	High
10	10	259.218866	89.570278	Middle
11	11	277.962489	101.402053	Middle
12	12	255.799811	76.844836	Low
13	13	1805.022231	281.034057	Middle
14	14	129.470549	48.442781	Low
15	15	2664.366757	452.244670	High
16	16	779.162876	194.180013	Low
17	17	907.514448	138.581431	Middle
18	18	365.418808	100.578664	Middle
19	19	170.505668	61.395536	Middle
20	20	423.049521	85.725603	Low
21	21	119.861573	48.760020	Low

图 6.3-11　土壤类型属性表

6.3.4　实验室选址分析

1. 对道路线数据层进行操作

（1）在工作空间中"新地图 1"下添加 road.wl 图层，将 road.wl 图层设置为当前编辑状态，依次选择"通用编辑"→"空间查询"→"交互式查询"选项，弹出"交互式空间查询"对话框，如图 6.3-12 所示，单击"查询条件"栏中下方的空白处，或者下方的 按钮，弹出"输入查询条件"对话框，输入 road.wl 图层的 SQL 表达式，如图 6.3-13 所示，单击"确定"按钮，返回"交互式空间查询"对话框，设置新生成文件的保存路径及文件名 road1.wl，单击"开始交互"按钮。

图 6.3-12　"交互式空间查询"对话框

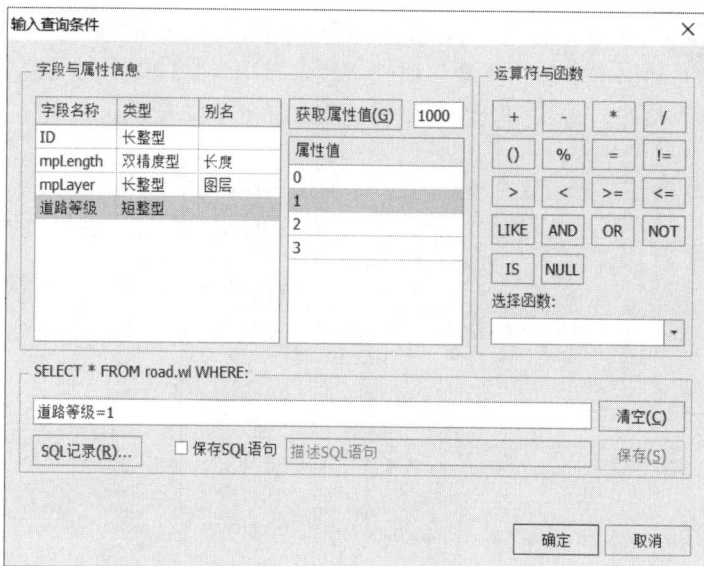

图 6.3-13　"输入查询条件"对话框 1

或者依次选择"通用编辑"→"选择图元"→"按属性选择"选项，在弹出的"输入查询条件"对话框中输入条件表达式，如图 6.3-14 所示。

主干道检索结果如图 6.3-15 所示。

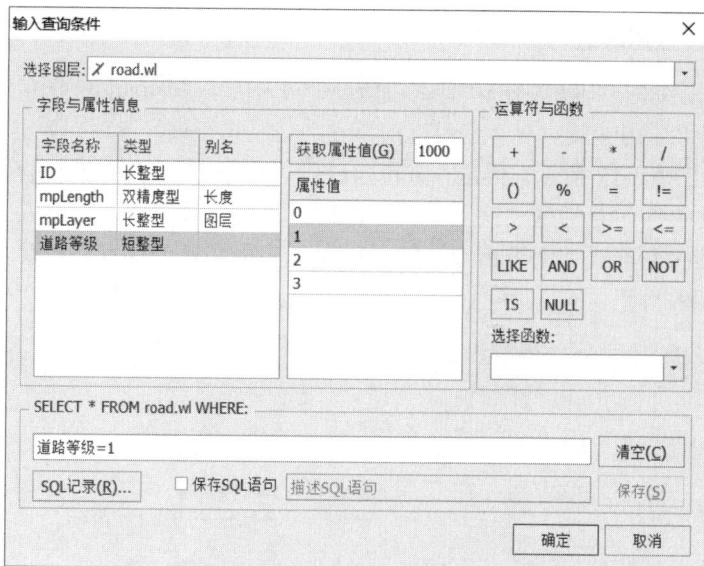

图 6.3-14　"输入查询条件"对话框 2

（2）在工作空间中"新地图 1"下，设置 road1.wl 图层为当前编辑状态，依次选择"线编辑"→"选择线"选项，框选需要进行缓冲区分析的线，依次选择"通用编辑"→"缓冲分析"选项，弹出"缓冲分析"对话框，如图 6.3-16 所示，修改保存结果的文件名称和路径，指定在 road1.wl 周围生成缓冲区的半径，完成设置后单击"确定"按钮，进行缓冲区分析，结果为 road1.wp，如图 6.3-17 所示。

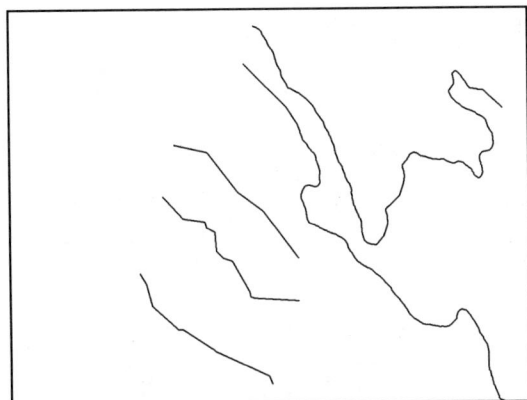

图 6.3-15　主干道检索结果

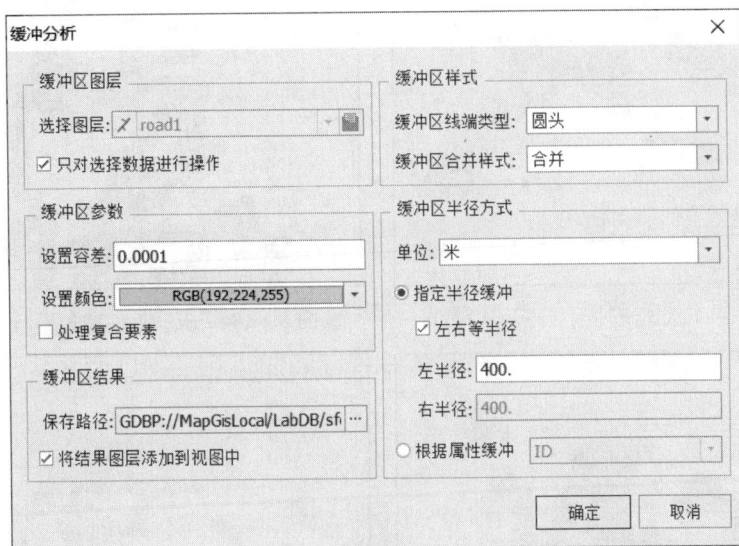

图 6.3-16　"缓冲分析"对话框

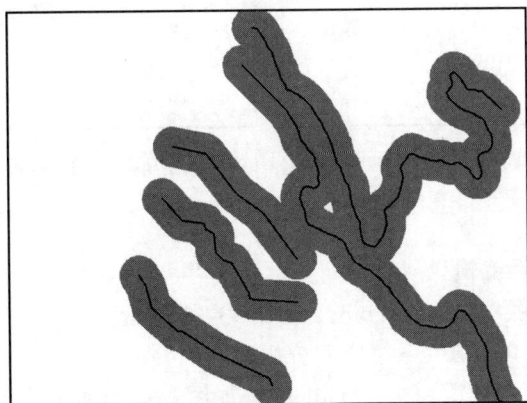

图 6.3-17　一级道路缓冲区（roadl.wp）

2. 在下水道周围生成一个 500m 宽的缓冲区

参照上文，为 sewer.wl 创建 500m 宽的缓冲区，结果为 sewer1.wp，如图 6.3-18 所示。

3. 在河流周围生成一个200m宽的缓冲区

参照上文，为river.wl创建200m宽的缓冲区，结果为river1.wp，如图6.3-19所示。

4. 下水道、道路、河流叠加分析

（1）依次选择"通用编辑"→"空间分析"→"叠加分析"选项，对road1.wp和sewer1.wp进行相交空间操作，结果为bufroadsewer.wp，如图6.3-20所示。

（2）依次选择"通用编辑"→"空间分析"→"叠加分析"选项，对bufroadsewer.wp和river1.wp进行相减空间操作，结果为rodseweriv.wp，如图6.3-21所示。

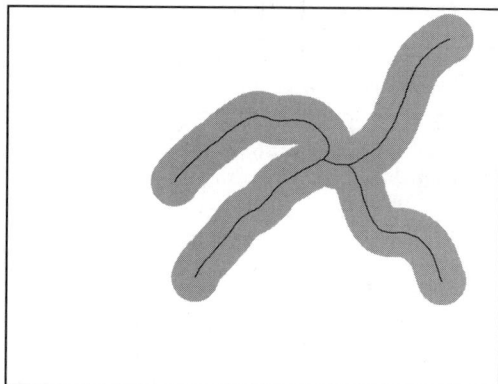

图6.3-18　一级下水道缓冲区（sewer1.wp）

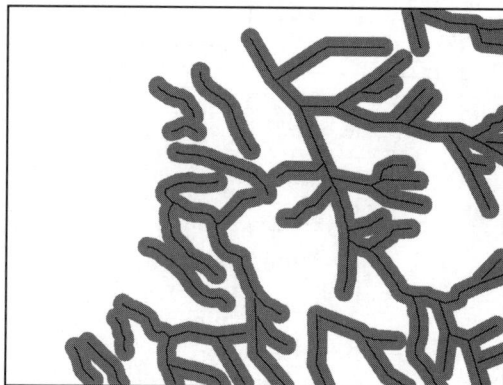

图6.3-19　一级河流缓冲区（river1.wp）

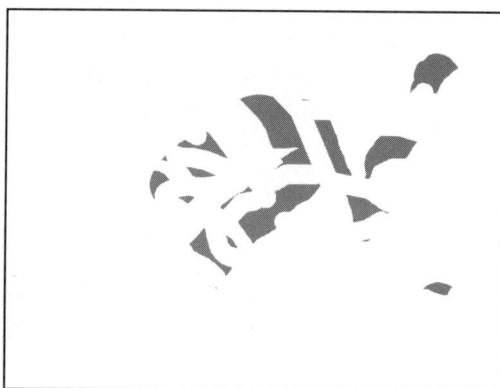

图6.3-20　道路、下水道叠加结果（bufroadsewer.wp）　图6.3-21　道路、下水道、河流叠加结果（rodseweriv.wp）

5. 多边形叠加分析

（1）依次选择"通用编辑"→"空间分析"→"叠加分析"选项，对land.wp和soil.wp进行空间叠加操作，结果为landsoil.wp，如图6.3-22所示。

（2）依次选择"通用编辑"→"空间分析"→"叠加分析"选项，对rodseweriv.wp和landsoil.wp进行空间叠加操作，结果为all.wp，如图6.3-23所示。

6. 提取符合条件的候选地址

根据给定要求，土地利用类型应为灌木地，土壤类型应为强适应性。设置all.wp文件为当前编辑状态，依次选择"通用编辑"→"选择图元"→"按属性选择"选项，在弹出的"输入查询条件"对话框中输入表达式，如图6.3-24所示。最终提取的符合条件的候选地址如图 6.3-25 所示。

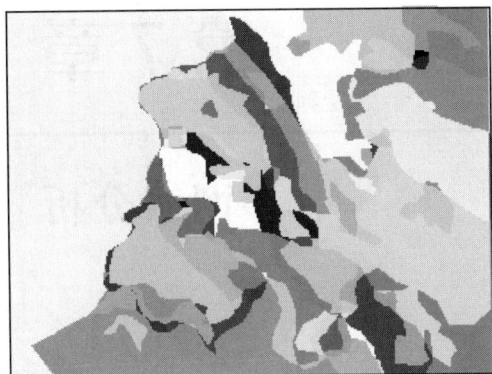

图 6.3-22　土地与土壤叠加结果（landsoil.wp）

图 6.3-23　全要素叠加结果（all.wp）

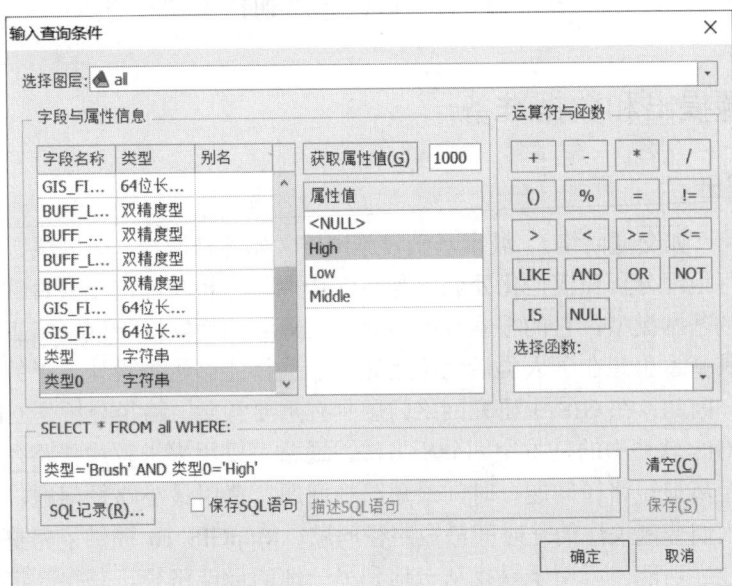

图 6.3-24　输入土地与土壤条件表达式

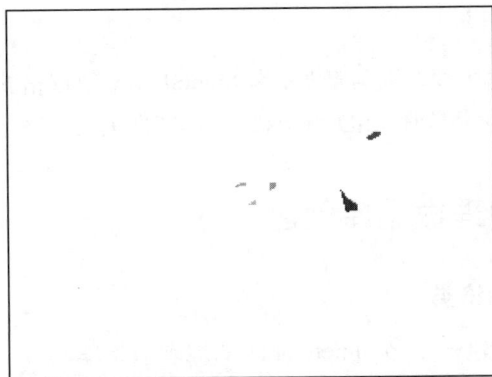

图 6.3-25　最终提取的符合条件的候选地址

第 7 章

网络分析

7.1 路径分析

7.1.1 问题提出和数据准备

1. 问题提出

对地理网络（如交通网络）、城市基础设施网络（如各种网线、电力线、电话线、供/排水管道等）进行地理分析和模型化处理，是 GIS 中网络分析功能的主要目的。网络分析是运筹学模型中的基本模型，它的根本目的是研究、筹划如何安排一项网络工程，并使其运行效果最佳，其基本思想在于人类活动总是倾向于选择能够达到最佳效果的空间位置，以实现既定目标。因此，在 GIS 中研究网络问题具有重要意义。路径分析是 GIS 网络分析研究的热点，是 GIS 软件中的基本空间分析方法，通常可以用来求解最佳路径。交通网络路径分析可分为距离最短路径问题、时间最短路径问题、费用最小路径问题、油耗最小路径问题。其中，人们普遍关注的是时间最短路径问题。MapGIS 10 提供了完整的网络信息获取、网络模型建立功能，可用于寻找从一地到另一地的最佳路径，获得一定资源的最佳分配，得到从一地到另一地的最低运输费用等。

2. 数据准备

本节使用的原始数据主要为矢量数据，为 MapGIS 6X 数据格式，包括道路（road1.shp）、停靠点（stops.shp）。数据存放在 E:\Data\gisdata7.1 文件夹内。

7.1.2 几何网络地理数据库创建

创建要素数据集及网络类

（1）参照 4.1 节，新建一个名为 network1 的地理数据库。

（2）创建一个要素数据集。

在"GDBCatalog"窗格中的"MapGISLocal"下，展开 network1，右击"空间数据"下"要素数据集"，选择"创建"选项，弹出"要素数据集创建向导"对话框，将"名称"设置为 feature，如图 7.1-1 所示。

图 7.1-1 "要素数据集创建向导"对话框

单击"下一步"按钮，进入"空间参照系"界面，设置空间参照系，如图 7.1-2 所示。

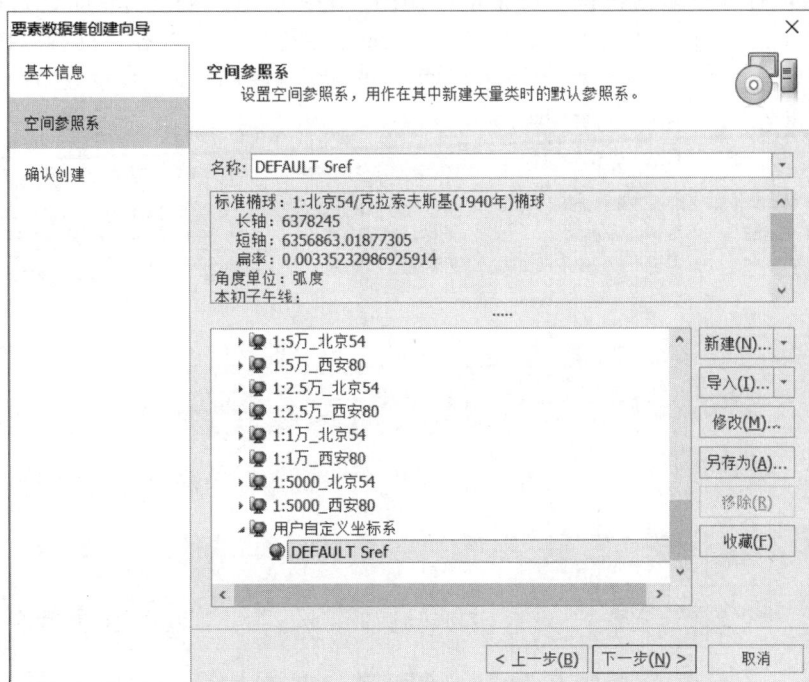

图 7.1-2 "空间参照系"界面

单击"下一步"按钮，进入"确认创建"界面，确认数据集名称及空间参照系信息是否正确，如图 7.1-3 所示，单击"完成"按钮，创建 feature 数据集。

图 7.1-3 "确认创建"界面

（3）导入简单要素类。

在"要素数据集"→"feature"下，右击"简单要素类"，选择"导入"→"MapGIS 6x 数据"选项，打开"数据转换"对话框，如图 7.1-4 所示，导入 gisdata7.1\road1.wl 和 gisdata7.1\stops.wt，设置"目的数据目录"为 feature 所在目录，单击"转换"按钮。

图 7.1-4 "数据转换"对话框

（4）创建网络类。

在"要素数据集"→"feature"下，右击"网络类"，选择"创建"选项，弹出"网络类创建向导"对话框。在"基本信息"界面中设置"网络名称"为 city_net，设置"捕捉半径"为 0.000015，并根据具体情况选择是否仅创建网络类框架，以及是否建立关联关系，如图 7.1-5 所示。

图 7.1-5 "基本信息"界面

单击"网络层信息"，进入"网络层信息"界面，如图 7.1-6 所示。在"层信息管理"选区中设置层名和层建网策略（包括几何建网和属性建网），也可单击右边的"+"按钮来增加网络层次。在"层详细设置"选区中选择参与几何网络的简单要素类 road1 和 stops，并设置合适的几何连通策略。

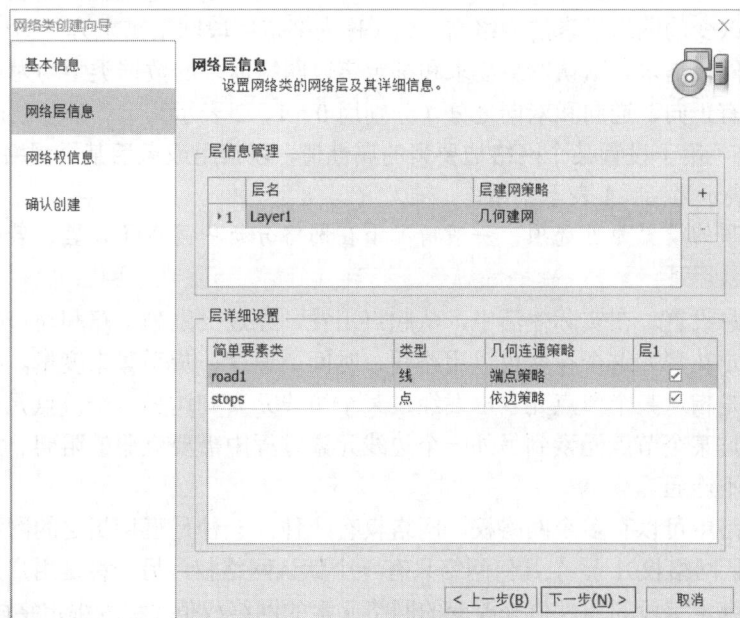

图 7.1-6 "网络层信息"界面

单击"网络权信息"，进入"网络权信息"界面（见图 7.1-7），确定网络需求、指示流向、使能状态及网络权信息。

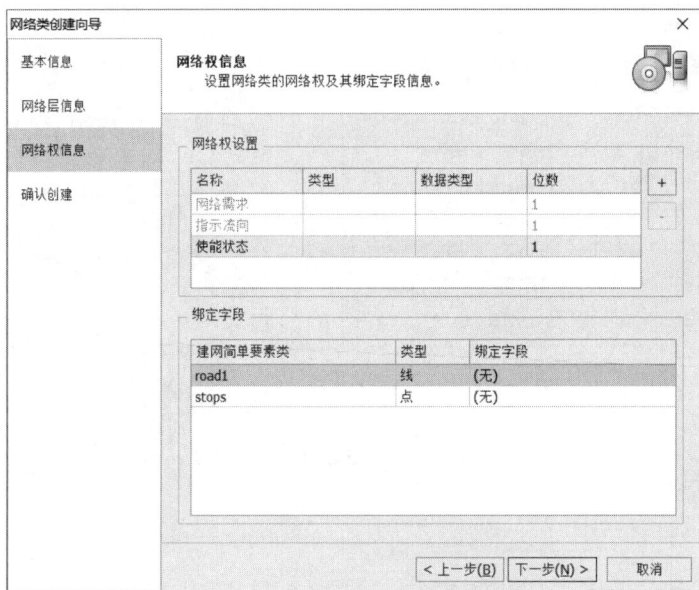

图 7.1-7 "网络权信息"界面

网络需求是指从某个节点元素出发，经过某个边线元素到达另一个节点元素时对资源的消耗或对资源的补给。属性中存储权值的字段称为权值字段。在进行服务范围分析和定位分配分析时需要用到网络需求对应的权值字段。正值表示资源消耗，负值表示资源补给。网络需求有两种，一种是用户可以直接指定的网络元素的网络需求值（称为默认网络需求），一个几何网络只有一个默认网络需求；另一种是用户通过修改网络要素中网络需求绑定字段的属性值来改变的网络元素的网络需求值（称为绑定字段网络需求），一个几何网络只有一个绑定字段网络需求。默认网络需求和绑定字段网络需求的数据类型均为双精度型。

指示流向有正向、逆向和双向之分（分别用 0、1、2 表示）。

"使能状态"用于设置某个网络边要素的属性值，以禁用或激活某个网络边元素，该值为布尔型，0 表示激活，1 表示禁用。

注：这三项的设置为可选项，一般情况下在网络分析中可以不设置，若有需求，则设置对应属性字段即可。

网络权信息设置。在实际生活中，从起点出发，经过一系列道路和路口抵达目的地，必然会产生一定花费。这个花费可以用路程、时间、速度、货币等来度量。在网络分析模型中，网络权是指从某个节点元素出发经过某个边线元素到达另一个节点元素或从某个边线元素出发经过某个节点元素到另外一个边线元素过程中需要克服的阻碍。正值表示阻碍度，负值表示不连通。

在几何网络中可以有多个网络权。网络权有两种，一种是直接指定的网络元素的网络权值（称为默认网络权），一个几何网络只有一个默认网络权；另一种是用户通过修改网络要素的网络权绑定字段的属性值来改变的网络元素的网络权值（称为绑定字段网络权），一个几何网络可以有多个绑定字段网络权。

根据网络权字段属性值拆分策略，网络权可分为两种类型：比例网络权和绝对网络权。

网络权的数据类型有五种，即短整型、长整型、浮点型、双精度型、比特位型，默认网络权的数据类型为双精度型。

在"网络权信息"界面的"网络权设置"选区中设置网络权的类型。单击右侧的"+"按钮设置网络权,这里设置距离和速度两种网络权,将"数据类型"均设置为双精度型,将"位数"均设置为 6,如图 7.1-8 所示。在"绑定字段"选区中将网络权与字段绑定,这里设置简单要素类 road1 的绑定字段,将网络权距离与字段 Length 绑定,将网络权速度与字段 Speed 绑定,分别如图 7.1-9、图 7.1-10 所示。

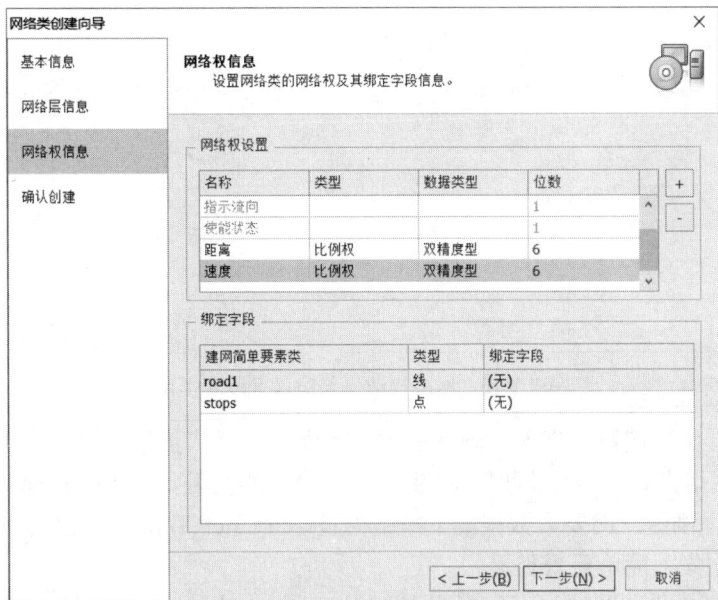

图 7.1-8 设置网络权信息

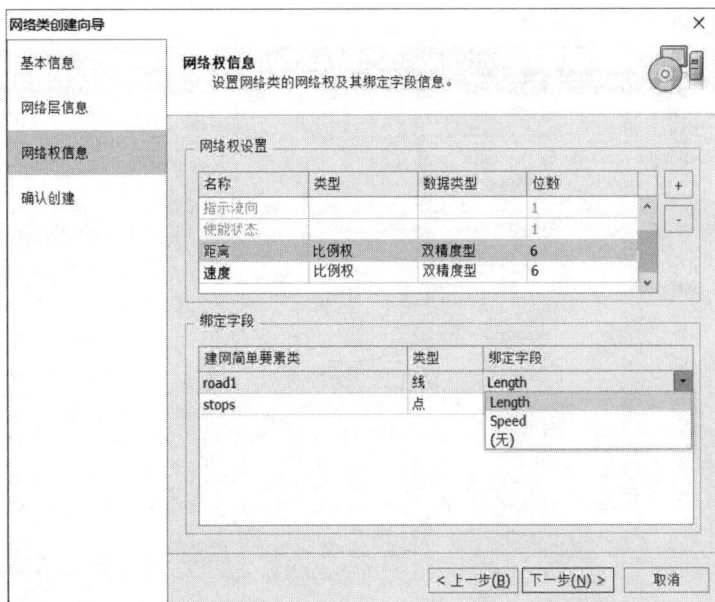

图 7.1-9 网络权距离与字段 Length 绑定

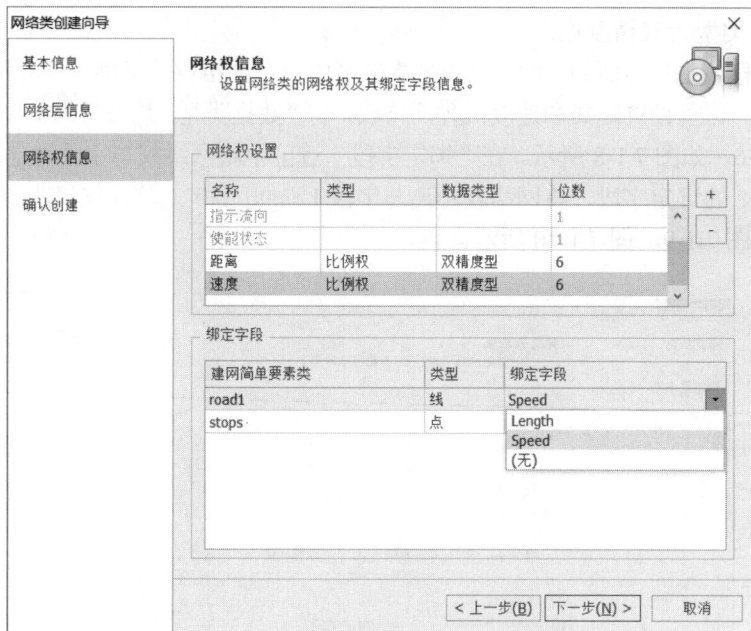

图 7.1-10　网络权速度与字段 Speed 绑定

单击"下一步"按钮，进入"确认创建"界面。在确认信息无误后，单击"完成"按钮，成功创建网络类 city_net，同时会产生一个点简单要素类 city_net_TopoNod。city_net 存放在 network1 里刚建立的要素数据集下网络类里，city_net_TopoNod 存放在 network1 里刚建立的要素数据集下简单要素类里。

（5）右击"新地图 1"，选择"添加图层"选项，添加生成的 city_net 和 city_net_TopoNod，或将 MapGISLocal 下的 network1 里生成的 city_net 和 city_net_TopoNod 拖动到"新地图 1"下，如图 7.1-11 所示。

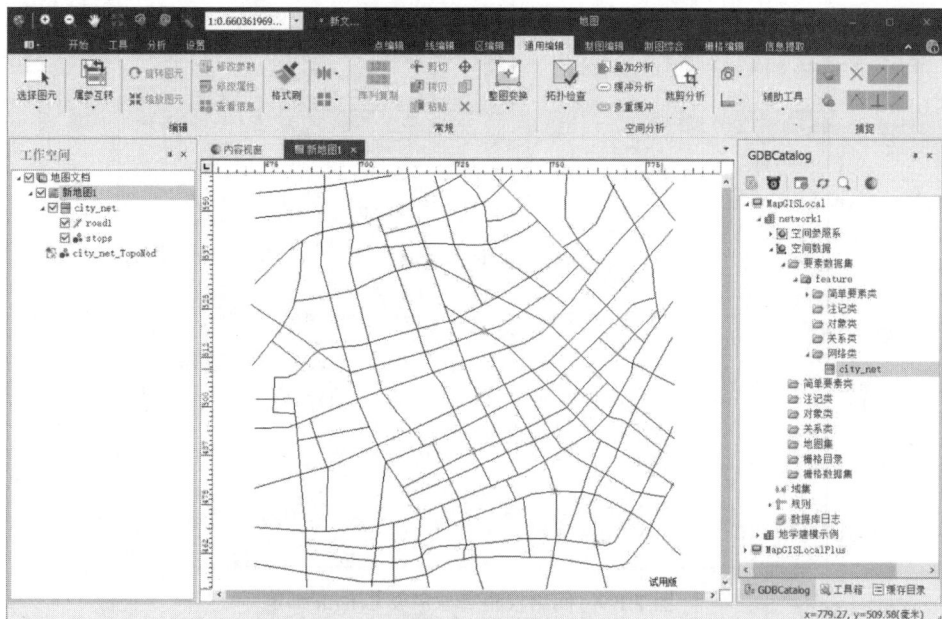

图 7.1-11　添加图层

（6）分别右击 stops 图层和 city_net_TopoNod 图层，选择"统改参数/属性"→"根据属性修改参数"选项，将 city_net_TopoNod 修改为浅色小圆点，将 stops 修改为深色大圆点，结果如图 7.1-12 所示。

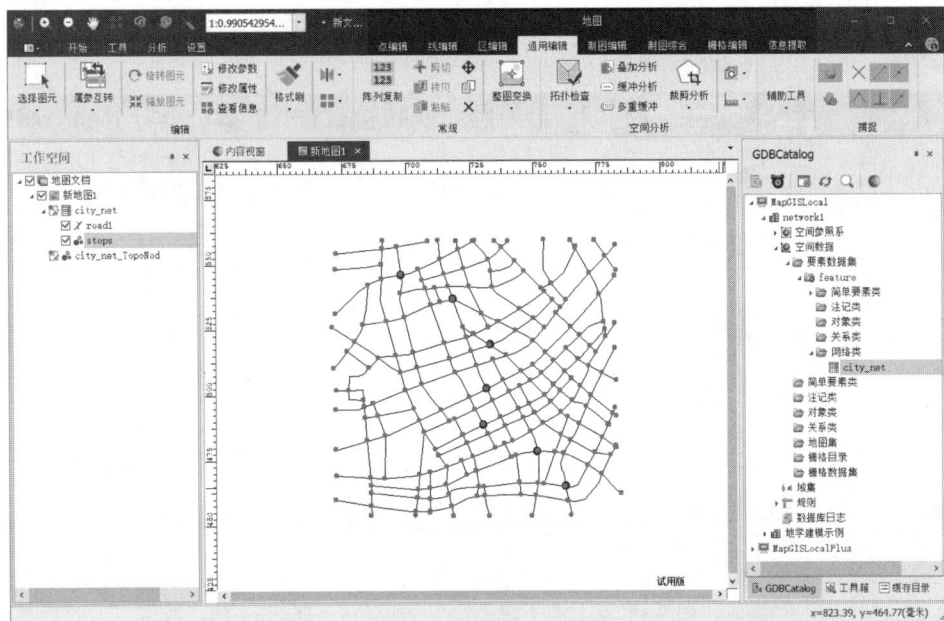

图 7.1-12　修改参数

7.1.3　查找路径

网络分析模块提供了用于完成常见的网络分析任务的工具，通常用来处理资源分配、定位分配、最近设施、多车送货、追踪分析、流向分析等问题。通过网络分析工具栏中的各种工具，可以实现这些功能，包括网络分析设置、网络设置、障碍设置、分析方式选择、分析报告生成等。在 MapGIS 10 菜单栏中单击"分析"菜单，如图 7.1-13 所示，在最右侧可以看到"网络分析"选项。

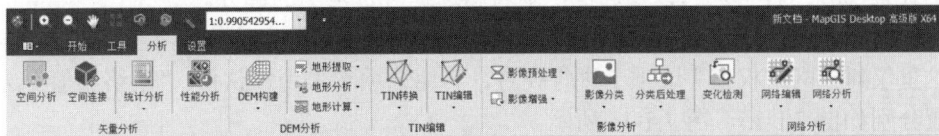

图 7.1-13　"分析"菜单

（1）关闭 stops 图层，使 city_net 图层处于当前编辑状态，如图 7.1-14 所示。

（2）在进行网络分析前可先进行网络分析设置。依次选择"分析"→"网络分析"选项，弹出"网络分析设置"对话框。

"网络分析"选项卡：可以设置路径查找方式（允许迂回、是否游历）、追踪方式及精度设置。

"网络权值"选项卡：可以设置节点元素的网络权值、边线元素的网络权值、转角权值及网络需求。

进行网络分析时还需要对网线和节点设置一些数据。例如，为了实施路径分析和资源分配，网线数据应包含正、反两个方向上的网络权值（又称阻碍强度，如流动时间、耗费等），以及网络需求（网线对资源的需求量或消耗量，如学生人数、用水量、顾客量等）。负的网络权值等同于无穷大，一般表示资源不能沿该网线的某一方向流动。

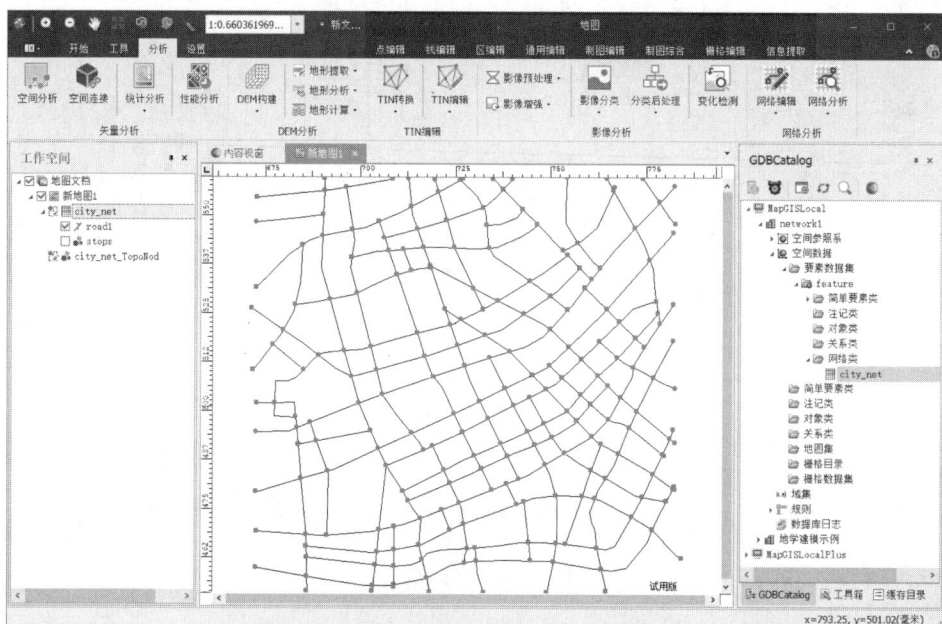

图 7.1-14　城市道路网络（city_net 图层）

对于节点还可以设置转角权值，以更加细致地模拟资源流动时的转向特性。具体地说，每个节点可以拥有一个转角权值矩阵，矩阵中的每项都说明了资源从某一网线经该节点到另一网线时所受的阻碍。负的转角权值等同于无穷大，若权值矩阵中某一项为负数，则表示相应的转向被禁止。

"权值过滤" 选项卡的作用是在网络分析过程中利用权值过滤掉某些网络类要素。各选项的下拉菜单项用来选定过滤依据的网络权类型。勾选 "范围之外" 复选框时，将筛选范围的补集部分；若不勾选该复选框，则表示选择符合范围的部分。

"显示控制" 选项卡的作用是为用户提供个性化设置（各类型网标颜色、大小和样式）。

这里仅对 "网络权值" 选项卡进行设置，其他选项卡采用默认值。"网络权值" 选项卡的设置分别如图 7.1-15、图 7.1-16 所示。

（3）添加点上网标：网络分析是以网标为基准的，因此首先要添加网标。依次选择 "分析"→"网络分析"→"网标设置"→"点上网标" 选项，在地图上单击需要添加网标的点。如图 7.1-17 所示，添加了 1 号和 2 号两个网标。

（4）查找路径。

依次选择 "分析"→"网络分析"→"选择分析方式"→"查找路径" 选项，进行路径查找（至少需要设置两个网标，上一步已经设置了 1 号和 2 号两个网标）。两个网标连通的线为路径查找结果。图 7.1-18、图 7.1-19 所示分别为距离权值查找路径和速度权值查找路径，显然，二者得到的路径不一样。

图 7.1-15　距离权值设置[①]

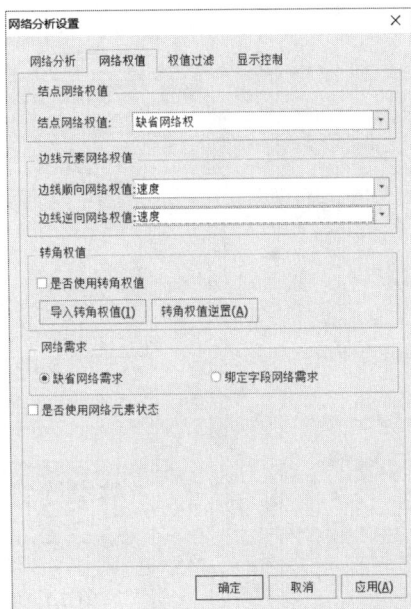

图 7.1-16　速度权值设置

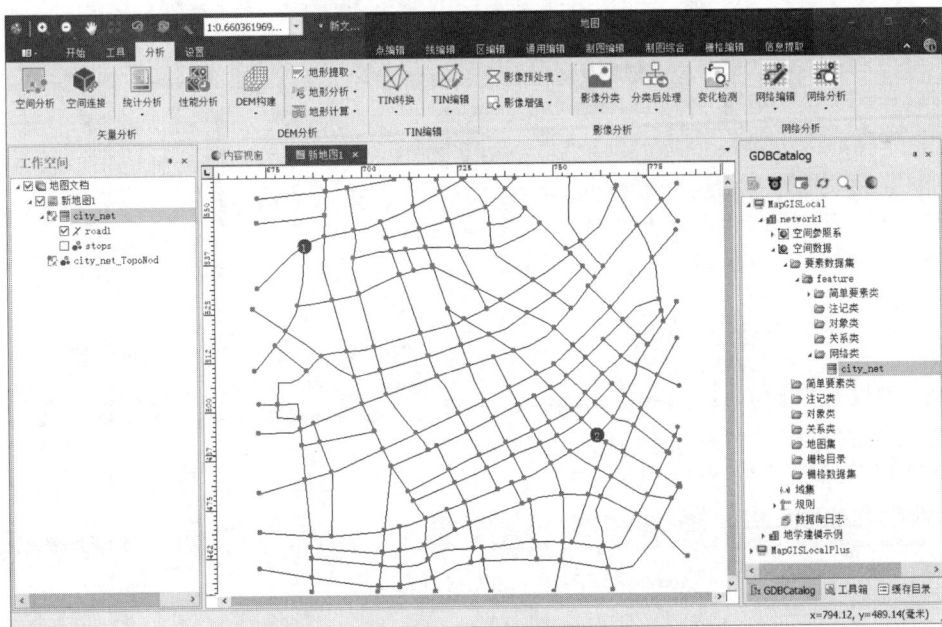

图 7.1-17　添加网标

---

① 图中"结点"的正确写法为"节点"，后同。

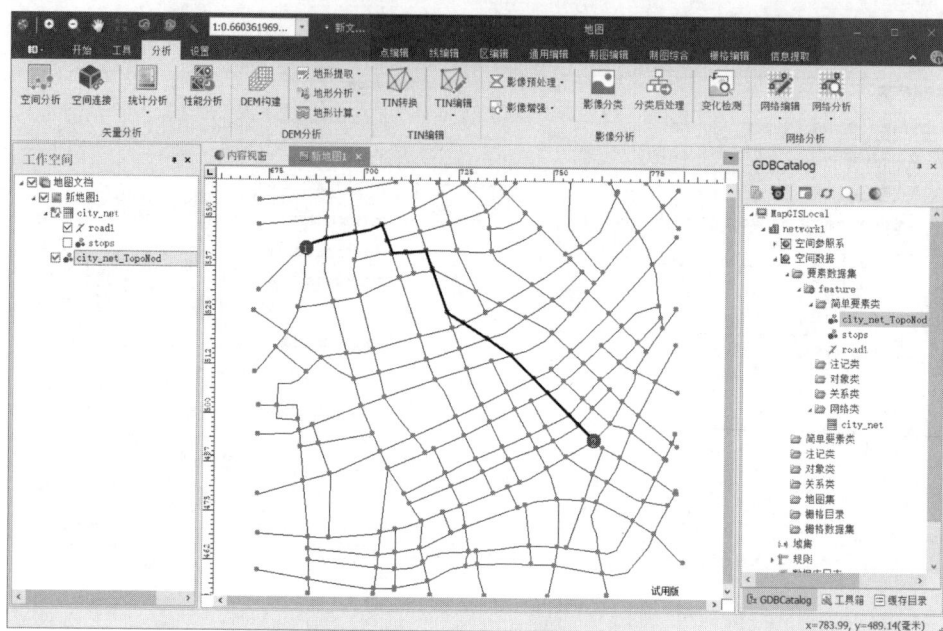

图 7.1-18　距离权值查找路径

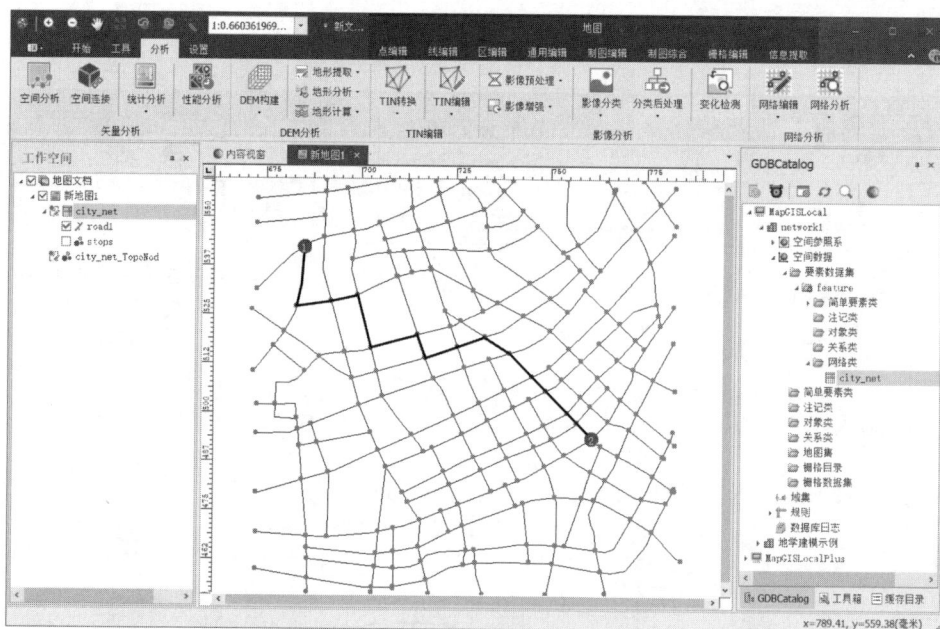

图 7.1-19　速度权值查找路径

（5）查看路径分析报告。

依次选择"分析"→"网络分析"选项，单击"分析报告"按钮，弹出"分析报告"对话框。设置道路名称字段为 class，单击"下一步"按钮，得到的查找路径分析报告如图 7.1-20 所示。

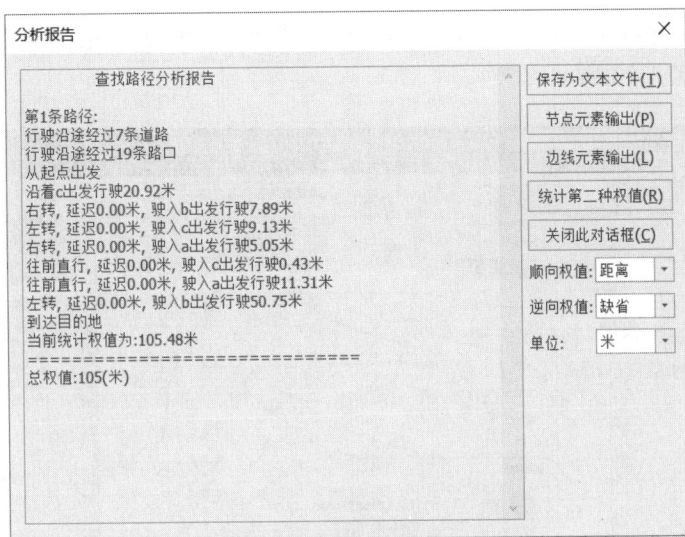

图 7.1-20　查找路径分析报告

（6）设置障碍。

点上障碍。将某节点设置为网络障碍点后，表示在网络分析中，经由此点不能到达其他任何节点。依次选择"分析"→"网络分析"→"障碍设置"选项，单击"点上障碍"按钮，设置 1 个障碍点，按步骤（4）进行查找路径网络分析，结果如图 7.1-21 所示。由图 7.1-21 可知，在距离权值条件下所选路径为绕过了该障碍点的另一条最佳路径。

如果在与网标 1 相连通的网络周围设置 8 个障碍点，再按步骤（4）进行查找路径网络分析，系统将提示网标之间不完全连通，如图 7.1-22 所示。

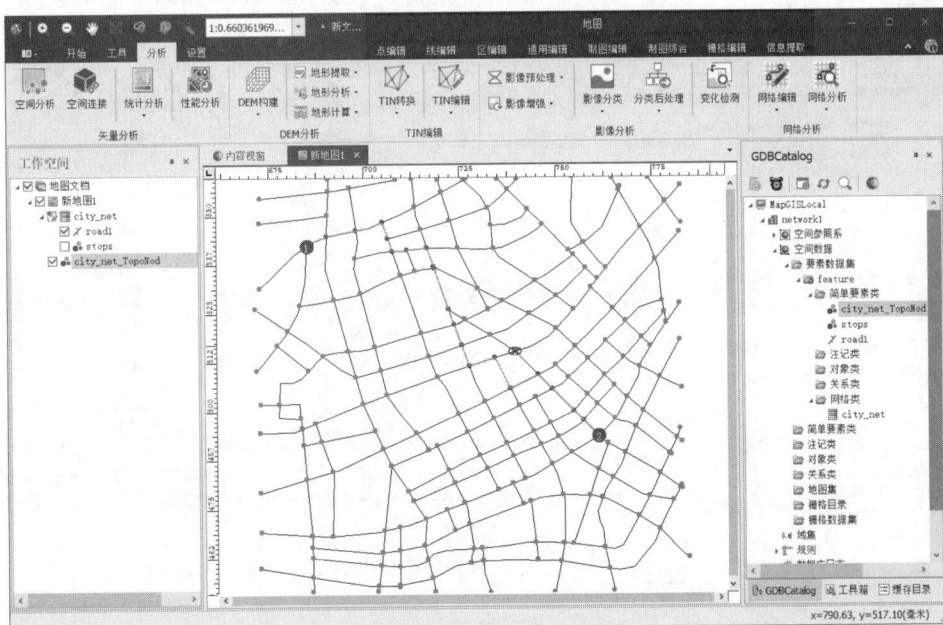

图 7.1-21　设置 1 个障碍点

线上障碍。依次选择"分析"→"网络分析"→"障碍设置"选项，单击"线上障碍"

按钮 ，设置 1 个线上障碍，按步骤（4）进行查找路径网络分析，得到的新路径绕开了线上障碍，如图 7.1-23 所示。

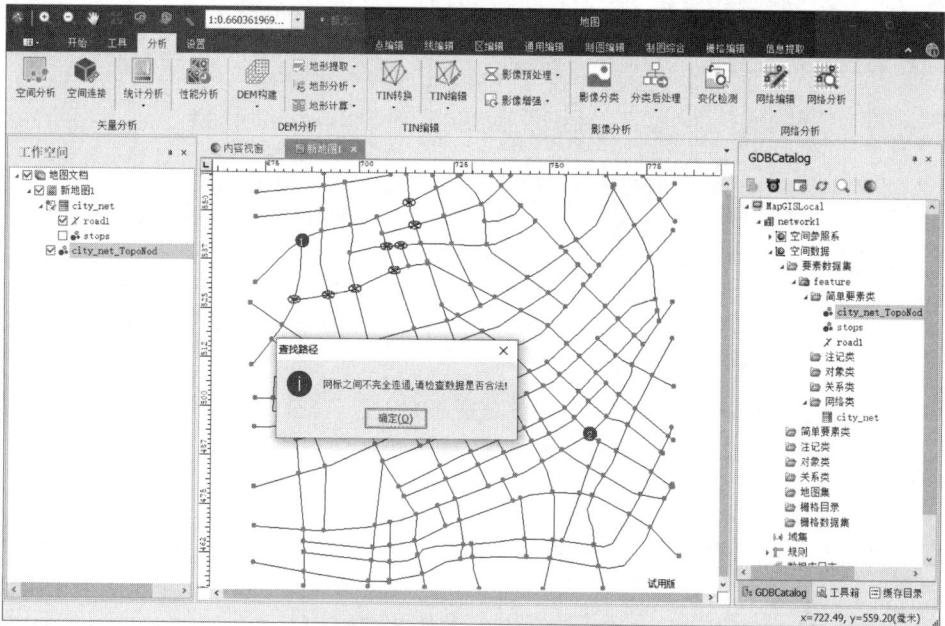

图 7.1-22　设置 8 个障碍点

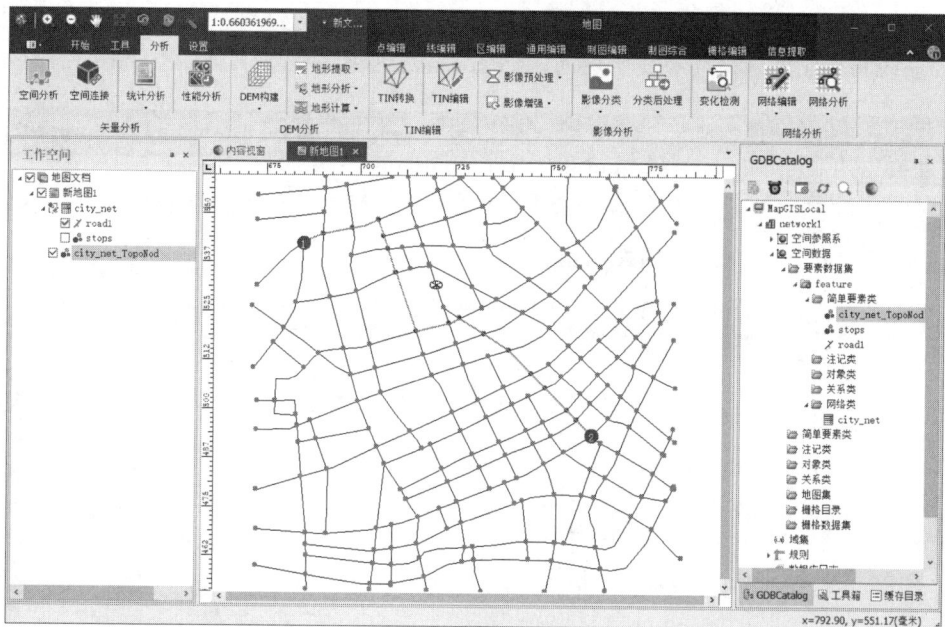

图 7.1-23　设置线上障碍

7.1.4　寻找最佳路线

（1）将 stops 图层、road1 图层、city_net_TopoNod 图层全部打开，其中显示深色大圆点的为 stops 图层。

（2）依次选择"分析"→"网络分析"选项，单击"分析应用"下拉按钮 ，选择"查找最佳线路"选项，弹出"最佳路径"对话框，如图 7.1-24 所示。

（3）输入站点数据。

单击"选择"按钮，鼠标指针变成另外一种形状，在工作区中按 stops_points 显示的站点位置依次选择需要添加的站点，或者在工具栏中单击 按钮，确定起点和站点，随后在对话框的"站点序列"表中，选择某个站点，如图 7.1-25 所示，被选中的站点就会在工作区中以不同颜色显示，如图 7.1-26 所示。单击"上移"按钮和"下移"按钮，可以改变站点的次序；单击"删除"按钮，可以删除选中的站点；单击"清空"按钮，可以清除所有站点。

单击"导入"按钮，可从地理数据库中批量导入简单要素类 stops_points，进而获取站点。

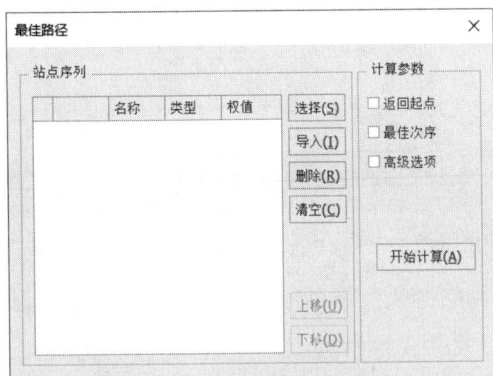

图 7.1-24 "最佳路径"对话框

图 7.1-25 选择站点

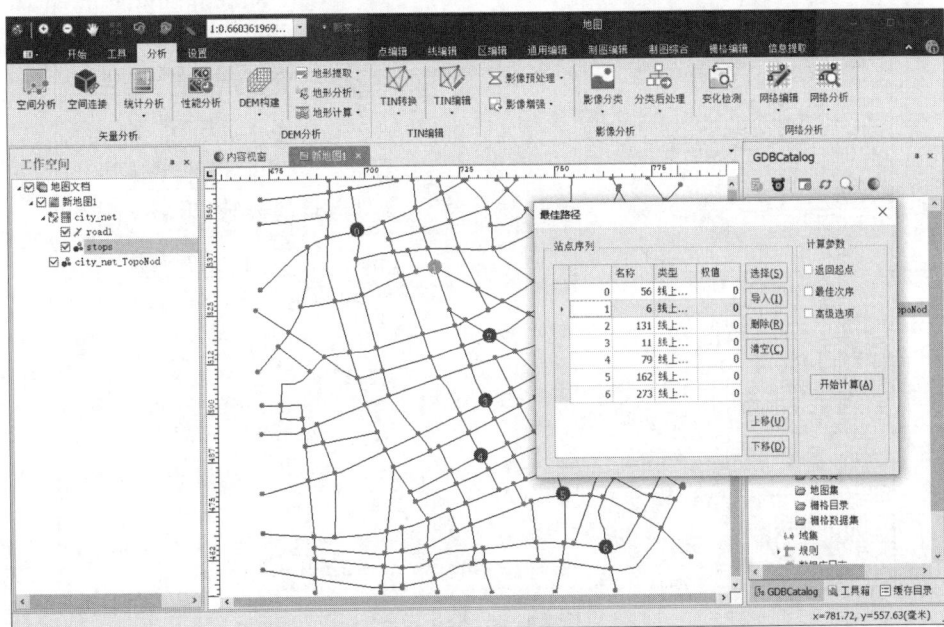

图 7.1-26 显示站点

（4）单击"开始计算"按钮，网络中以深色线显示出经过这 7 个站点的最佳路径，即距离权值的最短路径，如图 7.1-27 所示。

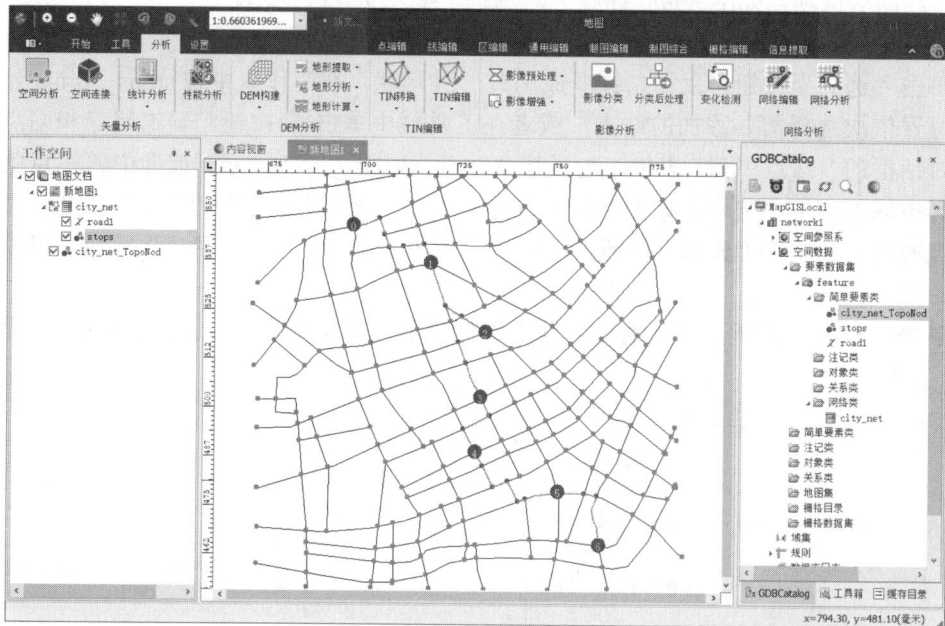

图 7.1-27　最佳路径

（5）查看分析报告。依次选择"分析"→"网络分析"→"分析报告"选项，即可查看分析报告。分析报告如图 7.1-28 所示。

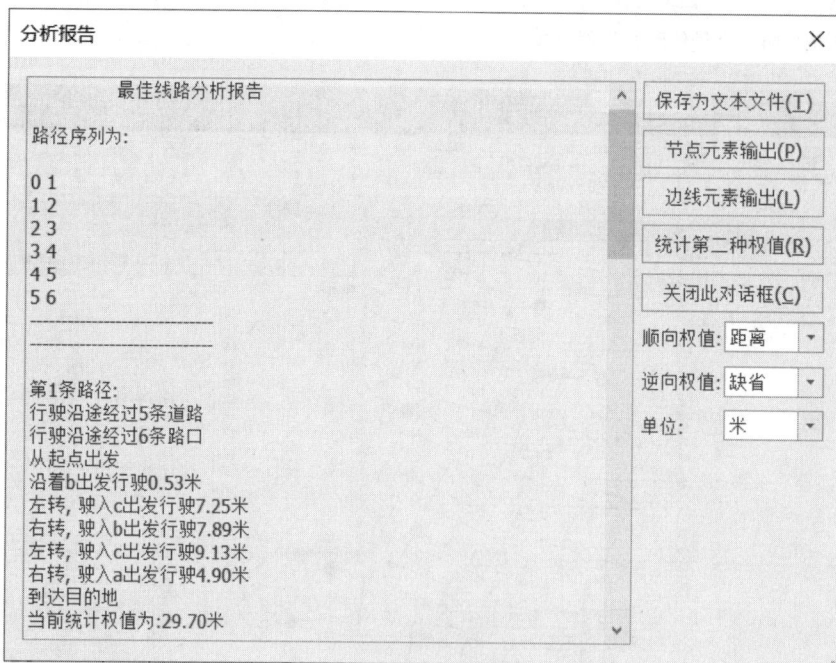

图 7.1-28　分析报告

7.2 连通性分析

7.2.1 问题提出和数据准备

1. 问题提出

网络分析就是通过研究网络的状态，以及模拟和分析资源在网络上的流动和分配情况，对网络结构及其资源进行优化。现代社会是一个由计算机网络、通信网络、交通网络、物流系统、生命线工程等组成的复杂的网络系统。网络分析的用途很广泛，其中连通分析是一种重要的网络分析方法。人们常常需要知道从某一节点或网线出发能够到达的全部节点或网线，这类问题被称为连通分量求解。另一连通分析问题是求解最少费用连通方案，即在耗费最小的情况下使得所有节点相互连通。最小生成树是连通分析问题的基本算法。例如，在多个城市间建立通信线路就是一个典型的连通分析问题。城市为网络节点，城市间的线路为网线，网线上所赋的权值表示代价。在多个城市的网络图中可以生成多种生成树，每棵树均可视为一个通信网的拓扑结构。若要使通信网的造价最低，就需要构造最小生成树。

2. 数据准备

本节使用的原始数据主要为矢量数据，数据存储在 network2 地理数据库要素数据集下，包含简单要素类道路 road_line 和几何网络类 city_net。数据存放在 E:\Data\gisdata7.2 文件夹内。

7.2.2 连通性分析步骤

（1）右击"GDBCatalog"窗格中的"MapGISLocal"，选择"附加地理数据库"选项，附加 network2.hdf。

（2）添加 network2 地理数据库的要素数据集 feature 中的网络类 city_net 和简单要素类 city_net_TopoNod，如图 7.2-1 所示。

（3）右击 city_net_TopoNod 图层，选择"统改参数/属性"→"根据属性修改参数"选项，将 city_net_TopoNod 修改为浅色圆点，并使图层处于可编辑状态，如图 7.2-2 所示。

（4）添加点上网标。依次选择"分析"→"网络分析"→"网标设置"选项，单击"点上网标"按钮，再单击需要添加网标的节点处，即可添加网标，如图 7.2-3 所示，图中添加了 1 号网标。

（5）依次选择"分析"→"网络分析"→"分析方式"→"查找连通元素"选项，进行查找连通元素分析，判断这个站点和其他站点之间是否连通。

（6）依次选择"分析"→"网络分析"→"执行分析"选项，结果如图 7.2-4 所示，用变色的线连接的站点表示连通，这说明设置的网标与所有网络中节点元素连通。

（7）设置障碍：根据具体要求与实际情况，可同时设置点障碍和线障碍。

设置点障碍：依次选择"分析"→"网络分析"→"障碍设置"选项，单击"点上障碍"按钮，在网络节点处设置障碍，按步骤（5）、步骤（6）完成连通分析，结果如图 7.2-5 所示，右上部分浅色的灰线连接表示连通。也可以将"选择分析方式"设置为查找非连通元素，进行非连通元素分析。非连通元素分析结果如图 7.2-6 所示，左下部分浅色的灰线连接表示不连通。

设置线障碍：依次选择"分析"→"网络分析"→"障碍设置"选项，单击"线上障碍"按钮，在网络线上设置障碍，按步骤（5）、步骤（6）完成连通分析，线障碍设置后，只有右上角部分连通，如图 7.2-7 所示。

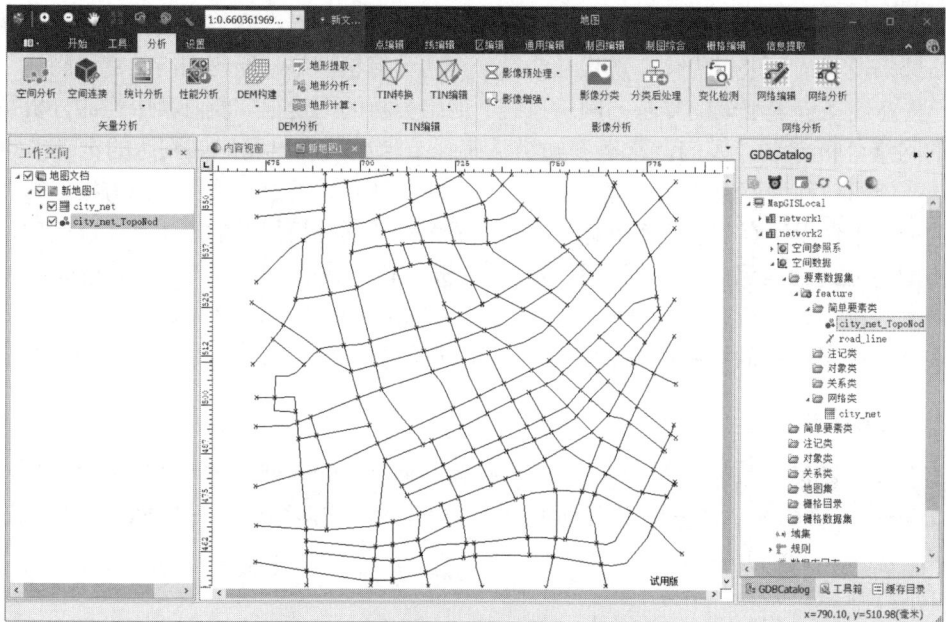

图 7.2-1　添加网络类和简单要素类

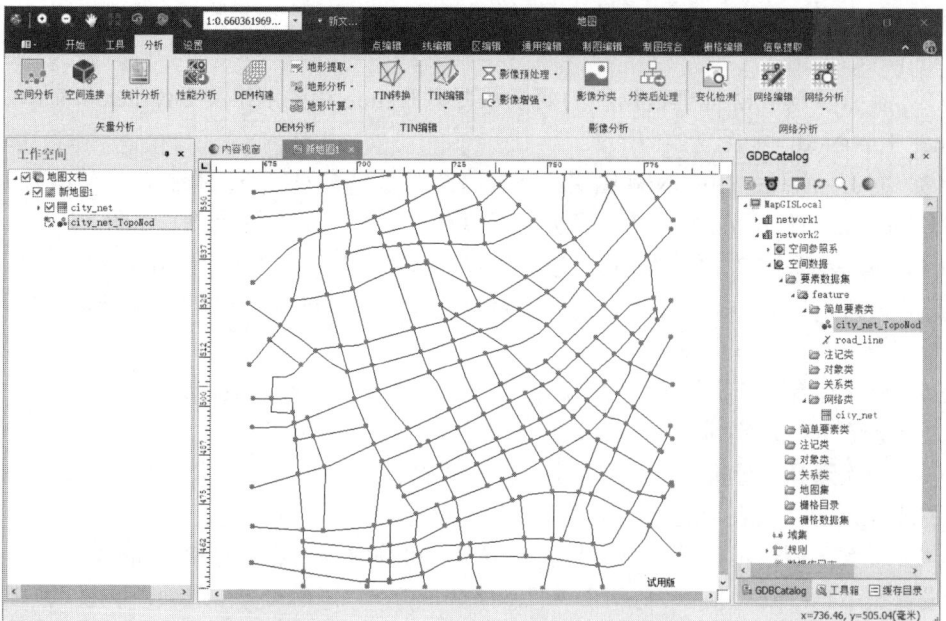

图 7.2-2　更改 city_net_TopoNod 图标

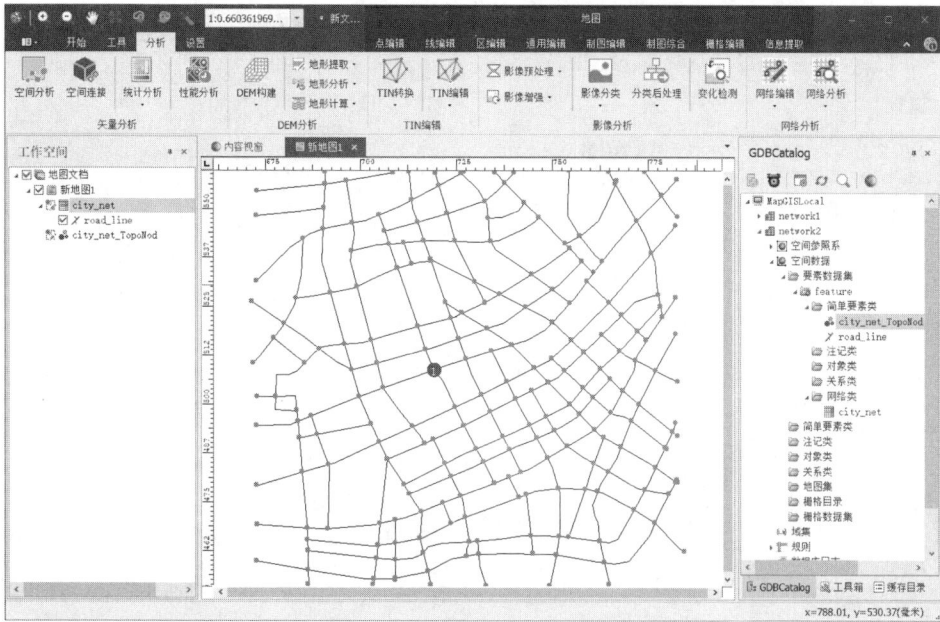

图 7.2-3 添加网标

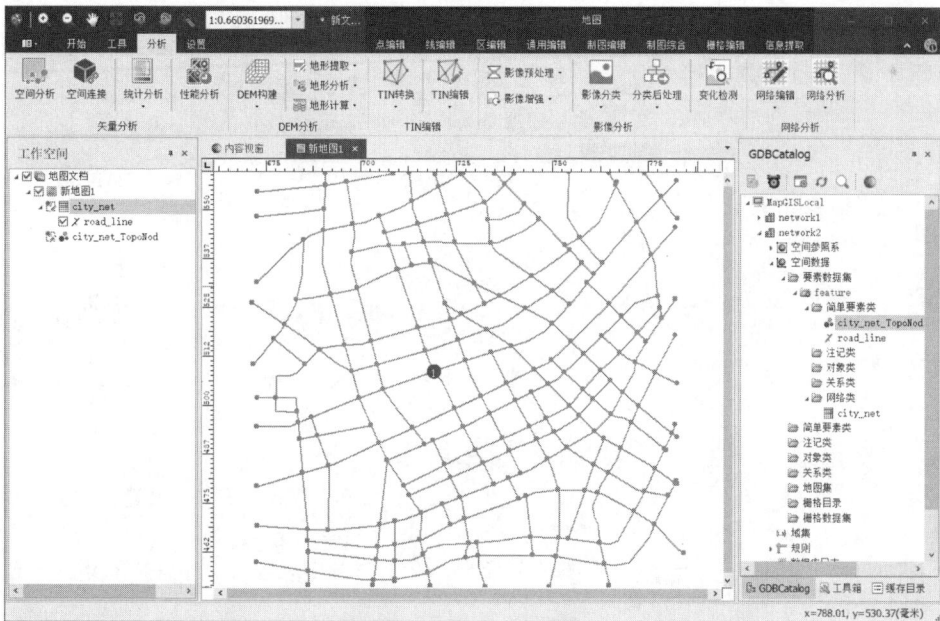

图 7.2-4 连通分析结果

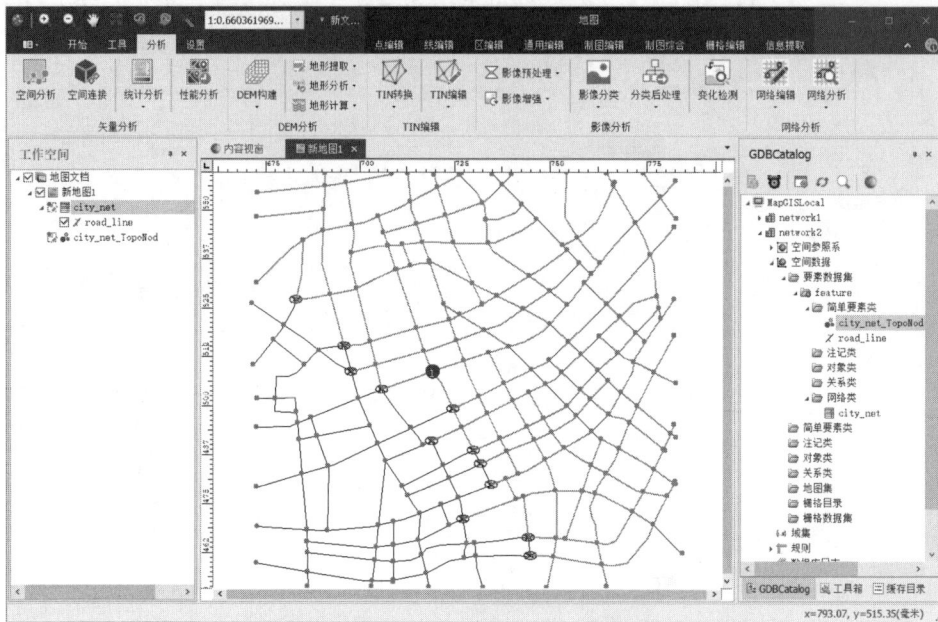

图 7.2-5　点障碍连通分析结果

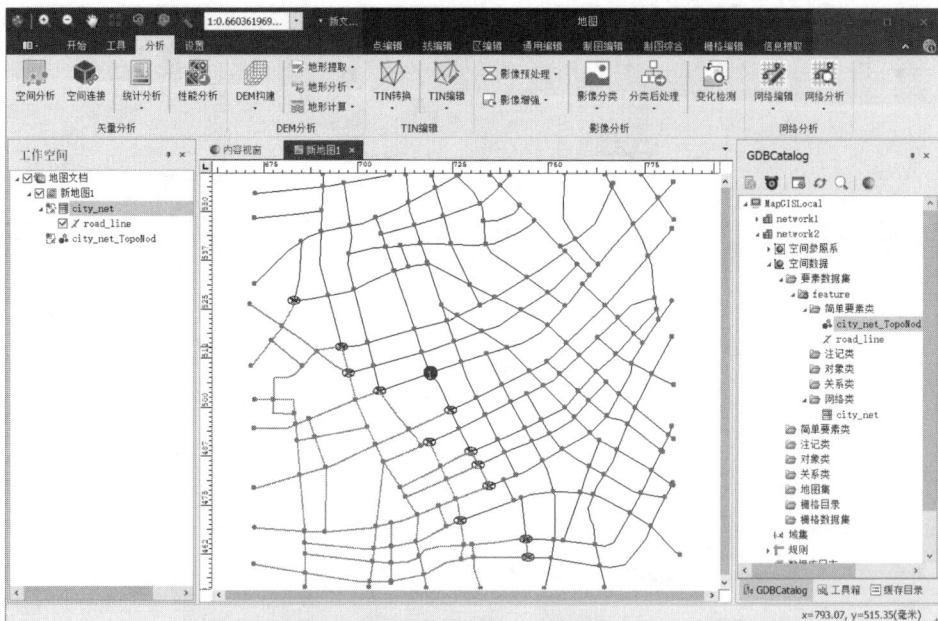

图 7.2-6　点障碍非连通元素分析结果

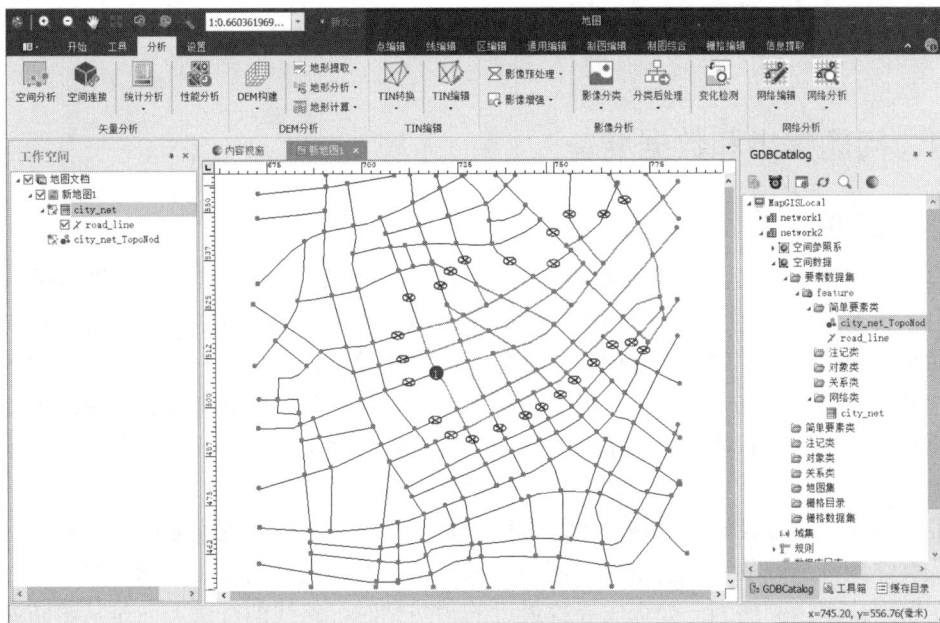

图 7.2-7 线障碍连通分析结果

（8）查看分析报告，如图 7.2-8 所示，说明找到 1 个连通分量，连通边线元素数目为 82 个，连通节点元素数目为 56 个。

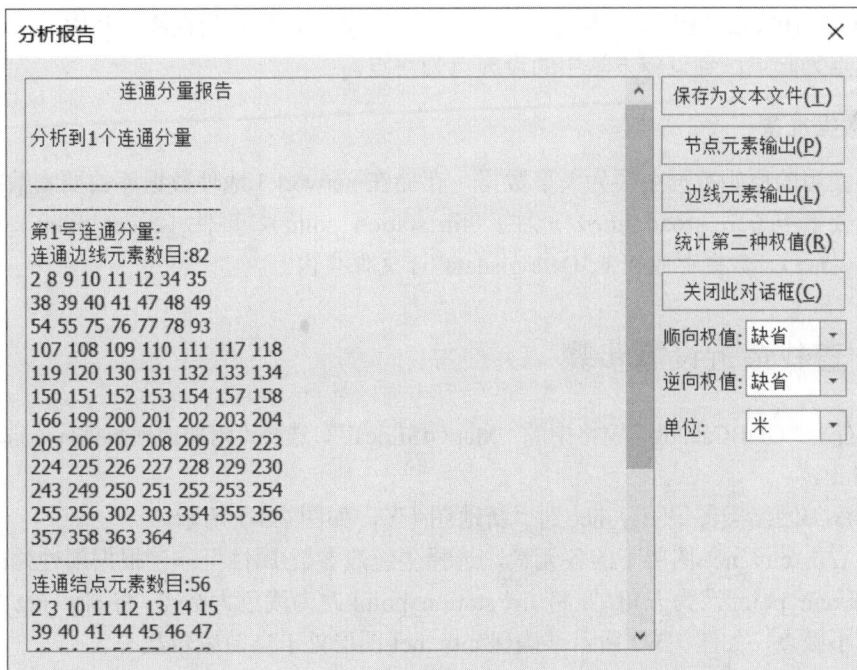

图 7.2-8 分析报告

7.3 寻找最近设施

7.3.1 问题提出和数据准备

1. 问题提出

寻找最近设施主要用于解决最近设施的查找问题，即查找距离某个事件点最近的指定数目个设施点，并设计到达这些设施的最近路线。最近设施是指能够提供某种特定的服务，并距某一位置（发生某事件的位置）最近的任何设施。例如，对于一场火灾来说，最近设施是指最近的消防栓；对于一起交通事故来说，最近设施是指离事故现场最近的能够提供急救服务的医院；对于一个家庭的日常生活来说，最近设施是指距住宅最近的零售店或超市。

根据需要，最近设施可以是一个，也可以是多个。在寻找最近设施时，路线的行进方向是从事件到设施或从设施到事件。例如，家庭主妇要到最近的商店购物，路线的行进方向是从家到该商店；当为一处火灾寻找最近的消防站时，路线的行进方向是从消防站到火灾现场。受交通方式、行驶速度、单行线、禁止转弯等因素的影响，路线行进方向不同，因此最近设施的位置将会有所差别。

最近设施分析有两个基本要素，一个是设施点，如加油站、急救中心之类的设施点；另一个是事件点，也就是需要服务设施的事件点。在 MapGIS 10 中这两个基本要素在最近设施分析器中采用的都是网标形式，用户也可以通过点文件装入或通过鼠标选取。

MapGIS 10 确定最近设施点的方法分为两种，即从设施和到设施。其中，从设施方法中的设施点为起点；到设施方法中的设施点为终点。

2. 数据准备

本节使用的原始数据主要为矢量数据，存储在 network3 地理数据库的要素数据集下，包含简单要素类道路（road_line）、设施（fire station_point）、事件（event_point）和几何网络类（city_net）。数据存放在 E:\Data\gisdata7.3 文件夹内。

7.3.2 查找最近设施步骤

（1）右击"GDBCatalog"窗格中的"MapGISLocal"，选择"附加地理数据库"选项，附加 network3.hdf。

（2）添加网络类图层 city_net 到"新地图 1"，如图 7.3-1 所示。

（3）右击 city_net 图层下的各元素，选择"统改参数/属性"→"根据属性修改参数"选项，将 event_point 改为五角星，将 fire station_point 改为浅色大圆点，将 city_net_TopoNod 改为深色小圆点，如图 7.3-2 所示。确保 city_net 图层处于当前编辑状态。

（4）查找最近设施。

依次选择"分析"→"网络分析"→"分析应用"→"查找最近设施"选项，弹出"查找最近设施"对话框，确定设施点和事件点，如图 7.3-3 所示。这里设置 fire station_point 为设施点，工作区中的浅色大圆点都是设施；设置 event_point 为事件点，工作区中的五角星为事件点。

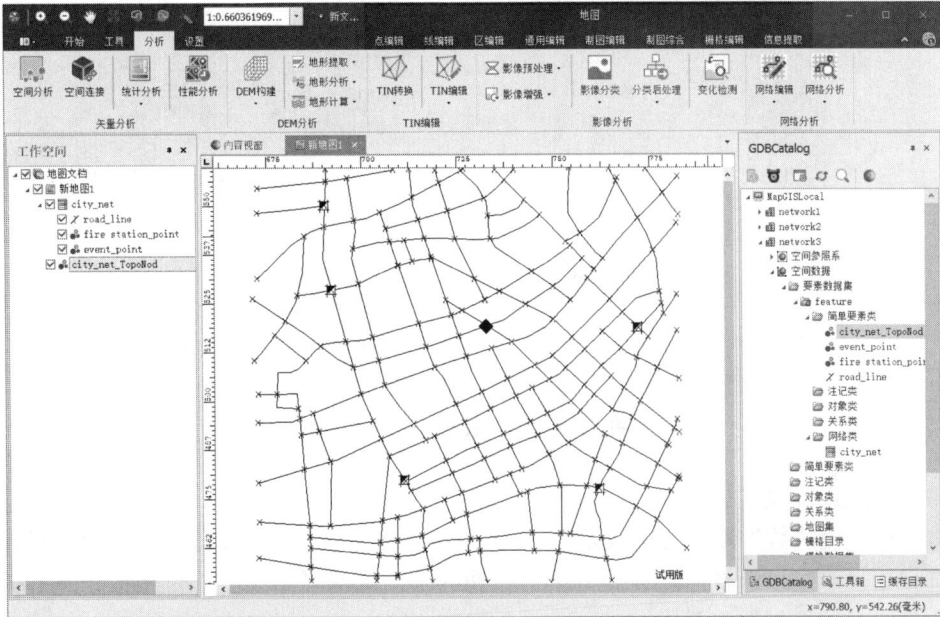

图 7.3-1　添加 city_net 图层

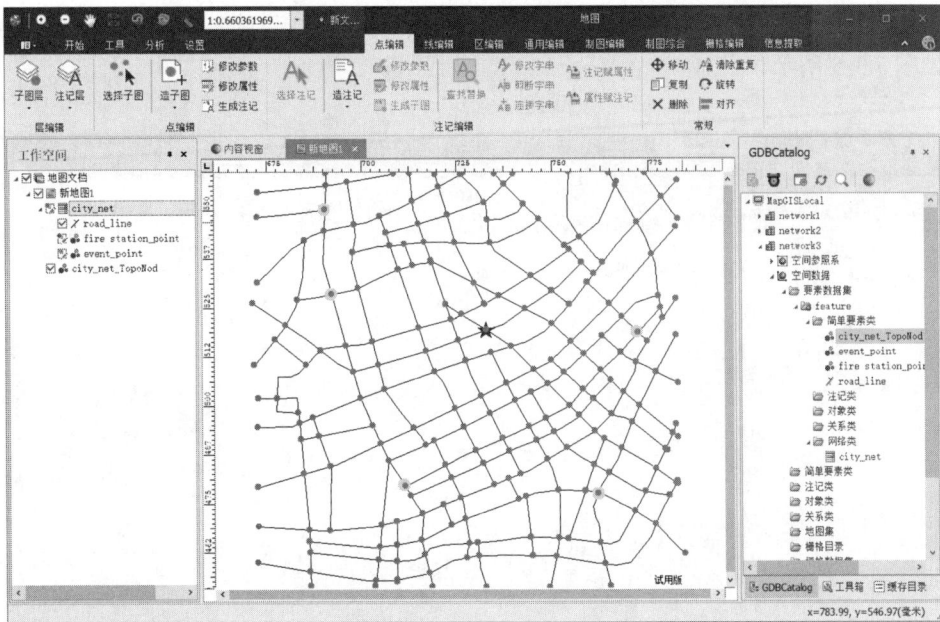

图 7.3-2　修改图层元素符号

单击"选择"选项，将鼠标指针移到工作区中，鼠标指针变成小手状，点选设施点和事件点。在点选过程中，"查找最近设施"对话框中自动产生编号，如图 7.3-3 所示。

也可以单击"导入"按钮，从地理数据库中导入相应简单要素类（fire station_point 和 event_point），以获取设施点和事件点。

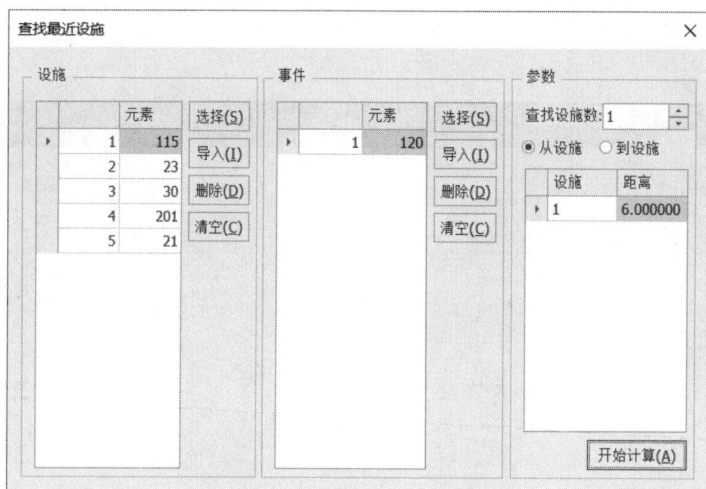

图 7.3-3　确定设施点和事件点

（5）最近设施设定。

将"查找设施数"设置为 1 或多个。"查找设施数"框下有"从设施"和"到设施"两个单选按钮，这里以选择"从设施"单选按钮为例，选择"到设施"单选按钮时的操作方法与此类似，这里不再重复。

设置的设施点及事件点都用特殊符号和注记标识，如图 7.3-4 所示。先选择"从设施"单选按钮，将"查找设施数"设置为 1，单击"开始计算"按钮，在网络中以浅灰色线显示事件点与最近设施点间的连接，如图 7.3-4 所示。若将"查找设施数"设置为 3，则得到的结果如图 7.3-5 所示。

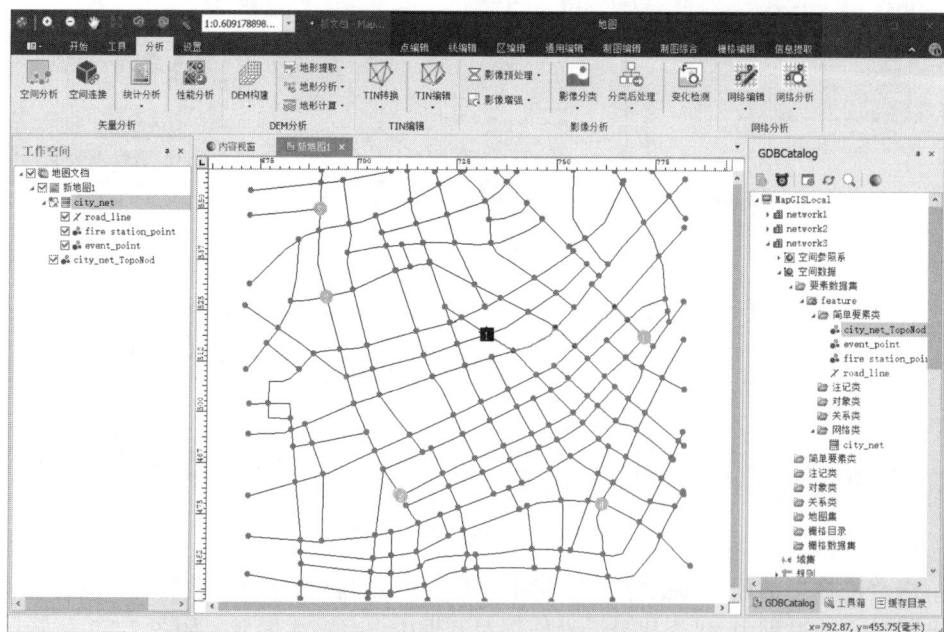

图 7.3-4　事件点与设施点间的连接

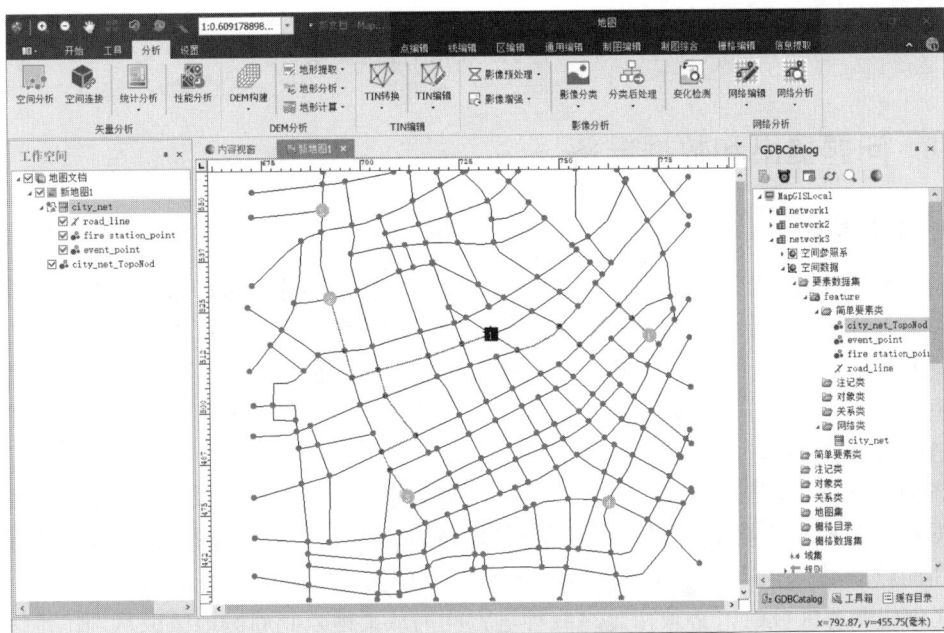

图 7.3-5　查找多设施点的结果

（6）查看分析报告，报告提供了找到的 3 个设施点的相关信息，如行驶途中经过的道路、路口，以及如何到达设施点等信息，如图 7.3-6 所示。

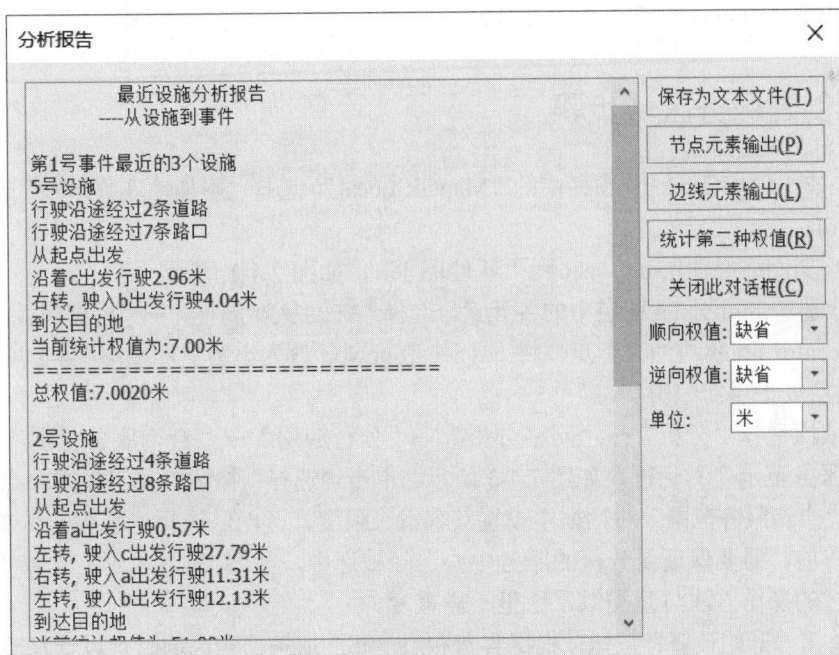

图 7.3-6　查找多设施点的分析报告

7.4 创建服务区域

7.4.1 问题提出和数据准备

1. 问题提出

创建服务区域是指在一个网络路径上确定任何位置的服务区域和服务网络，并显示在视图中。服务区域表示网络覆盖的服务范围。通过创建服务区域，可以确定区域范围内包含的研究对象的个数。例如，利用服务网络可以查看可达街道的沿线情况，进而评估零售店、超市、饭店、游乐场、娱乐中心的选址，了解选定地点周围的环境，为确定经营方向和营销策略提供依据。

在创建服务区域的基础上，可以评估可达性。可达性是指到达某一地点的难易程度，可依据到达该地点需要的行驶时间或距离来评估。例如，一家零售商店在 1km 范围内可能居住的顾客数；一家饭店在其 20min 的行车范围内可能拥有的顾客数等。

在创建服务区域时，必须指定路线行进方向为从某地点到周围地区或从周围地区到某地点。受交通方式、行驶速度、单行线、禁止转弯等因素的影响，路线行进方向会有所不同，因此服务区域将会有所不同。

2. 数据准备

本节使用的原始数据主要为矢量数据，数据存储在 network4 地理数据库的要素数据集下，包含简单要素类道路（road_line）、服务中心（centre_point）和几何网络类（city_net）。数据存放在 E:\Data\gisdata7.4 文件夹内。

7.4.2 创建服务区域步骤

（1）右击"GDBCatalog"窗格中的"MapGISLocal"，选择"附加地理数据库"选项，附加 network4.hdf。

（2）添加网络类图层 city_net 到"新地图 1"，如图 7.4-1 所示。

（3）分别右击 city_net 图层中的各元素，选择"统改参数/属性"→"根据属性修改参数"选项，将 centre_point 改为大圆点，将 citynet_TopoNod 改为小圆点，如图 7.4-2 所示。确保 city_net 图层处于当前编辑状态。

（4）依次选择"分析"→"网络分析"→"分析应用"→"查询服务范围"选项，弹出"查询服务范围"对话框，如图 7.4-3 所示。单击"选择"按钮，在工作区中点选服务中心，并在"查询服务范围"对话框中设置其容量、限度、延迟，选择"从中心"单选按钮，在进行分析前，需要保证要分析的服务中心已经被选中，如图 7.4-4 所示。选择"到中心"单选按钮时的操作方法与此类似，这里不再重复。

（5）单击"开始计算"按钮，根据容量和限度找到服务面积，同时可以计算服务总面积和总距离，如图 7.4-5 所示。这时的服务区域如图 7.4-6 所示。如果减小设置的容量，则服务区域将变小。图 7.4-7 所示为将"容量"设置为 100 时的服务区域，与图 7.4-6 相比，服务区域明显变小。

用户也可选择多个服务中心，并选择是否进行服务区域的压缩。如果选择进行服务区域的压缩，还可以确定几级压缩（2 级、3 级）。如果不压缩，那么系统形成的将是服务网络的一个外包络凸多边形；如果压缩，那么系统形成的将是服务网络的最小包络。图 7.4-8 和图 7.4-9 所示分别为多个服务中心不压缩和压缩设置。图 7.4-10 和图 7.4-11 所示分别为不压缩和压缩情况下的服务区域。

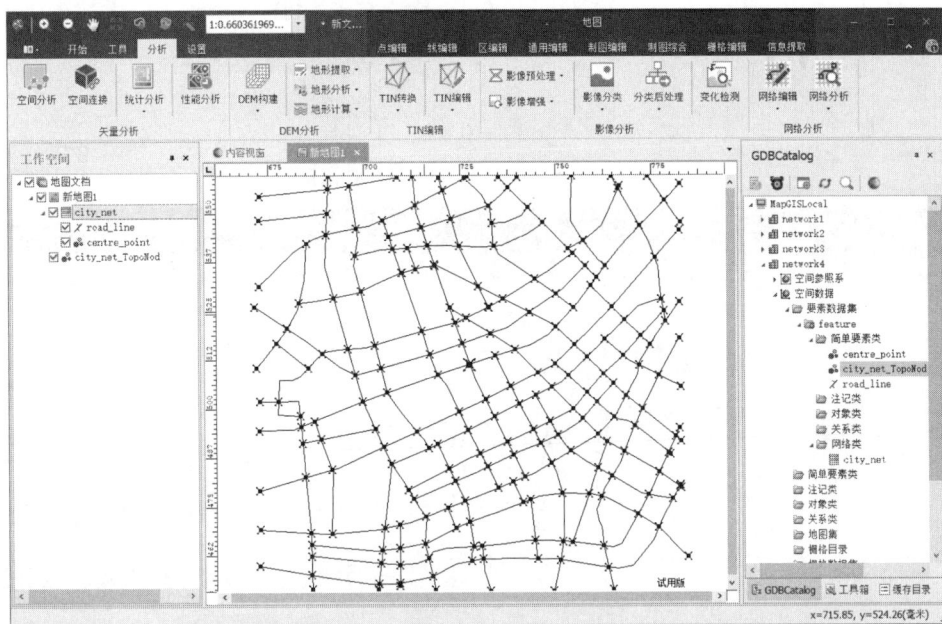

图 7.4-1　添加 city_net 图层

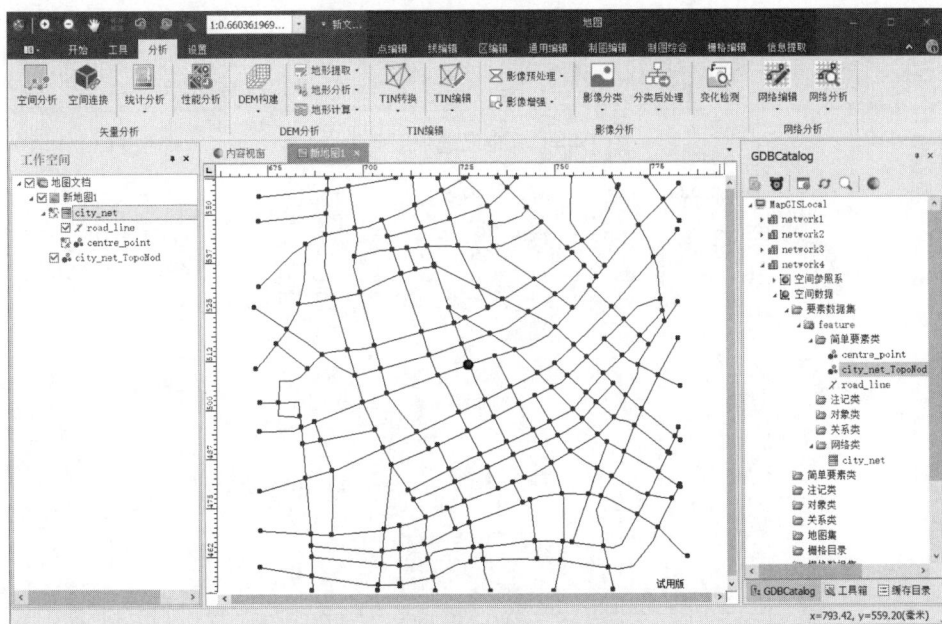

图 7.4-2　修改图层元素符号

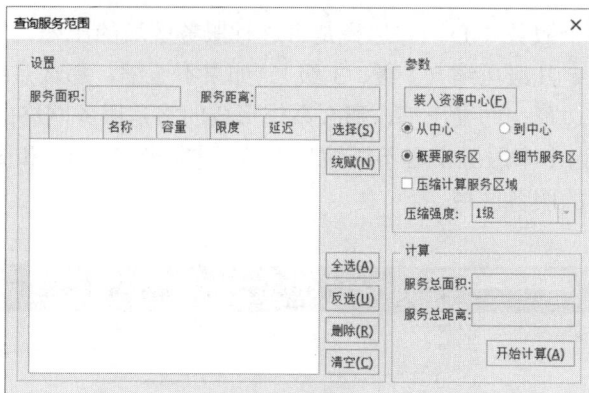

图 7.4-3　"查询服务范围"对话框

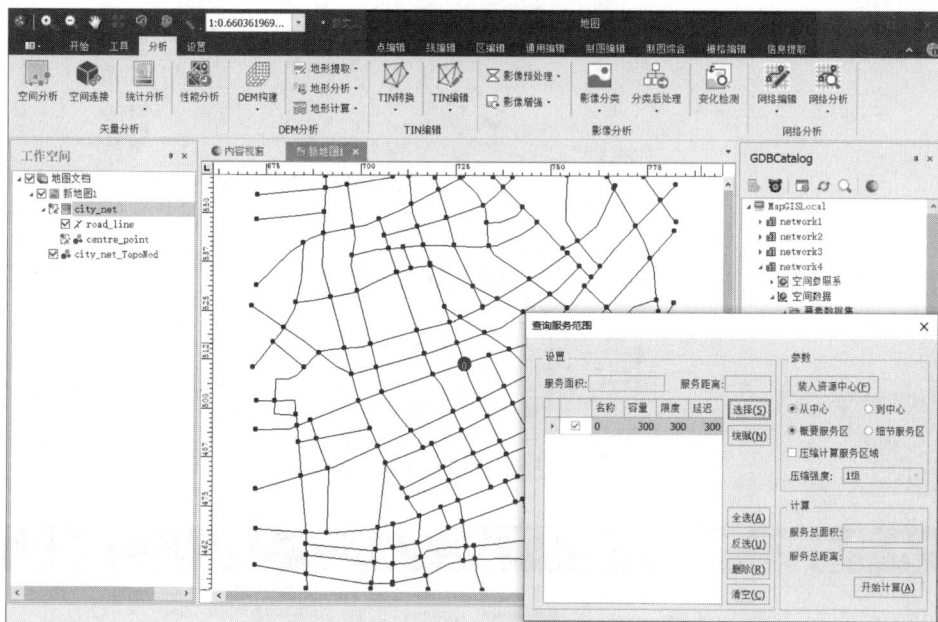

图 7.4-4　确定已选中服务中心

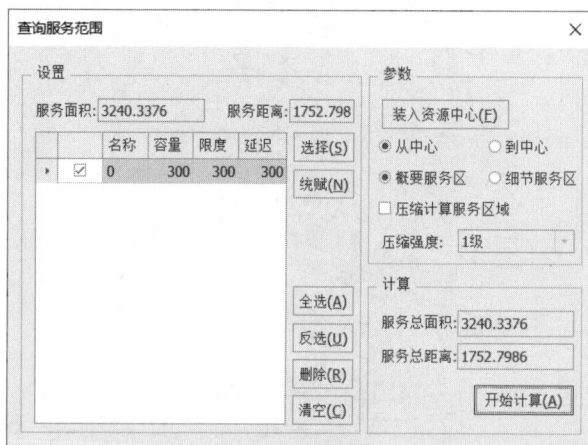

图 7.4-5　计算服务总面积及总距离

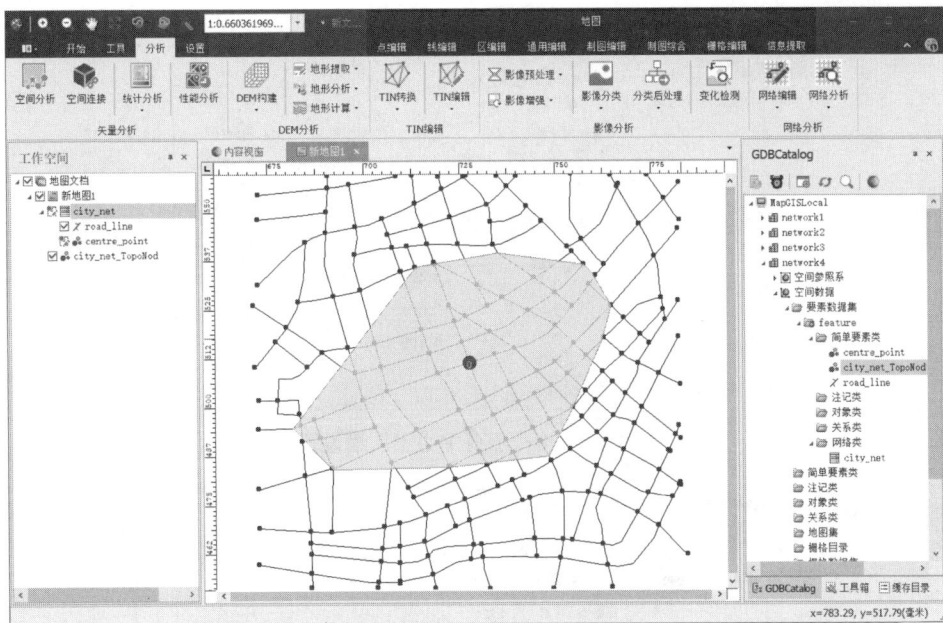

图 7.4-6　寻找的服务区域

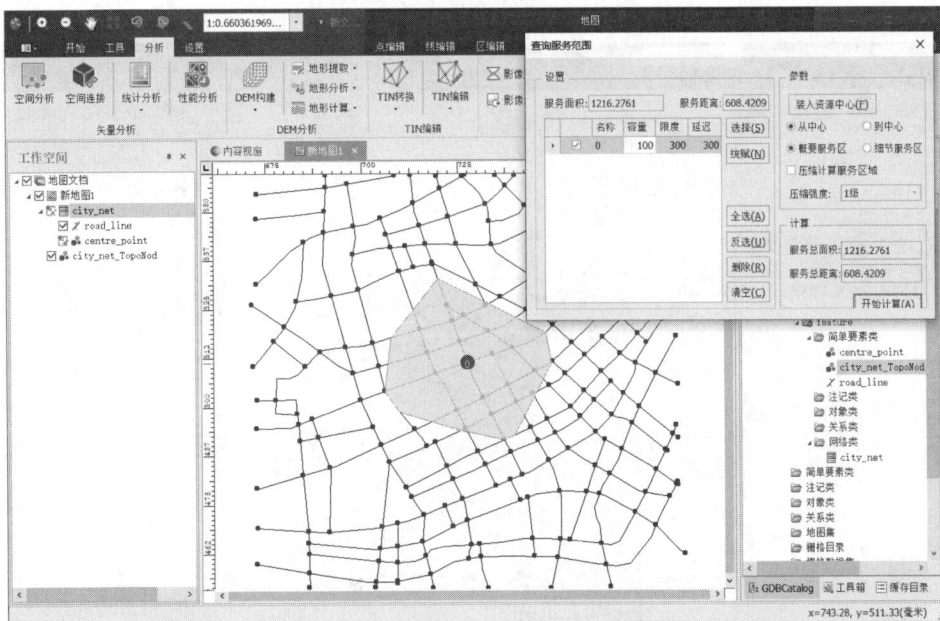

图 7.4-7　将"容量"设置为 100 时的服务区域

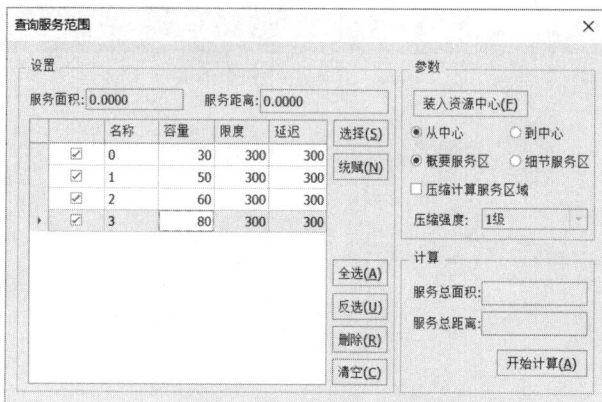

图 7.4-8　多个服务中心不压缩设置

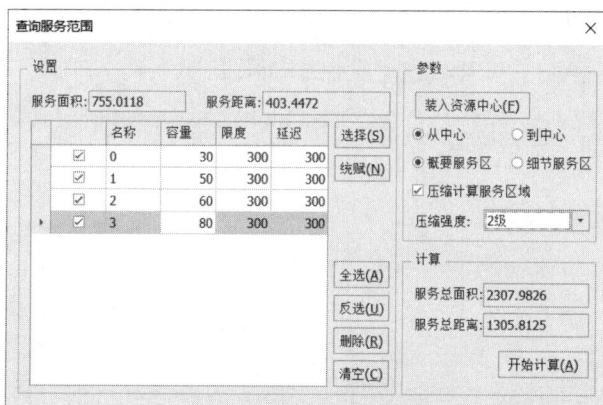

图 7.4-9　多个服务中心压缩设置

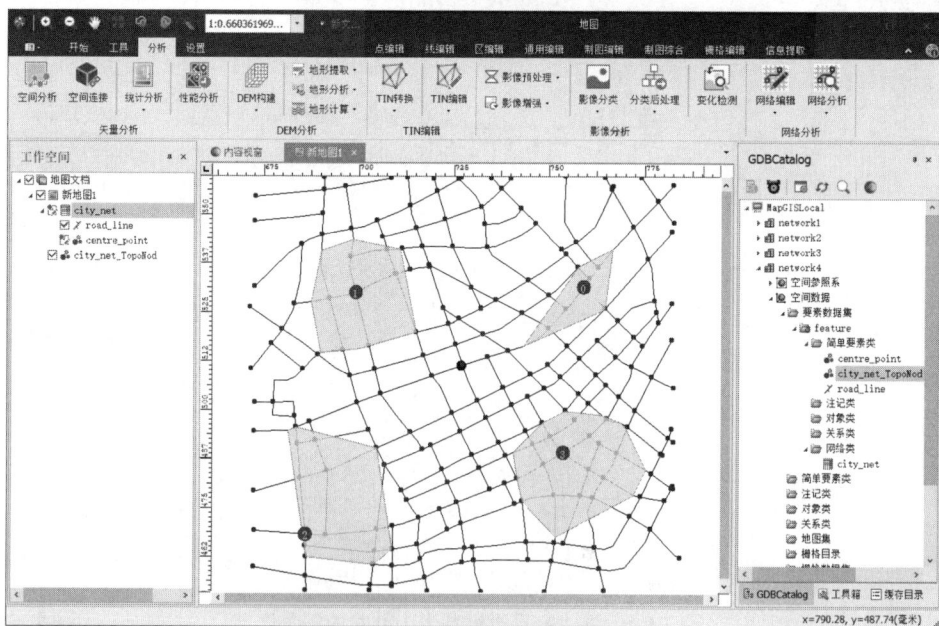

图 7.4-10　不压缩情况下的服务区域

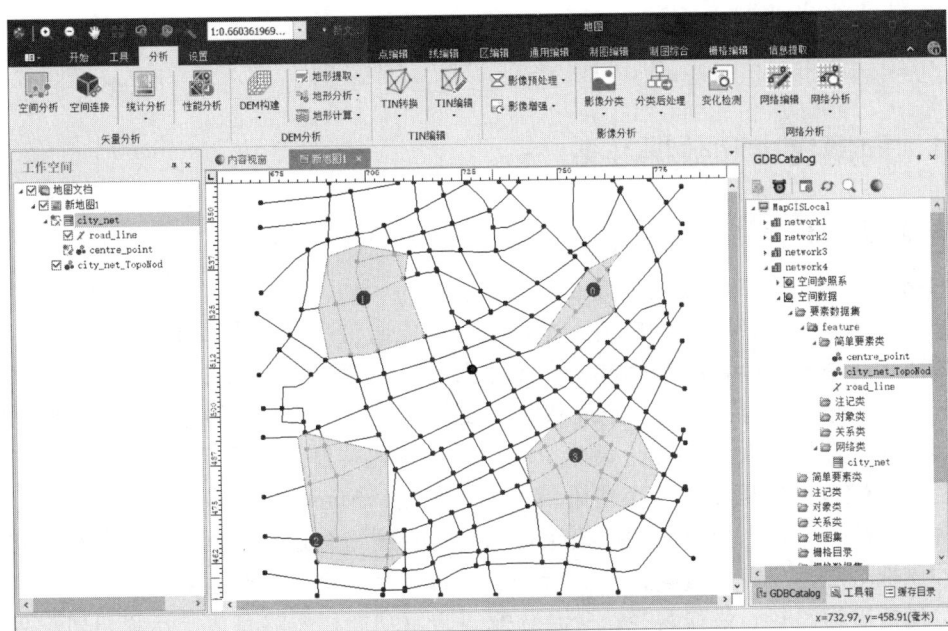

图 7.4-11　压缩情况下的服务区域

（6）查看分析报告。

依次选择"分析"→"网络分析"→"分析报告"选项，查看分析报告，如图 7.4-12 所示。

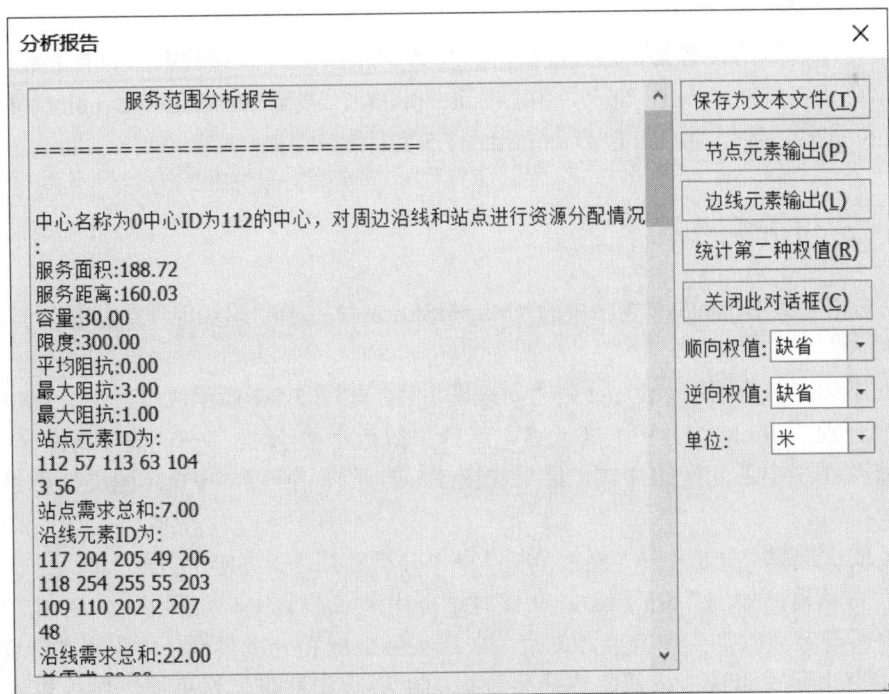

图 7.4-12　分析报告

7.5 定位分配

7.5.1 问题提出和数据准备

1. 问题提出

网络关系普遍存在于现实世界和人类社会中。例如，江、河等可构成水系网络，城市交通道路可构成道路网络，电缆、光缆等可构成通信网络，排水管、自来水管、煤气管可构成地下管网。网络分析的基本思想是优化理论，数学基础是计算机图论和运筹学。网络分析主要解决两类问题，一是线状实体及其连接的点状实体组成的地理网络结构分析，涉及最短路径优化、连通分量分析等；二是优化资源在网络系统中的分配和流动，包括资源分配范围的确定、最小费用最大流等问题。MapGIS 网络分析模块提供了方便管理各类网络的手段，用户利用此模块可以迅速直观地构造整个网络，建立与网络元素相关的属性数据库，并随时编辑和更新网络元素及其属性；系统提供了强大的网络分析功能，包括最短路径、最佳路径、资源分配等常用功能，能够有效支持紧急情况处理和辅助决策。

定位分配：在指定的服务区域内选择总权值最小的服务性设施的最佳位置，并在定位的基础上实施资源分配，求取并标识新旧服务中心具体对哪些站点进行服务。

实例应用：假定邮局的服务距离均为 7000 米，目前只有 6 个邮局，为覆盖全城区，至少应增加几个邮局，并确定其位置。

2. 数据准备

本节使用的原始数据主要为矢量数据，存储在 network5 地理数据库的要素数据集中，包含简单要素类道路（road1_line）、中心（site_point）、站点（destinations _point）和几何网络类（city_net）。数据存放在 E:\Data\gisdata7.5 文件夹内。

7.5.2 定位分配步骤

（1）右击"GDBCatalog"窗格中的"MapGISLocal"，选择"附加地理数据库"选项，附加 network5.hdf。

（2）添加网络类图层 city_net 到"新地图 1"，如图 7.5-1 所示。

（3）分别右击 city_net 中的各元素，选择"统改参数/属性"→"根据属性修改参数"选项，修改图层中各元素的样式，结果如图 7.5-2 所示。确保 city_net 图层处于当前编辑状态。

（4）依次选择"分析"→"网络分析"→"分析应用"→"定位分配"选项，弹出"定位分配"对话框，如图 7.5-3 所示。在该对话框中装载服务中心点和站点：单击"选择"按钮，将所有节点附加为中心点和站点。根据实际情况和分析目标，可利用"全选"、"反选"、"清空"和"点选"按钮，选择要分析的中心点和站点。这里通过属性查到中心点 site_point 五角星编号为 13，以及站点 destinations _point 小圆编号为 21、23、30、115、201 的点，采用点选方式，在图层中确定导入的节点中相应编号的中心点和站点。也可以单击"导入"按钮，从地理数据库中导入简单要素类 site_point、destinations _point，进而获取中心点和站点。

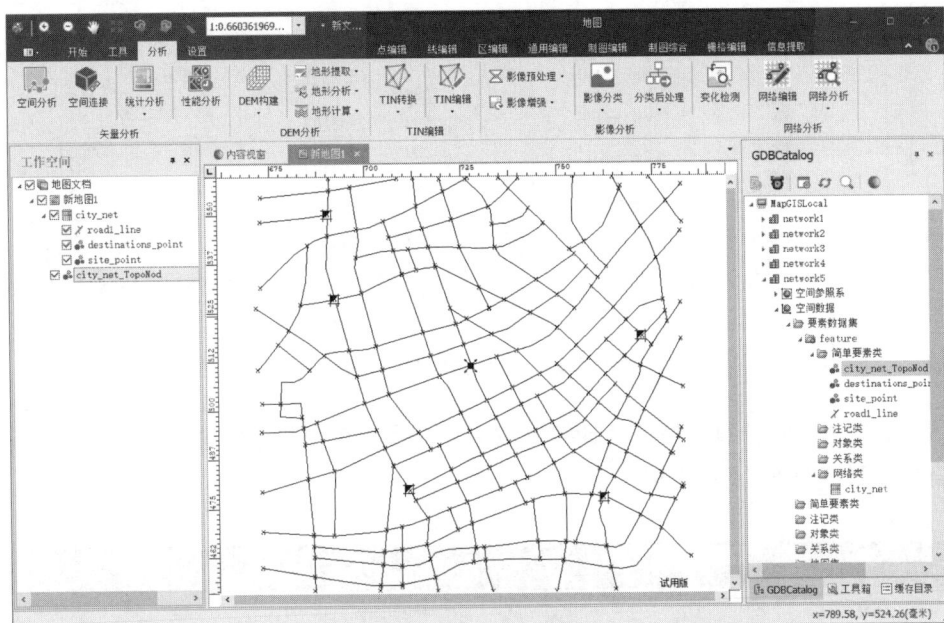

图 7.5-1　添加图层

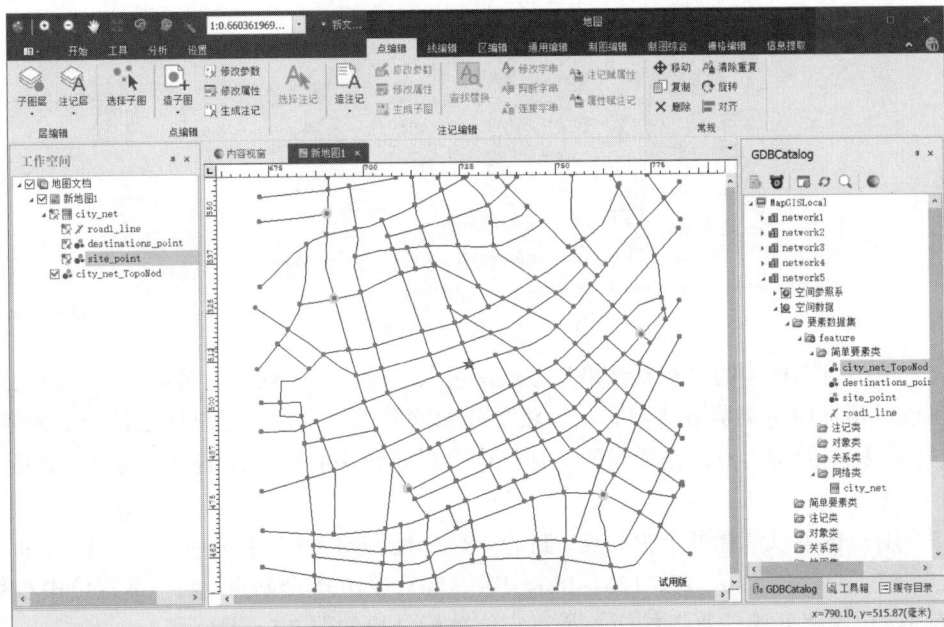

图 7.5-2　修改图层中元素的样式

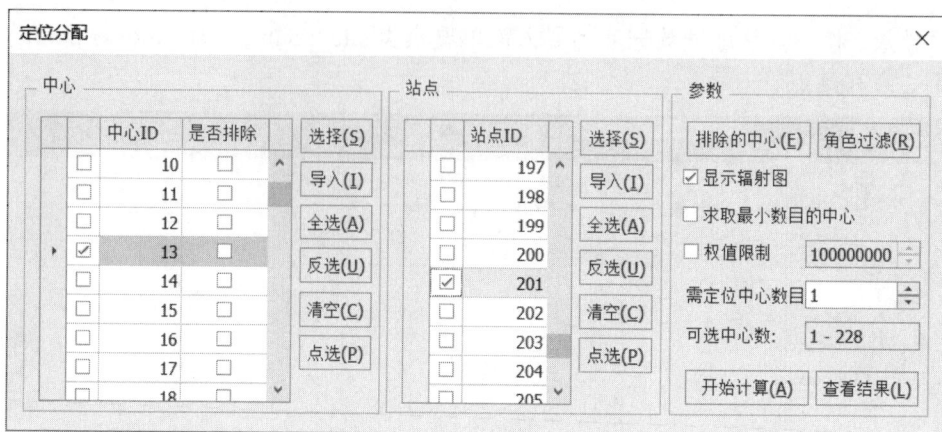

图 7.5-3　"定位分配"对话框

（5）单击"开始计算"按钮，计算完成后，在图上突出显示定位分配结果，即定位分配的辐射线图，如图 7.5-4 所示。

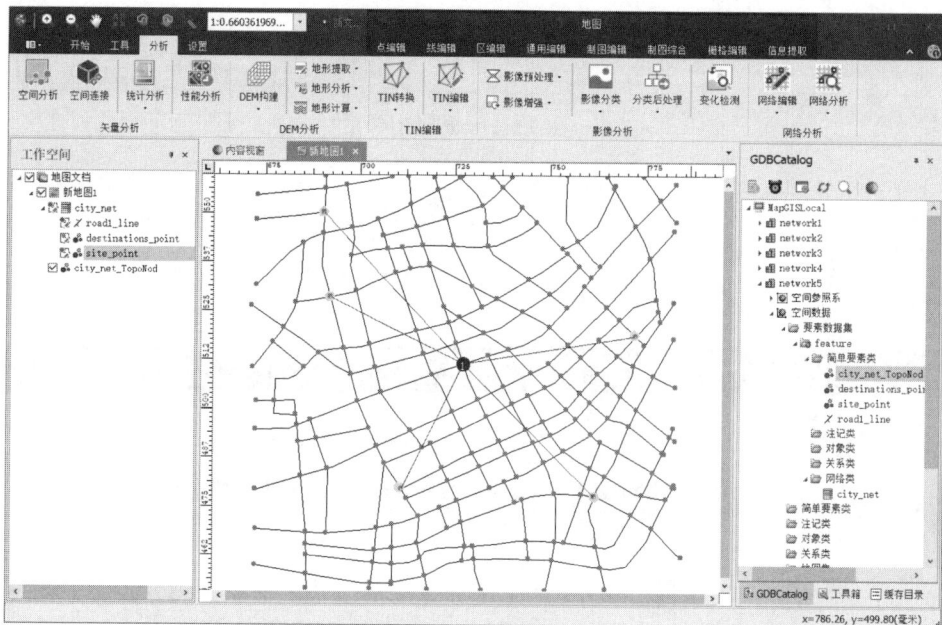

图 7.5-4　定位分配结果

（6）单击对话框中的"查看结果"按钮，进入"定位分配结果"对话框，如图 7.5-5 所示。在该对话框中可浏览被选中心点、获得分配的站点、定位分配总体统计一览表等，双击"中心"栏中的中心点，在弹出的对话框中会显示该中心点的详细分配情况，如图 7.5-6 所示。

（7）用户也可以选择多个中心点，进行定位分配。图 7.5-7 中选择了 13、177、90 三个中心点，23、44、52、60、77、126、166、170、203、210 十个站点，将"需定位中心数目"设置为 3，单击"开始计算"按钮，最终定位分配结果如图 7.5-8 所示。

图 7.5-5　"定位分配结果"对话框

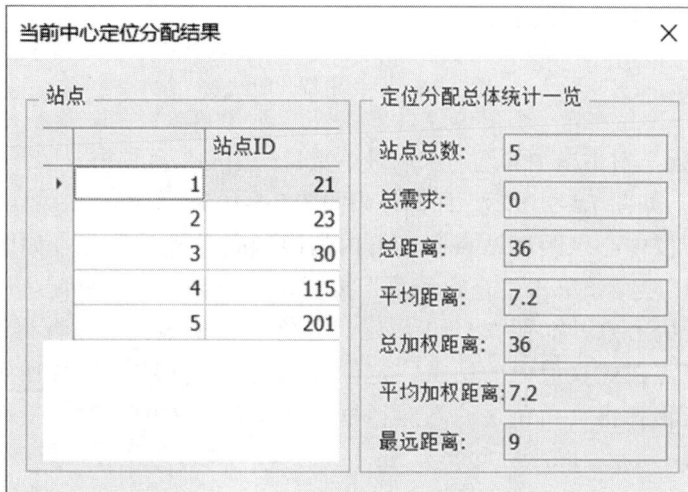

图 7.5-6　"当前中心定位分配结果"对话框

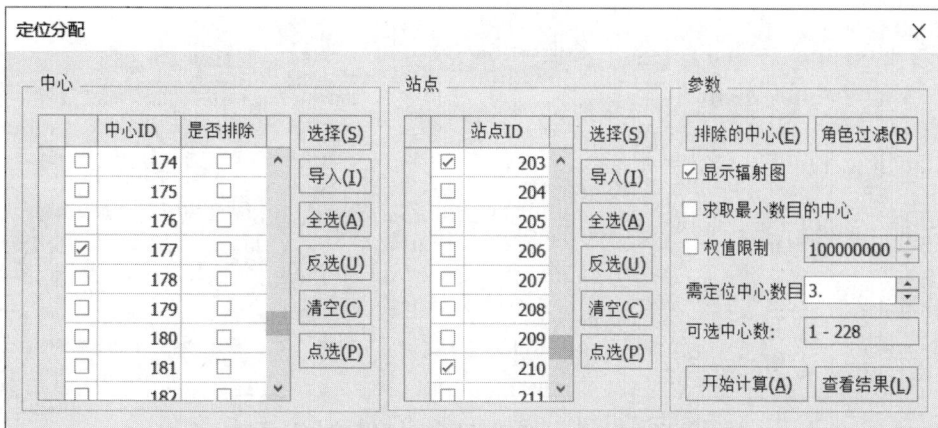

图 7.5-7　中心点及站点选择

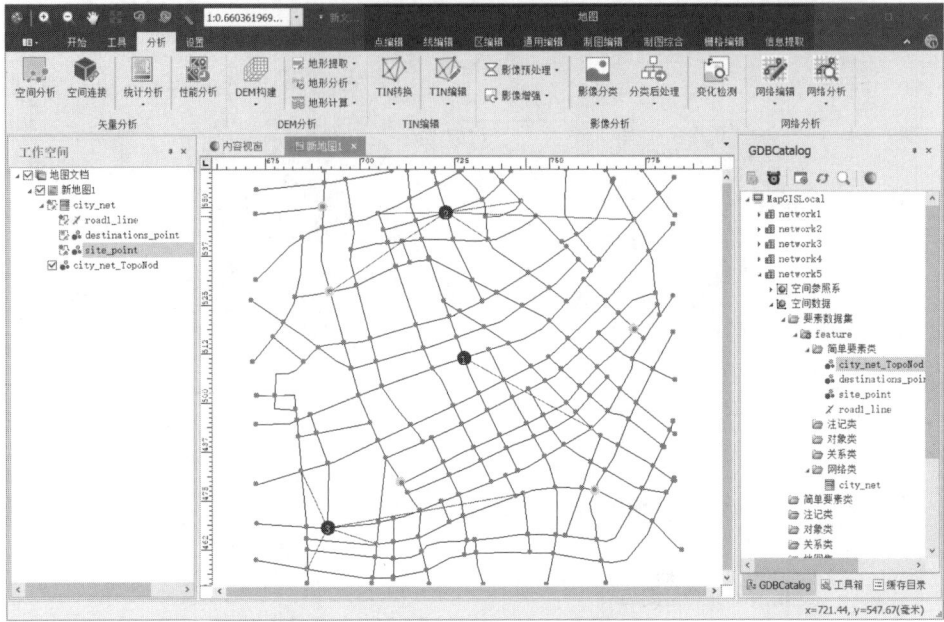

图 7.5-8　最终定位分配结果

　　在"定位分配"对话框中勾选"求取最小数目的中心"复选框，即寻找到所有站点路程最近的中心点，如图 7.5-9 所示，计算结果如图 7.5-10 所示。

　　设置权值，按中心点距离站点在权值内的限制条件进行分配。如图 7.5-11 所示，设置"权值限制"为 8，单击"开始计算"按钮，系统自动进行分配，最终保留两个中心点，舍弃另一中心点，如图 7.5-12 所示。若将"权值限制"设置得很小，如 1，将找不到距离中心点在此权值内的站点，定位分配失败，如图 7.5-13 所示。若单击"角色过滤"按钮，将弹出"角色过滤"对话框，在该对话框中可对容量值、延迟值等进行设置。

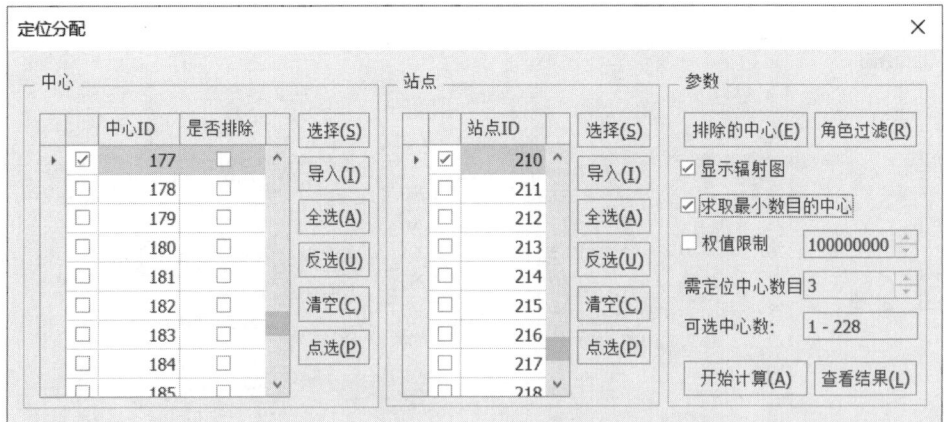

图 7.5-9　勾选"求取最小数目的中心"复选框

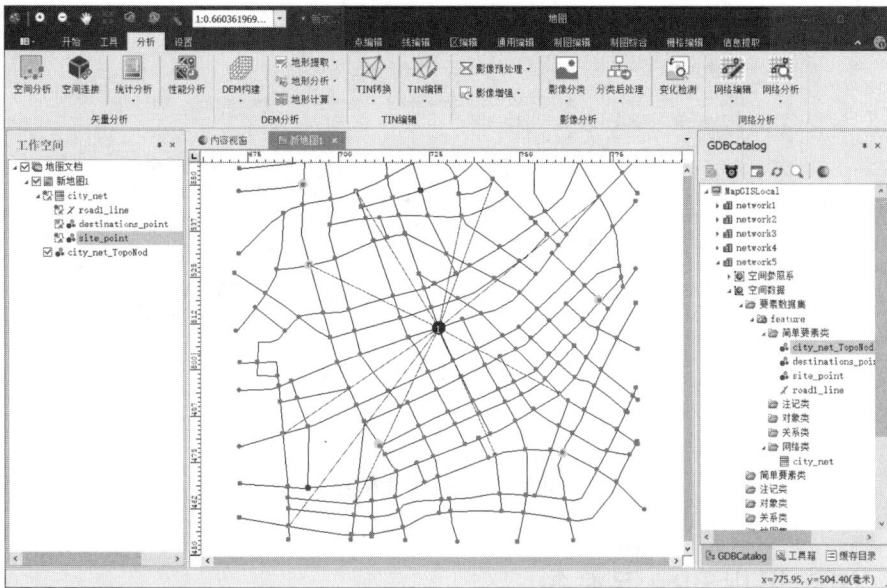

图 7.5-10　最小数目的中心点

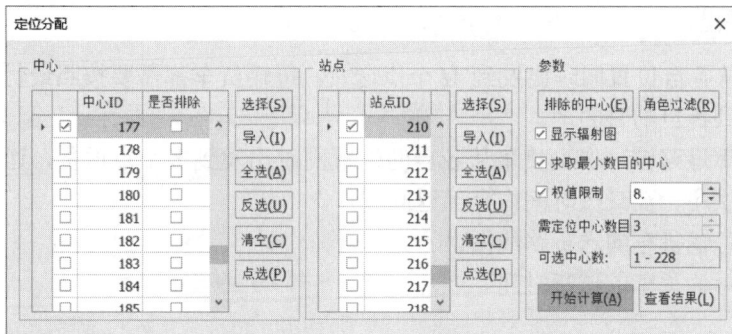

图 7.5-11　设置权值

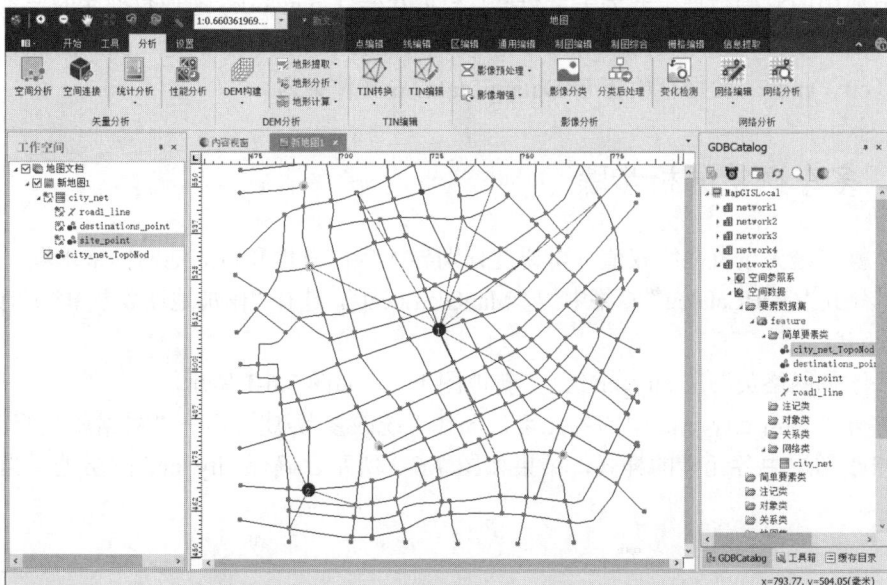

图 7.5-12　设定"权值限制"后的定位分配结果

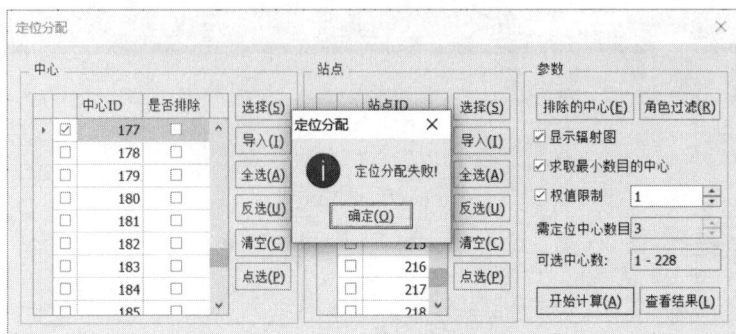

图 7.5-13　定位分配失败

7.6　多车送货

7.6.1　问题提出和数据准备

1. 问题提出

N 辆货车从各自位置同时出发到 M 个点送货，每辆货车都需要按照最优次序确定一个方案将货物送到各自的目的地。

现有某城市道路图，多辆货车从各自的位置同时出发到多个点送货，送完货后每辆货车必须按最优次序、在最短时间内全部返回起点。

（1）给出每辆货车的送货路线图。

（2）计算每辆货车的送货时间。

2. 数据准备

本节使用的原始数据主要为矢量数据，数据存储在 network6 地理数据库的要素数据集中，包含简单要素类道路（road_line）、出发地（start_point）、目的地（end_point）和几何网络类（city_end）。数据存放在 E:\Data\gisdata7.6 文件夹内。

7.6.2　多车送货分析步骤

具体操作是先设置网络权值，再通过分别导入各出发地和目的地网标来求取。

（1）右击"GDBCatalog"窗格中的"MapGISLocal"，选择"附加地理数据库"选项，附加 network6.hdf。

（2）添加网络类图层 city_end 到"新地图 1"，如图 7.6-1 所示。

（3）分别右击 city_end 中的各元素，选择"统改参数/属性"→"根据属性修改参数"选项，修改图层中各元素的样式，结果如图 7.6-2 所示。确保 city_end 图层处于当前编辑状态。

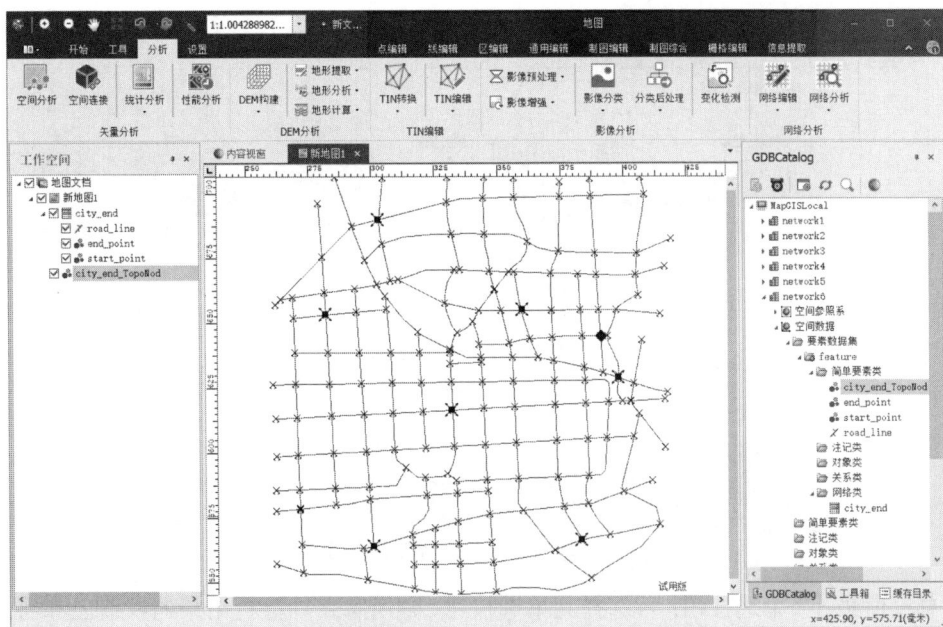

图 7.6-1　添加图层

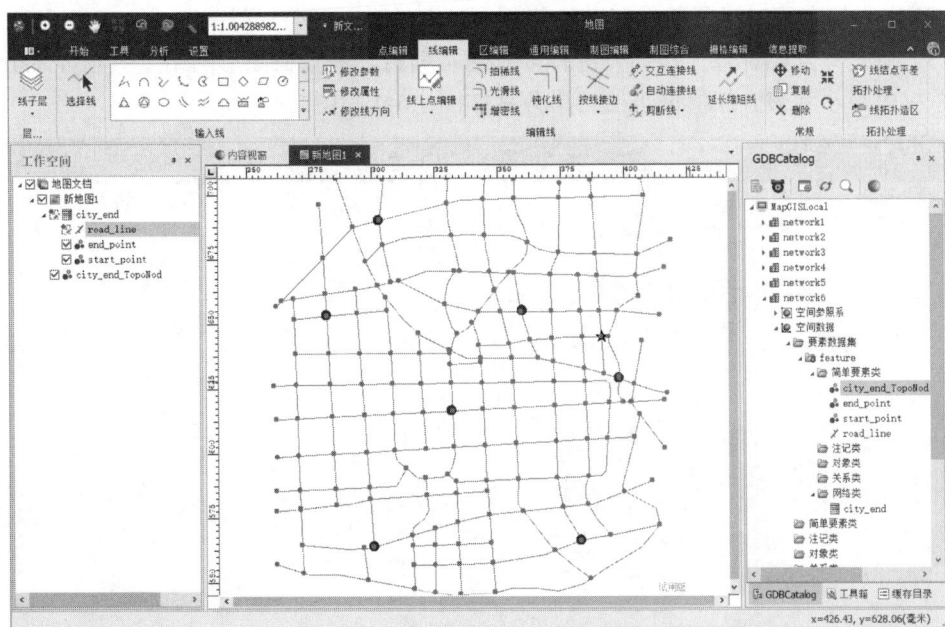

图 7.6-2　修改图层中元素的样式

（4）依次选择"分析"→"网络分析"→"分析应用"→"多车送货"选项，在弹出的对话框中单击"导入"按钮或"选择"按钮，导入或手动选择出发地和目的地，并通过单击"清空"按钮，确定需要分析的出发地和目的地。

单击"选择"按钮，将鼠标指针移到工作区中，此时鼠标指针变成小手状，点选出发地（start_point）和目的地（end_point），在点选过程中，"多车送货"对话框中自动生成编号，如图 7.6-3 所示。也可以通过单击"导入"按钮，从地理数据库中导入相应简单要素类

start_point 和 end_point，以获取出发地和目的地。

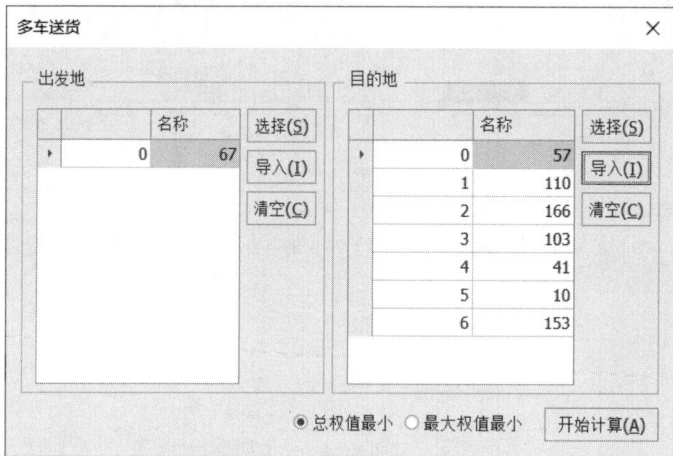

图 7.6-3　"多车送货"对话框

"总权值最小"单选按钮：若选择此单选按钮，则所有路径分析结果的权值之和将最小。例如，4 辆车送货要保证 4 辆车送货时间的加和最小，以节约资源。

"最大权值最小"单选按钮：若选择此单选按钮，则所有路径分析结果的最大权值将最小。例如，4 辆车同时送货要保证送货的最大时间最小，以节约时间。

（5）单击"开始计算"按钮，进行多车送货分析，在几何图形网络上突出显示分析结果，总权值最小和最大权值最小的结果分别如图 7.6-4 和图 7.6-5 所示。

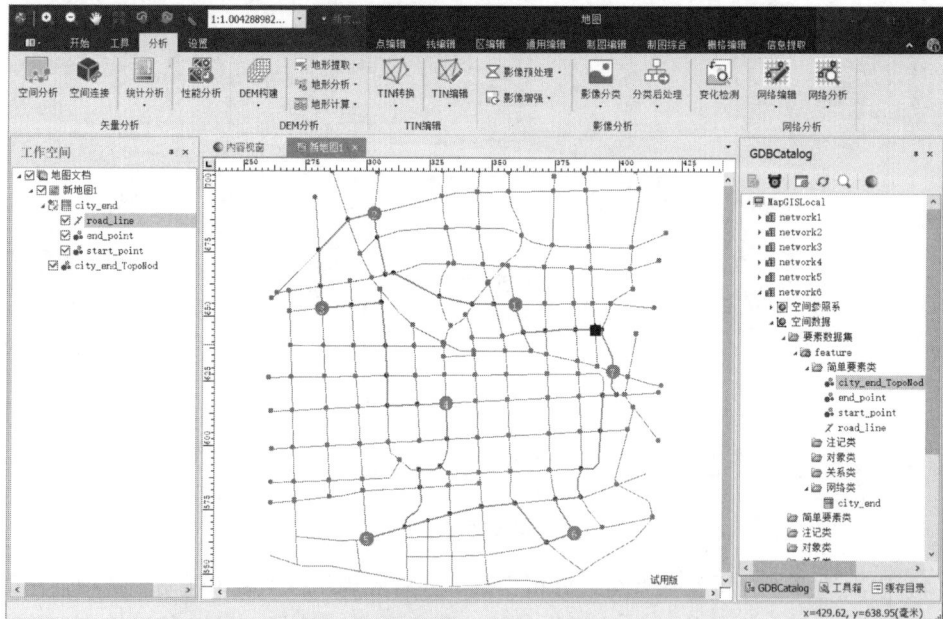

图 7.6-4　多车送货路线（总权值最小）

（6）查看多车送货分析报告。依次选择"分析"→"网络分析"→"分析报告"选项，弹出分析报告设置对话框，设置道路名称字段为 Class0，弹出"分析报告"对话框，总权值最小和最大权值最小的分析报告分别如图 7.6-6 和图 7.6-7 所示。

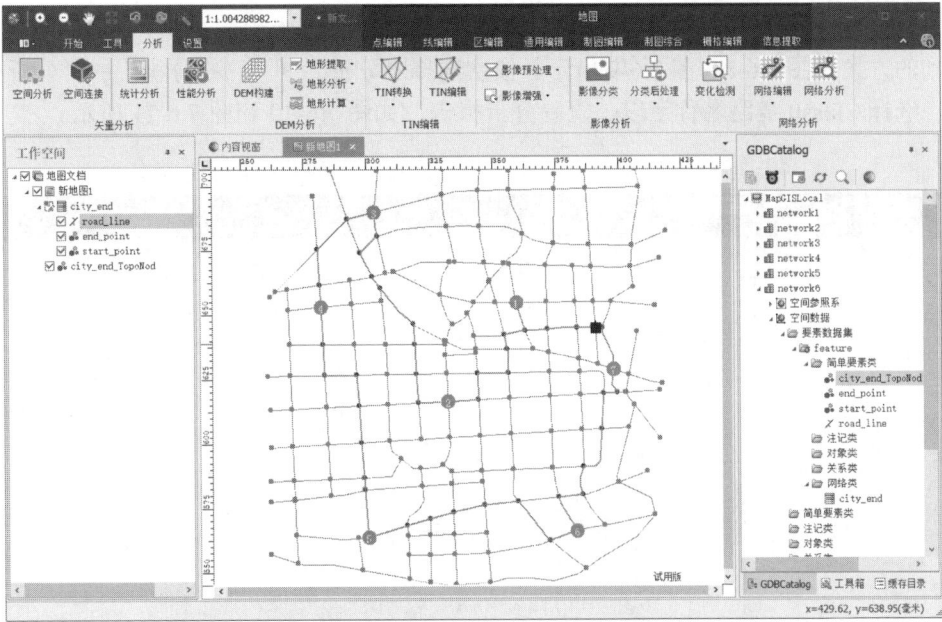

图 7.6-5 多车送货路线（最大权值最小）

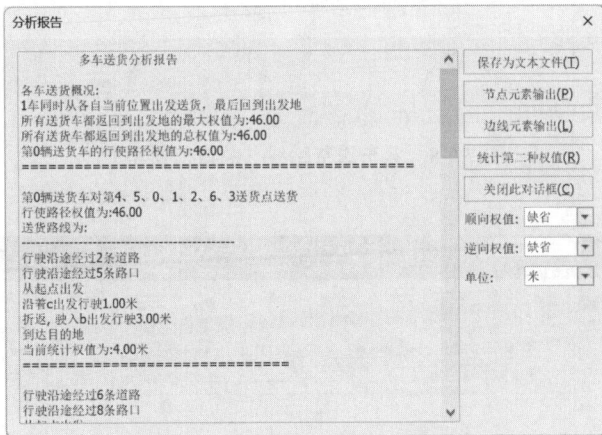

图 7.6-6 多车送货分析报告（总权值最小）

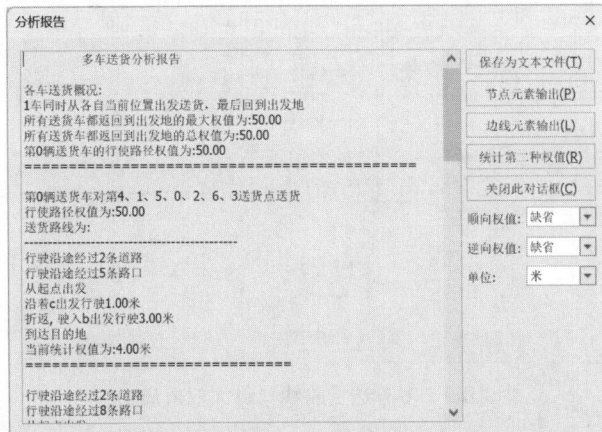

图 7.6-7 多车送货分析报告（最大权值最小）

（7）*M* 辆车往 *N* 个目的地送货。现设置 3 个出发地和 10 个目的地，利用多车送货功能得到的方案如图 7.6-8、图 7.6-9 所示。依次选择"分析"→"网络分析"→"分析报告"选项，选择 Class0 道路名称字段，查看分析报告，如图 7.6-10 和图 7.6-11 所示。

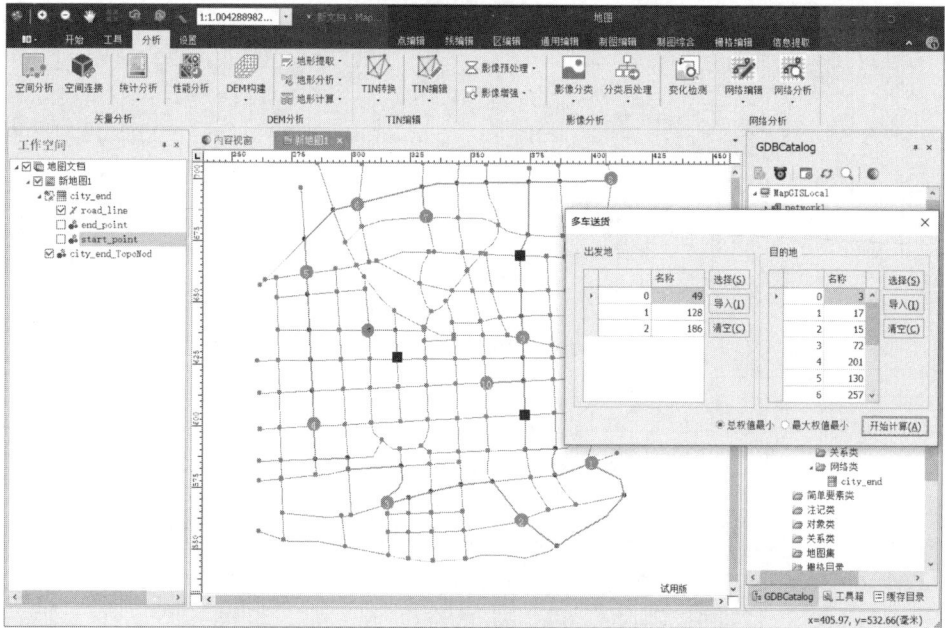

图 7.6-8　多车送货路线（总权值最小）

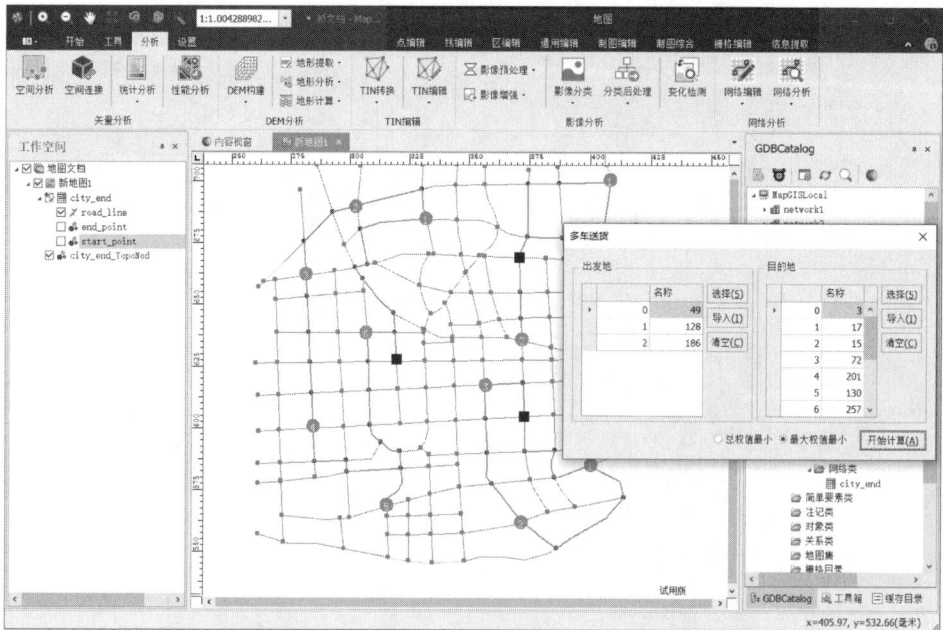

图 7.6-9　多车送货路线（最大权值最小）

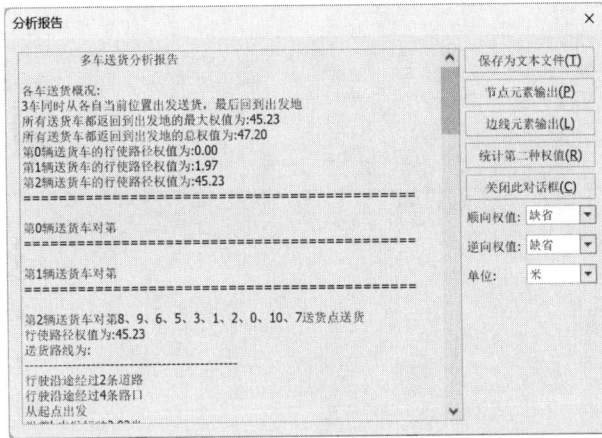

图 7.6-10　多车送货分析报告（总权值最小）

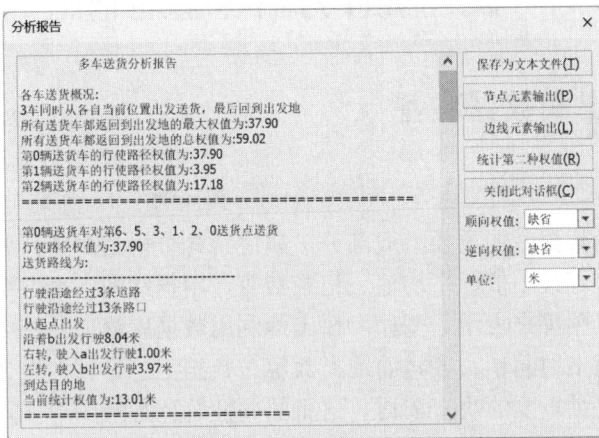

图 7.6-11　多车送货分析报告（最大权值最小）

第 8 章

统计分析

8.1 属性统计分析（土地利用）

8.1.1 问题提出和数据准备

1. 问题提出

属性数据是空间数据库的重要组成部分。属性统计分析是对统计属性数据库中的某个字段的总和、最大值、最小值、平均值、记录数等，用折线图、直方图、立体直方图、饼图、立体饼图、散点图等来表示。例如，在土地利用数据库管理系统中，可以统计各地类的土地面积、各村的土地面积、各村的地类数等。数据汇总是属性统计分析的最后环节，汇总数据将为部门提供重要的决策依据。这里的属性统计是对图形（点、线、面）和注记属性进行汇总，如将点坐标信息存入属性表，将注记内容存入属性表。

2. 数据准备

土地利用数据包括行政区、宗地、境界、等高线、高程点、线状地物、地类界线、界址线、地类图斑和注记等多类土地利用要素，其中，行政区、宗地和地类图斑用面状图形表达，境界、等高线、界址线、线状地物和地类界线用线状图形表达，高程点、界址点和零星地物用点状地物表达。本节的土地利用数据仅包含地类图斑要素数据。矿产储量图是矿产勘查的重要成果图件，主要包括储量类型、块段、矿体、钻孔、勘探线等要素，分析用到的数据库包括地类数据库 parcel 和矿产数据库 mine。数据存放在 E:\Data\gisdata8.1 文件夹内。

8.1.2 属性统计

（1）打开 MapGIS 10，右击"GDBCatalog"窗格中的"MapGISLocal"，选择"附加地理数据库"选项，添加名为 parcel 的地理数据库，右击"新地图 1"，选择"添加图层"选项，添加 parcel1.WP 图层，结果如图 8.1-1 所示。

（2）设置数据源。依次选择"工具"→"属性工具"→"属性统计"选项，弹出"属性统计"对话框。在"属性统计"对话框中进行属性统计设置，将"选择图层"设置为 parcel1.WP，如图 8.1-2 所示。在"属性统计"对话框中，还可以对图层进行选择，对属性进行筛选，对统计字段和分类字段进行设置。

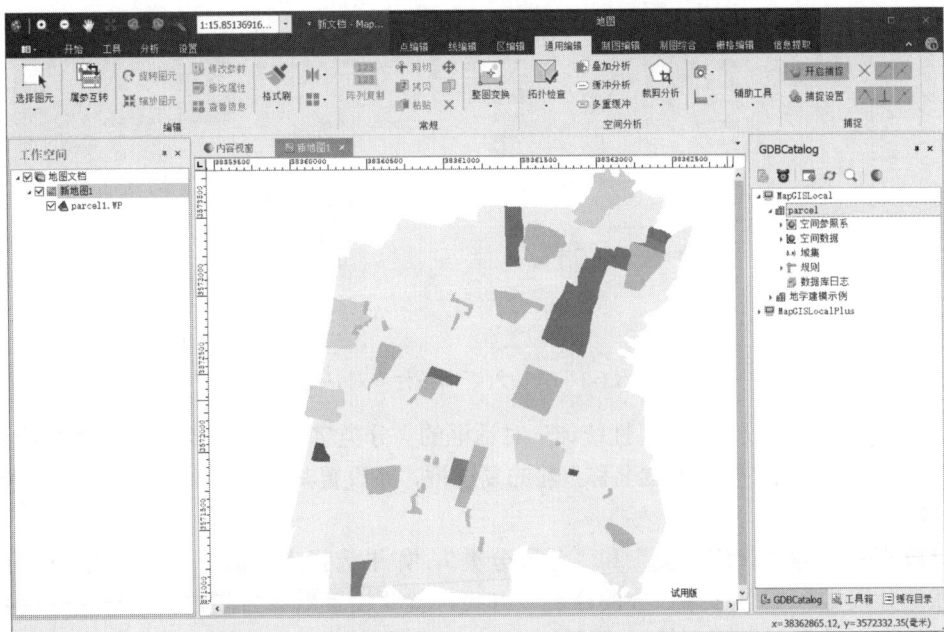

图 8.1-1 添加 parcel1.WP 图层

"选择图层"可以被设置为简单要素类、对象类、注记类。可通过 SQL 查询对属性字段进行筛选。单击"属性筛选"框后的"…"按钮，弹出"输入查询条件"对话框，如图 8.1-3 所示，设置 SQL 语句，以对属性字段进行筛选。

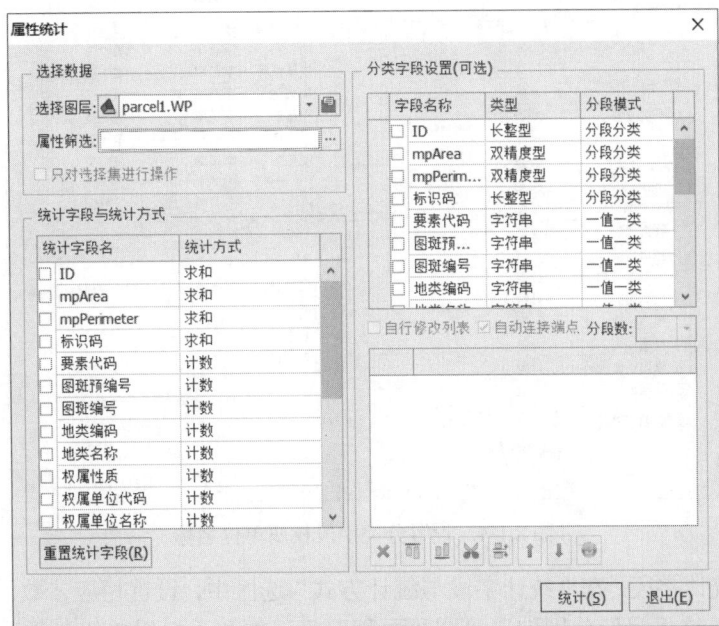

图 8.1-2 "属性统计"对话框

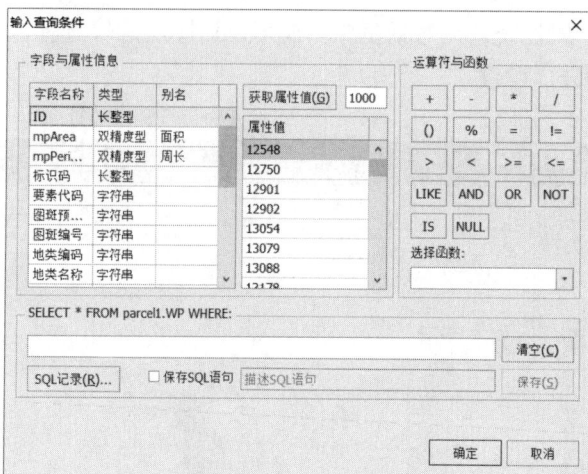

图 8.1-3　"输入查询条件"对话框

（3）设置分类字段。在"属性统计"对话框的"分类字段设置"选区中设置相应参数。勾选"字段名称"为"权属单位名称"前的复选框，并设置其"分段模式"为一值一类，如图 8.1-4 所示。

分段模式分为"一值一类"和"分段分类"。如果选择"一值一类"方式，就可以不设置默认分段数。如果选择"分段分类"方式，就要设置默认分段数。选择完分段数后，分类信息会自动显示在下面的列表框中。单击"重置统计字段"按钮，可以初始化设置的信息。

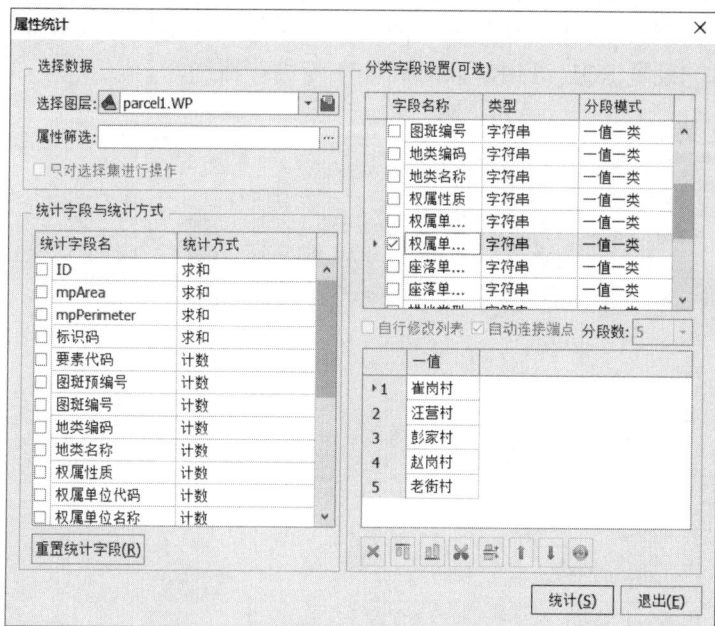

图 8.1-4　设置分类字段权属单位名称

（4）设置统计字段。在"统计字段与统计方式"选区中，设置相应参数。"统计字段名"可单选或多选，这里我们分别勾选"图斑面积"复选框和"权属单位名称"复选框。统计方式有计数、频率、求和、表达式、最大值、最小值、平均值、方差等。

设置"统计字段名"为图斑面积,设置对应的统计方式为求和,如图 8.1-5 所示,得到的统计结果为各个村的图斑总面积。设置"统计字段名"为权属单位名称,设置对应的统计方式为计数,如图 8.1-6 所示,得到的统计结果为每个村拥有的图斑总数。

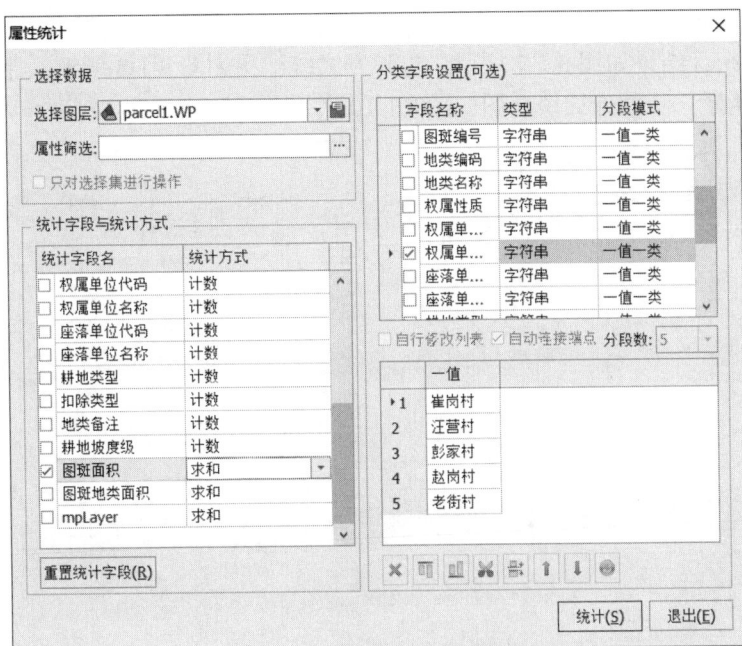

图 8.1-5 设置统计字段图斑面积

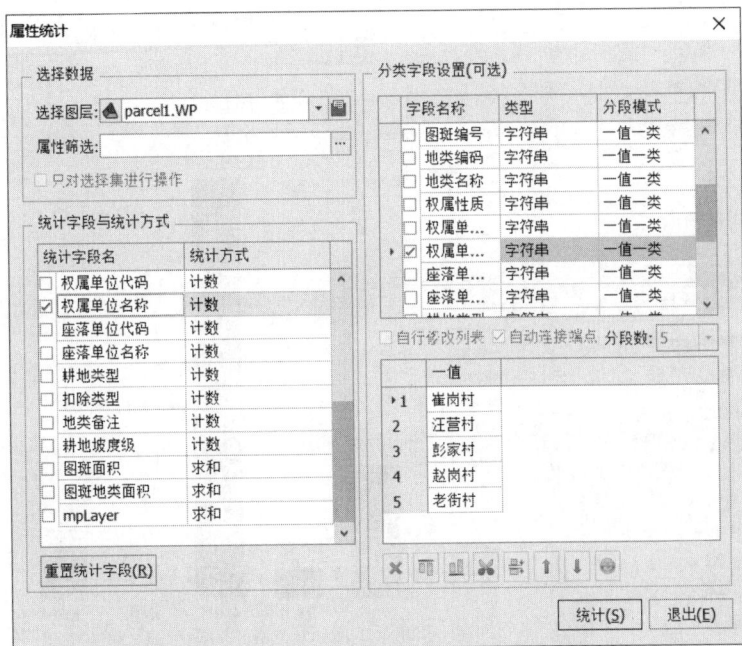

图 8.1-6 设置统计字段权属单位名称

(5)执行属性统计。单击"统计"按钮,弹出"统计表"对话框,该对话框中显示了统计结果。若单击"创建统计图"按钮，将生成统计图。在"统计图类型"下拉列表中选择统计图的类型，右边的统计图会根据用户的选择实时更新（系统提供了垂直条形图、水平条形图、3D 条形图、垂直线形图、水平线形图、3D 线形图、垂直区域图 7 种类型）。在"统计表"界面，可以浏览本次统计的属性信息。若单击"导出"按钮，则把统计信息保存为.txt文件。

求和方式统计结果如图 8.1-7 所示；求和方式统计图如图 8.1-8 所示；计数方式统计结果如图 8.1-9 所示；计数方式统计图如图 8.1-10 所示。

图 8.1-7　求和方式统计结果

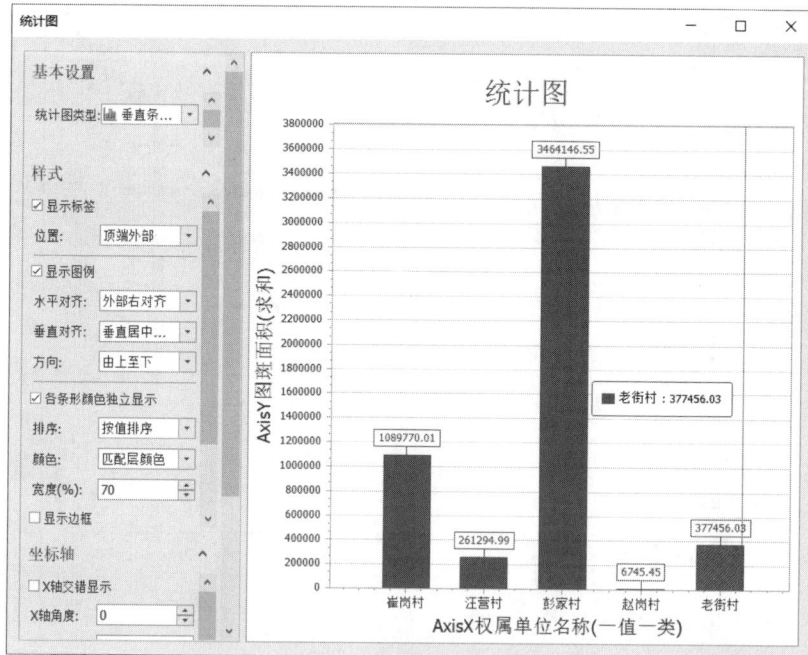

图 8.1-8　求和方式统计图

图 8.1-9 计数方式统计结果

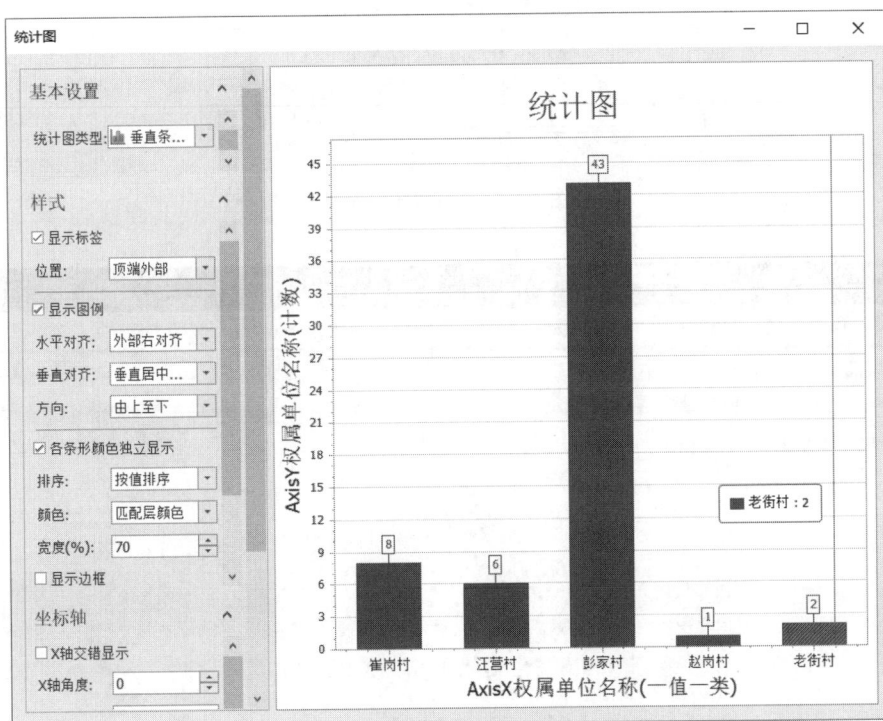

图 8.1-10 计数方式统计图

8.1.3 属性汇总

对矿产图形（点、线、面）和注记属性进行汇总，可将矿产图中点坐标信息存入属性表，将注记内容存入属性表，这里以将钻孔点坐标存入属性表为例进行介绍。

（1）在 MapGISLocal 下，添加名为 mine 的地理数据库，在"新地图 1"中添加 minemap.WP 图层、minemap.WL 图层、minemap.WT 图层、minedrill.WT 图层，结果如

图 8.1-11 所示。其中，矿区钻孔的分布（minedrill.WT 图层）如图 8.1-12 所示，这里要将 minedrill.WT 图层中的点坐标信息存入属性表。

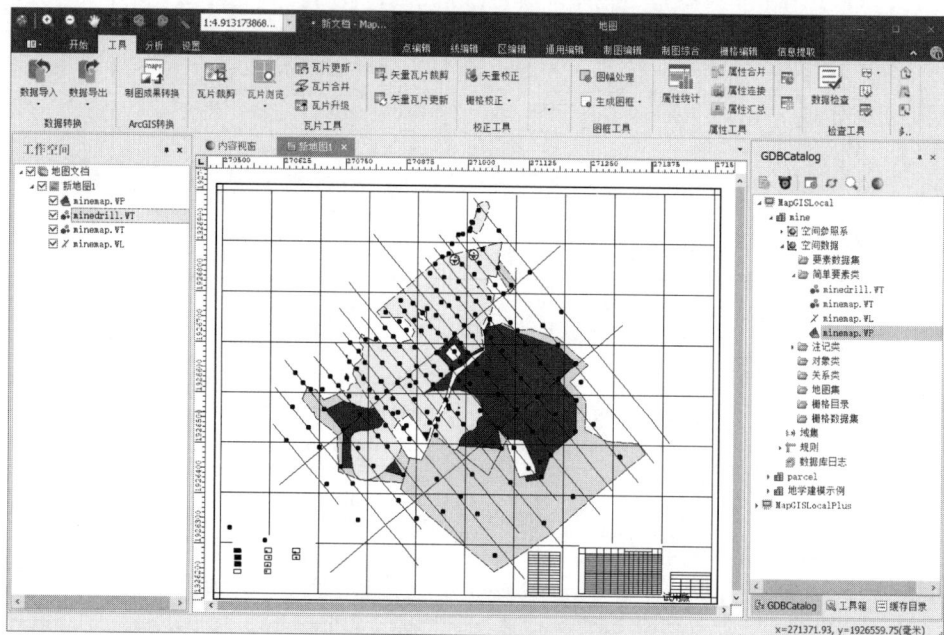

图 8.1-11　添加图层结果

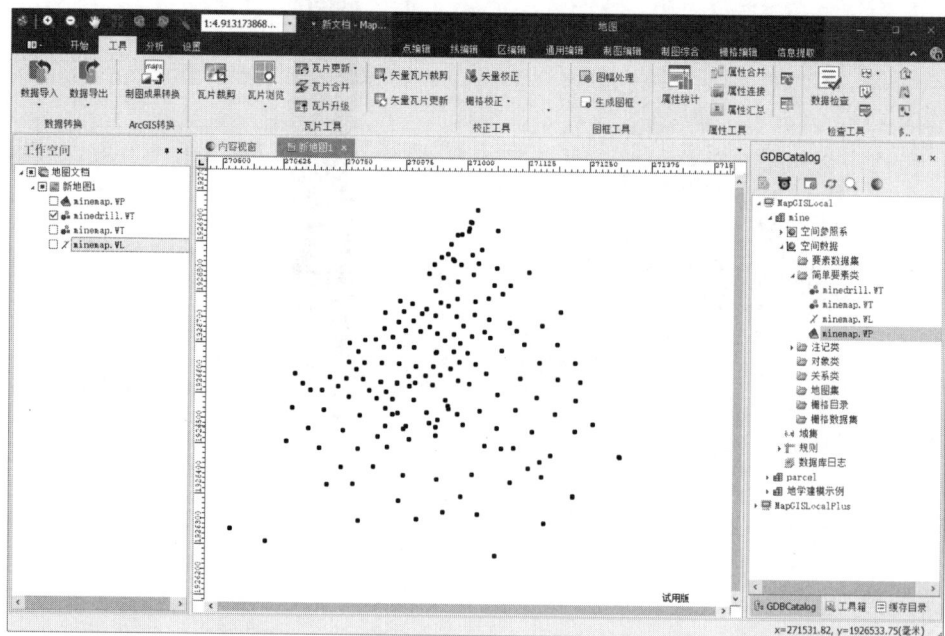

图 8.1-12　矿区钻孔的分布（minedrill.WT 图层）

（2）依次选择"工具"→"属性工具"→"属性汇总"选项，弹出"属性汇总"对话框，如图 8.1-13 所示，这里将"选择数据"设置为 minedrill.WT 所在目录。

图 8.1-13　"属性汇总"对话框

（3）单击"修改属性结构"按钮，弹出"属性结构设置"对话框，如图 8.1-14 所示。修改属性结构是为了将运算（坐标属性化）结果存入属性表相应字段，添加两个字段以存入点坐标信息。将"类型"设置为双精度型。注意：必须移除"新地图 1"中的 minedrill.WT 图层，才能修改属性结构。

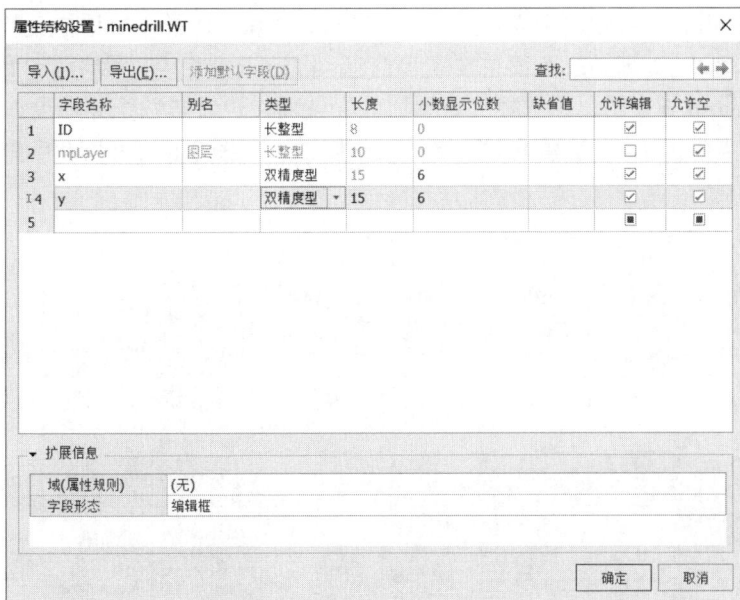

图 8.1-14　"属性结构设置"对话框

（4）在"属性汇总"对话框中选择"坐标属性化"选项，如图 8.1-15 所示。单击"执行"按钮，弹出"坐标属性化"对话框，按图 8.1-16 所示进行设置。

图 8.1-15 选择"坐标属性化"选项

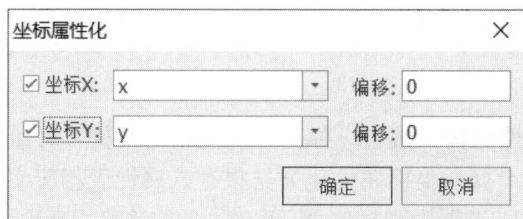

图 8.1-16 "坐标属性化"对话框

（5）单击"确定"按钮，完成属性汇总；同时在"属性汇总"对话框底部的"输出"框中输出结束时间、共处理 763 个简单要素等信息。将 minedrill.WT 图层添加到"新地图 1"中，右击 minedrill.WT 图层，选择"查看属性"选项，查看属性统计结果。由属性统计结果可以看出，点坐标 x、y 信息被存为属性表中属性，如图 8.1-17 所示。

序号	OID	ID	mpLayer	x	y
1	1	426	1	270593.199863	1926303.8332...
2	2	11	1	270635.909387	1926503.7535...
3	3	12	1	270701.609700	1926489.7367...
4	4	13	1	270716.842012	1926417.6916...
5	5	14	1	270667.839954	1926618.0821...
6	6	20	1	270711.237942	1926565.4698...
7	7	21	1	270722.354587	1926630.9327...
8	8	37	1	270865.900338	1926385.6249...
9	9	66	1	270756.755427	1926627.6977...
10	10	67	1	270762.744549	1926698.6621...
11	11	72	1	270817.076084	1926706.4740...
12	12	73	1	270878.379223	1926723.7650...
13	13	106	1	270910.787079	1926757.8772...
14	14	128	1	271090.881868	1926741.1043...
15	15	136	1	271059.981542	1926815.1303...
16	16	141	1	271033.483304	1926885.0054...
17	17	143	1	271065.632714	1926922.7421...
18	18	144	1	271129.445102	1926841.7267...
19	19	145	1	271194.886765	1926763.5744...
20	20	151	1	270959.733794	1926585.6645...
21	21	321	1	270519.266560	1926329.1796...
22	22	49	1	271012.073137	1926938.0071...
23	32	16	1	270939.474500	1926515.8515...
24	33	18	1	270984.547000	1926559.0750...
25	34	19	1	270965.501000	1926569.9905...

图 8.1-17 属性表

8.2 空间回归分析（人口统计）

8.2.1 问题提出和数据准备

1. 问题提出

虽然利用 Excel 的统计分析功能可以对空间数据进行一些简单的描述分析，但是在实际应用中经常需要利用回归分析等复杂的统计分析方法来确定数据间的数量关系。可以使用两种方法实现这样的操作，一种方法是借助其他已有的工具软件对数据进行统计分析，另一种方法是利用 MapGIS 的回归分析方法对数据进行统计分析。本节将分别采用这两种方法对某地区的人口数据资料进行统计分析。

2. 数据准备

人口普查地理数据库 Census 包括人口空间分析矢量数据 basicCensus.wp，人口统计属性表 scatter_matrix1.xls。数据存放在 E:\Data\gisdata8.2 文件夹内。

8.2.2 数据预处理

1. 附加数据库和添加图层

在 MapGISLocal 下，附加名为 Census 的地理数据库，在"新地图 1"中添加 basicCensus.wp 图层，结果如图 8.2-1 所示。

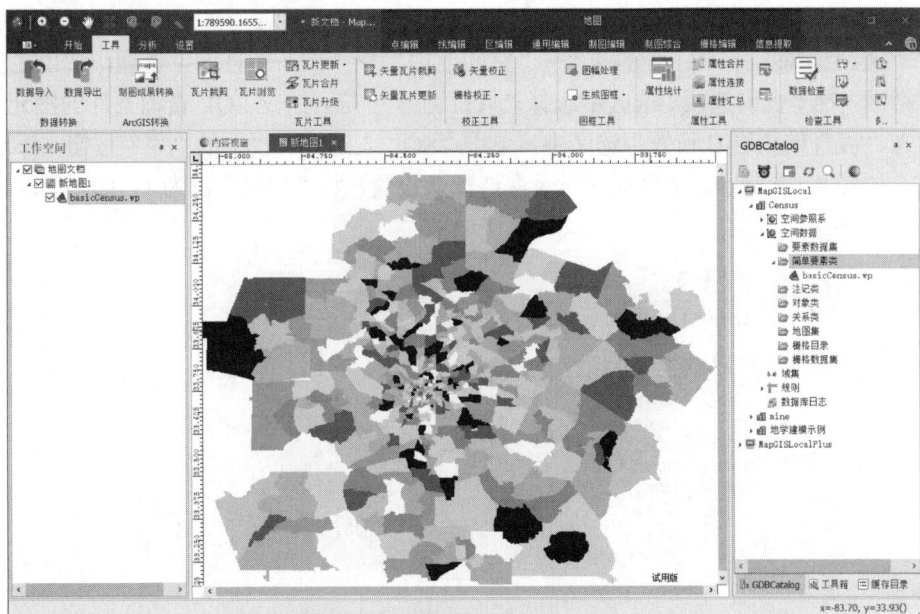

图 8.2-1 添加 basicCensus.wp 图层

2. 属性表排序

根据 AVG_INC 字段对属性表中的记录按升序重新排序。右击 basicCensus.wp 图层，选择“查看属性”选项，查看属性。在属性表中右击 AVG_INC 字段，选择“升序”选项，重新排序的结果如图 8.2-2 所示。

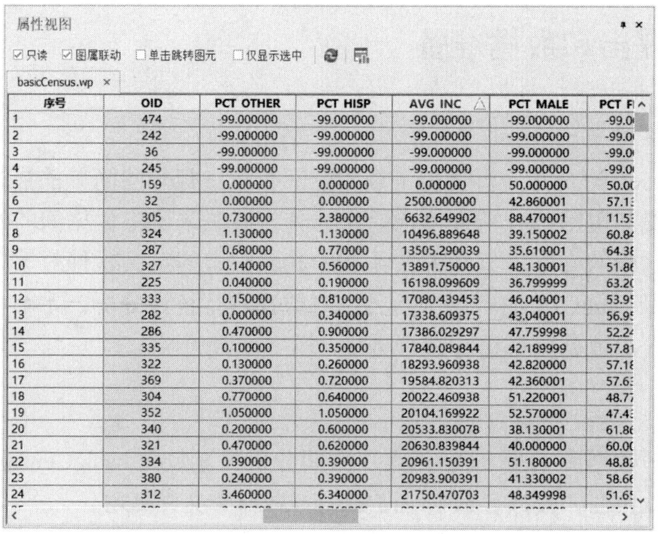

序号	OID	PCT OTHER	PCT HISP	AVG INC	PCT MALE	PCT F
1	474	-99.000000	-99.000000	-99.000000	-99.000000	-99.0
2	242	-99.000000	-99.000000	-99.000000	-99.000000	-99.0
3	36	-99.000000	-99.000000	-99.000000	-99.000000	-99.0
4	245	-99.000000	-99.000000	-99.000000	-99.000000	-99.0
5	159	0.000000	0.000000	0.000000	50.000000	50.0
6	32	0.000000	0.000000	2500.000000	42.860001	57.1
7	305	0.730000	2.380000	6632.649902	88.470001	11.5
8	324	1.130000	1.130000	10496.889648	39.150002	60.8
9	287	0.680000	0.770000	13505.290039	35.610001	64.3
10	327	0.140000	0.560000	13891.750000	48.130001	51.8
11	225	0.040000	0.190000	16198.099609	36.799999	63.2
12	333	0.150000	0.810000	17080.439453	46.040001	53.9
13	282	0.000000	0.340000	17338.609375	43.040001	56.9
14	286	0.470000	0.900000	17386.029297	47.759998	52.2
15	335	0.100000	0.350000	17840.089844	42.189999	57.81
16	322	0.130000	0.260000	18293.960938	42.820000	57.1
17	369	0.370000	0.720000	19584.820313	42.360001	57.6
18	304	0.770000	0.640000	20022.460938	51.220001	48.7
19	352	1.050000	1.050000	20104.169922	52.570000	47.4
20	340	0.200000	0.600000	20533.830078	38.130001	61.8
21	321	0.470000	0.620000	20630.839844	40.000000	60.0
22	334	0.390000	0.390000	20961.150391	51.180000	48.8
23	380	0.240000	0.390000	20983.900391	41.330002	58.6
24	312	3.460000	6.340000	21750.470703	48.349998	51.6

图 8.2-2　对属性表中的记录重新排序的结果

从属性表中可以看出前 5 行记录出现了异常，通常称这样的异常数据为离群数据。为了不影响后面的分析，在分析前要去除离群数据。

3. 选择非离群数据

在根据 AVG_INC 字段对属性表按升序重新排序后，非离群数据 AVG_INC 字段的最小值为 2 500。根据这个性质来选择非离群数据。使 basicCensus.wp 图层处于当前编辑状态。依次选择“通用编辑”→“空间分析”→“空间查询”→“按条件查询”选项，弹出“空间查询”对话框，在“查询选项”选区中选择“只查询 B 中符合给定 SQL 查询条件的图元”单选按钮；在“被查询图层 B 设置”选区中，单击“SQL 表达式”栏中的“...”按钮，添加 SQL 表达式，如图 8.2-3 所示，结果保存目录保持默认设置，将“后缀”设为 1，如图 8.2-4 所示。

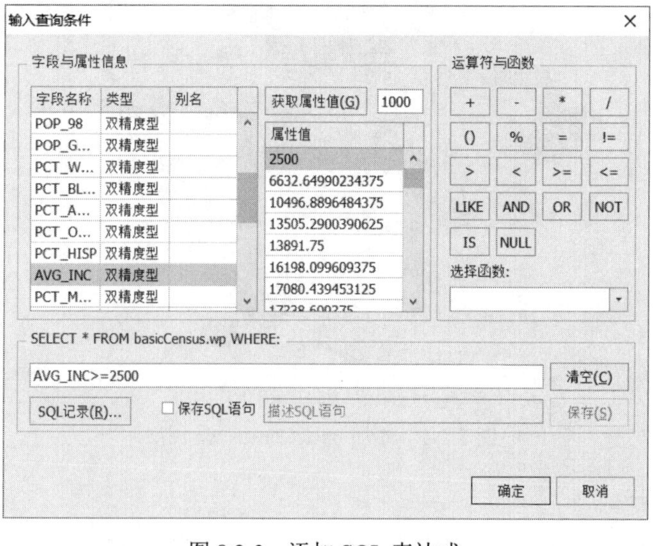

图 8.2-3　添加 SQL 表达式

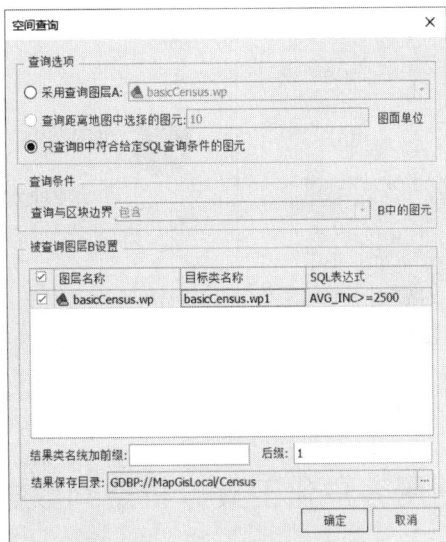

图 8.2-4　保存非离群数据结果

单击“确定”按钮，生成 basicCensus.wp1 图层，添加该图层，并查看其属性表（包含 477 条记录）。根据 AVG_INC 字段对属性表中的记录按升序重新排序，可以看到属性表中只有非离群数据，如图 8.2-5 所示。

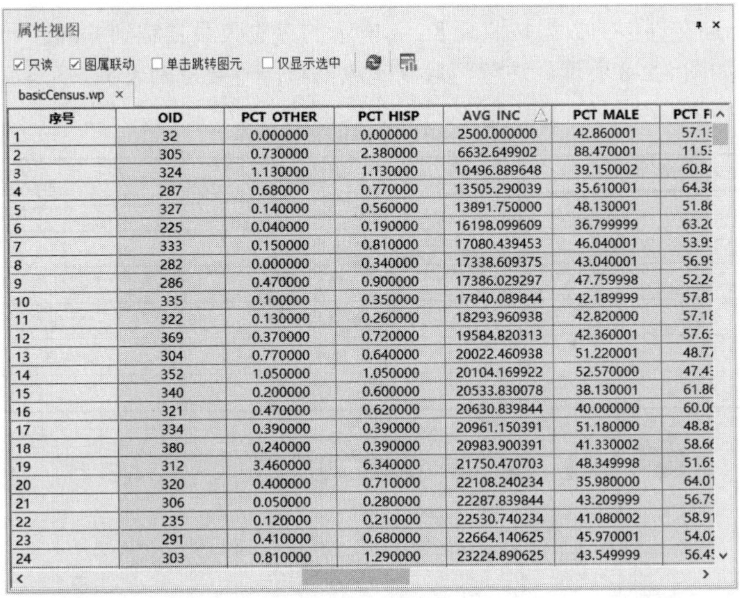

序号	OID	PCT OTHER	PCT HISP	AVG INC	PCT MALE	PCT F
1	32	0.000000	0.000000	2500.000000	42.860001	57.1
2	305	0.730000	2.380000	6632.649902	88.470001	11.5
3	324	1.130000	1.130000	10496.889648	39.150002	60.8
4	287	0.680000	0.770000	13505.290039	35.610001	64.3
5	327	0.140000	0.560000	13891.750000	48.130001	51.8
6	225	0.040000	0.190000	16198.099609	36.799999	63.2
7	333	0.150000	0.810000	17080.439453	46.040001	53.9
8	282	0.000000	0.340000	17338.609375	43.040001	56.9
9	286	0.470000	0.900000	17386.029297	47.759998	52.2
10	335	0.100000	0.350000	17840.089844	42.189999	57.81
11	322	0.130000	0.260000	18293.960938	42.820000	57.1
12	369	0.370000	0.720000	19584.820313	42.360001	57.6
13	304	0.770000	0.640000	20022.460938	51.220001	48.7
14	352	1.050000	1.050000	20104.169922	52.570000	47.4
15	340	0.200000	0.600000	20533.830078	38.130001	61.8
16	321	0.470000	0.620000	20630.839844	40.000000	60.0
17	334	0.390000	0.390000	20961.150391	51.180000	48.8
18	380	0.240000	0.390000	20983.900391	41.330002	58.6
19	312	3.460000	6.340000	21750.470703	48.349998	51.6
20	320	0.400000	0.710000	22108.240234	35.980000	64.01
21	306	0.050000	0.280000	22287.839844	43.209999	56.7
22	235	0.120000	0.210000	22530.740234	41.080002	58.91
23	291	0.410000	0.680000	22664.140625	45.970001	54.0
24	303	0.810000	1.290000	23224.890625	43.549999	56.4

图 8.2-5　非离群数据

4．将非离群数据输出为 Excel 文件或文本文件

在“属性视图”对话框中，右击任意字段，选择“数据保存”选项，弹出“另存”对话框。在该对话框中指定输出路径，将输出文件命名为 census，选择“保存全部属性记录”单选按钮。文件可保存为 Excel 文件或文本文件，这里勾选“保存为 EXCEL”复选框，将文件保存为 Excel 文件，单击“确定”按钮，如图 8.2-6 所示。导出成功后弹出如图 8.2-7 所示的“导出结果”对话框。

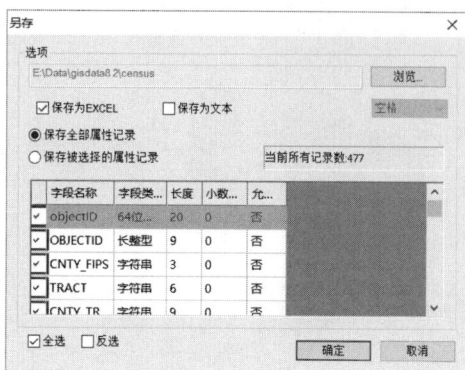

图 8.2-6 "另存"对话框

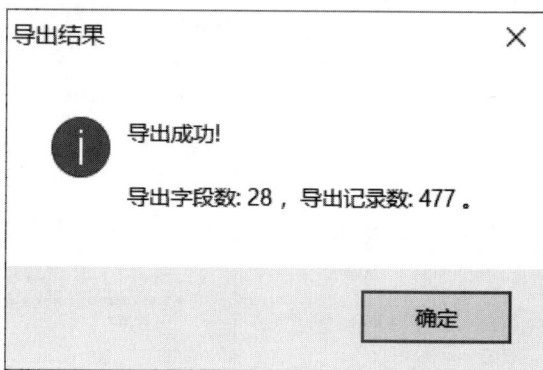

图 8.2-7 "导出结果"对话框

8.2.3 在 Excel 中利用客户化工具分析空间数据

在本节数据中有一个 scatter_matrix1.xls 文件，该文件包含了制作多散点图的宏，该宏最多可以制作 6 个独立变量的散点图。这个宏是由 Kansas State University 的 Christopher Malone 开发的。下面利用这个工具为从 MapGIS 导出的 census.txt 数据制作散点图。

（1）打开 census.xls 文件。

（2）打开 scatter_matrix1.xls 文件，其中的 Data 标签页左侧有一个 Y 变量和 5 个 X 变量。将 census.xls 文件中的数据按照表 8.2-1 所示的对应关系复制到 scatter_matrix1.xls 文件的相应字段，如图 8.2-8 所示。注意，只复制数据项，不要复制表头。

表 8.2-1 字段的对应关系

scatter_matrix1.xls 中的字段	census.xls 中的字段	含义
Y	AVG_ING	平均收入
X1	PCT_WHITE	白人所占比例
X2	PCT_MALE	男性人口所占比例
X3	PCT_FEMALE	女性人口所占比例
X4	PCT_0-4	0～4 岁人口所占比例
X5	AVG_AGE	平均年龄

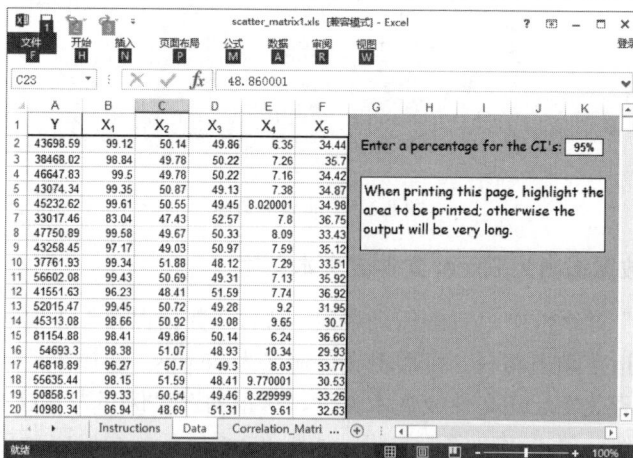

图 8.2-8 赋值后的 scatter_matrix1.xls 文件

（3）对这些变量的关系进行探索。单击 Correlation_Matrix 标签，Correlations 图显示了各变量的相关性，95% Confidence Intervals 图显示了 95% 的置信区间，如图 8.2-9 所示。

单击 Graphs 标签，可以看到两两变量的相关统计图，如图 8.2-10 所示，根据相关统计图可以直观地判断变量间的关系。例如，从图上可以看出 X2（男性人口所占比例）和 X3（女性人口所占比例）是负相关关系，而实际情况也是这样的。又如，从 X3（女性人口所占比例）和 X4（0～4 岁人口所占比例）的统计图可以看出，X3（女性人口所占比例）在 X4（0～4 岁人口所占比例）范围内是比较稳定。

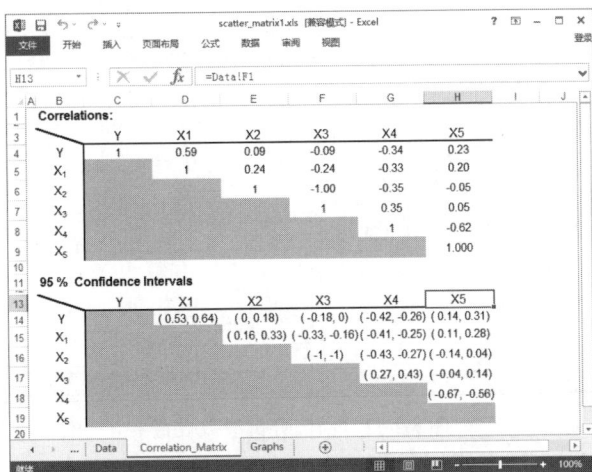

图 8.2-9　相关矩阵

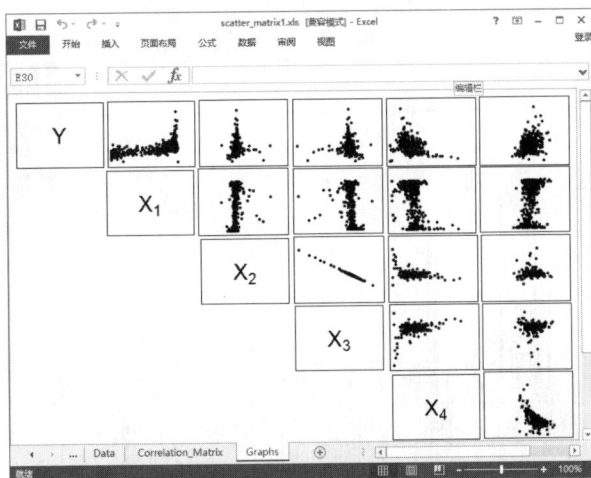

图 8.2-10　统计图

8.2.4　在 MapGIS 10 中进行回归分析

（1）对平均收入（AVG_INC）和平均年龄（AVG_AGE）之间的关系进行线性回归分析。首先要确保只选定这两个字段的可信数据（没有离群数据的数据），具体方法参见 8.2.2 节中"选择非离群数据"部分。由于 8.2.2 节生成的 basicCensus.wp1 图层的属性没有离群数据，所以在系统中添加 basicCensus.up1 图层，依次选择"分析"→"统计分析"→"回归分析"选项，弹出"回归分析"对话框。将"输入数据"设置为 basicCensus.wp1，将"分析方法"设置为一元线性回归，将"待预测因子"设置为 AVG_INC，将"影响因子"设置为 AVG_AGE，如图 8.2-11 所示。单击"确定"按钮，回归分析结果如图 8.2-12 所示。从图 8.2-12 中可以看出回归效果并不好，有很多离散点在回归线红色区域以外。

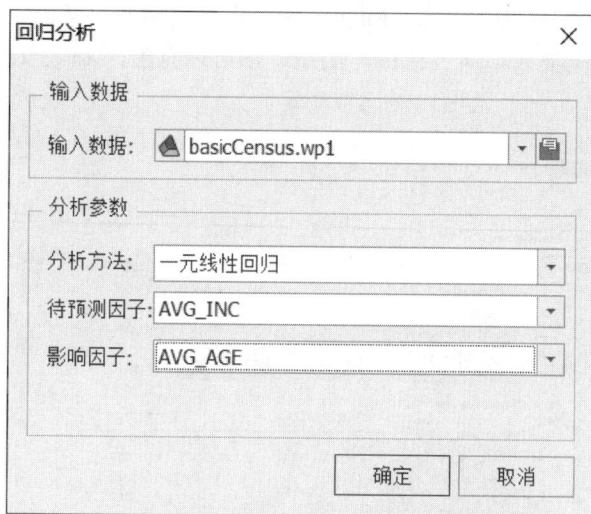

图 8.2-11　回归分析参数设置

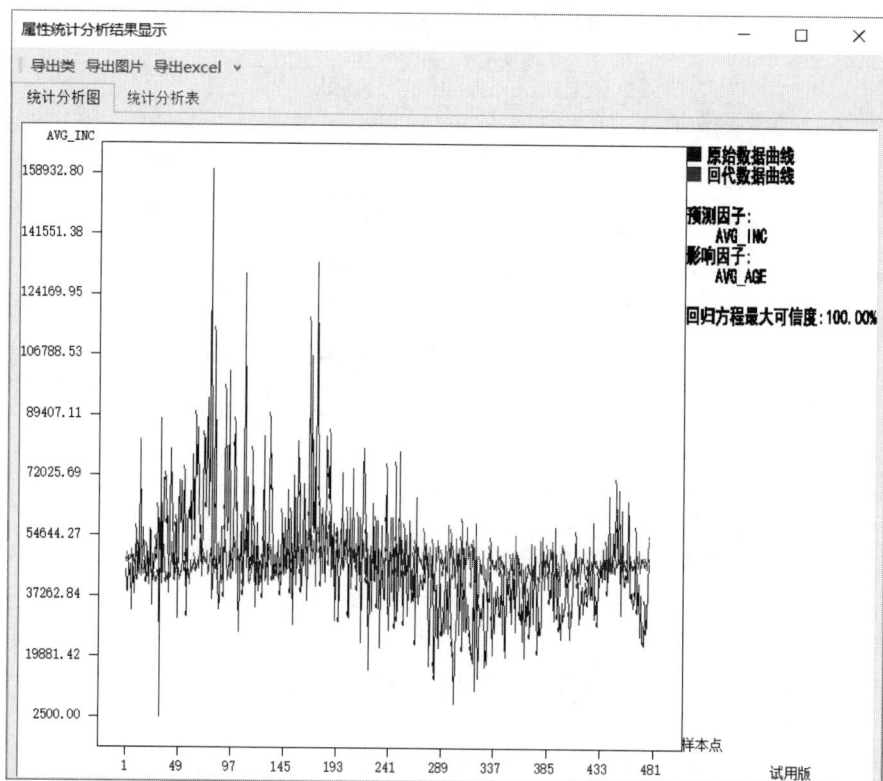

图 8.2-12　回归分析结果

还有一种查看线性回归分析结果的方法，即将线性回归分析结果导出为类。单击"导出类"按钮，输入点文件 result_point、线文件 result_line、区文件 result_polygon 和注记类文件 result，在工作空间"新地图1"中添加这4类文件图层，可详细观察线性回归分析结果，进行参数设置，如图 8.2-13 所示。

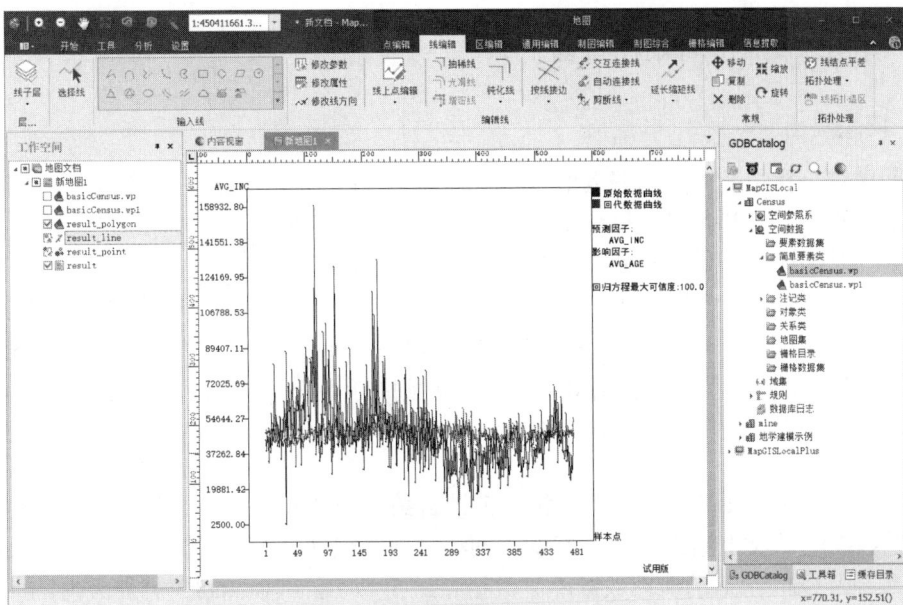

图 8.2-13 回归分析结果（另一种方法）

（2）查看 basicCensus.wp1 图层的属性表。在属性表的末尾有4个新添加的字段，这些字段是线性回归分析的结果数据，如图 8.2-14 所示，该属性表中包含回归分析残差 Residuals、拟合值 FIT，以及 95% 的置信区间最大值 HIGH95、最小值 LOW95。

序号	OID	Residuals	LOW95	FIT	HIGH95	FID1
1	1	0.617149	33.461315	33.822849	34.184387	1
2	2	2.147576	33.160015	33.552425	33.944836	2
3	3	0.444670	33.618938	33.975327	34.331718	3
4	4	1.079423	33.426758	33.790577	34.154392	4
5	5	1.077839	33.544476	33.902161	34.259846	5
6	6	3.479373	32.822300	33.270626	33.718956	6
7	7	-0.602358	33.675457	34.032356	34.389259	7
8	8	1.319904	33.436993	33.800095	34.163197	8
9	9	-0.005922	33.117466	33.515919	33.914375	9
10	10	1.430027	34.084080	34.489971	34.895863	10
11	11	3.208148	33.340805	33.711849	34.082897	11
12	12	-2.302839	33.881710	34.252838	34.623970	12
13	13	-3.206320	33.548767	33.906322	34.263874	13
14	14	0.900628	34.991913	35.759373	36.526829	14
15	15	-4.461286	34.002045	34.391285	34.780529	15
16	16	-0.214172	33.627792	33.984173	34.340553	16
17	17	-3.909995	34.042896	34.439995	34.837093	17
18	18	-0.933026	33.827618	34.193024	34.558430	18
19	19	-1.052313	33.307968	33.682316	34.056664	19
20	20	-4.528059	33.841339	34.208057	34.574780	20
21	21	-4.148706	33.720409	34.078705	34.437004	21
22	22	0.122618	33.280006	33.657383	34.034756	22
23	23	0.039835	34.026352	34.420162	34.813976	23
24	24	-3.271842	34.002514	34.391842	34.781170	24

图 8.2-14 basicCensus.wp1 图层属性表中新添加的字段

8.3 时间序列分析

8.3.1 问题提出和数据准备

1. 问题提出

时间序列分析用于对时间序列的预测与控制进行研究。时间序列分析根据时间序列反映出来的过程、方向和趋势进行分析、延伸或类推，借以预测下一时间段内可能达到的结果。目前，时间序列分析是一种方便有效地处理动态数据的方法。

时间序列建模的主要目的之一就是预测或预报，如气象预报、人口预测、病虫害预报、汛情预报、产量预测等。它不要求考虑影响产量值的各种因素，只分析这些数据的统计规律性。时间序列分析可以构造拟合出最佳模型，并预报可能值，给出预报结果。

2. 数据准备

本节的目的是预测某钢厂的钢产量、钢销售额及钢产值的变化过程、方向和趋势，使用的原始数据是 Excel 格式的钢月产量、钢年销售额和钢年人均产值。基于这些数据可以构建一个名为 Sequence 的地理数据库。数据存放在 E:\Data\gisdata8.3 文件夹内。

8.3.2 时间序列分析方法

1. 移动平均法

移动平均法是一种常用且较为简单的长期趋势变动分析方法。该方法的原理是将原来时间序列中的两个或多个时期的数据进行平均，用所得平均值代替中间时段的趋势值，经过逐期顺序移动计算平均数，形成一个新的派生的平均数序列。这种平均数序列消除了原时间序列中偶然因素的影响，进而呈现出被研究现象的基本发展趋势。

移动平均法中的平均数一般采用算术平均数，有时也采用中位数。设时间序列为 $Y_i(i=1,2,3,\cdots,n)$，则 k 项的移动平均数序列为

$$\overline{Y}_i = \frac{Y_i + Y_{i+1} + \cdots + Y_{i+k-1}}{k}$$

式中，$\overline{Y}_i$ 为移动平均趋势值。

2. 移动平滑法

移动平滑法与移动平均法相似，移动平均法是向一个方向移动，而移动平滑法是由中心向两个相对的方向移动。该方法的原理是以原来时间序列中的中间时段数据为对称点，将向前向后等间距的多个时期的数据加以平均，以所得平均值代替中间时段的趋势值，经过逐期顺序移动计算平均数，进而形成一个新的派生的平均数序列。

移动平滑法中的平均数一般采用算术平均数，计算公式为

$$\hat{y}_t = \frac{1}{2l+1}\left(y_{t-l} + y_{t-(l-1)} + \cdots + y_{t-1} + y_t + y_{t+1} + y_{t+l}\right)$$

式中，$\hat{y}_t$ 为 t 点的滑动平均值；l 为单侧平滑时距。

3．指数平滑法

指数平滑法是由布朗（Robert G.Brown）提出的，布朗认为时间序列的态势具有稳定性和规则性，所以时间序列可被合理地顺势推延；他认为最近的过去趋势，在某种程度上会持续到最近的未来，所以应将较大的权数赋予最近的资料。

指数平滑法通过计算指数平滑值，并基于一定的时间序列预测模型对现象的未来进行预测。其原理是任一期的指数平滑值都是本期实际观测值与前一期指数平滑值的加权平均值。

指数平滑值的基本公式为

$$S_t=ay_i+（1-a）S_{t-1}$$

式中，S_t 是时间 t 的指数平滑值；y_i 是时间 t 的实际观测值；S_{t-1} 是时间 $t-1$ 的指数平滑值；a 是加权系数。

4．回归分析法

时间序列的回归分析法是以时间 t 为自变量，以形成时间序列的统计指标 y 为因变量，应用最小二乘法，建立 y 和 t 之间的回归模型，以此预测时间序列的长期趋势值，得到趋势线。回归分析法又称趋势线预测。

时间序列的长期变动趋势有直线和曲线之分，因此应当根据其变动趋势的特征分别拟合相应的直线回归模型或曲线回归模型。利用最小二乘法既可以拟合直线趋势，又可以拟合曲线趋势，具体需要根据被研究现象的发展变化的情况及特点来确定。

5．季节模型

在实际问题中，有些时间序列的变化具有明显的周期性。例如，气温、雨量、电力负荷、交通运输等数据，由于受季节变化或其他周期性因素的影响，会呈现季节性时间序列的特征。显然，季节性时间序列是不平稳的。广义的季节变动还包括以季度、月份，甚至更短时间为周期的有规律的变动。通常季节性时间序列除含有季节效应外，还含有长期趋势效应，这二者与随机波动之间有着相互纠缠的关系。由于序列是周期性变化的，因此每个周期特定时刻的数据基本上处于同一水平，若将某一时刻的观测数据与下一周期对应时刻的观测数据相减，就可能消除周期性变化，使新序列接近于平稳序列。

6．自回归预测法

自回归预测法是指利用预测目标的历史时间数列在不同时期取值之间存在的依存关系（自身相关），建立回归方程进行预测。具体来说，就是用一个变量的时间数列作为因变量数列，用同一变量向过去推移若干时期的时间数列作为自变量数列，分析一个因变量数列和另一个或多个自变量数列之间的相关关系，建立回归方程，进行预测。

自回归预测法的优点是所需资料不多，可用自变量数列来进行预测。这种方法只适用于某些具有时间序列趋势的相关现象，即受历史因素影响较大的经济现象，如各种开采量、各种自然产量等。受社会因素影响较大的经济现象，不宜采用这种方法。

8.3.3　时间序列分析过程

1．创建地理数据库

创建 Sequence 地理数据库，将 Excel 格式的数据导入地理数据库成为对象类，方法参见 4.1 节。或者直接添加 Sequence 地理数据库。

2. 加载对象类

右击"新地图 1",选择"添加图层"选项,添加 Sequence.hdf 中对象类。

3. 多方法时间序列分析

依次选择"分析"→"统计分析"→"时间序列分析"选项,弹出如图 8.3-1 所示的对话框。

在弹出的"时间序列分析"对话框中设置输入数据和分析方法。时间序列分析现支持的分析方法有一次移动平均、二次移动平均、一次指数平滑、二次指数平滑、三次指数平滑、季节性预测、趋势线预测、自回归预测,下面仅对其中几种方法进行分析。

(1)二次移动平均。

二次移动平均方法是指计算二次移动平均值,即在对实际值进行一次移动平均的基础上,再进行一次移动平均。

在"时间序列分析"对话框中将"输入数据"设置为钢年销售额,将"分析方法"设置为二次移动平均,将"最大滑动平均时段数"设置为 3,将"预测时间段"设置为 2,将"状态字段"设置为钢年销售额亿,如图 8.3-2 所示,单击"确定"按钮,即可开始进行时间序列分析中的二次移动平均分析。二次移动平均分析得到的统计分析图和统计分析表分别如图 8.3-3 和图 8.3-4 所示。

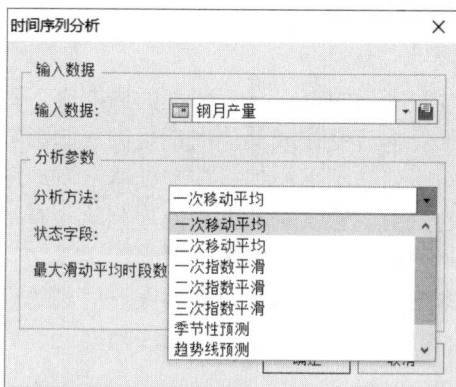

图 8.3-1 "时间序列分析"对话框

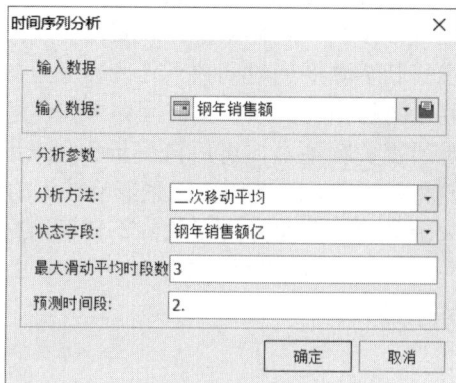

图 8.3-2 二次移动平均分析设置

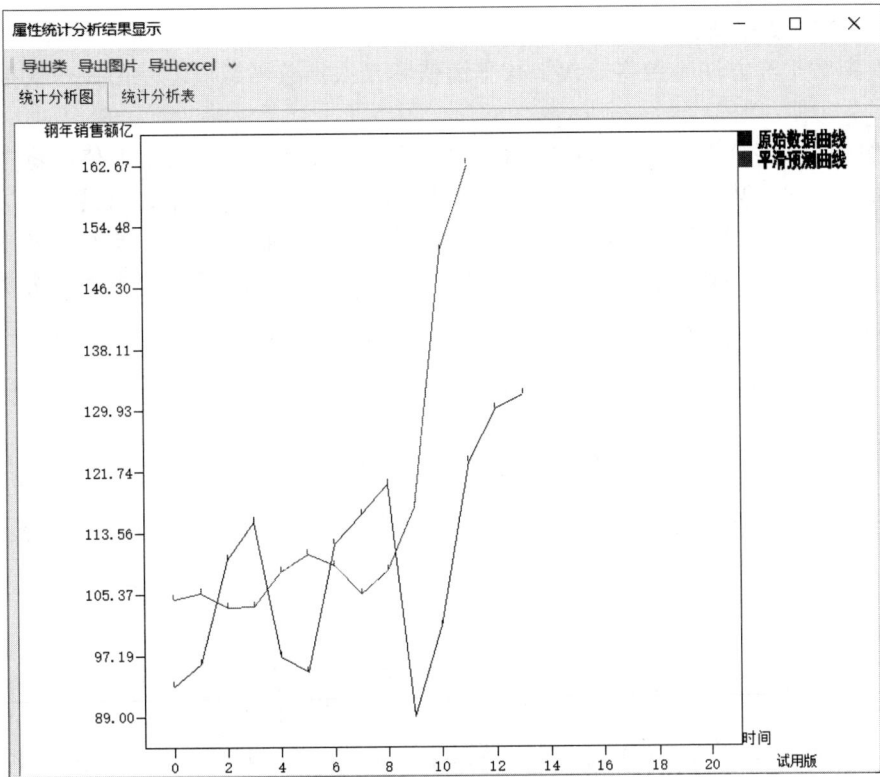

图 8.3-3　二次移动平均分析得到的统计分析图

图 8.3-4　二次移动平均分析得到的统计分析表

（2）二次指数平滑。

二次指数平滑方法是指将一次指数平滑值和二次指数平滑值之差加在一次指数平滑值上。

在"时间序列分析"对话框中，将"输入数据"设置为钢年人均产值，将"分析方法"设置为二次指数平滑，将"权系数"设置为0.5，将"预测时间段"设置为1，将"状态字段"设置为年人均产值万元，如图8.3-5所示，单击"确定"按钮，即可开始进行时间序列分析中的二次指数平滑分析。二次指数平滑分析得到的统计分析图和统计分析表分别如图8.3-6和图8.3-7所示。

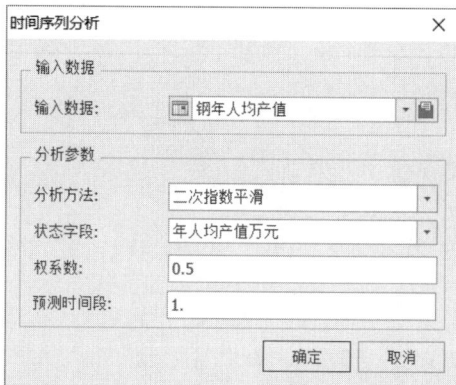

图 8.3-5　二次指数平滑分析设置

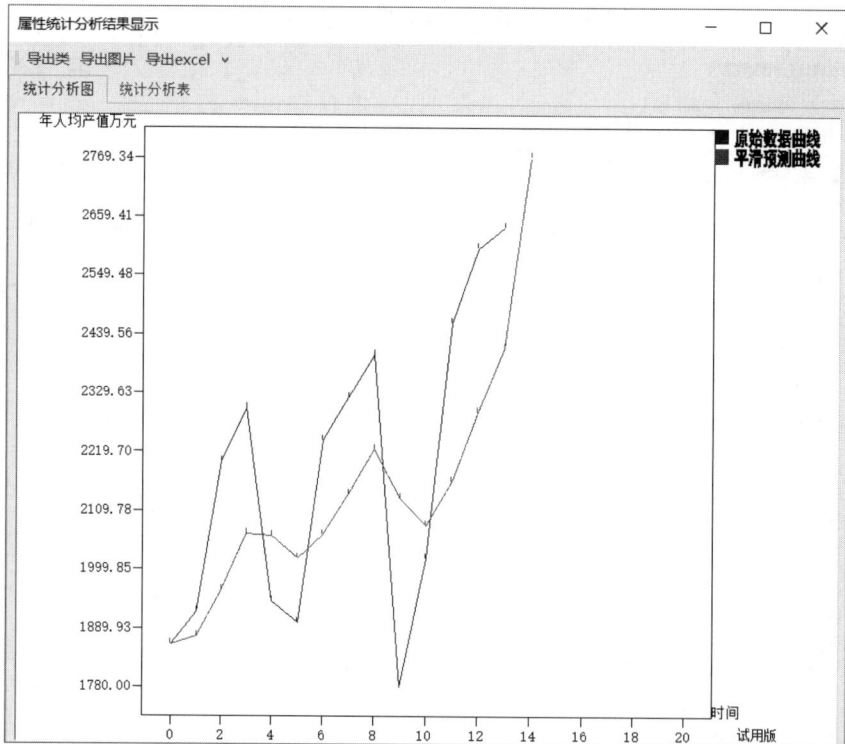

图 8.3-6　二次指数平滑分析得到的统计分析图

图 8.3-7　二次指数平滑分析得到的统计分析表

（3）季节性预测。

季节性预测方法是指按照以季节为周期的有规律的变动来进行预测。

在"时间序列分析"对话框中，将"输入数据"设置为钢月产量，将"分析方法"设置为季节性预测，将"预测时间段"设置为 2，将"循环方式"设置为季度，将"状态字段"设置为钢月产量万吨，如图 8.3-8 所示，单击"确定"按钮，即可开始进行时间序列分析中的季节性预测分析。季节性预测分析得到的统计分析图和统计分析表分别如图 8.3-9 和图 8.3-10 所示。

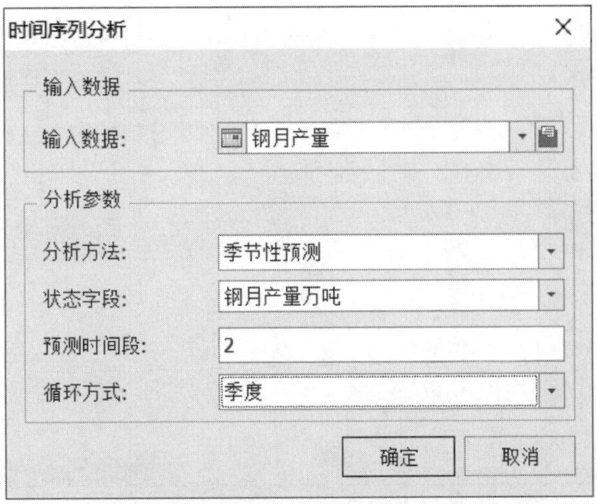

图 8.3-8　季节性预测分析设置

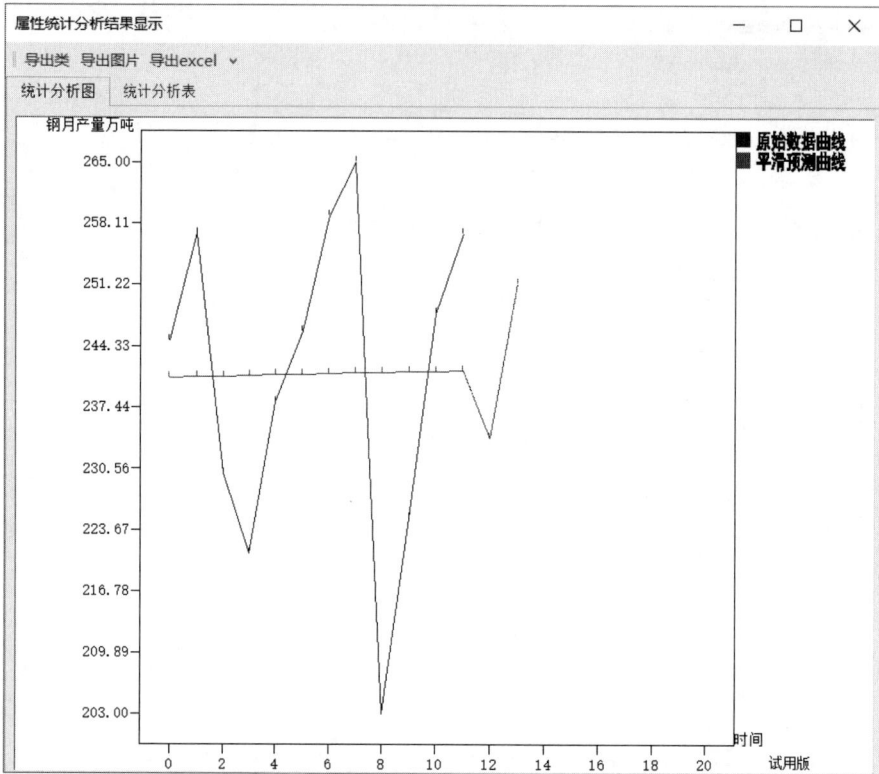

图 8.3-9　季节性预测分析得到的统计分析图

图 8.3-10　季节性预测分析得到的统计分析表

（4）趋势线预测。

趋势线预测是根据时间序列数据的长期变动趋势，运用数理统计分析方法，确定待定参数，建立直线预测模型，并用该模型进行预测的一种定量预测分析方法。

在"时间序列分析"对话框中将"输入数据"设置为钢月产量，将"分析方法"设置为趋势线预测，将"状态字段"设置为钢月产量万吨，如图8.3-11所示，单击"确定"按钮，即可开始进行时间序列分析中的趋势线预测分析。趋势线预测分析得到的统计分析图和统计分析表分别如图8.3-12和图8.3-13所示。

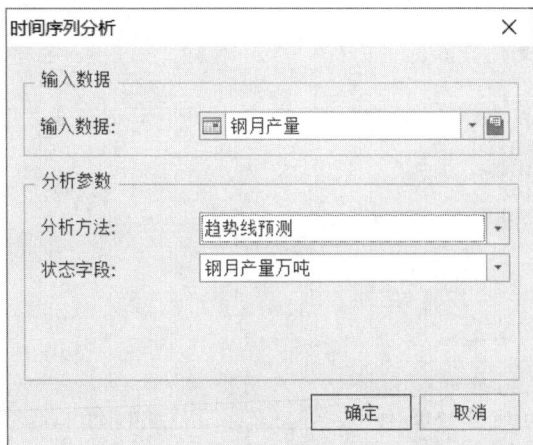

图8.3-11　趋势线预测分析设置

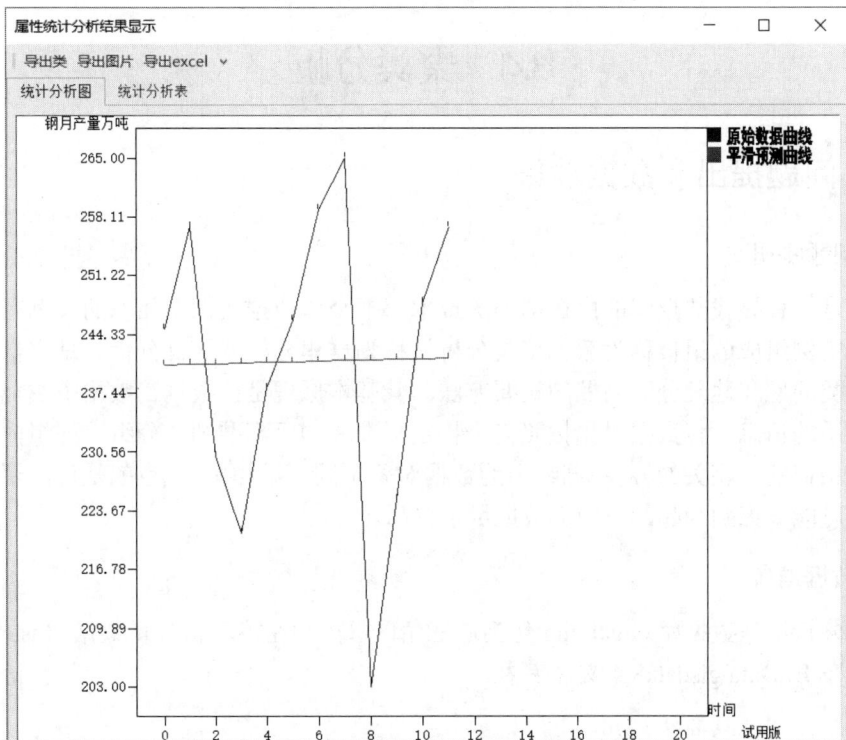

图8.3-12　趋势线预测分析得到的统计分析图

图 8.3-13　趋势线预测分析得到的统计分析表

8.4　聚类分析

8.4.1　问题提出和数据准备

1．问题提出

聚类是一种寻找数据间的内在结构的技术。把全体数据实例中相似的实例组成一组，这些相似实例组成的组被称为簇。聚类分析又称为群集分析或点群分析，是定量地研究地理事物分类问题和地理分区问题的重要方法。其基本原理是，根据在数据中发现的描述对象及其关系的信息，将数据对象按照某个特定标准（如距离准则）分组，同组内的数据对象之间是相似的（相关的），不同组中的数据对象不同（不相关）。也就是说，聚类后同一类数据尽可能聚集到一起，不同类数据尽量分离。

2．数据准备

聚类分析地理数据库 clustering 包括珠三角区县人口密度分析矢量数据 clustering.wp。数据存放在 E:\Data\gisdata8.4 文件夹内。

8.4.2　聚类分析步骤

（1）右击"GDBCatalog"窗格中的"MapGISLocal"，选择"附加地理数据库"选项，附加名为 clustering 的地理数据库，在"新地图 1"中添加 clustering 图层，结果如图 8.4-1 所示。

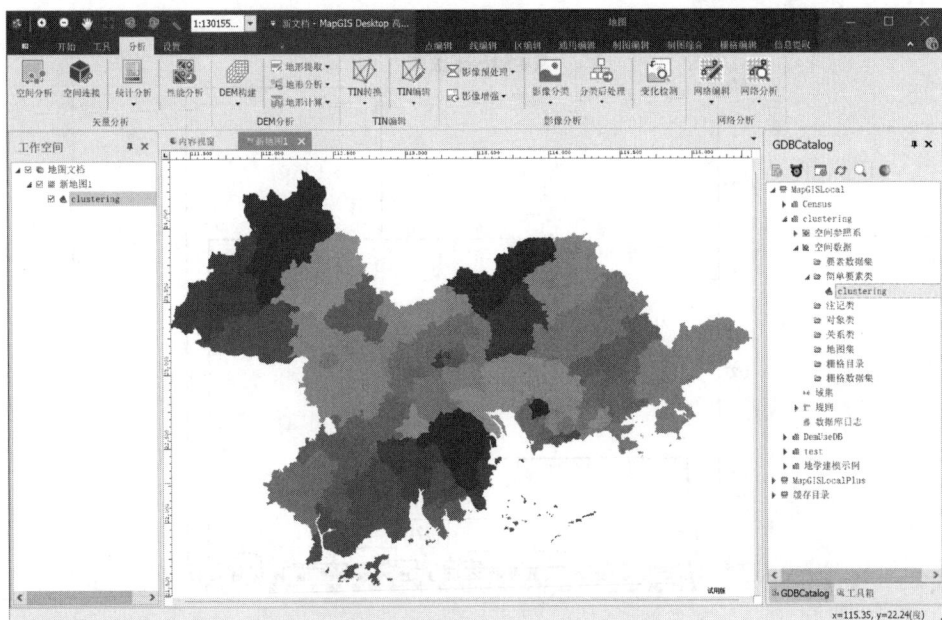

图 8.4-1　添加 clustering 图层

（2）依次选择"分析"→"统计分析"→"聚类分析"选项，弹出如图 8.4-2 所示的 "聚类分析"对话框，将"输入数据"设置 为 clustering，将"分析方法"设置为直接 聚类，将"样本距离选择"设置为绝对距 离，将"聚类数量"设置为 5，将"分析字 段"设置为 density。

① "输入数据"下拉列表框：可选择 当前地图或直接加载数据库中的简单要素 类或对象类数据。

② "分析方法"下拉列表框：提供直 接聚类、最短距离聚类、最远距离聚类三种 聚类分析方法。不同聚类分析方法的聚类 结果不同。

③ "样本距离选择"下拉列表框：基

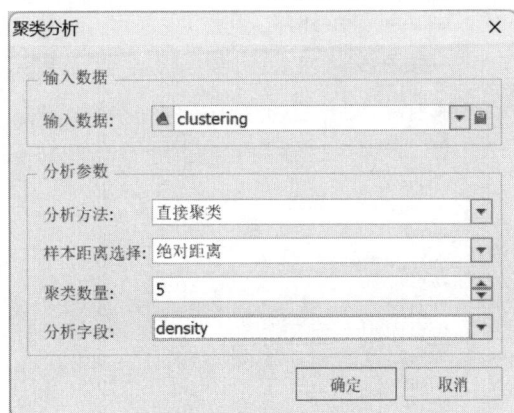

图 8.4-2　"聚类分析"对话框

于特定的距离准则进行聚类统计，系统提供了绝对距离、欧氏距离和切比雪夫距离三种距 离度量准则，其中，绝对距离是在一维空间中进行的距离计算；欧氏距离是在多维空间中 进行的距离计算；切比雪夫距离是在 n 维空间中进行的无穷大距离计算。

④ "分析字段"下拉列表框：用于选择参与分析的字段。

（3）单击"确定"按钮，执行聚类分析，系统按照设置的属性统计参数绘制并显示聚 类分析谱系图和统计分析表。系统具有结果导出功能，支持要素类、图片和表格方式导出。

聚类分析谱系图如图 8.4-3 所示，统计分析表如图 8.4-4 所示。

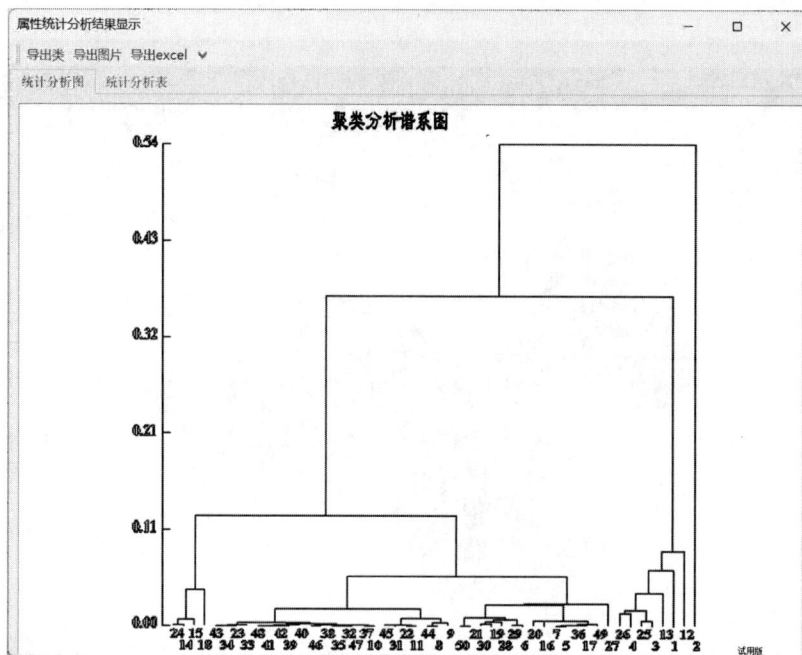

图 8.4-3　聚类分析谱系图

图 8.4-4　统计分析表

8.5 主成分分析

8.5.1 问题提出和数据准备

1. 问题提出

主成分分析是一种简化各变量间复杂关系的方法，即将原有的多个指标转化为少数几个具有较好代表性的综合指标。这些指标能够反映原有指标表达的大部分信息（85%），并且各个指标之间保持独立，避免出现重叠信息。也就是说，主成分分析是在数据信息丢失最少的原则下，对高维度数据进行降维处理的一种方法，广泛应用于区域经济发展评价、人口统计学、满意度测评、模式识别和图像压缩等多个领域。

2. 数据准备

主成分分析地理数据库 pca 包括湖北省各市级地区空气污染分析矢量数据 hubei.wp。数据存放在 E:\Data\gisdata8.5 文件夹内。

8.5.2 主成分分析步骤

（1）在"GDBCatalog"窗格中的"MapGISLocal"下，附加名为 pca 的地理数据库，在"新地图 1"中添加 hubei 图层，结果如图 8.5-1 所示。

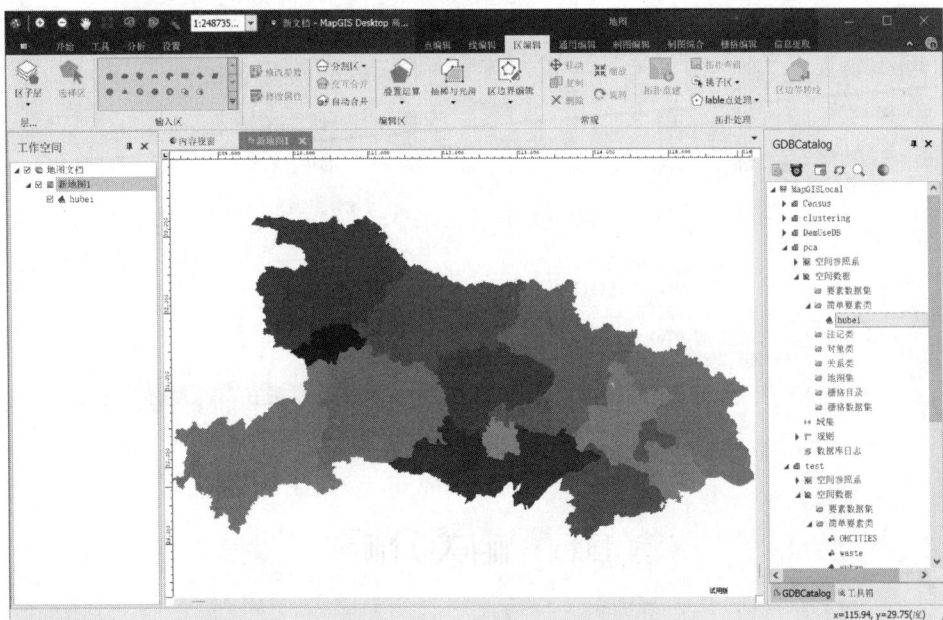

图 8.5-1 添加 hubei 图层

（2）依次选择"分析"→"统计分析"→"主成分分析"选项，弹出如图 8.5-2 所示的"主成分分析"对话框，将"输入数据"设置为 hubei，将"分析方法"设置为主成分分析，将"分析字段"设置为 PM10，SO2，NO2，CO，O3，PM25。

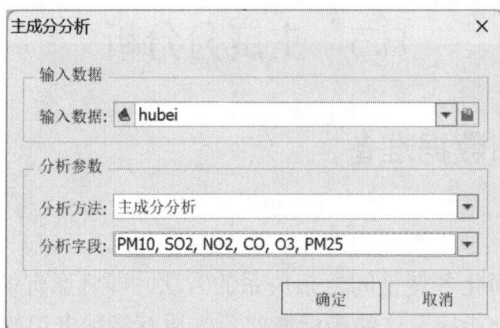

图 8.5-2   "主成分分析"对话框

（3）单击"确定"按钮，执行主成分分析，最终显示的统计分析表如图 8.5-3 所示。系统具有统计分析表导出功能。

图 8.5-3   主成分分析结果（统计分析表）

8.6   相关分析

8.6.1   问题提出和数据准备

1. 问题提出

相关分析是研究两个变量之间相互关系的常用统计方法。它只研究两个平等地位的变量之间的相关方向和程度，且相关系数是唯一确定的。

相关分析法用于量化地理要素之间相互关系的密切程度。由于地理要素之间存在着相互影响和相互制约，为了定量地研究各要素之间的数量关系，常采用相关分析法计算相关系数并进行显著性检验，采用回归分析法构建变量间的数学模型。

相关分析侧重于发现随机变量间的种种相关特性，因此在工农业、水文、气象、社会经济和生物学等方面都有应用。

2. 数据准备

相关分析地理数据库 agriculture.hdf 包括耕地占土地面积之比和灌溉田占耕地面积之比的矢量数据 agriculture.wp。数据存放在 E:\Data\gisdata8.6 文件夹内。

8.6.2　相关分析步骤

（1）在"GDBCatalog"窗格中的"MapGISLocal"下，附加名为 agriculture.hdf 的地理数据库，在"新地图 1"中添加 agriculture 图层，结果如图 8.6-1 所示。

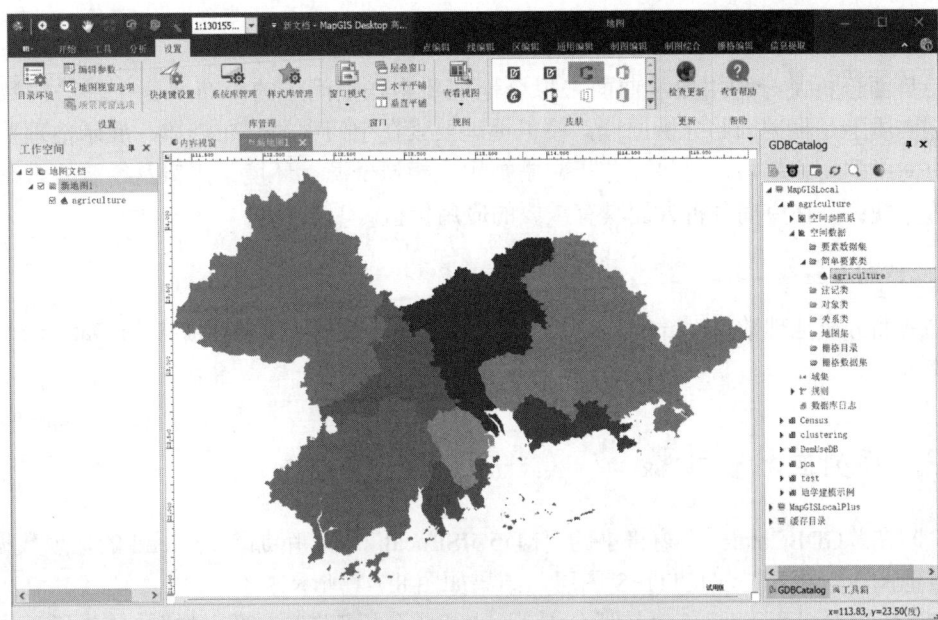

图 8.6-1　添加 agriculture 图层

（2）依次选择"分析"→"统计分析"→"相关分析"选项，弹出如图 8.6-2 所示的"相关分析"对话框，将"输入数据"设置为 agriculture，将"分析方法"设置为相关系数，将"待分析要素一"设置为耕地占土地比，将"待分析要素二"设置为灌溉田占耕地比。

（3）单击"确定"按钮，执行相关分析，最终统计分析表如图 8.6-3 所示。系统具有统计分析表导出功能。

图 8.6-2 "相关分析"对话框

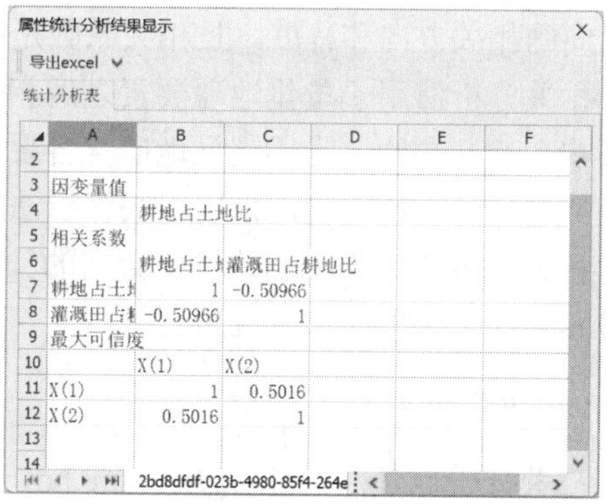

图 8.6-3 统计分析表

8.7 趋势面分析

8.7.1 问题提出和数据准备

1. 问题提出

趋势面分析是一种用数学曲面来拟合地理要素在空间中的分布及变化趋势的数学方法。它实质上是根据回归分析原理，模拟地理要素在空间中的分布规律，展示地理要素在地域空间中的变化趋势。趋势面分析常常被用来模拟资源、环境、人口及经济要素在空间中的分布规律，在空间分析方面具有重要的应用价值。

2. 数据准备

趋势面分析地理数据库 trend 包括 OHCITIES 矢量数据。数据存放在 E:\Data\gisdata8.7 文件夹内。

8.7.2 趋势面分析步骤

（1）在"GDBCatalog"窗格中的"MapGISLocal"下，附加名为 trend 的地理数据库，在"新地图 1"中添加 OHCITIES 图层，结果如图 8.7-1 所示。

（2）依次选择"分析"→"统计分析"→"相关分析"选项，弹出如图 8.7-2 所示的"趋势面分析"对话框，将"输入数据"设置为 OHCITIES，将"分析方法"设置为多项式趋势面分析，将"预测样本数"设置为 1，将"状态字段"设置为 POP1990。

① "输入数据"下拉列表框：可选择当前地图或直接加载数据库中的简单要素类或对象类数据。

② "分析方法"下拉列表框：可根据实际需求选择分析方法，设置相关分析信息。

③ "预测样本数"框：可选择实际预测样本数。

④ "状态字段"下拉列表框：可选择要预测的属性字段。

（3）单击"确定"按钮，执行趋势面分析，最终显示的统计分析表如图 8.7-3 所示。系统具有统计分析表导出功能。

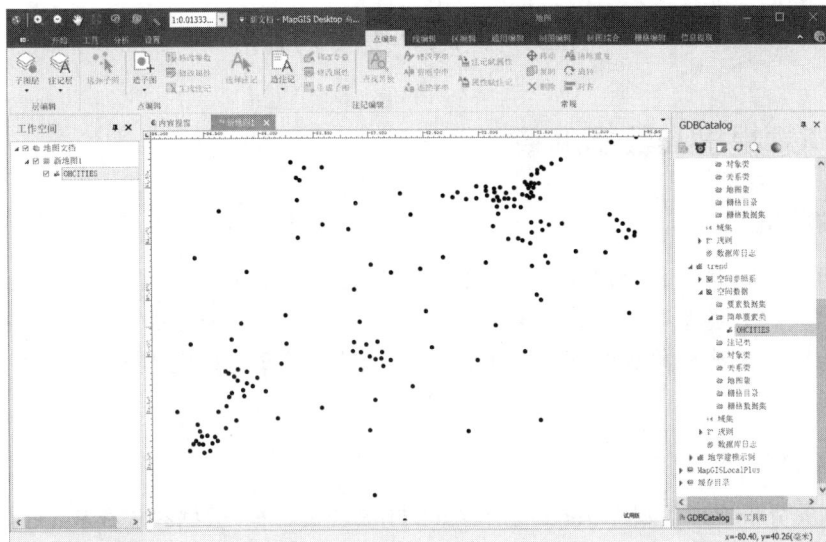

图 8.7-1　添加 OHCITIES 图层

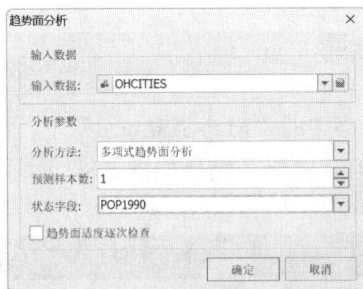

图 8.7-2　"趋势面分析"对话框

图 8.7-3　统计分析表

8.8 马尔可夫分析

8.8.1 问题提出和数据准备

1. 问题提出

马尔可夫分析是一种预测事件发生概率的方法。它基于马尔可夫链，根据事件的目前状况预测其将来各个时刻（或时期）的变动状况。马尔可夫分析是对地理事件进行预测的基本方法，是地理预测中常用的方法之一，用于研究随机地理过程、预测随机地理事件。

2. 数据准备

马尔可夫分析地理数据库trend包括OHCITIES矢量数据。数据存放在E:\Data\gisdata8.8文件夹内。

8.8.2 马尔可夫分析步骤

（1）在"GDBCatalog"窗格中的"MapGISLocal"下，附加名为trend的地理数据库，在"新地图1"中添加OHCITIES图层，结果如图8.8-1所示。

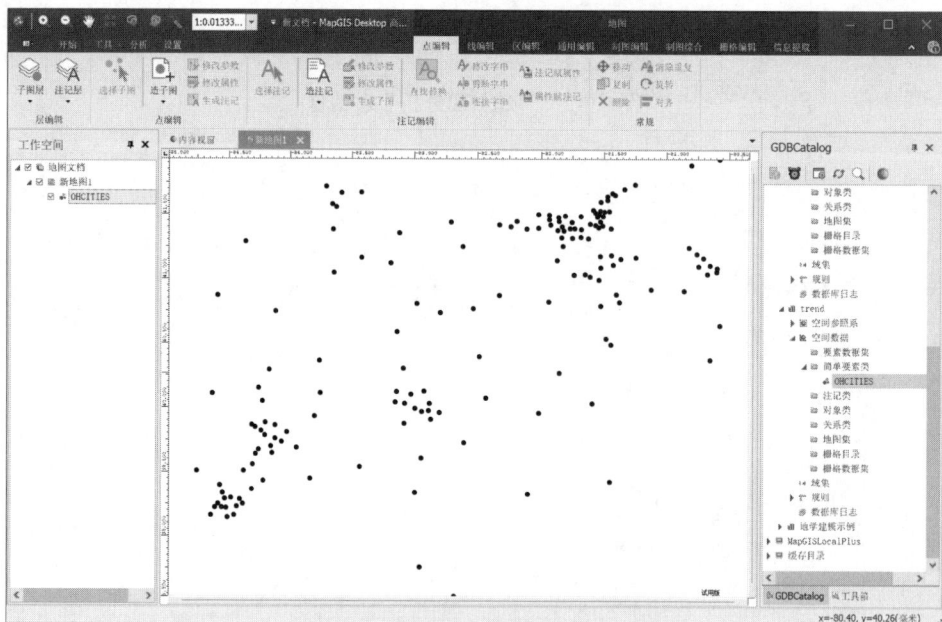

图 8.8-1　添加 OHCITIES 图层

（2）依次选择"分析"→"统计分析"→"相关分析"选项，弹出如图8.8-2所示的"马尔可夫分析"对话框，将"输入数据"设置为OHCITIES，将"分析方法"设置为马尔可夫分析，将"预测样本数"设置为1，将"状态字段"设置为HISPANIC。

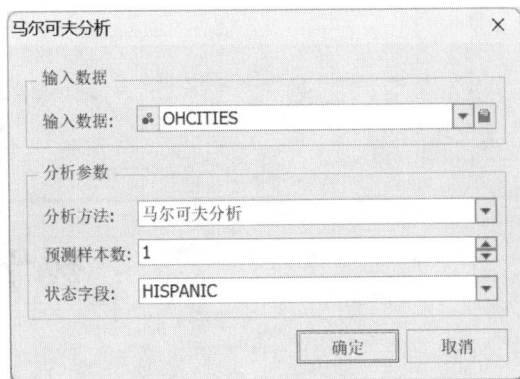

图 8.8-2 "马尔可夫分析"对话框

① "输入数据"下拉列表框：可选择当前地图或直接加载数据库中的简单要素类或对象类数据。

② "分析方法"下拉列表框：可根据实际需求选择分析方法，设置相关分析信息。

③ "预测样本数"框：用于设置实际预测样本数。

④ "状态字段"下拉列表框：用于设置要预测的属性字段。

（3）单击"确定"按钮，执行马尔可夫分析，最终显示的统计分析表如图 8.8-3 所示。系统具有统计分析表导出功能。

图 8.8-3 统计分析表

第 9 章

数字高程模型

9.1 数字高程模型建立

9.1.1 问题提出和数据准备

1. 问题提出

数字高程模型（Digital Elevation Model，DEM）主要用来模拟地表的起伏形态，是三维模型表达的一种方式，它是根据采集区域地形的等高线及重要特征点、线图形数据，按一定曲面插值方法拟合生成的。DEM 可以完全代替传统的等高线地形图对地形进行描述，能满足等高线数据使用的各种需求。DEM 为 GIS 进行空间分析和辅助决策提供更为充实且便于操作的数据基础。DEM 的建立方法主要有数学法和图像法，其中，图像法主要有规则格网矩阵（GRID）法和不规则三角网（TIN）法，本节重点对这两种 DEM 建立方法进行介绍。

2. 数据准备

DemDB 地理数据库包括带高程属性值的高程点离散数据（height_point）、带高程属性值的等高线数据（contour_line）。数据存放在 E:\Data\gisdata9.1 文件夹内。

9.1.2 GRID 模型建立

1. GRID 模型建立方法

GRID 模型建立方法根据使用数据不同，主要有以下三种：

（1）点数据（.wt 文件）→"离散数据网格化"→直接形成规则网 GRD 高程文件。

（2）线数据（.wl 文件）→"离散数据网格化"→直接形成规则网 GRD 高程文件。

（3）点数据（.wt 文件）、线数据（.wl 文件）→"高程点线数据栅格化"→直接形成规则网 GRD 高程文件。

2. 点数据（带高程属性值的高程点离散数据）建立 GRID 的过程

（1）在"GDBCatalog"窗格中的"MapGISLocal"下，附加名为 DemDB 的地理数据库，

在"新地图 1"中添加 height_point 图层，如图 9.1-1 所示。

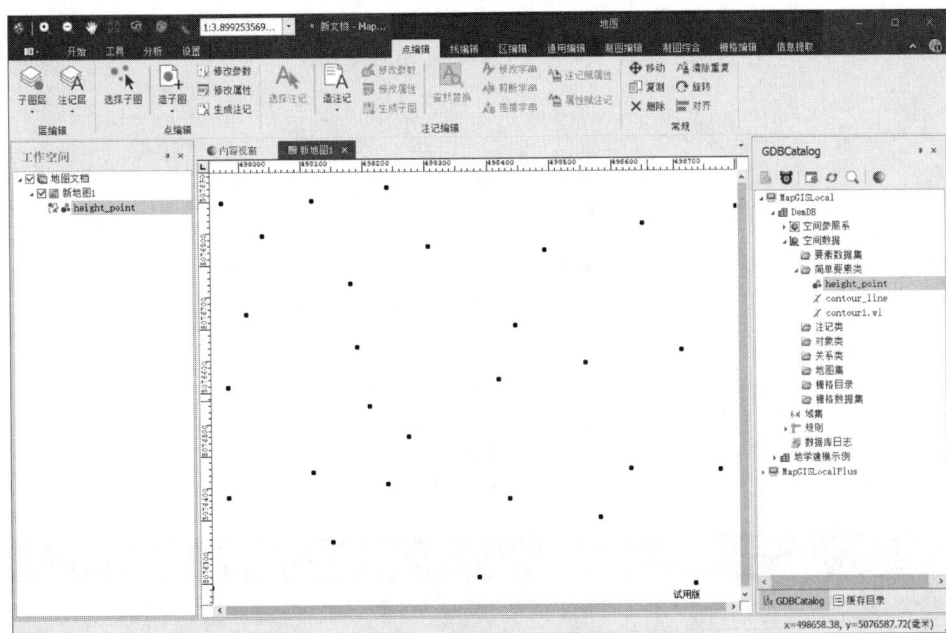

图 9.1-1　height_point 图层

（2）离散数据网格化。依次选择"分析"→"DEM 分析"→"DEM 构建"→"离散数据网格化"选项，弹出"离散数据网格化"对话框。在"输入设置"界面，将"数据类型"设置为简单要素类，将"输入数据"设置为 height_point 所在目录，将"Z 值"设置为 HEIGHT，如图 9.1-2 所示。单击"下一步"按钮，进入"网格参数设置"界面，如图 9.1-3 所示，设置相关项后即可对离散数据进行网格化，在"输出设置"框中输入 Surface from Height 所在目录，单击"确定"按钮即可生成 Surface from Height，如图 9.1-4 所示。

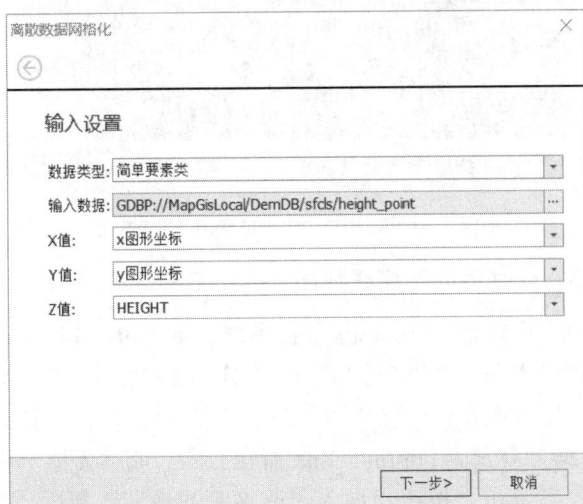

图 9.1-2　"输入设置"界面

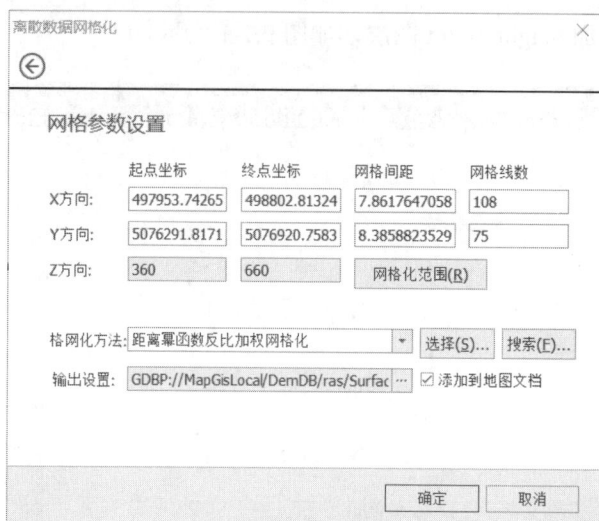

图 9.1-3　"网格参数设置"界面

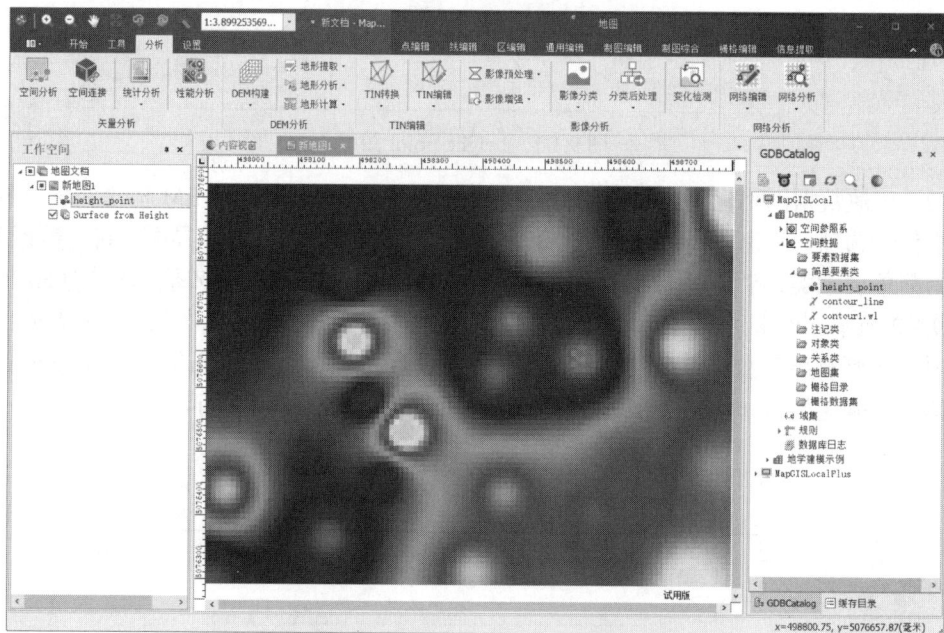

图 9.1-4　生成 Surface from Height

3. 线数据（带高程属性值的等高线数据）建立 GRID 的过程

（1）在"新地图 1"中，添加 contour_line 图层，如图 9.1-5 所示。

（2）依次选择"分析"→"DEM 分析"→"DEM 构建"→"离散数据网格化"选项，弹出"离散数据网格化"对话框。在"输入设置"界面中，将"数据类型"设置为简单要素类，将"输入数据"设置为 contour_line 所在目录，将"Z 值"设置为 HEIGHT，如图 9.1-6 所示。单击"下一步"按钮，进入"网格参数设置"界面，在"输出设置"框中输入 TmpGrid.Grd 所在目录，如图 9.1-7 所示，设置好相关项后单击"确定"按钮，即可生成 TmpGrid，如图 9.1-8 所示。

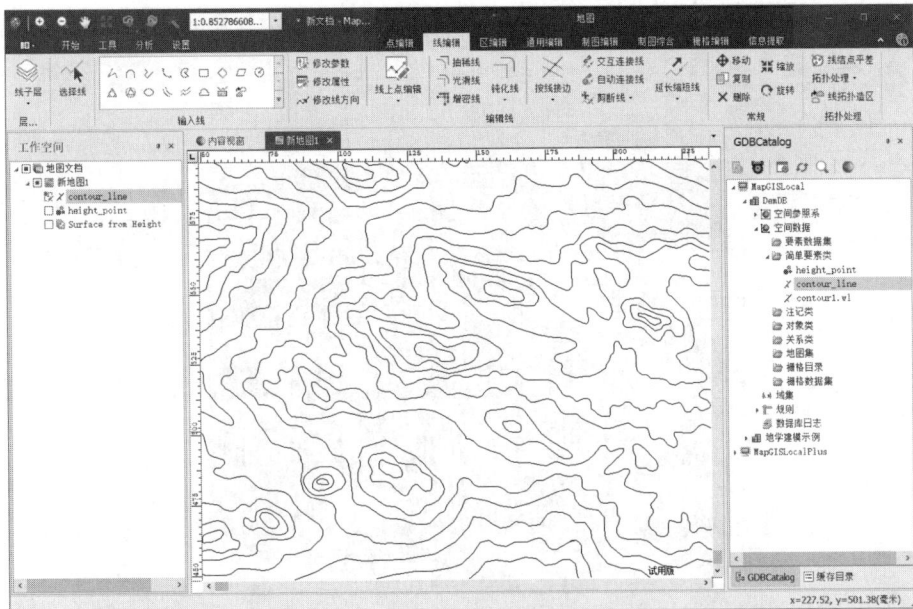

图 9.1-5 添加 contour_line 图层

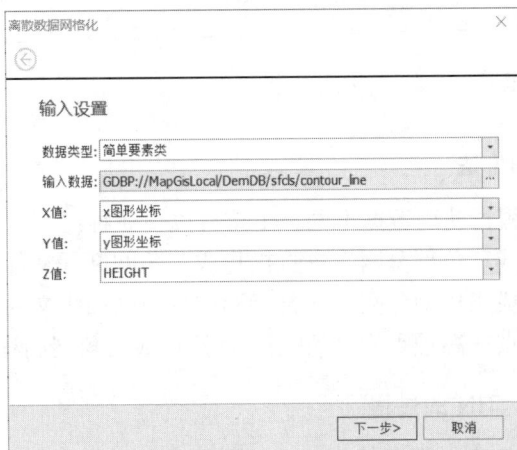

图 9.1-6 "输入设置"界面

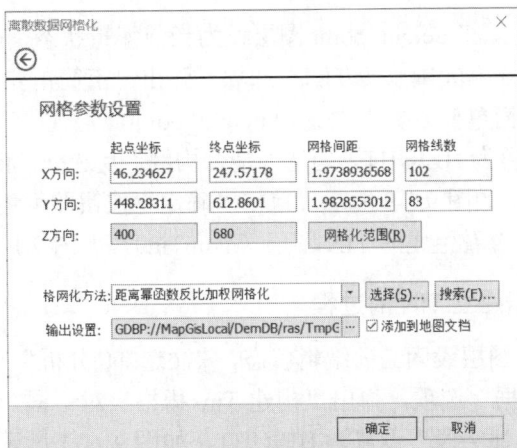

图 9.1-7 "网格参数设置"界面

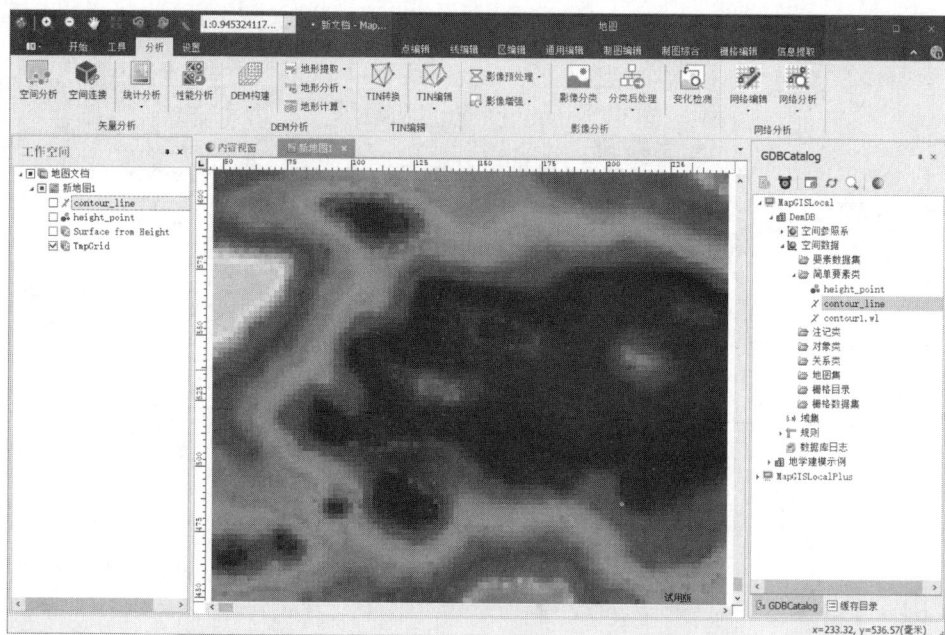

图 9.1-8 生成 TmpGrid

9.1.3 TIN 模型建立

1. TIN 模型建立的方法

TIN 模型建立方法根据使用数据不同，主要有以下三种：

（1）点数据→"生成三角剖分网"→直接形成三角网高程文件。

（2）线数据→"生成三角剖分网"→直接形成三角网高程文件。

（3）点数据、线数据→高程点/线三角化→直接形成三角网高程文件。

2. 利用点数据建立 TIN 的过程

（1）在"新地图 1"中，添加 height_point 图层，该图层中是带高程的离散点，如图 9.1-1 所示。

（2）生成三角剖分网。将 height_point 图层设为当前编辑状态，依次选择"分析"→"TIN 编辑"→"TIN 转换"→"矢量点转 TIN"选项，弹出"点简单要素类转化为 TIN 简单要素类"对话框，将"点简单要素类"设置为 height_point，勾选"选择属性字段"复选框，将"选择属性字段"设置为 HEIGHT，勾选"是否构网"复选框，将"TIN 简单要素类"设置为 TmpTin 所在目录，如图 9.1-9 所示。单击"确定"按钮即可生成三角剖分网，切换到"内容视窗"，按 G 键，查看生成的 TIN 图层（TmpTin），如图 9.1-10 所示。

3. 利用矢量线数据建立 TIN 的过程

（1）将 contour_line 图层设为当前编辑状态，依次选择"分析"→"DEM 分析"→"DEM 构建"→"构建高程数据"选项，弹出"构建 Tin/栅格"对话框，将"高程线数据"设置为 contour_line，将"属性字段"设置为 HEIGHT，如图 9.1-11 所示。加载数据后单击"三角化"按钮🔧，弹出"三角化"对话框，设置输出文件保存路径，设置输出文件名为 contour of TIN，设置好后单击"执行"按钮，系统将进行三角剖分，并自动建立邻接拓扑关系。

图 9.1-9　高程点线三角化参数设置

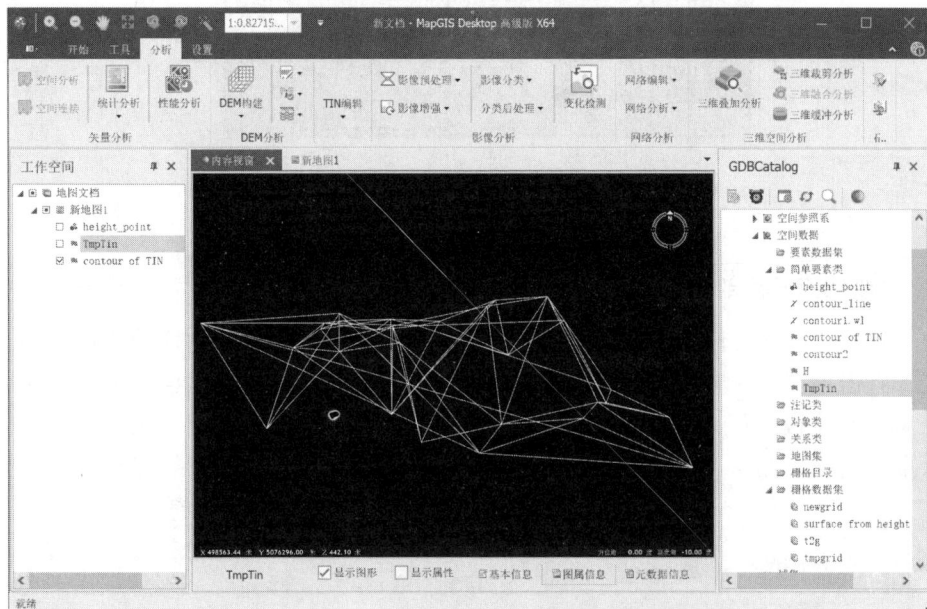

图 9.1-10　三角剖分网（TmpTin）

（2）生成 TIN 文件，按 G 键，在内容视窗查看生成的 TIN 图层，如图 9.1-12 所示。

图 9.1-11　"构建 Tin/栅格"对话框

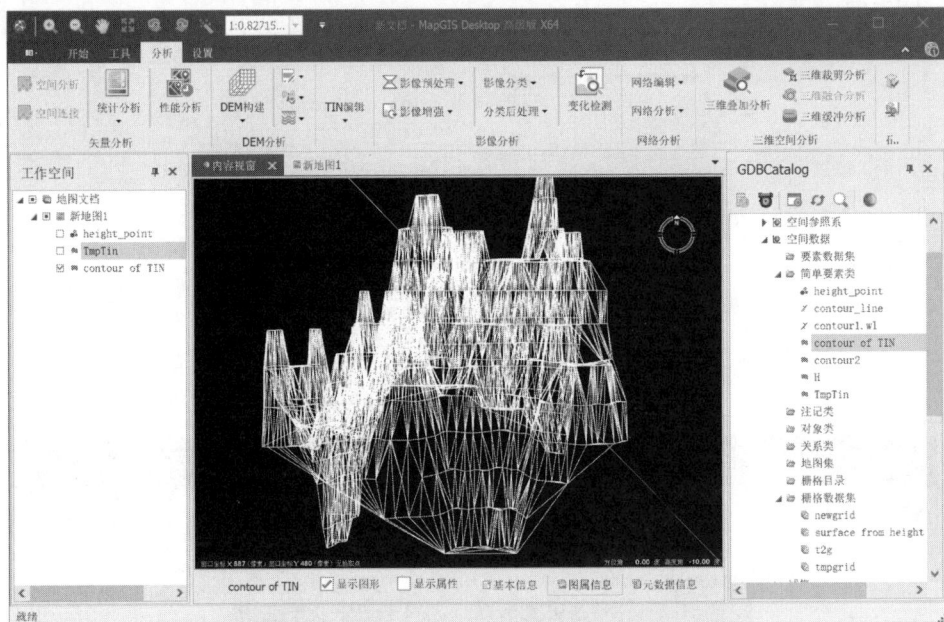

图 9.1-12　TIN 图层（contour of TIN）

4．生成约束三角剖分网

（1）打开等值线文件 contour1.wl，编辑属性结构，增加短整型字段约束特征码。

（2）右击该文件，选择"查看属性"选项，查看属性表，如图 9.1-13 所示。为每条线的约束特征码字段赋值，可以是 0、1、2、3 中的一种，其中，0 代表普通边界、1 代表外边界（取其内部三角形），2 代表内边界（取其外部三角形），3 代表类似沟谷、山脊、断层等。

序号	OID	ID	mpLength	high	约束特征码	mpLayer
1	1	1	304.556503	300	0	0
2	2	2	337.560956	200	2	0
3	3	3	230.758107	400	0	0
4	4	4	183.739980	500	1	0
5	5	5	327.004857	400	0	0
6	6	6	285.022403	500	1	0
7	7	7	363.323285	300	2	0

图 9.1-13　属性表

（3）将 contour1.wl 文件设为当前编辑状态，依次选择"分析"→"DEM 分析"→"DEM 构建"→"构建高程数据"选项，弹出"构建 Tin/栅格"对话框，将"高程线数据"设置为 contour1.wl，将"属性字段"设置为约束特征码，如图 9.1-14 所示。加载数据后单击"三角化"按钮，弹出"三角化"对话框，设置输出文件保存路径，设置输出文件名为 contour2，单击"执行"按钮，系统将进行三角剖分，然后自动建立邻接拓扑关系。

（4）生成 contour2 文件，按 G 键，在内容视窗查看该文件，如图 9.1-15 所示。

图 9.1-14 "构建 Tin/栅格"对话框

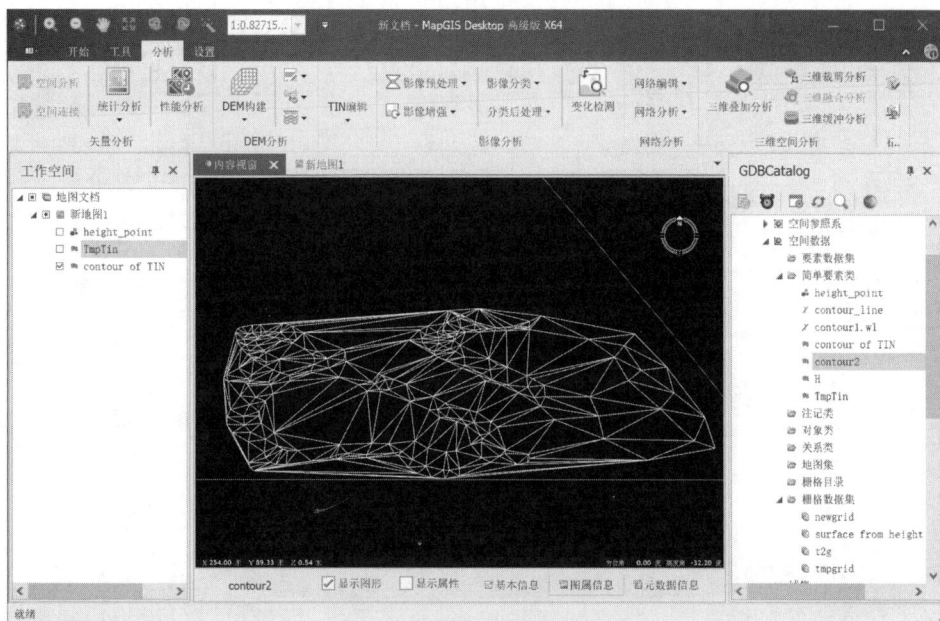

图 9.1-15 生成 contour2 文件

9.1.4 TIN 转 GRID

（1）依次选择"分析"→"TIN 编辑"→"TIN 转换"→"TIN 转 DEM"选项，弹出
"TIN 三角网转栅格数据集 DEM"对话框，如图 9.1-16 所示，将"输入 TIN 数据"设置为
上步生成的 TIN 文件；在"栅格分辨率"选区中将"行数"设置为 244，将"列数"设置为
298；将"网格化方法"设置为三角网内插网格化；在"输出 DEM 数据"框中设置输出路
径和保存文件名。

图 9.1-16 "TIN 三角网转栅格数据集 DEM"对话框

（2）单击"确定"按钮，生成新的栅格数据 newgrid，如图 9.1-17 所示。

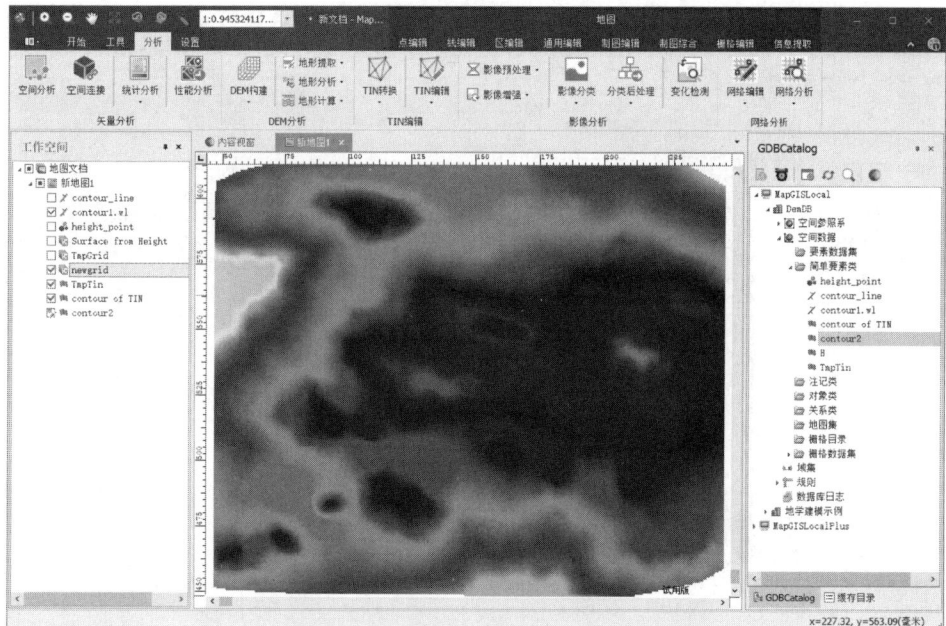

图 9.1-17 生成 newgrid

9.2 地形因子分析

9.2.1 问题提出和数据准备

1. 问题提出

地形表面是一个极不规则的曲面。在地学研究中，常用基本地形因子来描述地表形态的一种或多种特征，以及地形表面的复杂程度。这些地形因子主要有坡度、坡向、高程信息、地表粗糙度、曲率等。地形因子能描述地形表面的基本特征，但只使用一种地形因子并不能准确描述地表形态，综合应用各种地形因子才可以在一定程度上更加客观地描述地形起伏变化。利用 DEM 可以提取坡度、坡向、粗糙度、曲率等地形因子。

2. 数据准备

本节使用的 TerrainDB 地理数据库包括 GRID 和 TIN 两种格式的数据，主 GRID 数据主要为 Surface from Height，或 9.1.2 节生成的 Surface from Height。TIN 数据主要为 TmpTin 或 9.1.3 节中生成的 TmpTin。数据存放在 E:\Data\gisdata9.2 文件夹内。

9.2.2 坡度

坡度是地形描述中常用的参数，是地面特定区域高度变化比率的量度。地面上某点的坡度是指地表在该点的倾斜程度，定义为水平面与地形之间的夹角。坡度在各类工程中有很多用途，如在农业用地开发中坡度大于 25°的土地一般是不适宜开发的。在选址等许多其他方面，坡度也是一个必须考虑的重要因素。

在 MapGIS 10 中计算坡度的步骤如下。

（1）在"GDBCatalog"窗格中的"MapGISLocal"下，附加地理数据库 TerrainDB，在"新地图 1"中添加 Surface from Height 图层，或者添加 9.1.2 节中生成的 Surface from Height。

（2）依次选择"分析"→"DEM 分析"→"地形提取"→"地形因子分析"选项，弹出"地形因子分析"对话框，如图 9.2-1 所示，将"栅格数据"设置为 Surface from Height，将"计算方式"设置为坡度，如图 9.2-2 所示，在"输出目录"框中设置输出路径和输出文件名（Slope of Surface from Height）。

图 9.2-1 "地形因子分析"对话框

（3）生成坡度图 Slope of Surface from Height，如图 9.2-3 所示。

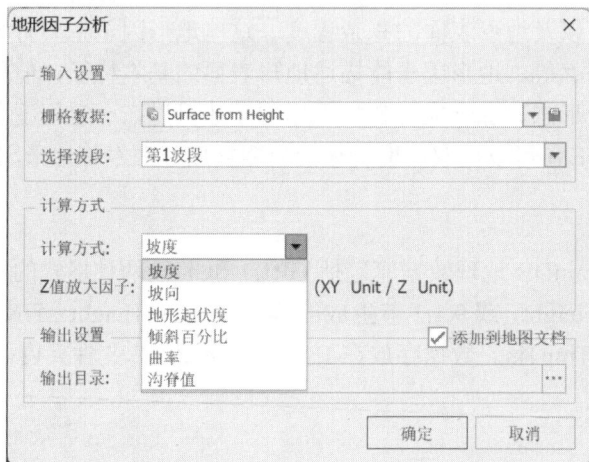

图 9.2-2 将"计算方式"设置为坡度

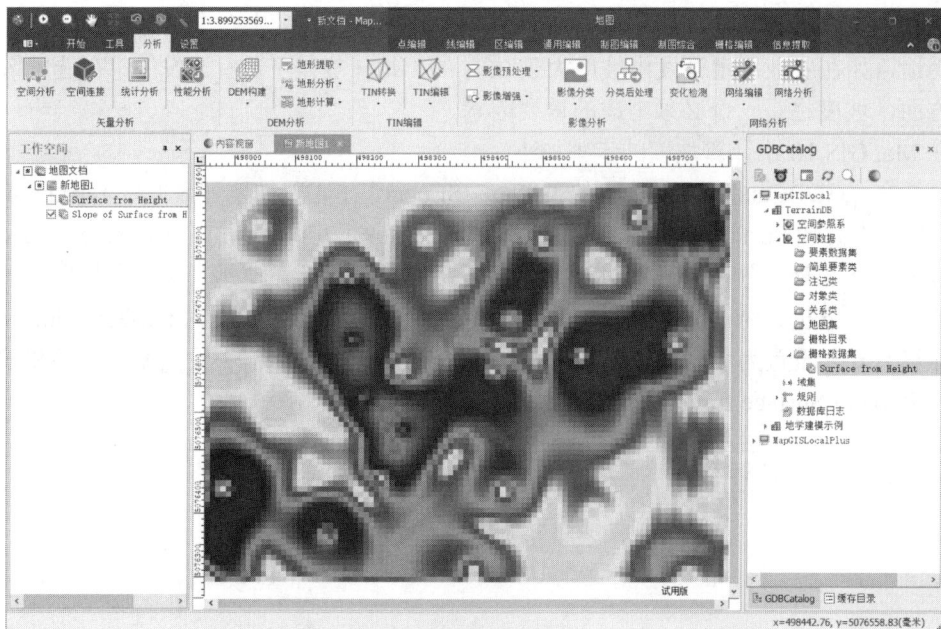

图 9.2-3 生成坡度图

9.2.3 坡向

坡向和坡度是两个互相关联的参数，坡向是斜坡方向的量度。坡向是指坡面法线在水平面上的投影与正北方向的夹角。坡度反映的是斜坡的倾斜程度，而坡向反映的是斜坡面对的方向。当基于 DEM 计算坡向时，通常将坡向定义为过格网单元拟合的曲面上某点的切平面的法线在水平面上的投影与正北方的夹角。生成坡向图的步骤如下。

（1）添加 Surface from Height 图层。

（2）依次选择"分析"→"DEM 分析"→"地形提取"→"地形因子分析"选项，弹出"地形因子分析"对话框，如图 9.2-4 所示，将"栅格数据"设置为 Surface from Height，将"计算方式"设置为坡向，如图 9.2-5 所示，在"输出目录"框中设置输出路径和输出文件名（Aspect of Surface from Height）。

图 9.2-4　"地形因子分析"对话框　　　　图 9.2-5　将"计算方式"设置为坡向

（3）生成坡向图 Aspect of Surface from Height，如图 9.2-6 所示。

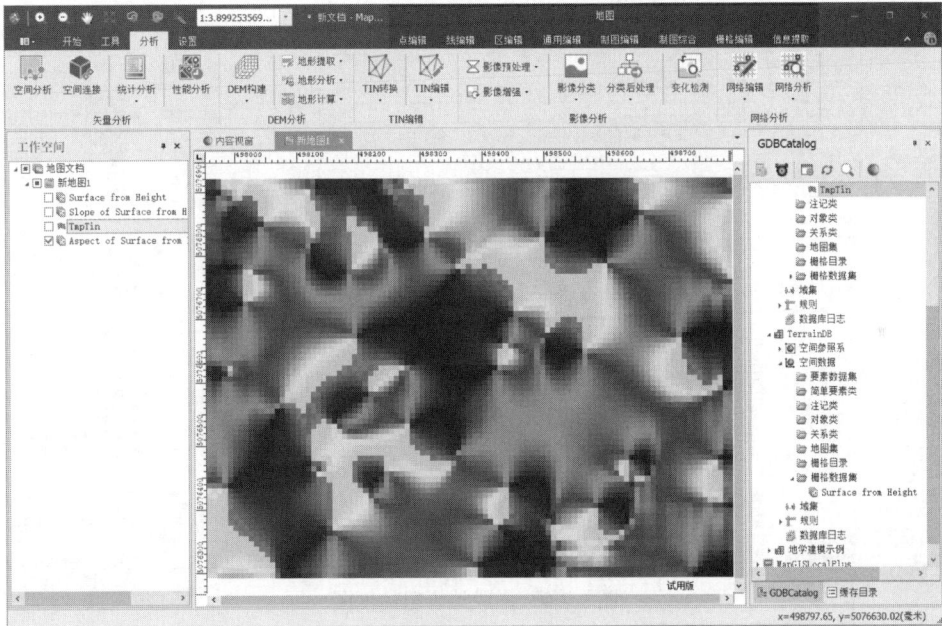

图 9.2-6　生成坡向图

9.2.4　地表粗糙度

（1）添加 Surface from Height 图层。

（2）依次选择"分析"→"DEM 分析"→"地形提取"→"地形因子分析"选项，弹出"地形因子分析"对话框，如图 9.2-7 所示，将"栅格数据"设置为 Surface from Height，将"计算方式"设置为地形起伏度，如图 9.2-8 所示，在"输出目录"框中设置输出路径和输出文件名（Coarse of Surface from Height）。

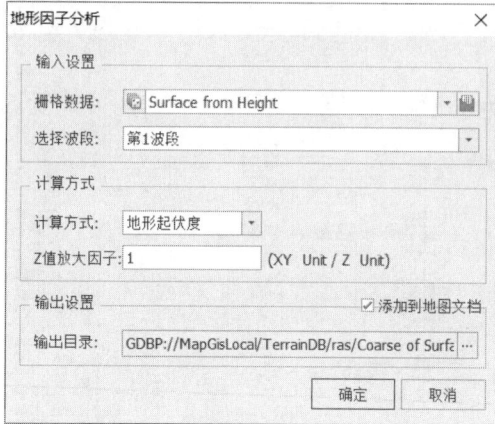

图 9.2-7 "地形因子分析"对话框   图 9.2-8 将"计算方式"设置为地形起伏度

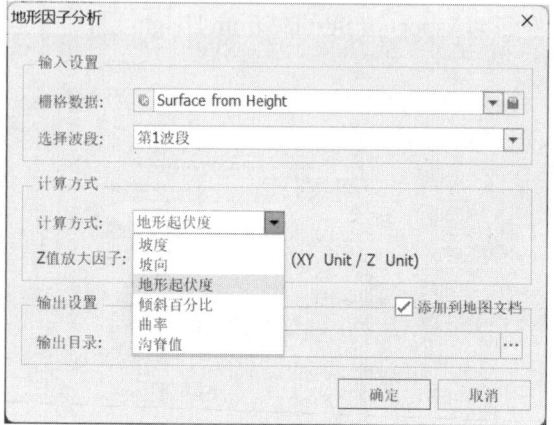

（3）生成地表粗糙度图 Coarse of Surface from Height，如图 9.2-9 所示。

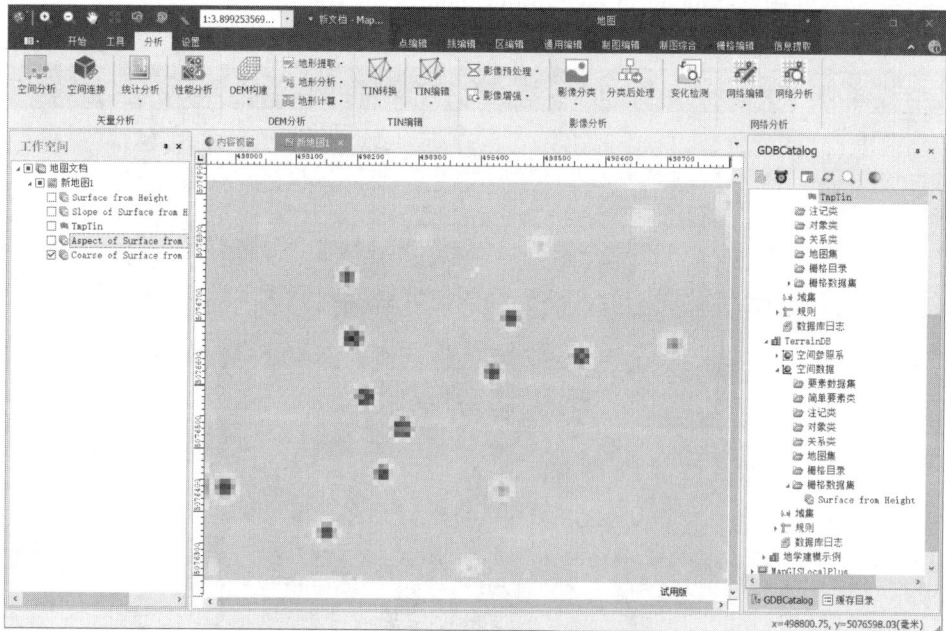

图 9.2-9 生成地表粗糙度图

9.2.5 沟脊值

（1）添加 Surface from Height 图层。

（2）依次选择"分析"→"DEM 分析"→"地形提取"→"地形因子分析"选项，弹出"地形因子分析"对话框，如图 9.2-10 所示，将"栅格数据"设置为 Surface from Height，将"计算方式"设置为沟脊值，如图 9.2-10 所示，在"输出目录"框中设置输出路径和输出文件名（gully of Surface from Height）。

（3）生成沟脊图 gully of Surface from Height，如图 9.2-11 所示。

图 9.2-10　"地形因子分析"对话框

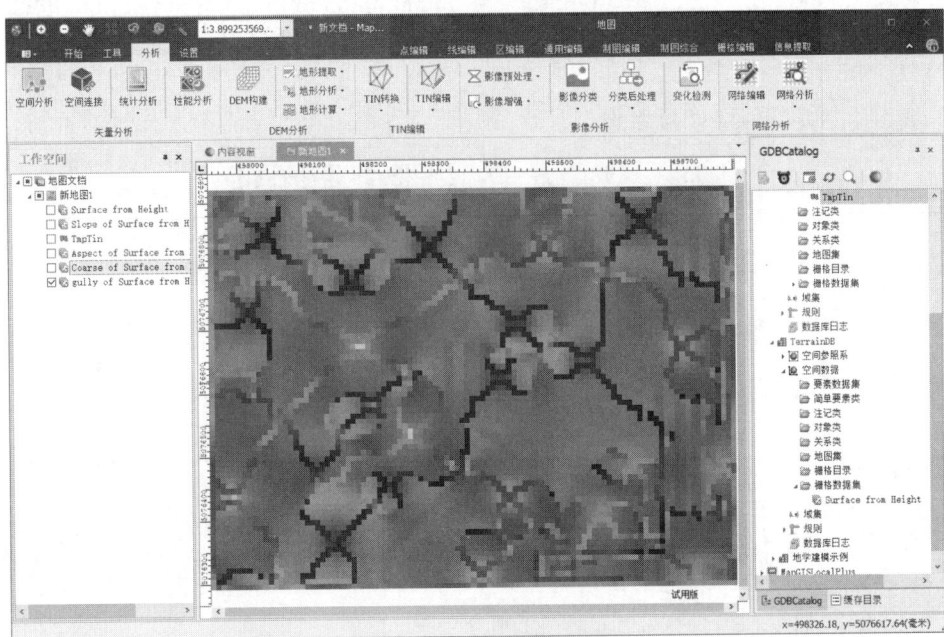

图 9.2-11　生成沟脊图

9.2.6　曲率

曲率是地面上任意点位地表坡度的变化率，是通过对栅格数据两次求坡度获得的。生成曲率图的步骤如下。

（1）添加 Surface from Height 图层。

（2）依次选择"分析"→"DEM 分析"→"地形提取"→"地形因子分析"选项，弹出"地形因子分析"对话框，如图 9.2-12 所示，将"栅格数据"设置为 Surface from Height，将"计算方式"设置为曲率，如图 9.2-13 所示，在"输出目录"框中设置输出路径和输出文件名（Slope of Slope of Surface from Height）。

（3）生成曲率图 Slope of Slope of Surface from Height，如图 9.2-14 所示。

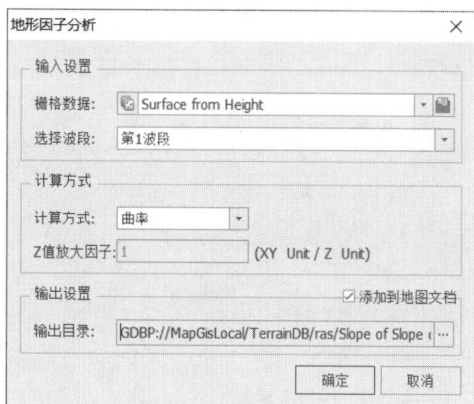

图 9.2-12 "地形因子分析"对话框   图 9.2-13 将"计算方式"设置为曲率

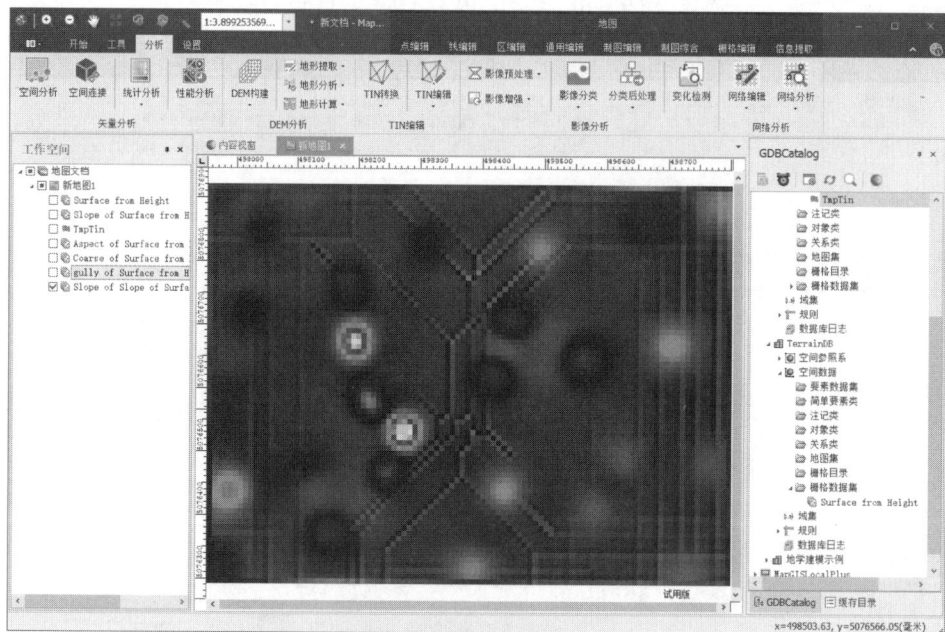

图 9.2-14 生成曲率图

9.3 可视性分析

9.3.1 问题提出和数据准备

1. 问题提出

地形可视性也叫作地形通视性，是指从一个或多个位置能看到的范围，或者与其他地形点间的可视程度。地形可视性分析是数字地形分析的重要组成部分，也是空间分析中不可缺少的内容，很多与地形有关的问题都涉及地形可视性分析。地形可视性分析在军事、电信、旅游等领域有着广泛应用。两个点之间的可视性和可视域是可视性分析的重要因子，复杂的和应用有关的可视性分析大多采用的是基于视线的方法。连线可视性分析主要用于判断两个点之间是否可视。

2. 数据准备

本节使用的地理数据库为 VisionDB，原始数据为 GRID 数据，主要为 TmpGrid.Grd，或者为 9.1.2 节中生成的 TmpGrid。数据存放在 E:\Data\gisdata9.3 文件夹内。

9.3.2　连线可视性分析

（1）在"GDBCatalog"窗格中的"MapGISLocal"下，附加名为 VisionDB 的地理数据库，在"新地图 1"中添加 TmpGrid.Grd，并将其设为当前编辑状态。

（2）依次选择"分析"→"DEM 分析"→"地形分析"→"连线可视性分析"选项，弹出"连线可视性分析"对话框。在"新地图 1"中单击待分析的任意点（起点为观察点，终点为目标点）。"连线可视性分析"对话框中的"坐标点信息"框中就会显示这些点的信息。

（3）单击"可视分析"按钮，若点连接成的线为红色，则表示两个点之间不可视，若点连接成的线为绿色，则表示两个点之间可视，如图 9.3-1 所示。由图 9.3-1 可知，1 点到 2 点不可视，2 点到 3 点不可视，3 点到 4 点可视，4 点到 5 点可视，5 点到 6 点不可视，6 点到 7 点不可视，7 点到 8 点不可视。

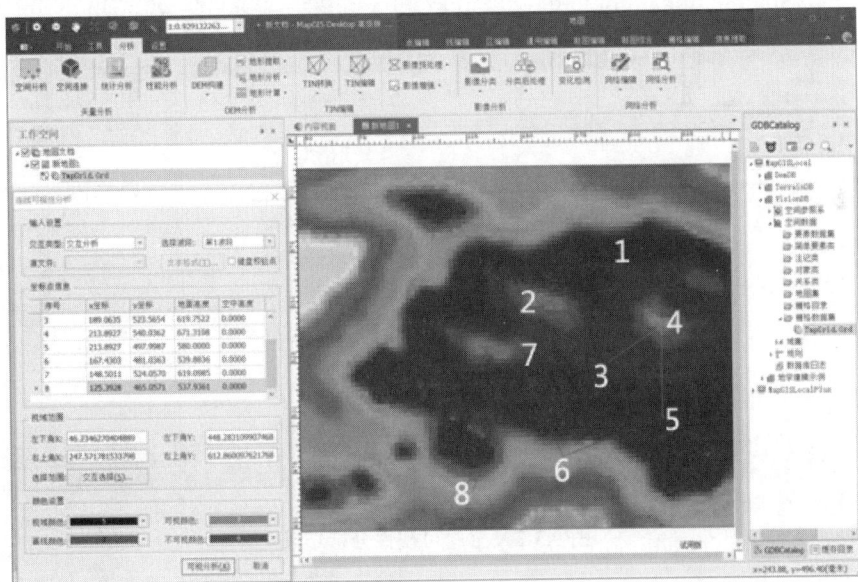

图 9.3-1　连线可视性分析

9.3.3　全局可视性分析

全局可视性分析是指以观察点为中心、以 360° 为视域角，对视域分析范围内的所有点进行连线可视性分析。经全局可视性分析可以形成一幅可视域矢量图。

（1）在"新地图 1"中，添加 TmpGrid.Grd，并将其设为当前编辑状态。

（2）依次选择"分析"→"DEM 分析"→"地形分析"→"全局视场分析"选项，弹出"全局视场分析"对话框，在"新地图 1"中单击要选择的观察点，单击"计算"按钮，在"结果预览"框中显示预览图，单击"保存"按钮，保存结果栅格要素集 tmpgrid1 和视点数据 Vision，如图 9.3-2 所示。

（3）打开 tmpgrid1 图层和 Vision 图层，全局可视性分析结果如图 9.3-3 所示，该区域为点数据可视区域范围。

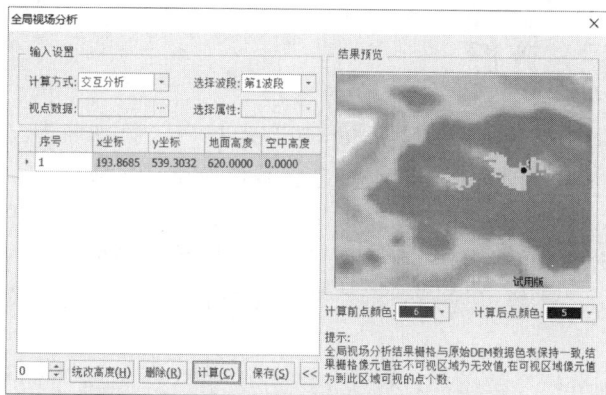

图 9.3-2　"全局视场分析"对话框

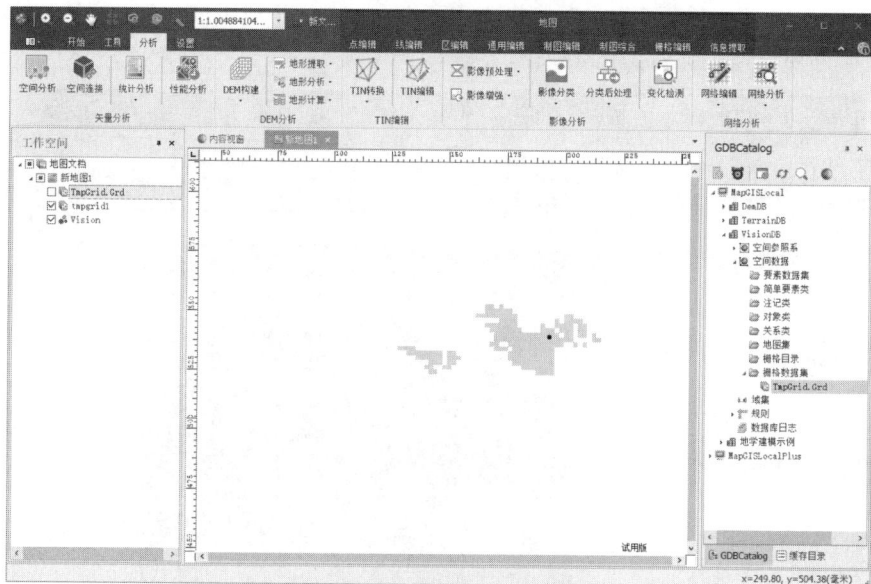

图 9.3-3　全局可视性分析结果

9.4　道路选线

9.4.1　问题提出和数据准备

1. 问题提出

道路选线是在线路起点、终点间的大地表面上，根据计划任务书，结合当地自然条件，经过研究比较，选定公路中线位置，并进行测量和设计。在 DEM 格网数据中，各元素的地理位置由其行列值表示，其中特征值为该元素的特定属性值。基于 DEM 的最佳路径分析，是利用格网数据这一特性，将影响道路选线的各种因素量化为花费值，并对花费值进行加权计算，得出源格网的综合花费，将综合花费作为源格网的属性值，选出从起点到终点累计综合花费最小的路径，这就是道路选线的最佳路径。如果仅考虑距离，不考虑其他因素，那么分析结果就是道路选线的最短路径。

基于 DEM 的最佳路径分析，可对一组或多组起点和终点进行处理，这些点之间可以相连，也可以不相连。其算法的基本思想就是：假设有 i 个终点，对每一终点 A_i，计算出距其最近的一点 B_i 到该终点的距离 D_i，并对 D_i 进行排序，查找出距离最短的一点 B_n 和它对应的终点 A_n，A_n 和 B_n 就是所有起点、终点间最佳路径的起点、终点，结合记录中相关点的走向，即可得出最佳路径。

2. 数据准备

本节使用的地理数据库为 TerrainDB，包括 GRID 和 TIN 两种格式的数据，主 GRID 数据主要为 Surface from Height。TIN 数据主要为 TmpTin。数据存放在 E:\Data\gisdata9.4 文件夹内。

9.4.2　最短路径分析

（1）在"GDBCatalog"窗格中的"MapGISLocal"下，附加名为 TerrainDB.hdf 的地理数据库，在"新地图 1"中添加 Surface from Height 图层，并将其设为当前编辑状态。

（2）最短路径分析允许用户输入多个关键点，寻找一条依次通过各个关键点的最佳路径。依次选择"分析"→"DEM 分析"→"地形分析"→"路径分析"选项，弹出"路径分析"对话框，将"分析类型"设置为最短路径。在 Surface from Height 图层上通过单击选择几个点，右击停止选择，"路径分析"对话框中将自动显示出最短路径，如图 9.4-1 所示。

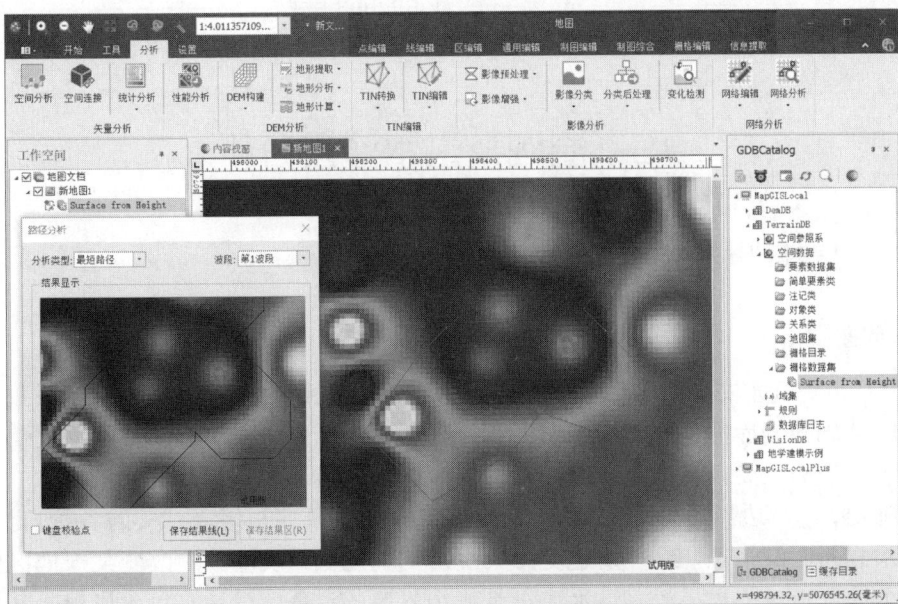

图 9.4-1　最短路径分析

9.4.3 最佳路径分析

（1）将 Surface from Height 图层设为当前编辑状态。

（2）最佳路径分析就是找出从指定起点到终点之间耗费最小的一条路径。系统支持多个起点、多个终点的最佳路径分析。依次选择"分析"→"DEM 分析"→"地形分析"→"路径分析"选项，弹出"路径分析"对话框，将"分析类型"设置为最佳路径。在 Surface from Height 图层上通过单击选择几个点；右击停止选择，"路径分析"对话框中将自动显示出最佳路径，最终将得到一条最佳路径及一个缓冲通道，如图 9.4-2 所示。

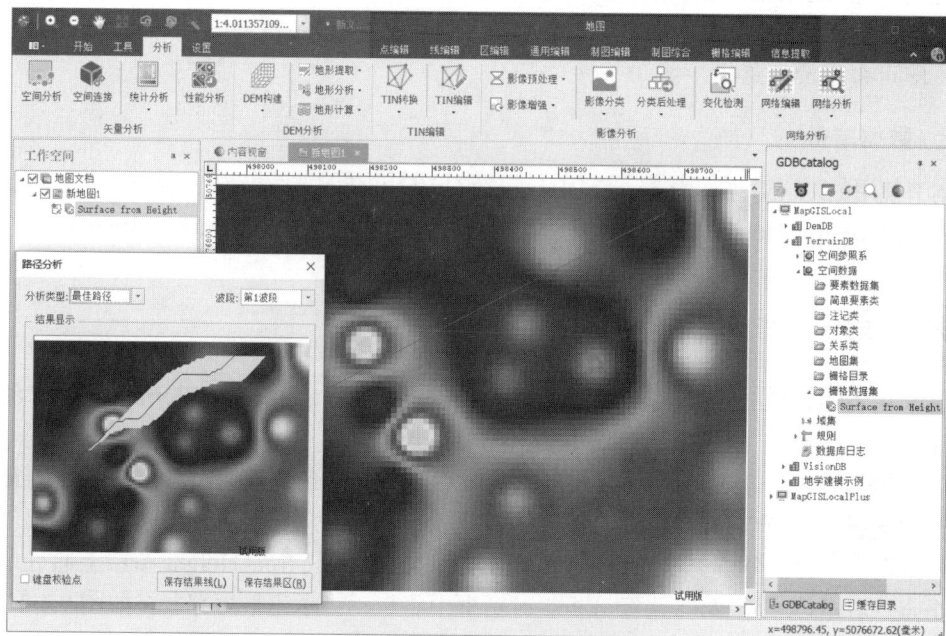

图 9.4-2 最佳路径分析

9.5 流域及洪水淹没分析

9.5.1 问题提出和数据准备

1. 问题提出

DEM 是进行水文分析、淹没面积分析、洪水灾害评估的基础。随着流域数字化进程中空间基础数据库的建立，应用 GIS 平台有效地分析流域和水库的基本水文信息成为可能。水文分析主要包括水流方向的模拟、流域汇流能力的模拟、河网的提取、流域出水口的确定、流域边界的确定、子流域的划分等，用于研究与地表有关的各种自然现象，如洪水水位及泛滥情况，或者划定受污染源影响的地区，以及预测改变某一地区的地貌将对整个地区造成的后果等。洪水淹没是一个复杂的过程，受诸多因素影响，其中洪水特性和受淹区的地形地貌是影响洪水淹没的主要因素。在洪水淹没分析中，洪水先从水源处开始向外扩散，只有区域地势低洼且与水源连通的区域才会被淹没，所以在进行洪水淹没分析时要进行区域的连通性分析。洪水灾害损失与淹没的范围、水深、历时及淹没区的财产分布、开发程度和利用方式等诸多因素有关。通过上述方法确定淹没区的范围及水深分布，再将环境背景、社会经济等地面模型与之融合，建立相应的评估模型，由此可以得到受灾的范围、受灾人口数、损坏的建筑物范围、农牧业受灾面积。通过这些数据，可以计算出洪水灾害造成的直接经济损失，从而为灾后的重建提供重要依据。关于洪水灾害损失评估在 6.2 节已进行了详细分析，这里仅进行部分水文分析及洪水的淹没分析。

2. 数据准备

本节使用的地理数据库为 ValleyDB、HydroDB，主要为 GRID 格式数据，包括 TmpGrid.Grd 和 TmpGrid1.Grd。数据存放在 E:\Data\gisdata9.5 文件夹内。

9.5.2　水文流域分析

（1）在"GDBCatalog"窗格中的"MapGISLocal"下，附加名为 ValleyDB 的地理数据库，在"新地图 1"中添加 TmpGrid 图层，并将该图层设为当前编辑状态，如图 9.5-1 所示。

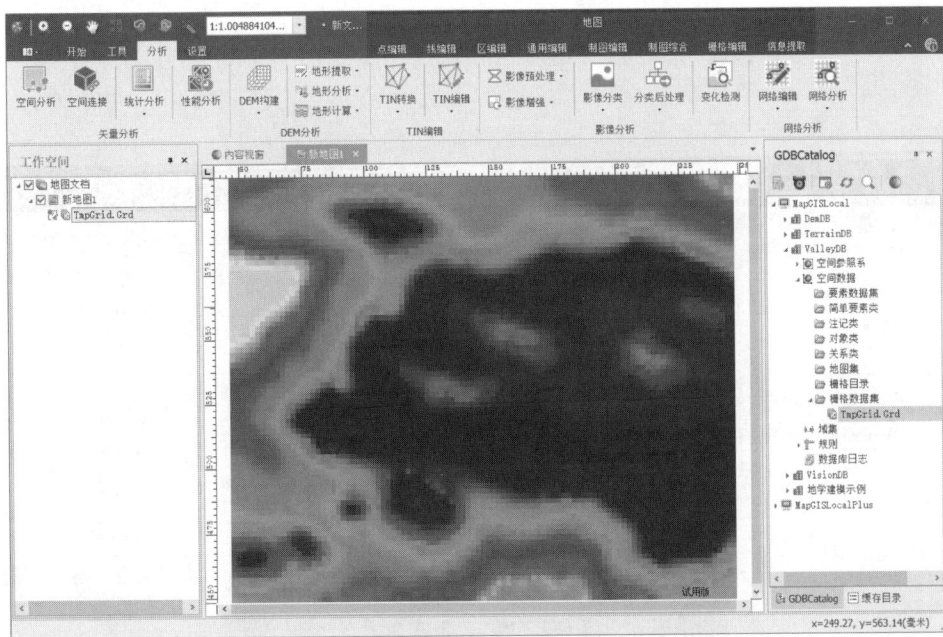

图 9.5-1　TmpGrid 图层

（2）依次选择"分析"→"DEM 分析"→"地形分析"→"水文流域分析"选项，弹出"水文流域分析"对话框，按图 9.5-2 所示进行相关设置。

（3）添加无洼地、方向、积流、河网、汇水区、河网线等流域地貌，其中方向（orentation 图层）、河网线（riversystem 图层）、汇水区（catchment 图层）分别如图 9.5-3～图 9.5-5 所示。

图 9.5-2　"水文流域分析"对话框

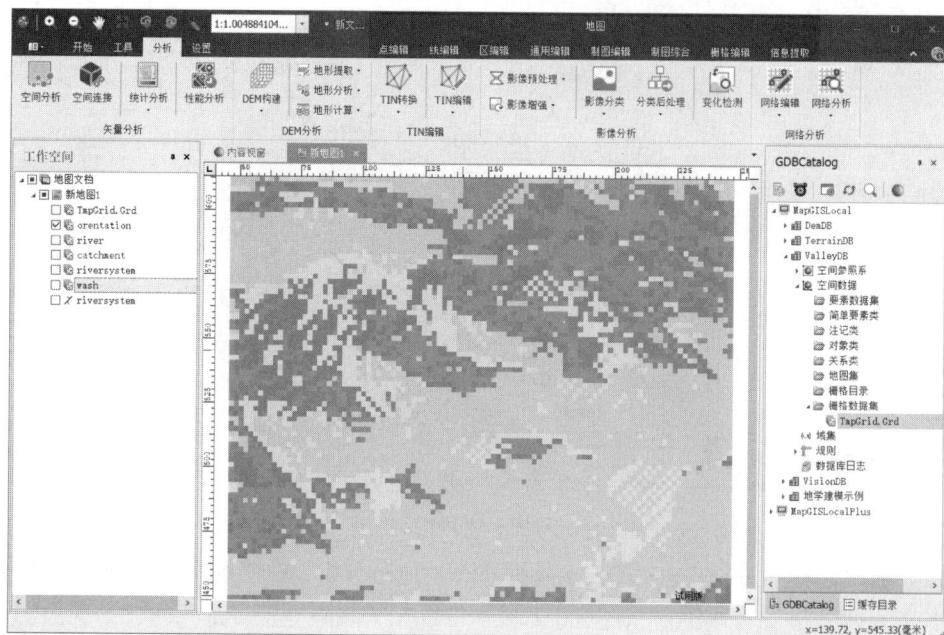

图 9.5-3　方向（orentation 图层）

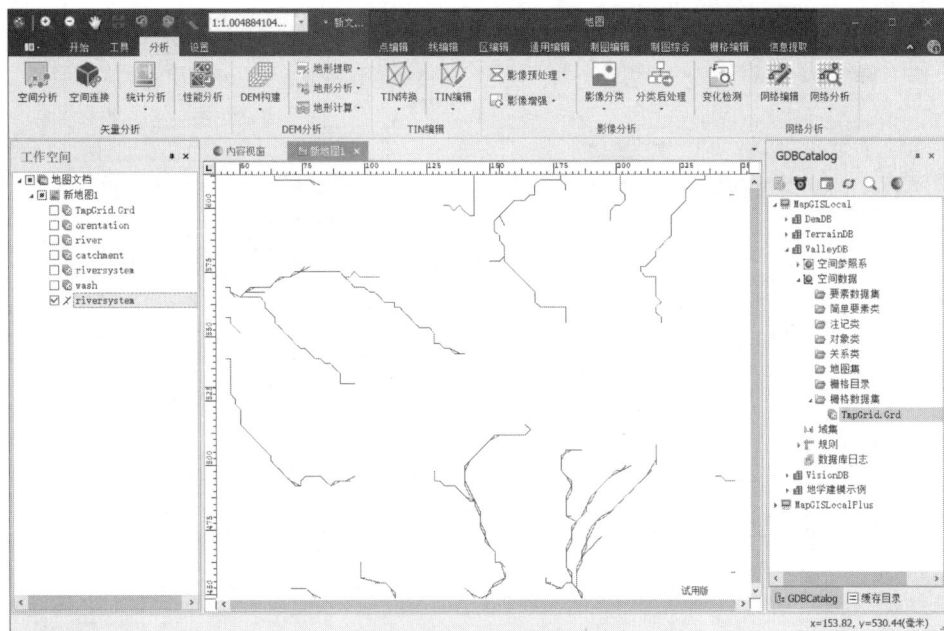

图 9.5-4 河网线（riversystem 图层）

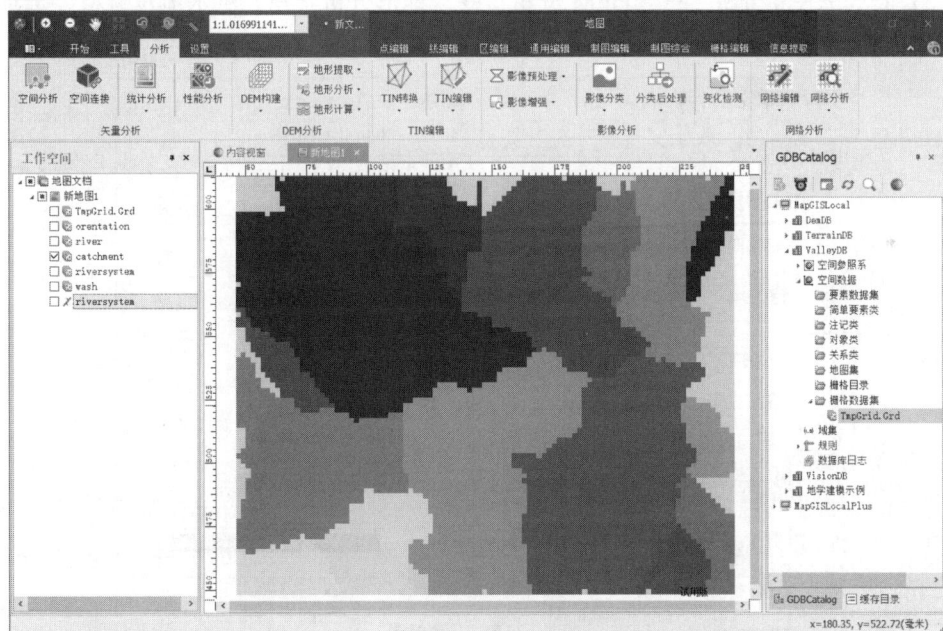

图 9.5-5 汇水区（catchment 图层）

9.5.3 洪水淹没分析

（1）在"GDBCatalog"窗格中的"MapGISLocal"下，附加名为 HydroDB 的地理数据库，在"新地图 1"中添加 TmpGrid1.Grd 图层，并使其处于当前编辑状态，如图 9.5-6 所示。

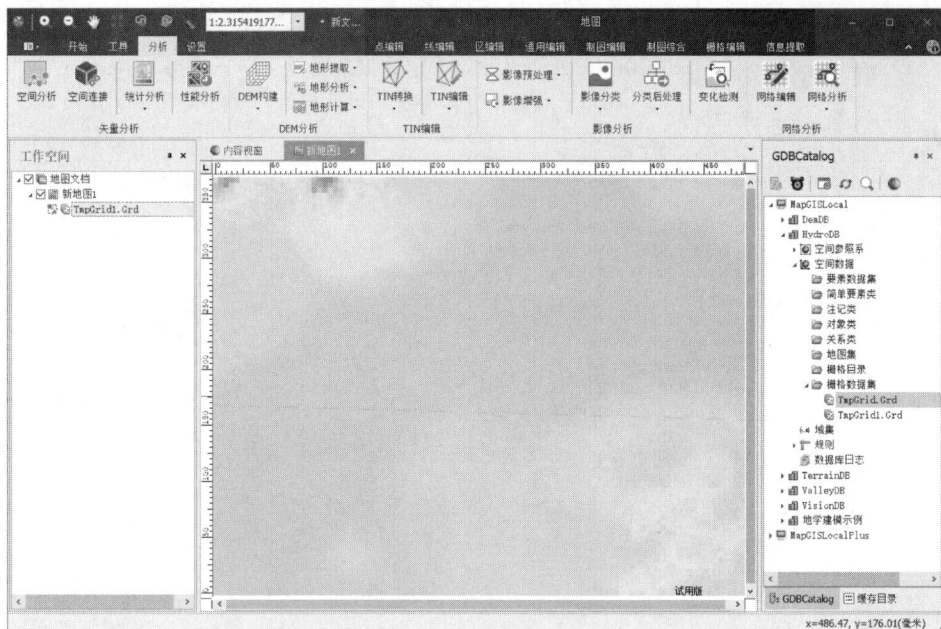

图 9.5-6 TmpGrid1.Grd 图层

（2）依次选择"分析"→"DEM 分析"→"地形分析"→"洪水淹没分析"选项，弹出"洪水淹没分析"对话框，如图 9.5-7 所示。

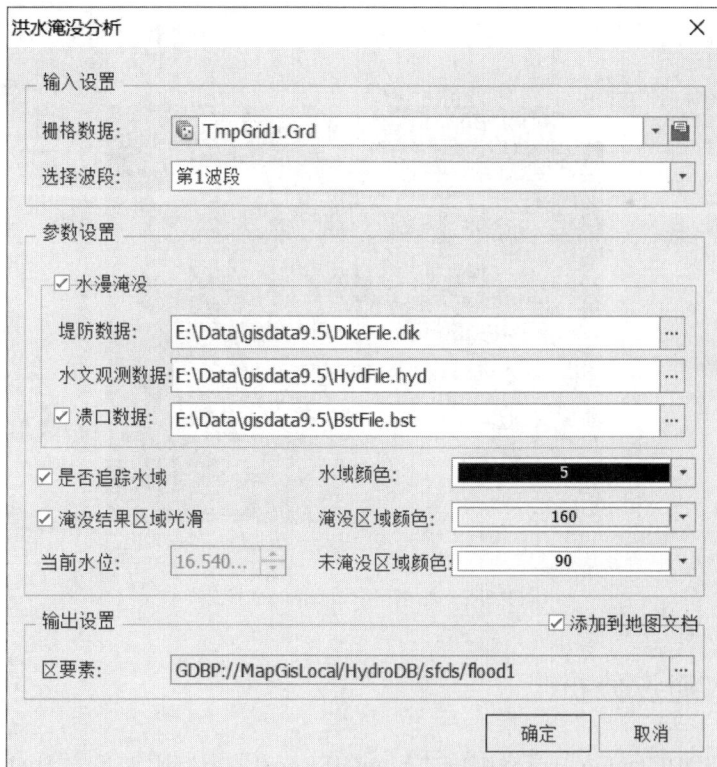

图 9.5-7 "洪水淹没分析"对话框

栅格数据：输入进行洪水淹没分析的高程数据。

水漫淹没：水漫淹没为可选项，可以勾选或不勾选。

堤防数据：设置水漫分析需要的数据，一般大于两侧的地形高度，当河水上涨时，只有高过堤防，洪水才可能外扩淹没堤防外区域。

水文观测数据：设置水漫分析需要的水文观测数据，用于表示河水分布概况。

溃口数据：勾选后，可加载堤防数据的溃口情况。

淹没区域颜色：设置进行洪水淹没分析时淹没区域的颜色。

未淹没区域颜色：设置进行洪水淹没分析时未淹没区域的颜色。

水域颜色：设置进行洪水淹没分析时水域的颜色。

是否追踪水域：设置是否追踪水域。

当前水位：设置当前水位值，系统默认取高程最低值。

淹没结果区域光滑：设置对淹没的结果区域是否进行光滑处理。

输出设置：设置输出结果，可将其设置为简单要素类或者要素类。

（3）单击"确定"按钮，执行洪水淹没分析操作。单击"取消"按钮，将取消当前操作。勾选"是否追踪水域"复选框，则追踪水域洪水淹没分析结果如图 9.5-8 所示。取消勾选"是否追踪水域"复选框，则不追踪水域洪水淹没分析结果如图 9.5-9 所示。

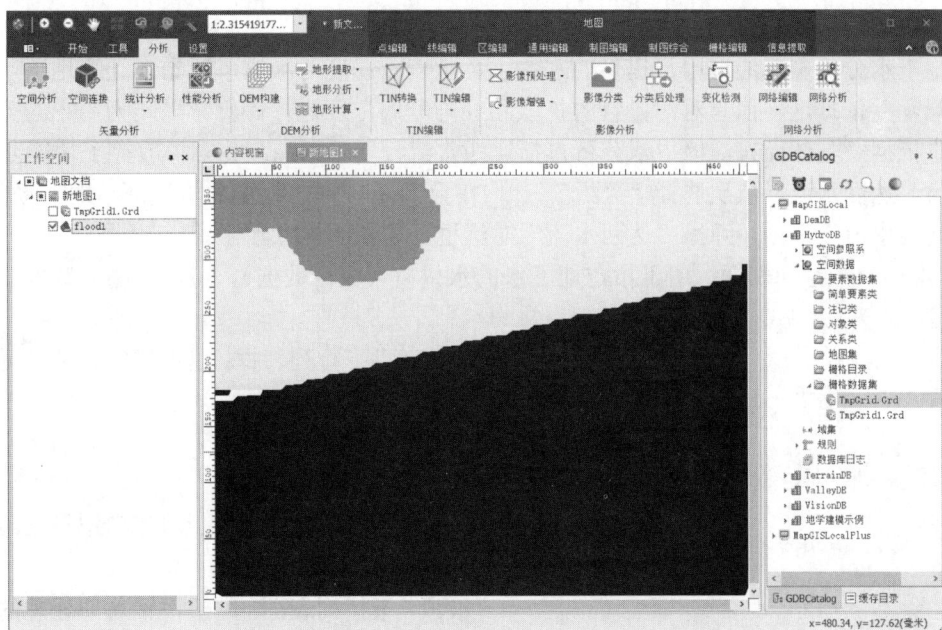

图 9.5-8　追踪水域洪水淹没分析结果

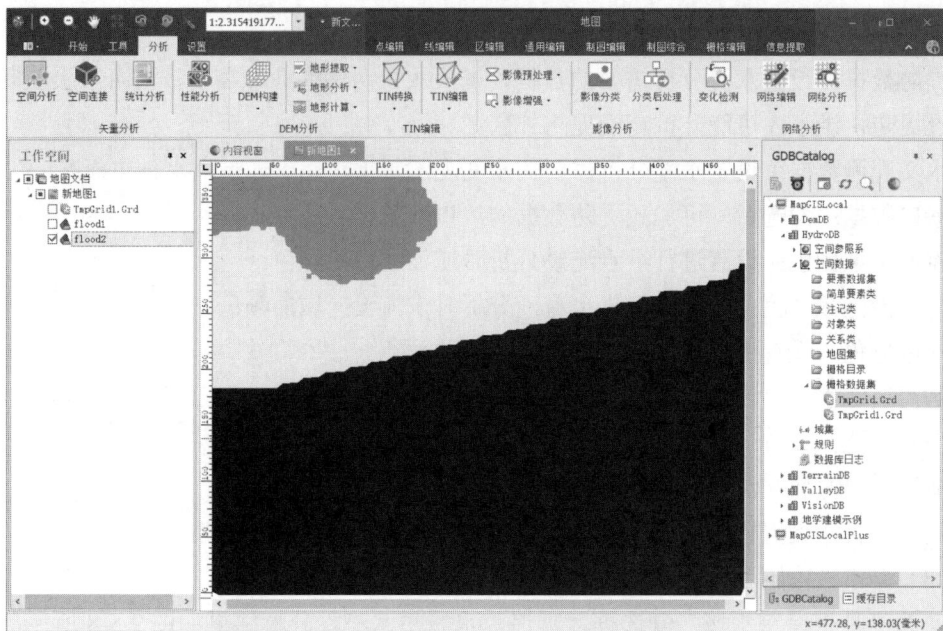

图 9.5-9　不追踪水域洪水淹没分析结果

9.5.4　地下水分析

在进行水流建模时，需要了解水流的来源和去向。地下水分析是用于进行地形表面汇流计算的工具，它为描绘汇流网络、汇水盆地、流长计算及确定水系级别等提供了必要的基础。

地下水分析主要通过用户提供的水头、孔隙度、厚度与渗透率数据来计算地下水的流场信息，并依据这一信息对污染物的扩散路径与分布浓度进行评价，以此为用户的分析决策提供依据。具体而言，地下水分析包括达西水流、质子跟踪和孔隙扩散等子功能。

（1）达西水流。依次选择"分析"→"DEM 分析"→"地形分析"→"地下水分析"→"达西水流"选项，弹出"达西水流"对话框，如图 9.5-10 所示。

"水头"下拉列表框：用于指定地下水的水位值（栅格数据），可由该栅格数据获取水力梯度。

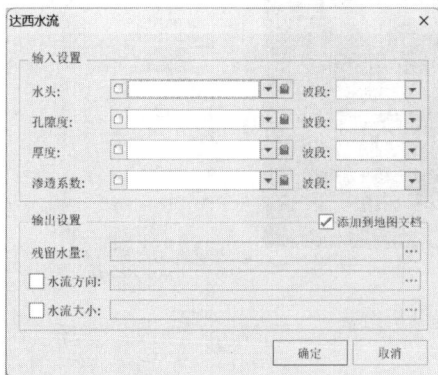

图 9.5-10　"达西水流"对话框

"孔隙度"下拉列表框：用于指定孔隙的百分比（栅格数据）。

"厚度"下拉列表框：用于指定研究的透水区域的厚度（栅格数据）。

"渗透系数"下拉列表框：用于指定每天渗透的面积（栅格数据）。

"波段"下拉列表框：用于设置当前处理的栅格数据波段。

"残留水量"框：用于设置残留水量（1 体积水流过后每个像元内还残留多少水，为栅格数据）的保存路径。

"水流方向"框：用于设置水流方向（每个像元内的水流方向，为栅格数据）的保存路径。

"水流大小"框：用于设置水流大小（通过每个像元中心的水流速度，为栅格数据）的保存路径。

（2）质子跟踪。依次选择"分析"→"DEM 分析"→"地形分析"→"地下水分析"→"质子跟踪"选项，弹出"质子跟踪"对话框，如图 9.5-11 所示。

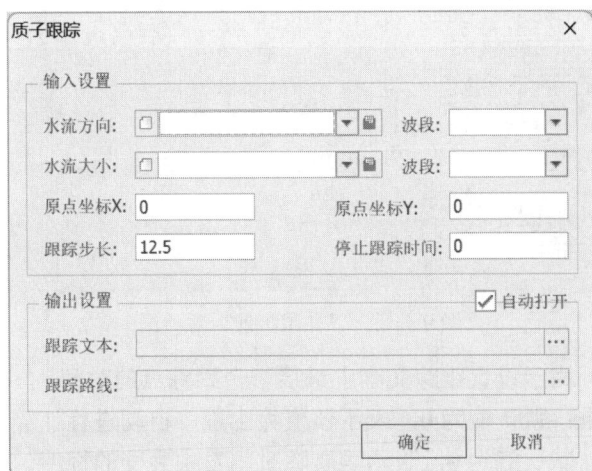

图 9.5-11 "质子跟踪"对话框

"水流方向"下拉列表框：达西水流计算出的水流方向数据。

"水流大小"下拉列表框：达西水流计算出的水流速度数据。

"波段"下拉列表框：用于设置当前处理波段。

"原点坐标 X"框和"原点坐标 Y"框：用于设置污染源扩散原点的坐标值。

"跟踪步长"框：用于设置跟踪的计算步长。该值决定了采样点的采集密度。系统会给出默认的跟踪步长，用户也可以根据自己的需要进行设置。

"停止跟踪时间"框：用于设置停止跟踪的时间，默认值为 0，表示无限跟踪，直至跟踪点超出栅格范围或流至低势区域。

"自动打开"复选框：若勾选该复选框，则生成的跟踪文本将自动打开，跟踪路线将自动添加到"新地图 1"中。

"跟踪文本"框：用于设置跟踪文本的保存路径。跟踪文本记录了每个跟踪点的相关信息，并且是孔隙扩散功能的源数据。

"跟踪路线"框：用于设置跟踪路线的保存路径。跟踪路线用来表示污染物的流动轨迹。

（3）孔隙扩散。依次选择"分析"→"DEM 分析"→"地形分析"→"地下水分析"→"孔隙扩散"选项，弹出"孔隙扩散"对话框，如图 9.5-12 所示。

"跟踪文本"框：用于设置质子跟踪时生成的跟踪文本的保存路径。

"孔隙栅格"下拉列表框：用于设置孔隙栅格的大小，即孔隙度的大小。

"厚度栅格"下拉列表框：用于设置厚度栅格的大小，即栅格的厚度。

"污染物质量"框：用于设置污染物质量。

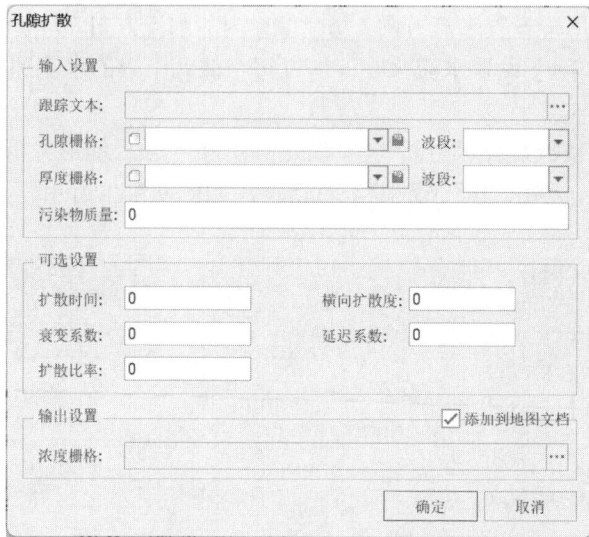

图 9.5-12 "孔隙扩散"对话框

"扩散时间"框：用于设置跟踪文本中最后一个跟踪点的时间。

"横向扩散度"框：默认值为 0，表示该值将由程序自动进行计算。

"衰变系数"框：默认值为 0，表示溶质随时间发生衰变的程度。

"延迟系数"框：用于设置溶质相对于水的扩散速度，该值越高，表明溶质相对于水的流速越慢，默认值为 1。

"扩散比率"框：表示横向扩散系数与纵向扩散系数的比值，默认值为 3。

"浓度栅格"框：用于设置污染浓度栅格结果数据的保存路径和保存名称，此数据反映了污染物的浓度分布。

9.6 DEM 其他应用

9.6.1 问题提出和数据准备

1. 问题提出

人们一直致力于三维空间的表达，但由于技术和条件的限制，并没有找到一种真正实用的方法。DEM 虽然只能表示 2.5 维数据，而非真三维数据，但它可以为可视化技术提供更加广阔的发展空间，其应用领域涉及遥感、摄影测量、制图、土木工程、地质、矿业、地理形态、军事工程、土地规划、道路施工等。不论 DEM 以点数据、GRID 数据还是 TIN 数据等形式存在，都可以利用它获取等高线、生成剖面图、制作山体阴影图和三维地形图等，从而辅助地貌分析。此外，基于 DEM 数据还可以进行体积和表面积的计算。

2. 数据准备

本节使用的 DemUseDB 地理数据库包括 GRID 和 TIN 两种格式的数据，主 GRID 数据主要为 Surface from Height。TIN 数据主要为 TmpTin。数据存放在 E:\Data\gisdata9.6 文件夹内。

9.6.2　等高线生成

（1）在"GDBCatalog"窗格中的"MapGISLocal"下，附加名为 DemUseDB 的地理数据库，在"新地图 1"中添加 Surface from Height 图层，如图 9.6-1 所示。

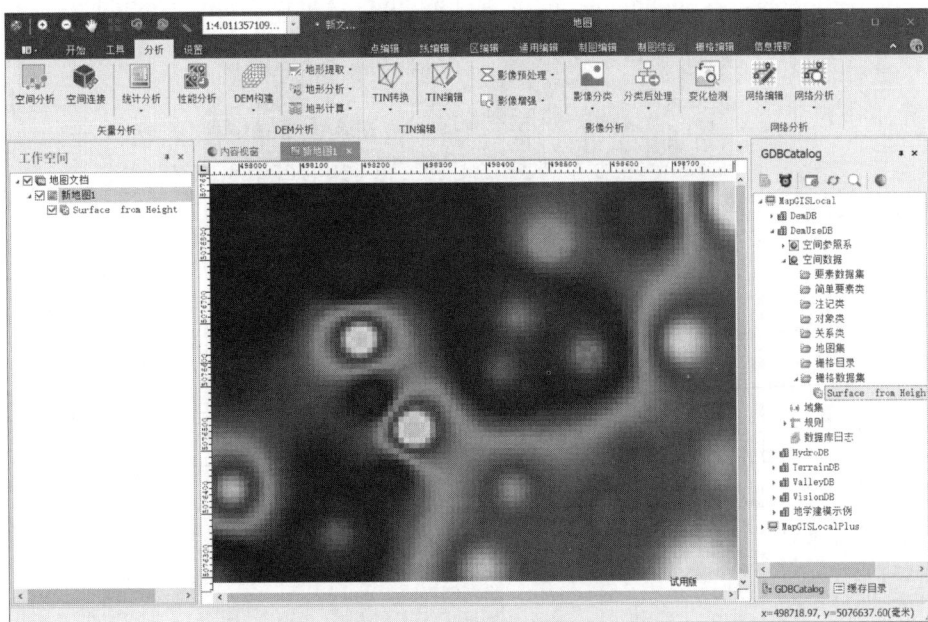

图 9.6-1　Surface from Height 图层

（2）依次选择"分析"→"DEM 分析"→"地形提取"→"平面等值线绘制"选项，弹出"平面等值线绘制"对话框，添加数据层 Surface from Height，如图 9.6-2 所示。

图 9.6-2　添加数据层 Surface from Height

（3）单击"确定"按钮，显示栅格预览图形及等值线参数，如图 9.6-3 所示。单击"平面等值线绘制"对话框中的 图标，弹出"等值线追踪设置"对话框，如图 9.6-4 所示。单击"平面等值线绘制"对话框中的 图标，可预生成等高线，如图 9.6-5 所示。单击 图标，弹出"数据输出"对话框，保存线要素并将其命名为 Contours of Surface from Height，如图 9.6-6 所示。

（4）单击"确定"按钮，生成等高线，如图 9.6-7 所示。

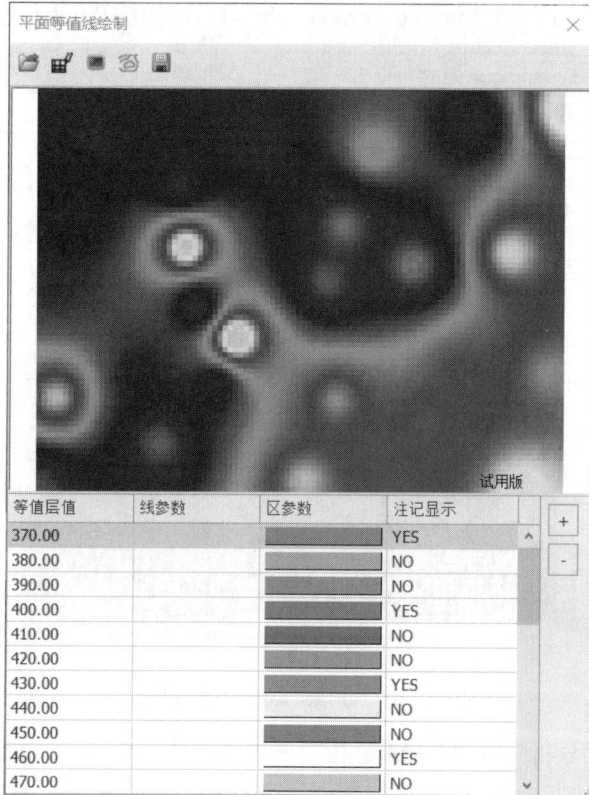

图 9.6-3　显示栅格预览图形及等值线参数

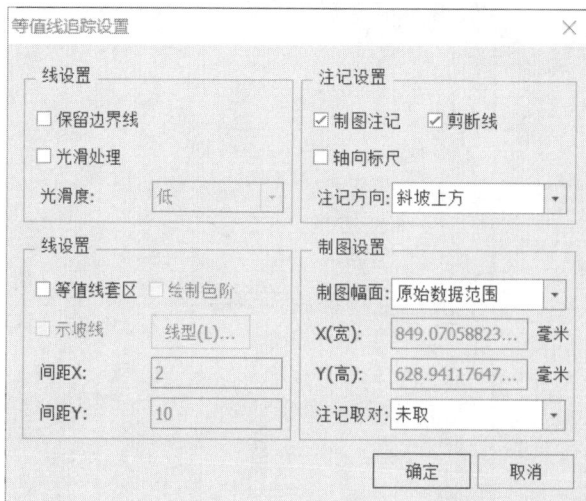

图 9.6-4　"等值线追踪设置"对话框

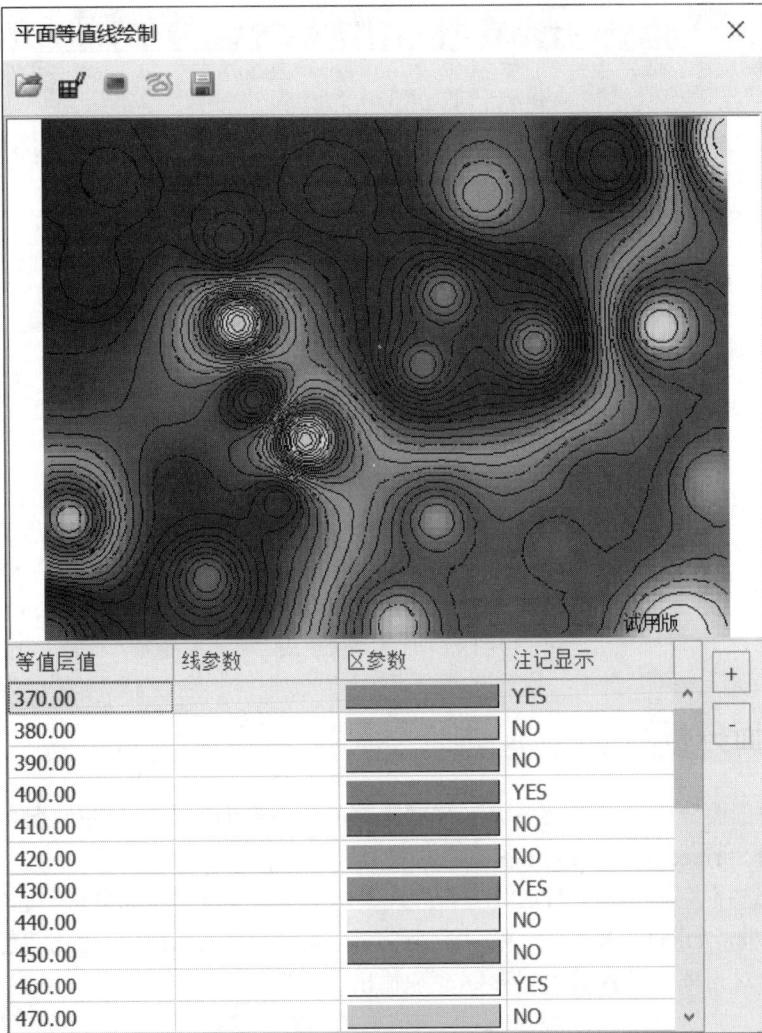

图 9.6-5 预生成等高线

等值层值	线参数	区参数	注记显示
370.00			YES
380.00			NO
390.00			NO
400.00			YES
410.00			NO
420.00			NO
430.00			YES
440.00			NO
450.00			NO
460.00			YES
470.00			NO

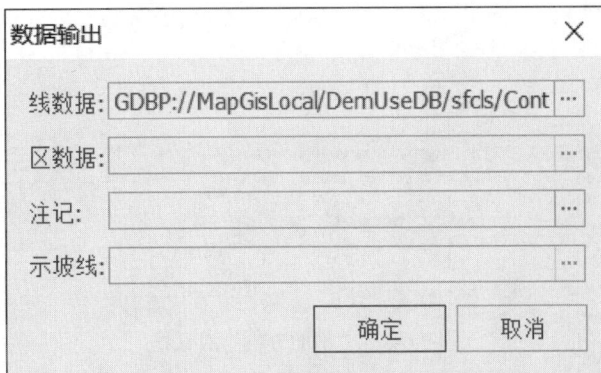

图 9.6-6 "数据输出"对话框

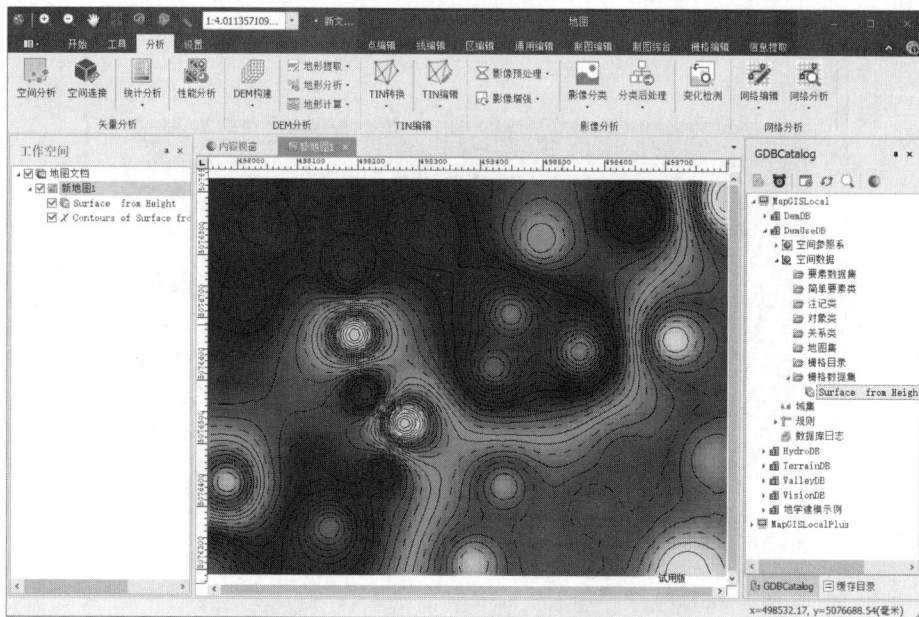

图 9.6-7　等高线生成

9.6.3　剖面分析

用户利用剖面分析可以观察与 X-Y 平面垂直的任意剖面的数据分布情况。

（1）添加 Surface from Height 图层，并将其设为当前编辑状态。

（2）依次选择"分析"→"DEM 分析"→"地形分析"→"剖面分析"选项，弹出"剖面分析"对话框，如图 9.6-8 所示。将"交互方式"设置为造线分析，单击"输出结果"按钮，在弹出的对话框中设置输出保存路径和输出文件名。

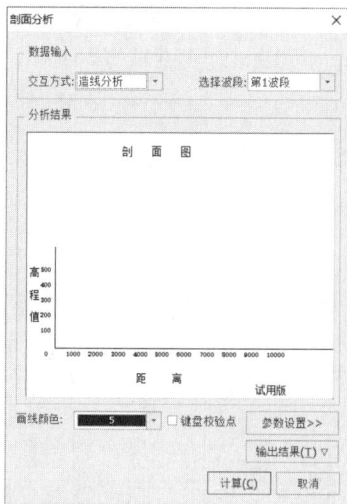

图 9.6-8　"剖面分析"对话框

（3）按住鼠标左键并拖动鼠标在栅格主题上画一条剖面线，右击完成剖面线的绘制。这时"剖面分析"对话框中就会显示出剖面图，如图 9.6-9 所示。单击"输出结果"按钮，就可以对结果进行保存。

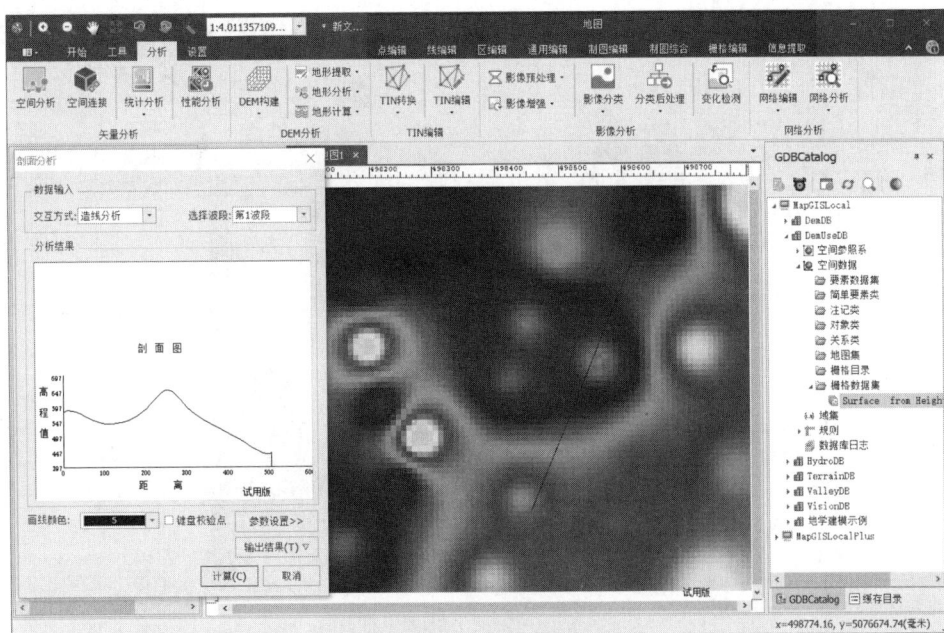

图 9.6-9　剖面图

9.6.4　阴影图生成

阴影图是通过分析模拟地面光照情况生成的，可通过测定研究区域中给定位置的太阳光强度和光照时间，并对实际地面进行逼真的立体显示来生成。生成山体阴影图的步骤如下。

（1）添加 Surface from Height 图层，并将其设为当前编辑状态。

（2）依次选择"分析"→"DEM 分析"→"地形提取"→"日照晕渲图输出"选项，弹出"晕渲图输出"对话框，如图 9.6-10 所示。在该对话框中的"太阳位置"选区中设置太阳高度角（太阳光线与水平面的夹角）及太阳入射方位角。

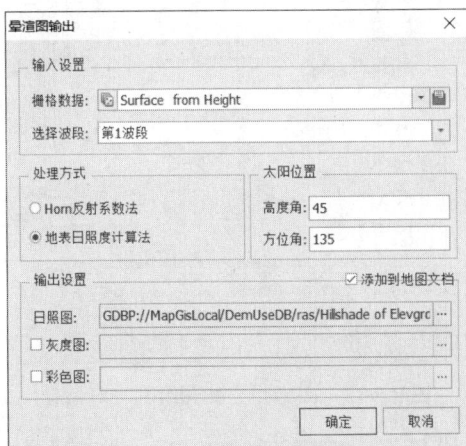

图 9.6-10　"晕渲图输出"对话框

（3）单击"确定"按钮，生成山体阴影图 Hillshade of Elevgrd，如图 9.6-11 所示。

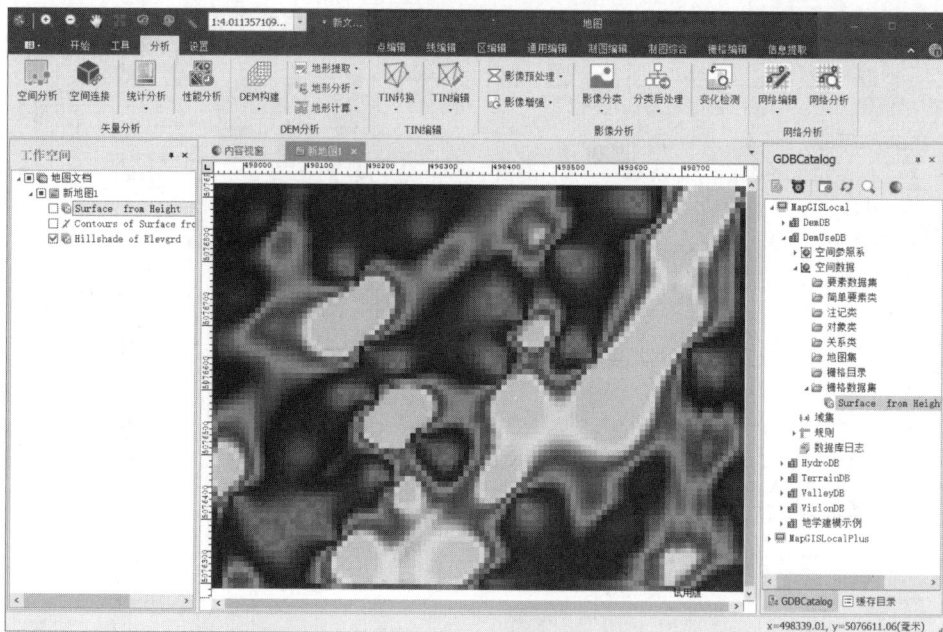

图 9.6-11　山体阴影图

9.6.5　立体图生成

（1）添加 Surface from Height 图层，并将其设置为当前编辑状态。

（2）依次选择"分析"→"DEM 分析"→"地形提取"→"格网立体图绘制"选项，弹出"格网立体图绘制"对话框，如图 9.6-12 所示，将"栅格数据"设置为 Surface from Height。

图 9.6-12　"格网立体图绘制"对话框

（3）将"线要素"设置为 Surface from Height of line 所在目录，将"注记"设置为 Surface from Height of point 所在目录。

（4）单击"确定"按钮，生成立体图，如图 9.6-13 所示。

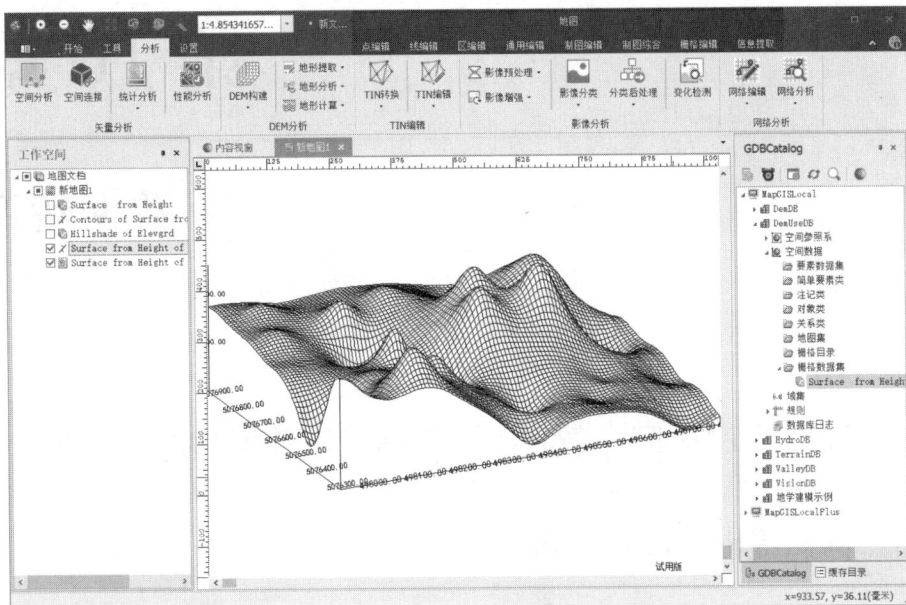

图 9.6-13　立体图

9.6.6　体积和表面积计算

（1）添加 Surface from Height 图层，并将其设为当前编辑状态。

（2）依次选择"分析"→"DEM 分析"→"地形计算"→"交互计算填挖方"选项，弹出"交互计算填挖方"对话框。单击当前栅格数据层，构建覆盖整个图层的多边形，右击结束编辑，系统将计算表面积和体积，算得的结果如图 9.6-14 所示。

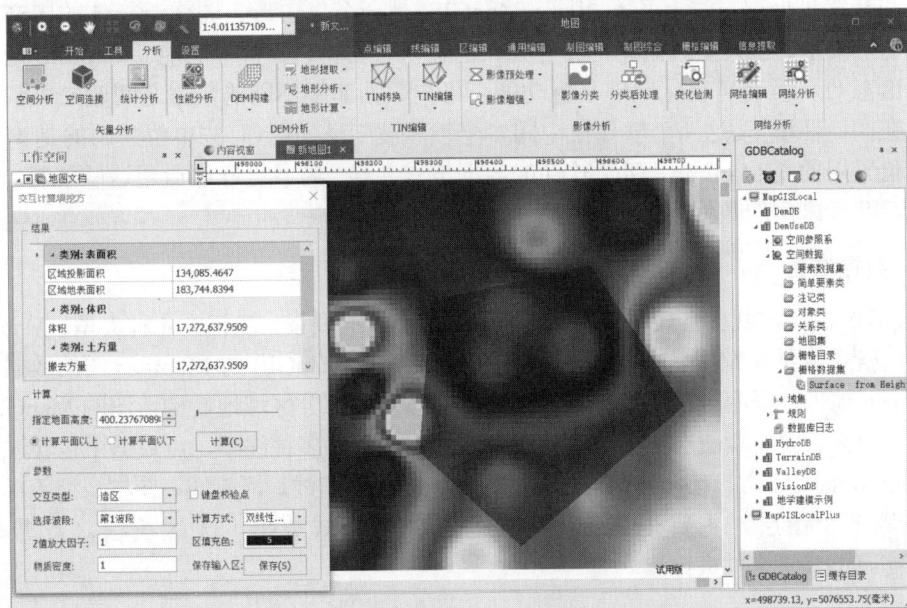

图 9.6-14　栅格数据交互计算表面积和体积

第10章

数据转换

10.1　MapGIS 数据与 MapInfo 数据间的转换

10.1.1　问题提出和数据准备

1. 问题提出

GIS 软件或数据并不是一次性的，也不是仅供一个小部门单独使用的，而是可以多次使用的，相互共享的。目前，大多数 GIS 软件不能直接操纵其他 GIS 软件的数据，通常需要进行数据转换。近年来，多格式数据交换一直是 GIS 开发过程中需要解决的重要问题。在当前 GIS 软件数据格式较多的情况下，GIS 若想从项目应用走向企业应用和社会，应制定一个数据转换格式标准，并推动国家基础空间数据的标准化转换，逐步向全国各行业推广。

GIS 的数据来源非常广泛，不同的 GIS 软件支持不同格式的数据，而不同格式的数据在输入和计算机处理方法上各不相同。MapGIS 是一个集图形、图像于一体的国产软件系统。它支持大型、超大型数据库，具有强大的输入、编辑、分析等功能。MapInfo 是一个美国的 GIS 软件，具有可视化地理分析功能，可在数据库中不同的数据之间建立关联，并将其显示在同一环境下。这两个软件在中国多个领域被广泛使用，有些单位采用的是 MapGIS，有些单位采用的是 MapInfo，两个软件的数据格式共存。为了更好地运用这些资料，实现数据共享，两者之间的数据格式转换是十分重要的。

2. 数据准备

MapGIS 的标准数据格式主要有点要素、线要素、面要素、注记类 4 种类型，MapInfo 的标准数据格式主要有 MIF 和 TAB 格式，这里需要完成 MapGIS 与 MapInfo 间的数据格式转换。longan 地理数据库包括 1∶1 000 000 广西省隆安县部分区域地震构造图的 MapGIS 的点要素、线要素、面要素图层数据，其特点是线数据中包含多种线型，点数据中包含注释和子图。Mapinfodata 目录下有一组 MapInfo 数据，包括正等值线、河流线、图框、河流标注、城市标注等多个图层，主要是 Map、MIF 和 TAB 格式数据，无区图层。数据存放在 E:\Data\gisdata10.1 文件夹内。

10.1.2　MapGIS 数据转换成 MapInfo 数据

将 1∶1 000 000 广西省隆安县部分区域地震构造图的 MapGIS 的点要素、线要素、面要素数据转换成 MapInfo 数据。

1. 添加地理数据库

在"GDBCatalog"窗格中的"MapGISLocal"下，添加名为 longan 的地理数据库。

2. 求 1∶1 000 000 区域地震构造图当前正轴等角圆锥投影参数

（1）地震构造图上的经纬网表明了经度与纬度，读取地震构造图最左边的经度和最下边的纬度，并将其作为起始经度与起始纬度。打开系统，依次选择"工具"→"生成图框"→"标准分幅图框"选项，弹出"标准分幅图框"对话框，选择"选择比例尺"单选按钮，将"选择比例尺"设置为 1∶100 万；将"起始经度"设置为 1060000；将"起始纬度"设置为 220000，如图 10.1-1 所示。

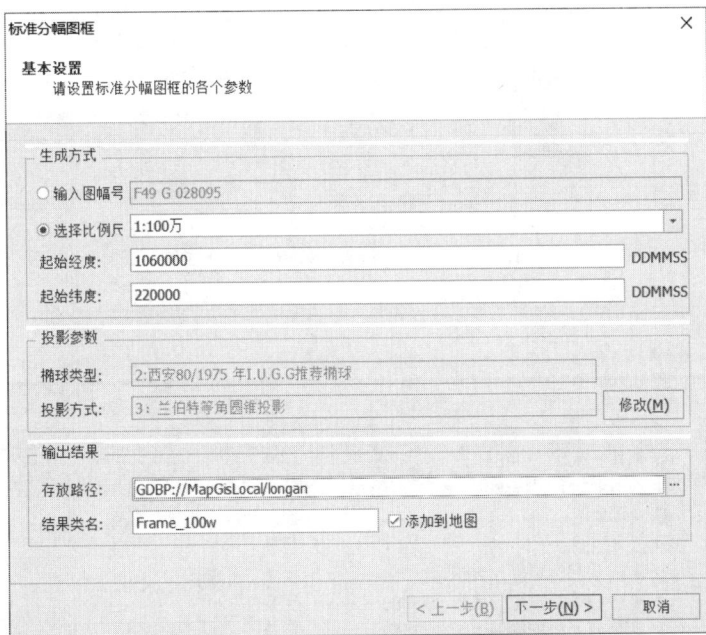

图 10.1-1　"标准分幅图框"对话框

（2）修改投影参照系。单击"修改"按钮，弹出"修改投影参照系"对话框，将"投影类型"设置为 3:兰伯特等角圆锥投影，将"投影北偏"设置为 0，将"投影东偏"设置为 0，将"中央经线"设置为 1050000，将"投影原点纬度"设置为 213000，将"第一标准纬度"设置为 223000，将"第二标准纬度"设置为 253000，其他参数保持默认值，如图 10.1-2 所示。单击"选择"按钮，弹出"选择空间参照系"对话框，将地理坐标系设置为 1∶100 万_北京 54 坐标系，如图 10.1-3 所示。

（3）连续两次单击"确定"按钮后，单击"下一步"按钮，进入"样式设置"界面，在左边栏中，勾选"平移图框至原点"复选框和"旋转图框至水平"复选框，将"刻度"选区中的"坐标注记"设置为无坐标注记；取消勾选右边栏中的所有复选框，如图 10.1-4 所示。

单击"完成"按钮，生成1∶1 000 000图框，"新地图1"标签页中显示图框，如图10.1-5所示。

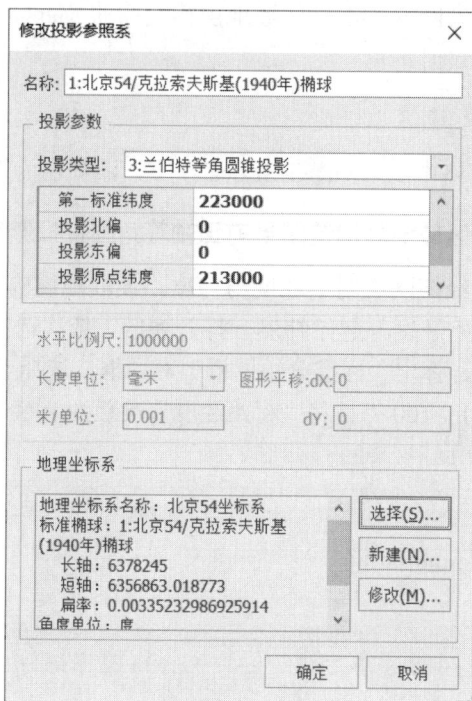

图 10.1-2　"修改投影参照系"对话框

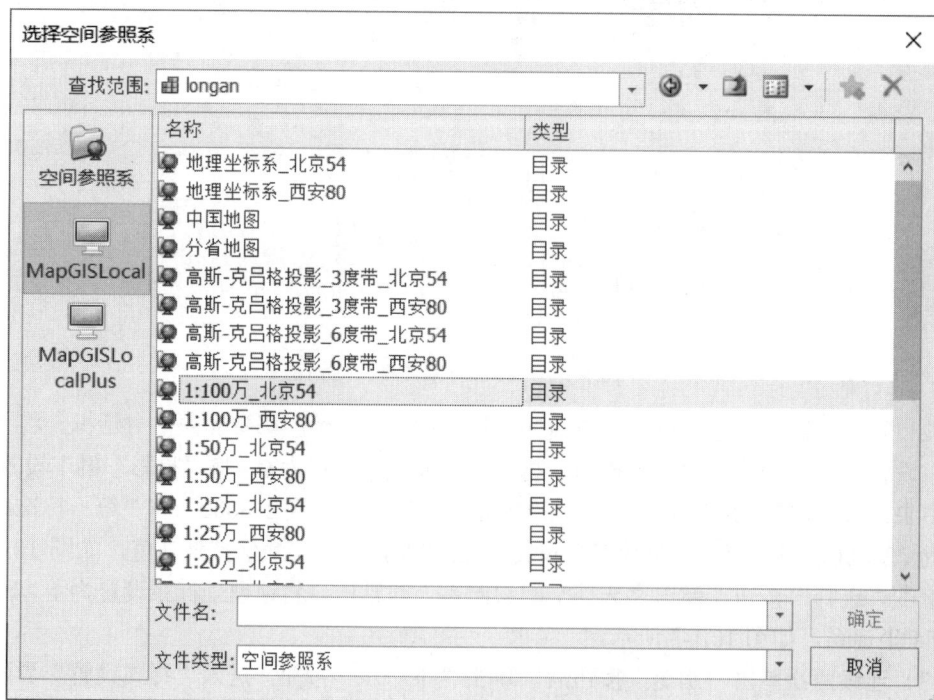

图 10.1-3　"选择空间参照系"对话框

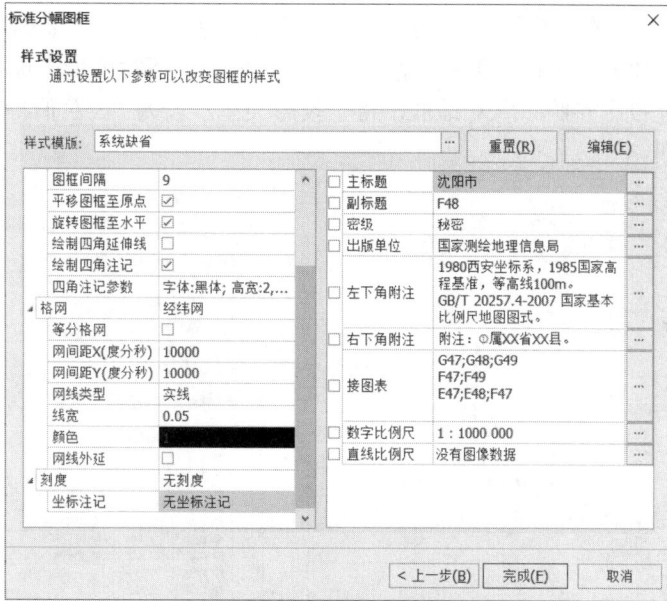

图 10.1-4 "样式设置"界面

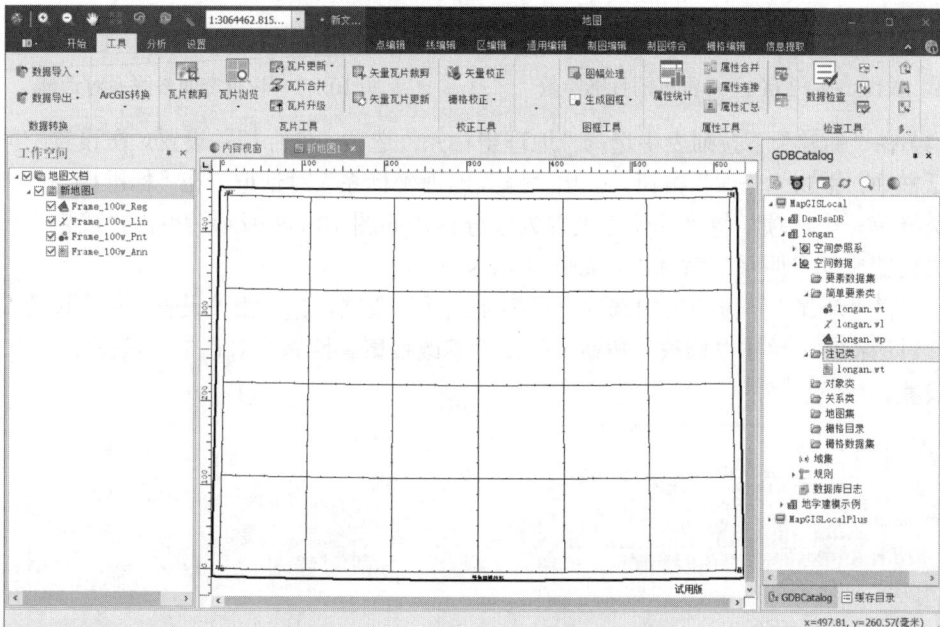

图 10.1-5 1∶1 000 000 图框

（4）在"GDBCatalog"窗格中右击 Frame_100w_Lin 图层，选择"空间参照系"选项，弹出设置空间参照系对话框，查看 1∶1 000 000 图框的投影参数，如图 10.1-6 所示。

3. 在 MapGIS 中将平面直角坐标转换成地理坐标

（1）在"GDBCatalog"窗格中的"MapGISLocal"下，展开 longan，分别右击"空间数据"下 longan.wt（点文件）、longan.wt（注记类文件）、longan.wl（线文件）、longan.wp（区文件），选择"空间参照系"选项，弹出设置空间参照系对话框，完成设置后单击"确定"按钮。

（2）以注记类文件的设置为例，在设置空间参照系对话框中，将"名称"设置为投影平面直角坐标系，如图 10.1-7 所示。单击"新建"下拉按钮，在下拉列表中选择"投影参照系"选项，弹出"新建投影参照系"对话框，将"投影类型"设为"3:兰伯特等角圆锥投影"，单击"确定"按钮。

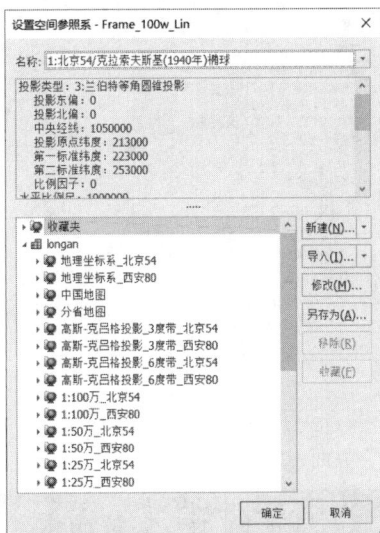

图 10.1-6　1∶1 000 000 图框的投影参数

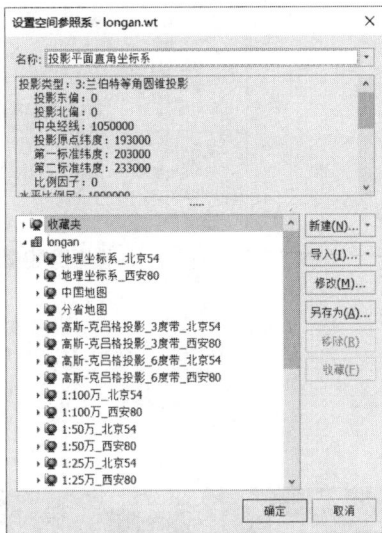

图 10.1-7　设置空间参照系对话框

（3）在"新建"下拉列表中选择"地理坐标系"选项，进行相关设置。在设置空间参照系对话框中，单击"修改"按钮，弹出"修改地理坐标系"对话框，在"标准椭球"下拉列表中选择第一个选项，将"单位"设置为度分秒，如图 10.1-8 所示。单击"确定"按钮，返回"设置空间参照系"对话框，如图 10.1-9 所示。

（4）在"新建"下拉列表中选择"投影参照系"选项，进行相关设置。在"设置空间参照系"对话框中，单击"修改"按钮，弹出"修改投影参照系"对话框，按图 10.1-10 所示进行设置。

图 10.1-8　"修改地理坐标系"对话框

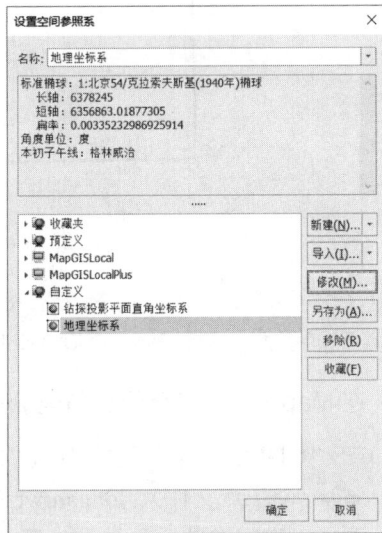

图 10.1-9　"设置空间参照系"对话框

图 10.1-10　"修改投影参照系"对话框

（5）投影参数设置。依次选择"工具"→"投影变换"→"批量投影"选项，弹出如图 10.1-11 所示的对话框，单击"+"按钮，选择源数据存放的路径，并添加源数据，在"目的数据目录"栏下方空白处单击，右边会出现"…"按钮，单击"…"按钮设置目的数据目录，并将目的类名称重新命名为 longan1.wt（点类）、longan1.wt（注记类）、longan1.wl（线类）、longan1.wp（区类）。

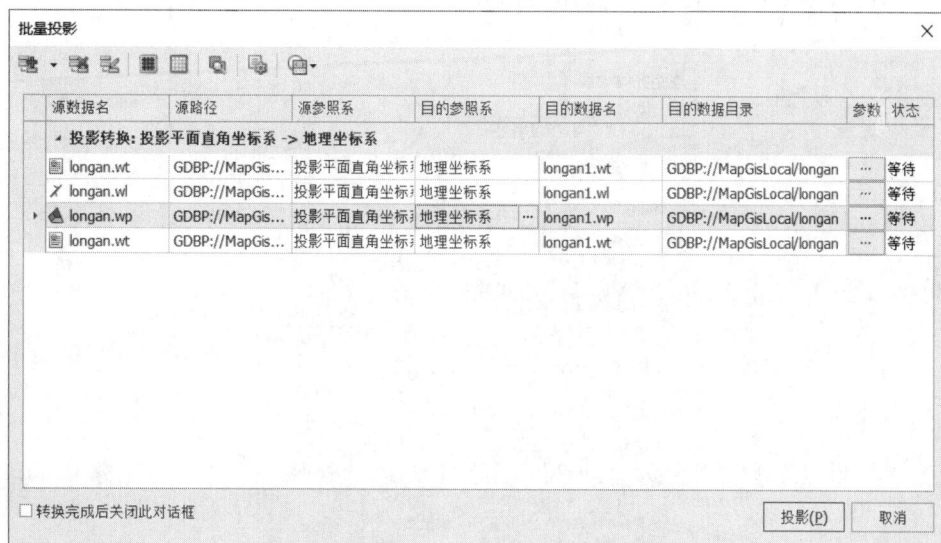

图 10.1-11　"批量投影"对话框

（6）单击"投影"按钮完成投影转换。

（7）在"新地图 1"标签页中打开生成的 longan1.wt（点类）、longan1.wt（注记类）、longan1.wl（线类）、longan1.wp（区类），如图 10.1-12 所示。图 10.1-12 中的鼠标指针停留处的经度为 107°00′，纬度为 21°40′，用小数点表达为（107.00,21.66），而此时状态栏中显示的经纬度坐标为（106.21,20.06），二者间有差值。按以下公式计算需平移的量：

$$dx=107.00-106.21=0.79；dy=21.66-20.06=1.6$$

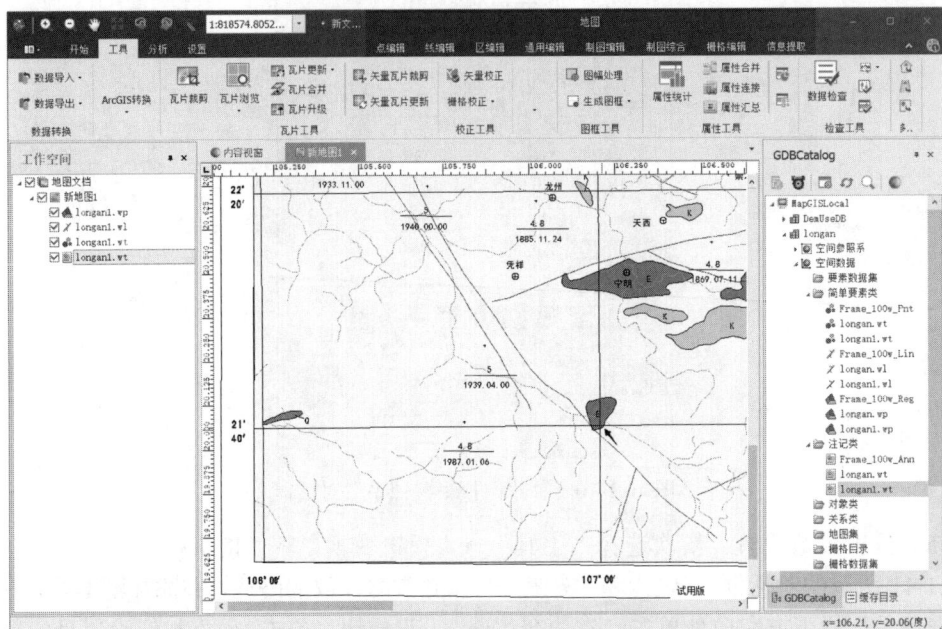

图 10.1-12　转换后的数据图

（8）重复步骤（1）～（5），但在步骤（4）中设置目的类投影参照系时，将"dX"和"dY"分别设置为 0.79 和 1.6，如图 10.1-13 所示。

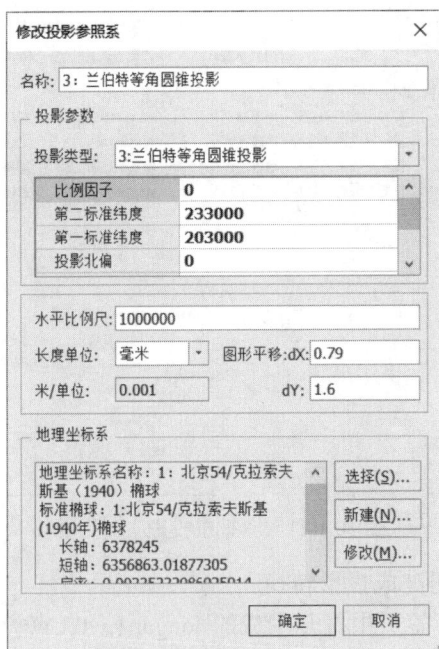

图 10.1-13　设置坐标平移量

4. 在 GDB 企业管理器中实现从 MapGIS 数据到 MapInfo 数据的转换

（1）在"GDBCatalog"窗格中的"MapGISLocal"下，附加地理数据库 longan.hdf。

（2）分别右击 longan.wt、longan.wl、longan.wp 这三个文件，并选择"导出→其他数据"选项，弹出"数据转换"对话框，将"目的数据目录"设置为转换后数据存放目录，例如，E:\working，将"目的数据类型"设置为 MIF 文件，如图 10.1-14 所示。设置完成后单击"转换"按钮即可完成。

图 10.1-14　将 MapGIS 数据转换成 MapInfo 数据

5. MapInfo 系统中的验证

（1）依次选择"Table"→"Import"选项，导入文件，如图 10.1-15 所示。

（2）在弹出的"Import into Table"对话框中，将其保存为.tab 格式文件，如图 10.1-16 所示。

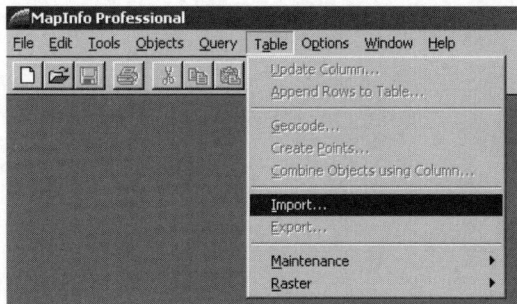

图 10.1-15　导入文件　　　　　图 10.1-16　保存文件

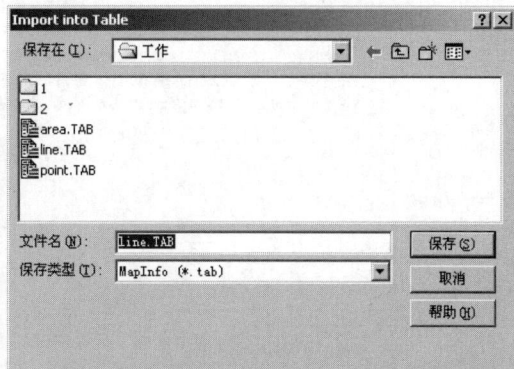

（3）依次选择"File"→"Open Table"选项，显示打开的文件，如图 10.1-17 所示。

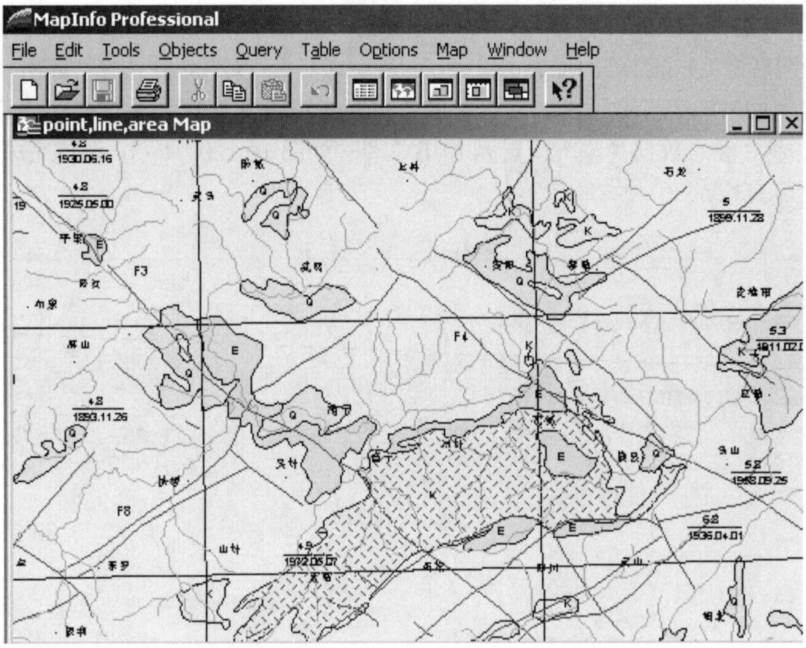

图 10.1-17　显示打开的文件

10.1.3　将 MapInfo 数据转换成 MapGIS 数据

（1）依次选择"工具"→"数据导入"→"外部数据"选项，弹出"数据转换"对话框。选择源数据为 mapinfodata 文件夹里的 MIF 数据，分别是图框.MIF、城市.MIF、标注.MIF、正等值线.MIF、河流.MIF，将目的数据存放在 longan 地理数据库中，如图 10.1-18 所示。完成设置后，单击"转换"按钮，生成 MapGIS 数据，包括点类、线类、面类、注记类。

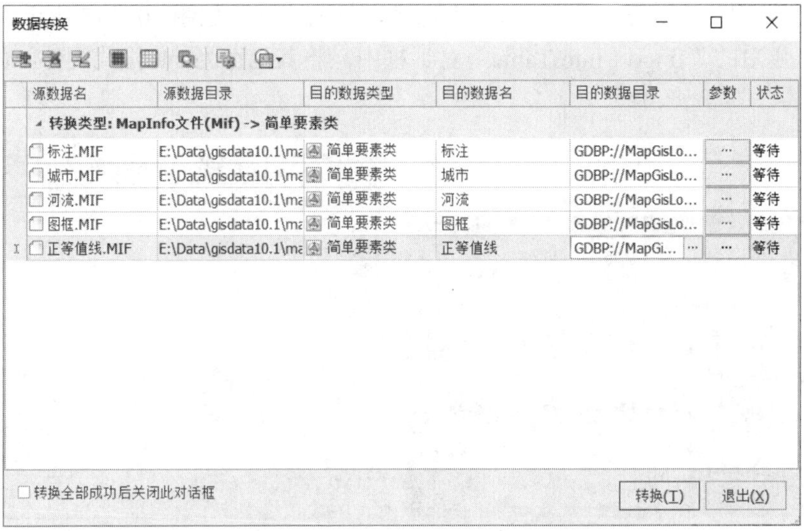

图 10.1-18　将 MapInfo 数据转换成 MapGIS 数据

（2）在"新地图 1"里添加生成的 MapGIS 数据对应的图层，如图 10.1-19 所示。

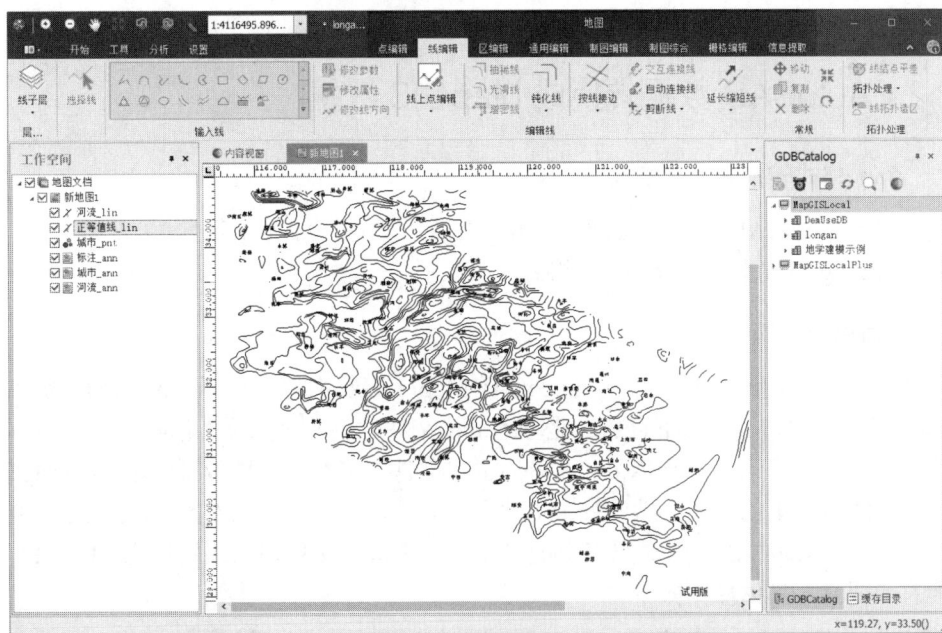

图 10.1-19　生成的文件

10.2　MapGIS 数据与 AutoCAD 数据间的转换

10.2.1　问题提出和数据准备

1. 问题提出

AutoCAD 是美国 Autodesk 公司于 1982 年推出的一种通用的计算机辅助绘图和设计软件包，如今被国内外工程师和技术人员广泛应用于计算机辅助设计领域。AutoCAD 实际上已经成为一种 CAD 系统的标准，是工程设计人员之间交流思想的公共语言，但 AutoCAD 文件不能有效地管理地理信息的空间和属性数据。而 MapGIS 具有强大的空间数据管理功能和空间分析功能。国土资源调查中大多使用 MapGIS 建库，不过其地理底图数据源部分来自 AutoCAD。AutoCAD 与 MapGIS 的功能各具特点，各有优势，目前各部门存在两种数据并存的情况，为了有效发挥这两个软件各自的优势，需要进行 AutoCAD 数据与 MapGIS 数据间的转换。

2. 数据准备

AutoCAD 数据主要是.dwg 格式的 1∶5 000 三门峡市陕州区铧尖嘴重晶石矿区上界岩矿段地形地质图，点要素主要有钻孔、浅井等；线要素主要有等高线、道路、勘探线、地质界线等；面要素主要有居民地、地层等。CAD_Map.hdf 地理数据库主要包含一幅 1∶20 000 000 三门峡市湖滨区七里沟-崤里铝土矿核查区庙洼段资源储量估算图，包括点、线、面及注记图层数据，其中点数据包括钻孔、取样点等，线数据包括储量类型边界、核查区边界及经纬网等,面数据(区数据)包括不同的储量类型。数据存放在 E:\Data\gisdata10.2 文件夹内。

10.2.2 AutoCAD 数据转换成 MapGIS 数据

1. .dwg 格式转换为.dxf 格式

(1)启动 AutoCAD,打开 minemap.dwg 文件,如图 10.2-1 所示。

(2)将.dwg 格式文件另存为.dxf 格式文件。

2. 编辑点对照表

编辑\MapGIS 10\Slib 目录下的 mpdcCADMapFile.txt 文件。打开 mpdcCADMapFile.txt 文件,在 BLOCKIN.MPF 行下存放的是导入.dxf 文件时块的对照项,格式为"块名称,子图号"。例如,"块 1,1"表示在导入.dxf 文件时.dxf 文件中名称为"块 1"的块对应 MapGIS 10 系统库中子图号为 1 的子图。编写.dxf 文件中所有块的名称和 MapGIS 10 中与之对应的子图号的对照表,MapGIS 按照对照表中的对应关系将.dxf 文件中的块转换为 MapGIS 10 中点要素的点图元。具体操作如下。

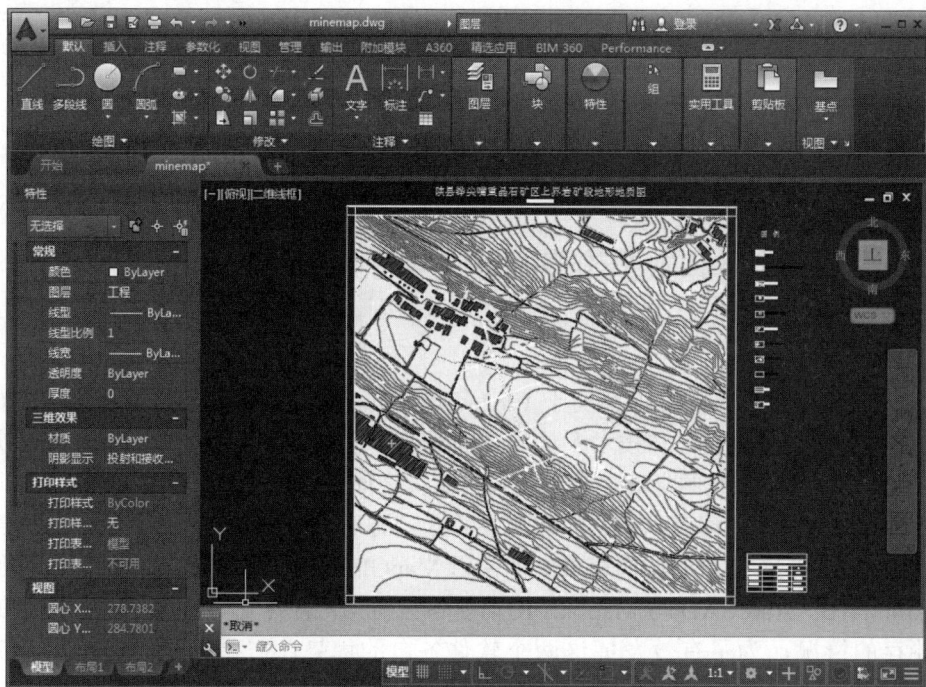

图 10.2-1 minemap.dwg

(1)打开 minemap.dxf 文件,选中图中的块"钻孔",其名称为"见矿钻孔",如图 10.2-2 所示。

(2)在 MapGIS 中依次选择"设置"→"系统库管理"→"默认系统库"→"符号库"选项,在点符号库中找到与块对应的子图并记录子图号,即 19,如图 10.2-3 所示。

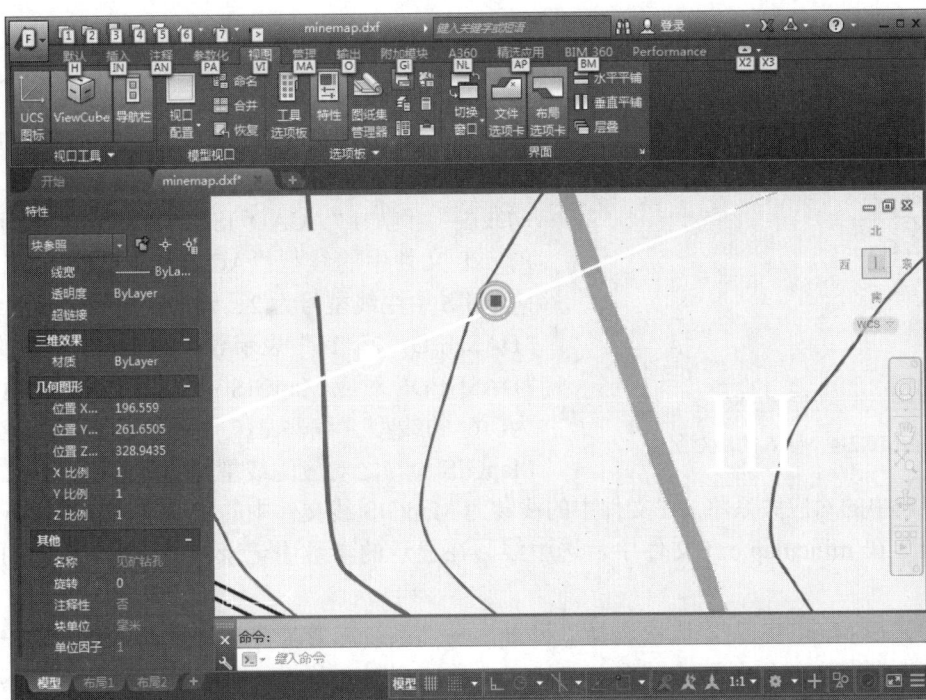

图 10.2-2　块名称为"见矿钻孔"

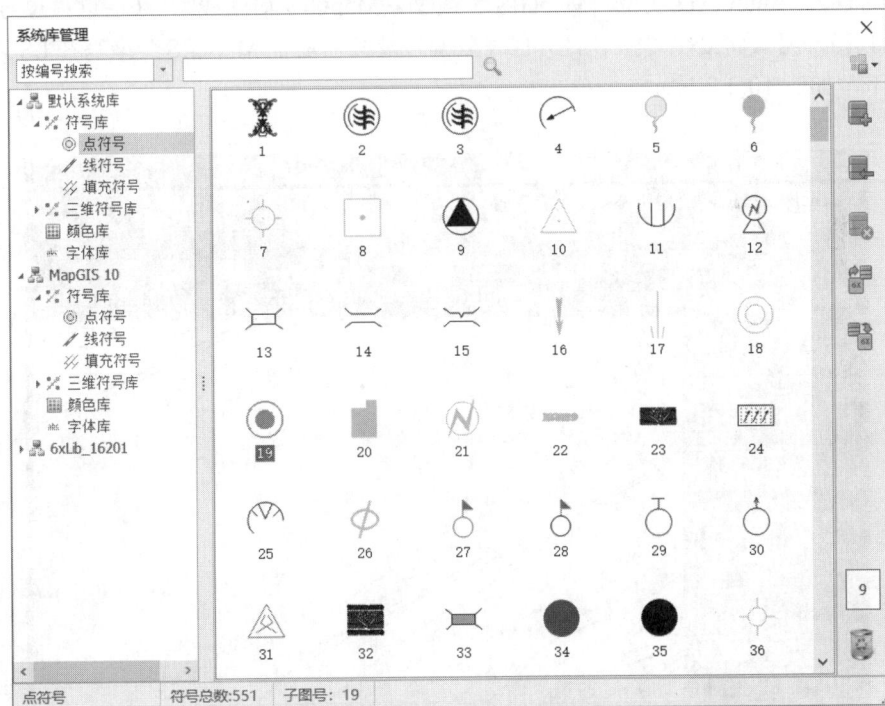

图 10.2-3　记录子图号

（3）按照"块名称,子图号"（注意：逗号为英文状态下的逗号）格式将.dxf 文件中所有块的名称及其对应的子图号写在 BLOCKIN.MPF 行下，如图 10.2-4 所示。

3. 编辑线对照表

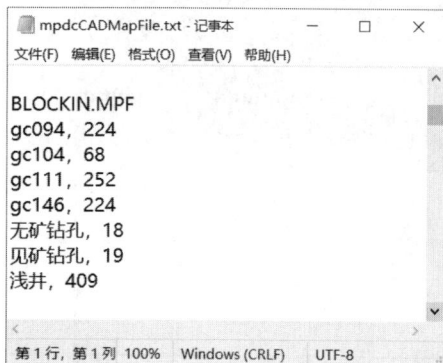

图 10.2-4 导入的块对照表

在 mpdcCADMapFile.txt 文件中，LSTYLEIN.MPF 行下存放的是导入.dxf 文件时线的对照项，格式为"AutoCAD 线型，MapGIS 主线型，MapGIS 辅助线型"。例如，"ACAD_ISO02W100，2"表示导入的.dxf 文件中的线型"ACAD_ISO02W100"对应 MapGIS 中主线型号为 2、辅助线型号为 0 的线型；"DASHED，2，16"表示导入的.dxf 文件中的线型"DASHED"对应 MapGIS 中主线型为 2、辅助线型为 16 的线型。编写.dxf 文件中所有线的名称和 MapGIS 中与之对应的线型号的对照表，MapGIS 按照对照表中的对应关系将.dxf 文件中的线转为 MapGIS 线文件中的线。具体操作如下。

（1）在 minemap.dxf 文件中，选中线，在显示的参数中记录线型名称，如图 10.2-5 所示。

（2）在 MapGIS 中，依次选择"设置"→"系统库管理"→"默认系统库"→"符号库"选项，在线符号库中找到与.dxf 文件中线型对应的 MapGIS 线型并记录编号，如图 10.2-6 所示。

（3）按照"AutoCAD 线型，MapGIS 主线型，MapGIS 辅助线型"（注意：逗号为英文状态下的逗号)格式将.dxf文件中的所有线型编号及其对应的 MapGIS 线型写在 LSTYLEIN.MPF 行下，如图 10.2-7 所示。

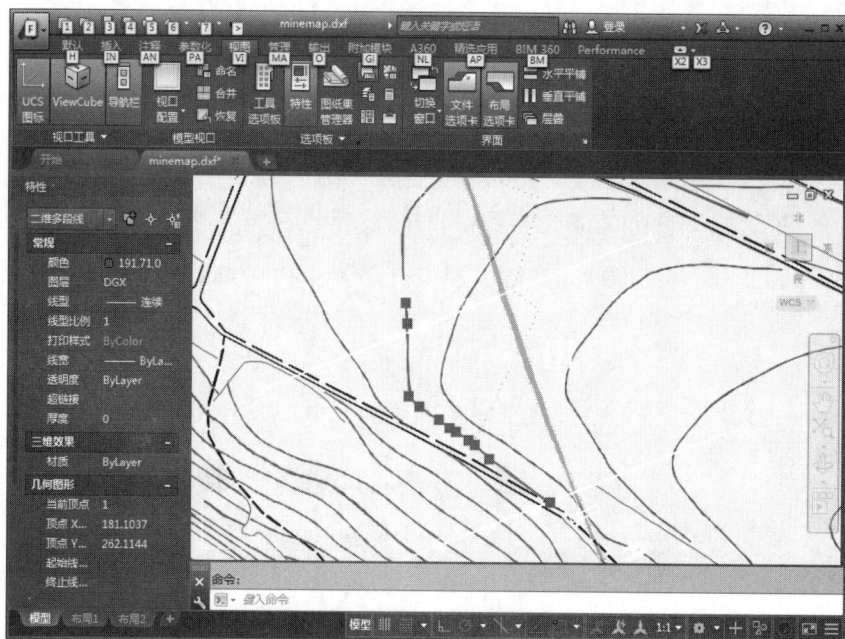

图 10.2-5 记录线型名称

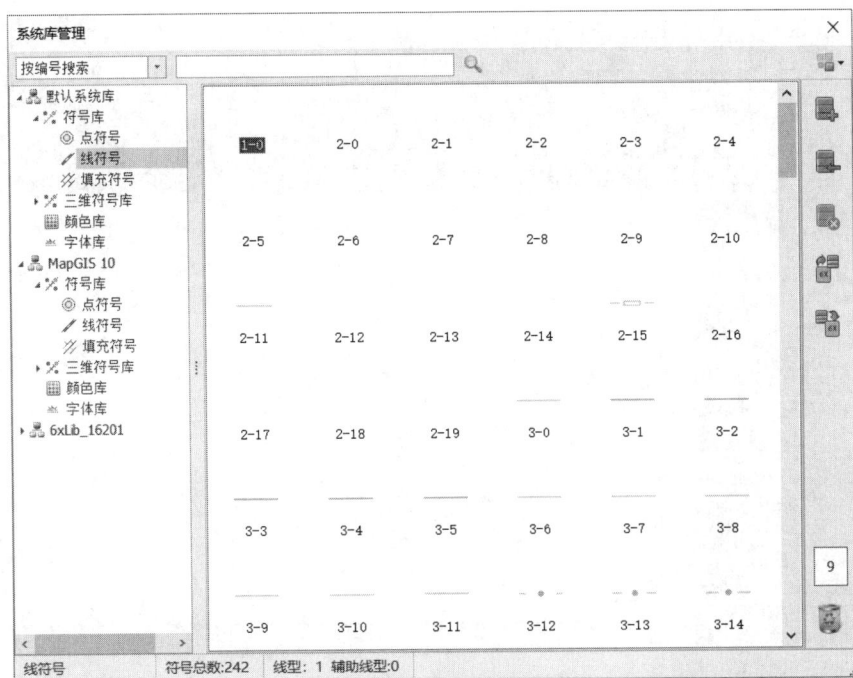

图 10.2-6 记录线型编号

4. 编辑颜色对照表

在 mpdcCADMapFile.txt 文件中，COLORIN.MPF 行下存放的是导入.dxf 文件时颜色的对照项，格式为"AutoCAD 颜色,MapGIS 颜色"。例如，"1,6"表示导入的.dxf 文件中 1 号颜色对应 MapGIS 中的 6 号颜色。mpdcCADMapFile.txt 文件中已经有较为完备的颜色对照表，一般可以不用编写，如有需要，可以按照以上规则进行编写。此处需要将.dxf 文件中的 7 号和 250 号颜色改为 MapGIS 中的 1 号颜色。

5. 编辑图案对照表

在 mpdcCADMapFile.txt 文件中，HATCHIN.MPF 行下存放的是导入.dxf 文件时填充图案的对照项，格式为"AutoCAD 图案,MapGIS 图案"。例如，"ANSI31,8"表示导入的.dxf 文件中名为 ANSI31 的填充图案对应 MapGIS 中的编号为 8 的填充图案。

图 10.2-7 导入的线型对照表

编写.dxf 文件中所有填充图案的名称和 MapGIS 中与之对应的填充图案编号的对照表，MapGIS 按照对照表中的对应关系将.dxf 文件中的填充图案转换为 MapGIS 面文件中的填充图案，具体操作如下。

（1）在 minemap.dxf 文件中，选中图 10.2-8 中的填充图案，查看显示的参数，记录填充图案名 411B。

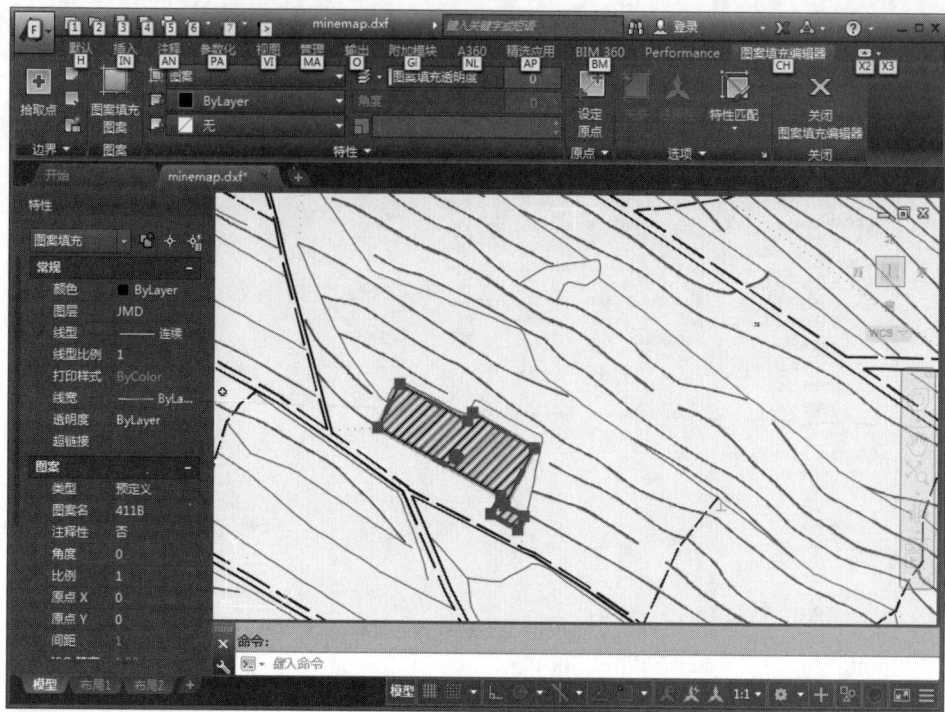

图 10.2-8　记录填充图案名

（2）在 MapGIS 中，依次选择"设置"→"系统库管理"→"默认系统库"→"符号库"
选项，在填充符号库中找到与.dxf 文件中的填充图案对应的 MapGIS 填充图案并记录编号，
即 8，如图 10.2-9 所示。

（3）按照"AutoCAD 图案,MapGIS 图案"（注意：逗号为英文状态下的逗号）的格式
将.dxf 文件中的所有填充图案名及其对应的 MapGIS 填充图案编号写在 HATCHIN.MPF 行
下，如图 10.2-10 所示。

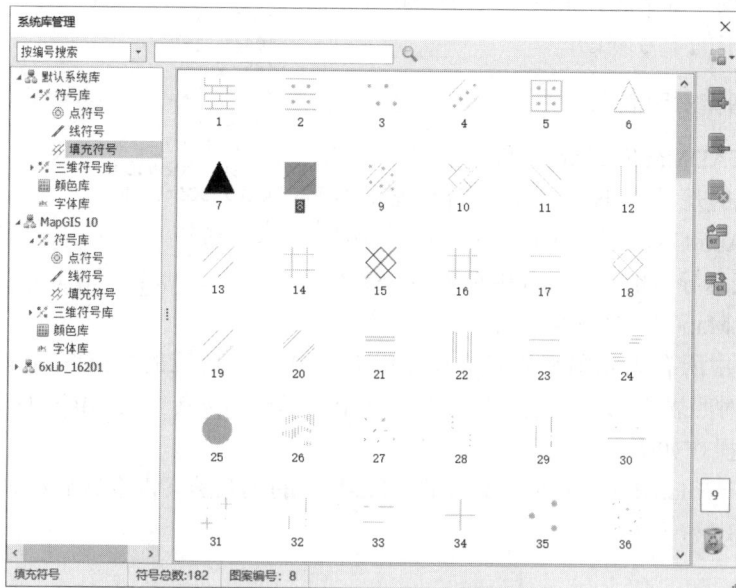

图 10.2-9　记录填充图案编号

图 10.2-10　导入的填充图案对照表

6. 编辑图层对照表

在 mpdcCADMapFile.txt 中，LAYERIN.MPF 行下存放的是导入.dxf 文件时图层的对照项，格式为"AutoCAD 图层号,MapGIS 图层号"。例如，"1,0"表示导入.dxf 文件时图层号为 1 的实体对应 MapGIS 中的图层号为 0 的实体。编写.dxf 文件中所有图层号和 MapGIS 中与之对应的图层号的对照表，MapGIS 按照对照表中的对应关系将.dxf 文件中的图层转换为 MapGIS 文件中的图层。在图层所指不明确的情况下，可以从零开始按顺序编号。.dxf 文件的图层号可在"图层转换器"对话框中查询，如图 10.2-11 所示。编辑完成的图层对照表如图 10.2-12 所示。

7. 进行文件转换

在"GDBCatalog"窗格中的"MapGISLocal"下，创建地理数据库 CAD_MAP，右击 CAD_MAP 下的简单要素类，选择"导入"→"其他数据"选项，导入 minemap.dxf，单击"转换"按钮，在地理数据库中可看到生成的点、线、区和注记四个文件。

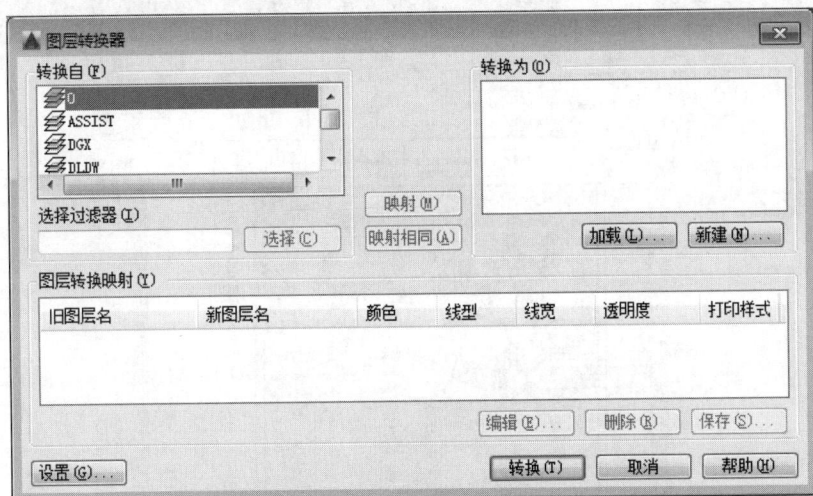

图 10.2-11　"图层转换器"对话框

8. 编辑修改

参照原 CAD 图对生成的点、线、面文件进行修改，通过修改参数，实现最佳显示效果，最终生成的地图如图 10.2-13 所示。

图 10.2-12　导入的图层对照表

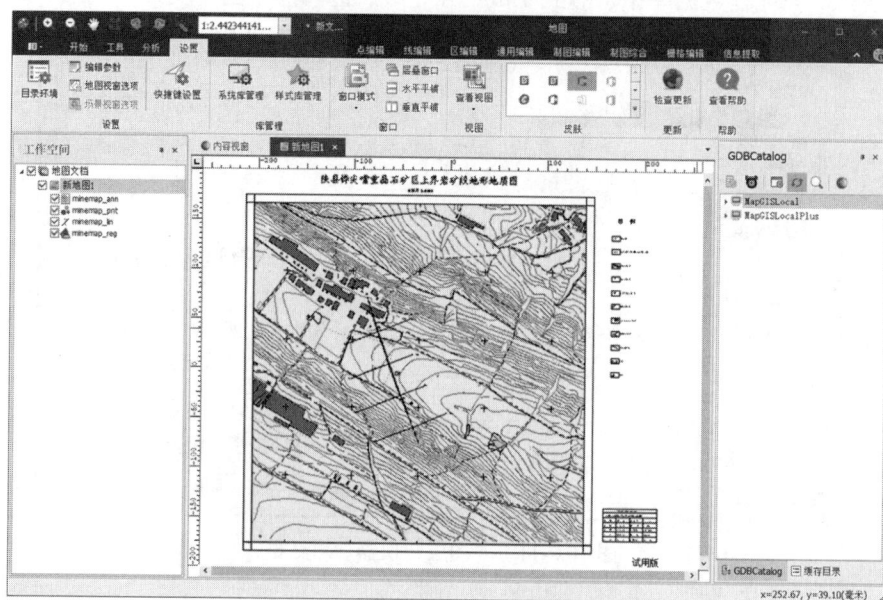

图 10.2-13　最终生成的地图

10.2.3　MapGIS 数据转换成 AutoCAD 数据

1. 附加地理数据库，添加图层

打开 MapGIS 10，在 MapGISLocal 下，添加名为 cad_map 的地理数据库，以及添加 miaowa.WT 图层、miaowa.WL 图层和 miaowa.WP 图层，如图 10.2-14 所示。

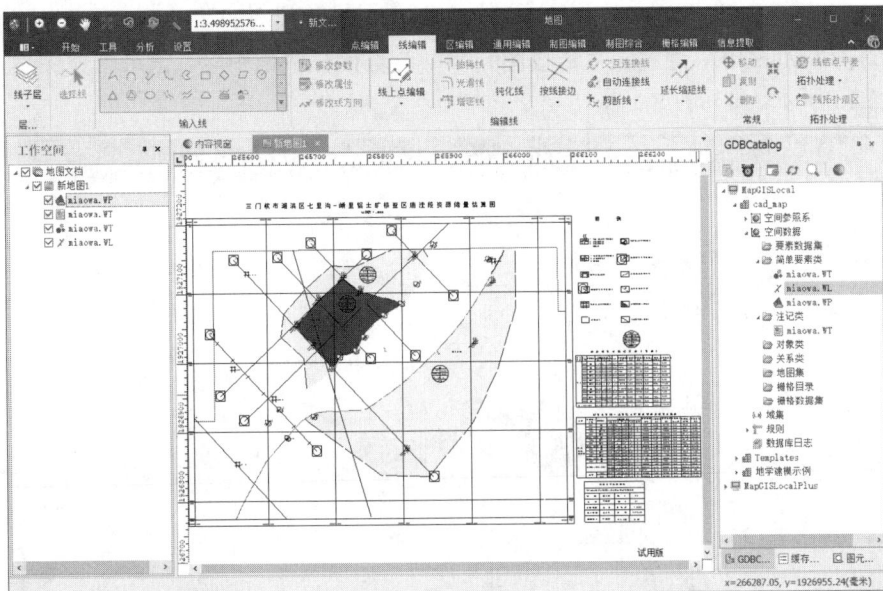

图 10.2-14　添加图层

2. 编辑点对照表

与将 AutoCAD 数据转换成 MapGIS 数据不同的是，在将 MapGIS 数据转换成 AutoCAD 数据时不需要编辑点对照表，因为转换时若找不到对照项，MapGIS 将自动根据子图创建块，同时块名应采用子图符号名。

3. 编辑线对照表

在 mpdcCADMapFile.txt 中，LSTYLEOUT.MPF 行下存放的是导出 .dxf 文件时线型的对照项，格式为 "MapGIS 主线型,MapGIS 辅助线型,AutoCAD 线型"。例如，"1,Continuous"表示在导出 .dxf 文件时 MapGIS 中主线型号为 1、辅助线型号为 0 的线型对应 .dxf 文件中名为 Continuous 的线型；"7,1,TRACKS"表示在导出 .dxf 文件时 MapGIS 中主线型号为 7、辅助线型号为 1 的线型对应 .dxf 文件中的名为 TRACKS 的线型。AutoCAD 中有 9 种默认线型，因此只有 9 种对应情况。MapGIS 中的有些线型在 AutoCAD 中找不到对应线型，需要后期自行编辑，导出的线型对照表如图 10.2-15 所示。

图 10.2-15　导出的线型对照表

4．编辑图案对照表

在 mpdcCADMapFile.txt 中，HATCHOUT.MPF 下存放的是导出.dxf 文件时填充图案的对照项，格式为"MapGIS 图案,AutoCAD 图案"。例如，"1,AR-B816"表示导出.dxf 文件时 MapGIS 中编号为 1 的填充图案对应.dxf 文件中名为 ANSI31 的填充图案。编写 MapGIS 中的区要素填充图案编号和.dxf 文件中对应的填充图案名称的对照表，MapGIS 按照对照表中的对应关系将 MapGIS 中的区要素填充图案转换为.dxf 文件中的填充图案，具体操作如下。

（1）打开 MapGIS，通过在"修改图元参数"对话框中选中区，记录填充图案的编号，如图 10.2-16 所示。

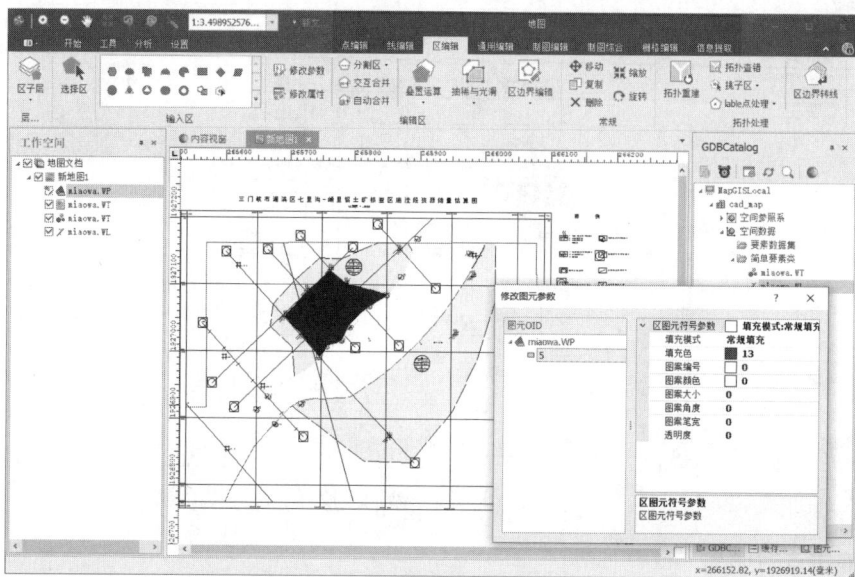

图 10.2-16　记录填充图案的编号

（2）在 AutoCAD 的"填充图案选项板"对话框中选择对应图案并记录名称，如图 10.2-17 所示。

（3）按照"MapGIS 图案,AutoCAD 图案"（注意：逗号为英文状态下的逗号）的格式将 MapGIS 区要素中所有填充图案编号及其对应的.dxf 文件中的填充图案名称写在 HATCHOUT. MPF 行下，如图 10.2-18 所示。

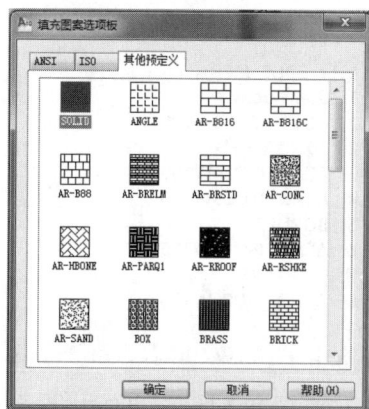

图 10.2-17　记录填充图案名称

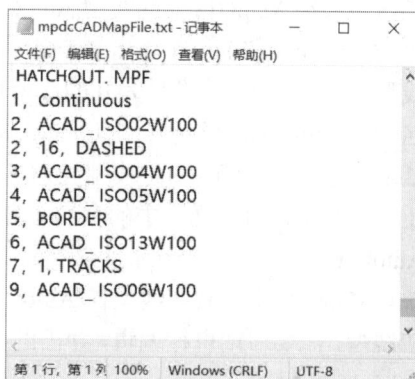

图 10.2-18　导出的填充图案对照表

5. 编辑颜色对照表

在 mpdcCADMapFile.txt 中，COLOROUT.MPF 行下存放的是导出.dxf 文件时颜色的对照项，格式为"MapGIS 颜色,AutoCAD 颜色"。例如，"1,18"表示导出.dxf 文件时 MapGIS 中 1 号颜色对应.dxf 文件中的 18 号颜色。同样地，导出的颜色对照表较为完备，一般不用编写。

6. 编辑图层对照表

在 mpdcCADMapFile.txt 中，LAYEROUT.MPF 行下存放的是导出 .dxf 文件时图层的对照项，格式为"AutoCAD 图层号,MapGIS 图层号"。例如，"1，0"表示导入 AutoCAD 的.dxf 文件中图层号为 1 的实体转为 MapGIS 中对应图层号为 0 的实体。编写 MapGIS 中所有图层的编号和与之对应的.dxf 文件中的图层名称的对照表，MapGIS 按照对照表中的对应关系将 MapGIS 文件中的图层转换为.dxf 文件中的图层。在图层所指不明确的情况下，可以从零开始按顺序编号。导出的图层对照表如图 10.2-19 所示。

图 10.2-19　导出的图层对照表

7. 导出.dxf 文件

在"GDBCatalog"窗格中的"MapGISLocal"下的 cad_map 中，分别右击简单要素类（miaowa.WT、miaowa.WL、miaowa.WP）和注记类（miaowa.WT），并选择"导出"选项，导出点 miaowa.WT.dxf、线 miaowa.WL.dxf、面 miaowa.WP.dxf、注记 miaowa.WT.dxf 四个文件。

8. AutoCAD 图层合并

启动 AutoCAD，打开 miaowa.WP.dxf 文件，将其他三个文件插入该文件，即可得到合并后的储量估算图，如图 10.2-20 所示。

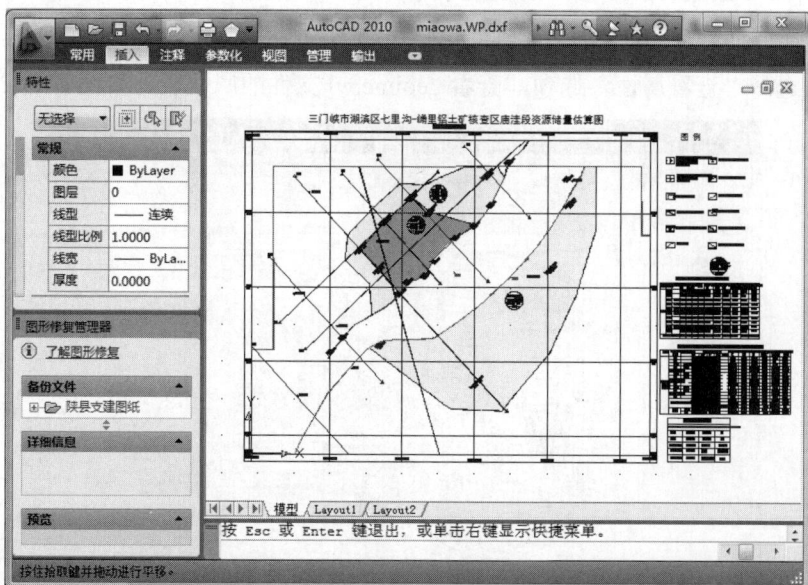

图 10.2-20　合并后的储量估算图

10.3　MapGIS 数据与 ArcGIS 数据间的转换

10.3.1　问题提出和数据准备

1.　问题提出

MapGIS 是一款优秀的国产 GIS 软件，它拥有强大的地图编辑功能且易于操作，获得了国内用户的欢迎。ArcGIS 是美国专业 GIS 软件公司 ESRI 的旗舰产品，对空间数据库的支持非常强大。

与 MapGIS 的数据格式不同，ArcGIS 的数据格式与表示的特征的类型没有关系。ArcGIS 的数据格式主要有 Shape、Coverage 和 E00。其中，一个图形特征的 Shape 或 Coverage 数据是由一组文件组成的，相当于一个小型桌面数据库，E00 是一种交换（Interchange）格式，用于不同平台之间的数据转换。

ArcGIS 的 GeoDatabase 是数据在空间数据库中的一种存储方式，GeoDatabase 中每个特征构成一个特征类（Feature Class），多个特征类构成一个特征数据集（Feature Dataset）。

2.　数据准备

MapGIS 的标准数据格式主要有点要素、线要素、面要素及注记类 4 种，本节提供了 1∶50 000 崇阳县地质图的地理数据库 GeoDB，它包含 MapGIS 点数据、线数据、面数据标准格式图层，其中线数据包含水系要素、道路要素、地质界线等，点数据包含居民地注记、地形注记、地质代号注记和各子图标识。数据存放在 E:\Data\gisdata10.3 文件夹内。

10.3.2　MapGIS 数据转换成 ArcGIS 数据

1.　MapGIS 数据转换成 E00 数据再转换成 Shape 数据

（1）附加地理数据库 GeoDB，在"新地图 1"中添加 geoline.wl，如图 10.3-1 所示。右击该图层，选择"查看属性"选项，查看 geoline.wl 文件的属性表，如图 10.3-2 所示。

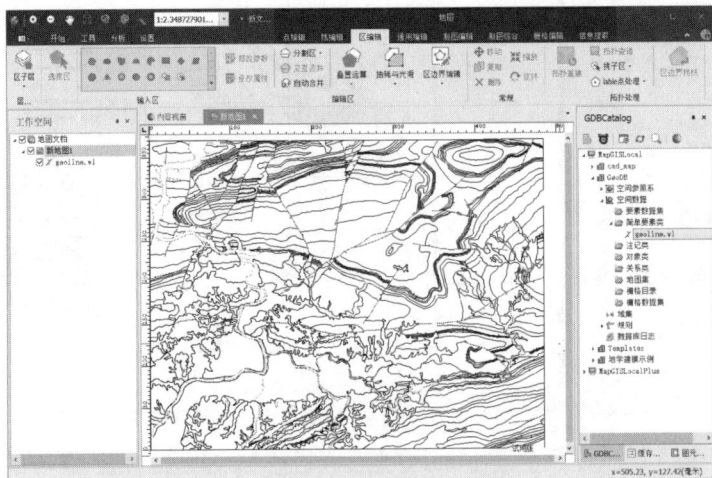

图 10.3-1　添加 geoline.wl 图层

属性视图

☑只读　☑图属联动　□单击跳转图元　□仅显示选中

geoline.wl ×

序号	OID	ID	mplLength	mapcode	type	right body	left body	relation	date A7	routecode	mpLayer
5	5	7	0.259653	H50E014001				整合接触			1
6	6	8	9.792689	H50E014001				整合接触			1
7	7	10	23.203350	H50E014001		T1d4	T1-2j1	整合接触			100
8	8	11	23.283120	H50E014001				整合接触			1
9	9	13	17.396330	H50E014001				整合接触			1
10	10	14	3.788151	H50E014001				整合接触			1
11	11	17	1.819690	H50E014001				整合接触			1
12	12	18	12.330693	H50E014001				整合接触			1
13	13	19	4.331203	H50E014001				整合接触			1
14	14	21	64.370641	H50E014001		S2f3	S2f2	整合接触			100
15	15	23	1.285179	H50E014001				整合接触			1
16	16	25	1.582841	H50E014001				整合接触			1
17	17	26	4.558854	H50E014001				整合接触			1
18	18	27	0.216564	H50E014001				整合接触			1
19	19	28	5.676294	H50E014001		P2m	P3l+P3d	平行不整合接触			21
20	20	29	1.675102	H50E014001				整合接触			1
21	21	30	6.370763	H50E014001				整合接触			1
22	22	33	69.446035	H50E014001		T1-2j1	T1-2j2	整合接触			100
23	23	35	23.597867	H50E014001		T1d3	T1d4	整合接触			100
24	24	37	14.914611	H50E014001		P3l+P3d	T1d1	整合接触			100
25	25	38	0.203530	H50E014001				整合接触			100
26	26	40	3.044456	H50E014001				整合接触			1
27	27	41	4.511616	H50E014001				整合接触			1

图 10.3-2　查看 geoline.wl 文件的属性表

（2）在"GDBCatalog"窗格中的"MapGISLocal"下右击 geoline.wl 文件，选择"导出"→"其他数据"选项，弹出"数据转换"对话框，设置"目的数据目录"，例如，E:\working，目的类型选择 E00 文件，单击"转换"按钮，生成 geoline.wl.e00 文件。

（3）将 E00 数据转换为 Shape 数据。右击地理数据库 GeoDB 下的空间数据，选择"导入"→"其他数据"选项，导入 E:\working\geoline.wl.e00 作为源数据，如图 10.3-3 所示。单击"转换"按钮，生成目的数据文件 geoline.wl_lin，如图 10.3-4 所示。右击 geoline.wl_lin，选择"导出"→"其他数据"选项，弹出"数据转换"对话框，设置"目的数据目录"，例如，E:\working，将"目的数据类型"设置为 Shape 文件，如图 10.3-5 所示。设置完成后，单击"转换"按钮，生成名为 geoline.wl_lin 的 Shape 数据。

数据转换　　　　　　　　　　　　　　　　　　—　□　×

源数据名	源数据目录	目的数据类型	目的数据名	目的数据目录	参数	状态
▲ 转换类型: E00文件 -> 简单要素类						
□ geoline.wl.e00	E:\working	简单要素类	geoline.wl	GDBP://MapGi...	...	等待

□转换全部成功后关闭此对话框　　　　　　　　　　　　　　转换(I)　　退出(X)

图 10.3-3　导入 geoline.wl.e00 文件

2. MapGIS 数据直接转换成 Shape 数据

（1）附加地理数据库 GeoDB。

（2）在"GDBCatalog"窗格中的"MapGISLocal"下右击 geoline.wl 文件，选择"导出"→"其他数据"选项，弹出"数据转换"对话框，设置"目的数据目录"，例如，E:\working，将"目的数据类型"设置为 Shape 文件，单击"转换"按钮，生成名为 geoline 的 Shape 文件。

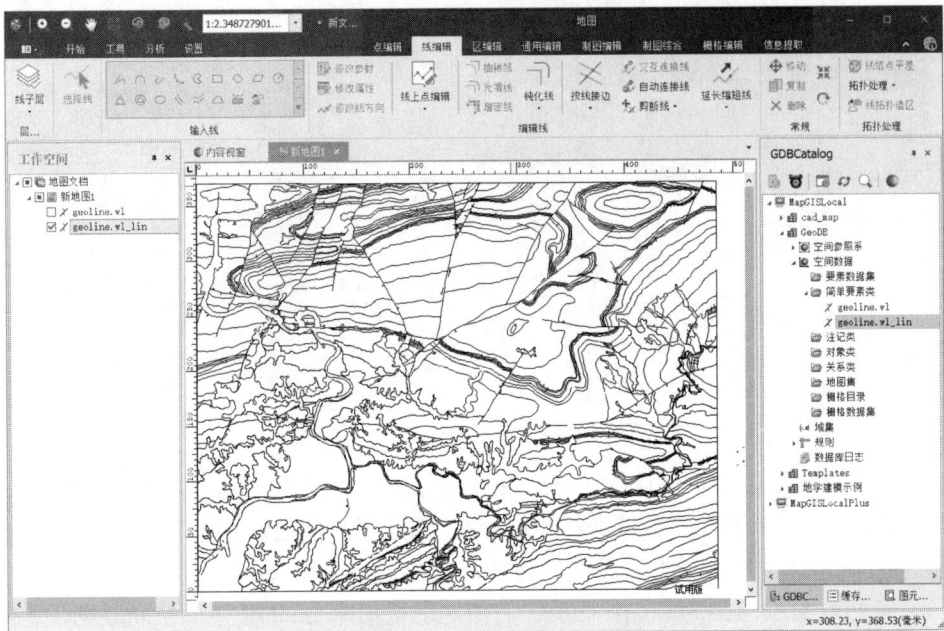

图 10.3-4　geoline.wl_lin 文件

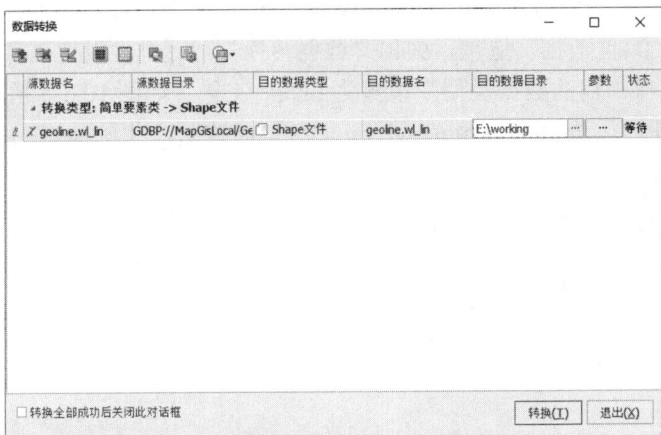

图 10.3-5　"数据转换"对话框

3. 在 ArcGIS 中打开文件，将其转换成 Shape 数据

（1）启动 ArcCatalog，将 E:\working 连接到 ArcCatalog。

（2）启动 ArcMap，添加 geoline.wl 图层，如图 10.3-6 所示。右击该图层，选择"打开属性表"选项，查看属性值，如图 10.3-7 所示。

4. MapGIS 数据先转换成 E00 数据再转换成 Coverage 数据

（1）MapGIS 数据转换成 E00 数据。具体操作方法参见 10.3.2 节 1 部分的步骤（2）。

（2）E00 数据转换成 Coverage 数据。

① 启动 ArcCatalog，依次选择"地理处理"→"ArcToolbox"选项，如图 10.3-8 所示。

② 在打开的 ArcToolbox 窗口中，依次选择"转换工具"→"转为 Coverage"→"从 E00 导入"选项，如图 10.3-9 所示，弹出"从 E00 导入"窗口。

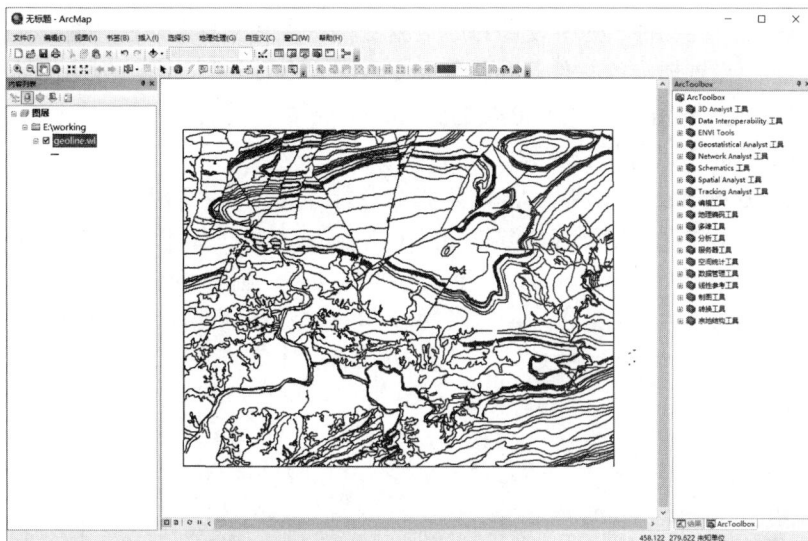

图 10.3-6 geoline.wl 图层

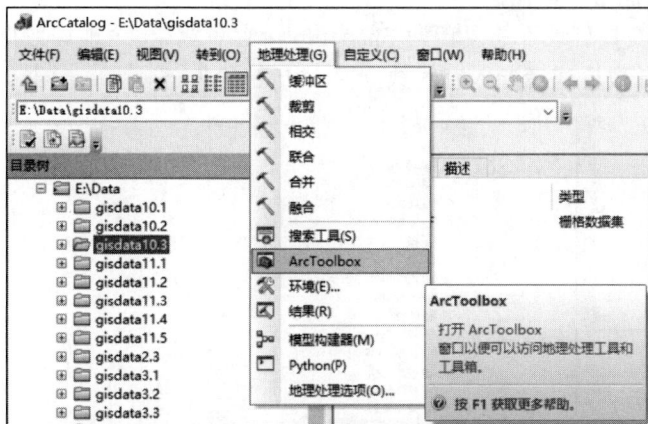

图 10.3-7 geoline.wl 文件的属性表

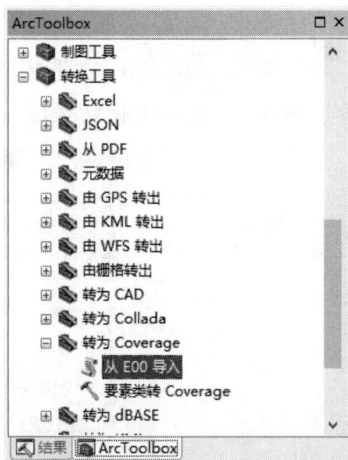

图 10.3-8 依次选择"地理处理"→"ArcToolbox"选项

图 10.3-9 选择"从 E00 导入"选项

③ 在"输入交换文件"框中设置 E00 数据文件路径和文件名,在"输出文件夹"框和"输出名称"框中设置转换的文件保存路径和文件名,具体设置如图 10.3-10 所示。完成设置后,单击"确定"按钮,完成 E00 数据到 Coverage 数据的转换。

(3)在 ArcEdit 中进行拓扑重建。

利用 ArcInfo Workstation 启动 Arc,进入命令行界面,输入如下命令。

① 创建一个工作区,用于存放要编辑的 Coverage 文件,如果要将 Coverage 文件存放至已有的文件夹,则不必输入此命令:

```
Arc:create workspace E:\GIS
```

② 选择一个文件夹,作为当前的工作区:

```
Arc:workspace E:\GIS
```

③ 将源 Coverage 文件复制到当前工作区:

```
Arc:copy E:\GIS \Coveragename Coveragename
```

④ 设置显示器种类:

```
Arc:&station9999
```

⑤ 启动 ArcEdit:

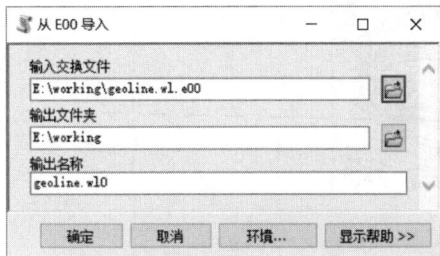

图 10.3-10 "从 E00 导入"窗口

```
Arc:ArcEdit
```

⑥ 设置当前编辑的 Coverage 文件:

```
Arcedit:edit coverage Coveragename
```

⑦ 设定当前编辑的特征:

```
Arcedit:edit feature arcs
```

⑧ 重建拓扑关系:

```
Arcedit:clean
```

⑨ 保存:

```
Arcedit:save
```

⑩ 退出 ArcEdit:

```
Arcedit:quit
```

⑪ 退出 Arc:

```
Arc:quit
```

执行以上命令后,目录 E:\GIS 中的 Coverage 文件就是重建拓扑后的文件。

(4)将 Coverage 数据转换为其他格式数据。

① 在 ArcToolbox 中选择转换工具目录下的"转为 Shapefile"或者"转出至地理数据库",将 Coverage 数据转换成 Shape 数据或者导入空间数据库,如图 10.3-11 所示。

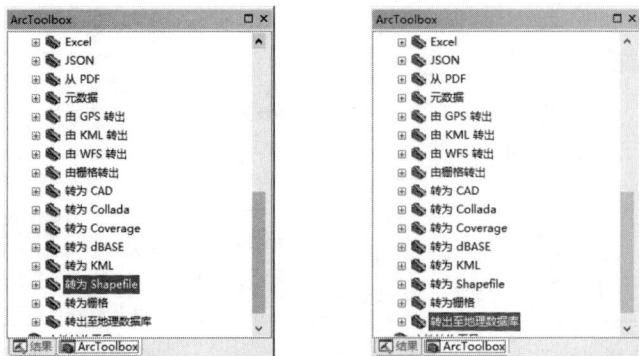

图 10.3-11 将 Coverage 数据转换成 Shape 数据或导入空间数据库

② 或者在 ArcCatalog 中右击要转换的 Coverage 文件，选择"导出"→"转为 Shapefile"或"转出至地理数据库"选项，将 Coverage 数据转换为 Shape 数据或者导入空间数据库，如图 10.3-12 所示。

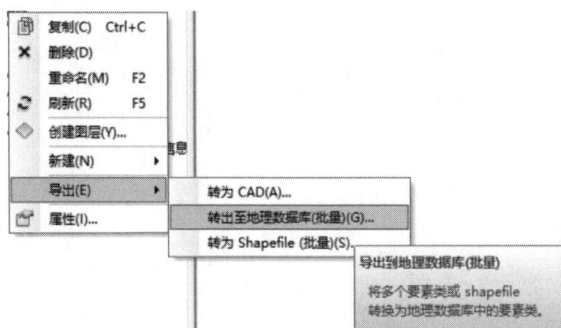

图 10.3-12　将 Coverage 数据导入空间数据库

10.3.3　ArcGIS 数据转换成 MapGIS 数据

ArcGIS 10.2 到 MapGIS 10 的数据转换是 MapGIS 10 到 ArcGIS 10.2 的数据转换的逆过程，有两种方法可实现。

1. 将 ArcGIS 10.2 Shape 格式文件直接转换为 MapGIS 10 文件

（1）在 MapGISLocal 中创建名为 GeoDB2 的地理数据库。

（2）依次选择"工具"→"数据导入"→"外部数据"选项，弹出"数据转换"对话框，导入 E:\working 目录下的 geoline.wl.shp 文件为源数据，目的数据存放在 GeoDB2 地理数据库中，具体数据如图 10.3-13 所示。单击"转换"按钮，生成 geoline.wl_line 文件。

（3）在"新地图 1"标签页中查看 geoline.wl 图层，如图 10.3-14 所示。

图 10.3-13　将 Shape 格式文件转换成 geoline.wl_line 文件

2. 将 ArcGIS 10.2 数据转换为 E00 格式数据，再将 E00 格式数据转换为 MapGIS 数据

（1）ArcGIS 10.2 数据转换为 E00 格式数据。

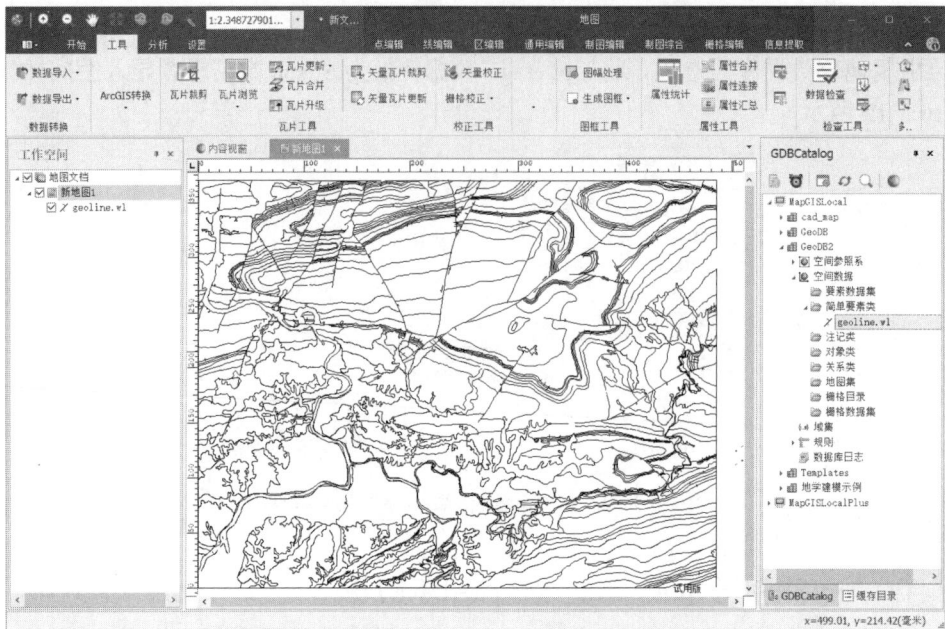

图 10.3-14　geoline.wl 图层

启动 ArcGIS，进入命令行界面，输入如下命令。

① 设置工作区：

```
Arc:workspace E:\Working
```

② 将一个图层 CoverageData 转换为 A.e00 格式：

```
Arc:Export coverage CoverageData A
```

③ 退出：

```
Arc:quit
```

（2）E00 格式数据转换为 MapGIS 数据。

① 在"GDBCatalog"窗格中的"MapGISLocal"下，依次选择"工具"→"数据导入"→"外部数据"选项，弹出"数据转换"对话框，导入 E:\working 中的 geoline.wl 的 E00 格式文件作为源数据，将目的数据存放在 GeoDB2 地理数据库中，单击"转换"按钮，生成 geoline.wl_line 文件。

② 在"新地图 1"标签页中查看 geoline.wl 图层，如图 10.3-14 所示。

第11章

综合应用

11.1 燕麦试验田选址

11.1.1 问题提出和数据准备

1. 问题提出

本节将进行选址的空间分析，选址的目的是找到一块试验田来进行提高燕麦产量的试验。在选好址后，要根据该地块的价格编制预算。选址标准如下。

（1）位置最好在燕麦（Oats）或紫花苜蓿（Lucerne）的管理区域。

（2）土壤类型要适合燕麦生长。

（3）必须距现有公路不超过 400 米。

（4）为了避免硝酸盐浸出，选址区域必须距离现有河流至少 100 米。

（5）选址区域面积要大于 1 公顷。

为了完成选址，需要对地块多边形扫描地图进行矢量化，对得到的矢量数据进行编辑，建立拓扑关系，完成属性编辑，并在此基础上，进行检索、叠加分析、缓冲区分析等操作。针对具体的选址标准，需要进行的操作如下。

（1）检索出燕麦（Oats）和紫花苜蓿（Lucerne）的管理区域。

（2）从土壤（soil）图层中检索出适合燕麦生长的土壤类型。

（3）在公路（roads）图层中对公路创建半径为 400 米的缓冲区。

（4）在水系（hydro）图层中对河流创建半径为 100 米的缓冲区。

（5）将以上几个图层叠加，选择满足条件的区域。

（6）检索出面积大于 1 公顷的多边形。

2. 数据准备

现有一幅扫描地图，如图 11.1-1 所示，图中各多边形代表不同地块，为了对这些地块进行一些复杂的分析，需要把这幅扫描地图转换成矢量形式，并建立多边形间的拓扑关系。CropDB 地理数据库包含扫描地图 cropmap.jpg、土壤数据层 soil.wp、河流数据层 hydro.wl、公路数据层 roads.wl。数据存放在 E:\ Data\gisdata11.1 文件夹中。

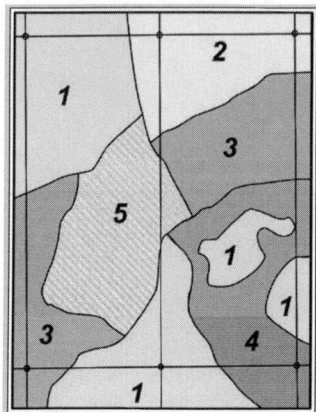

图 11.1-1 扫描地图

11.1.2 图像配准

图像配准实际上是指对扫描地图建立空间坐标系，在 MapGIS 中通过添加已知的控制点坐标实现图像的配准。

1. 打开 cropmap.jpg

（1）在"GDBCatalog"窗格中的"MapGISLocal"下，附加地理数据库 CropDB，在"新地图 1"中添加 cropmap.jpg。

（2）在"地图视图"标签页中右击，选择"复位"选项，cropmap.jpg 就能够显示出来，如图 11.1-2 所示。

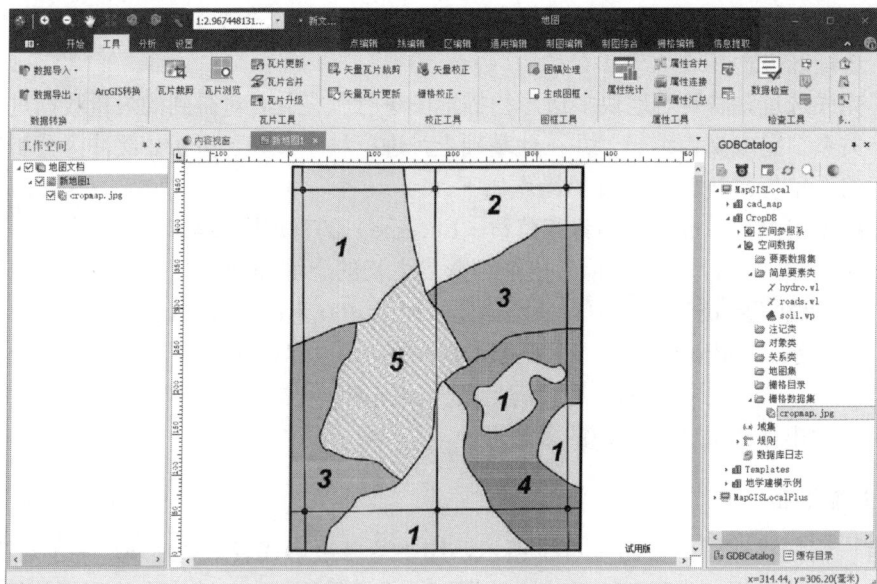

图 11.1-2 显示 cropmap.jpg

2. 控制点信息

位图有 6 个控制点，各点对应的坐标值如表 11.1-1 所示，X（DMS）为经度，Y（DMS）

为纬度，X（m）为转化后的高斯平面直角坐标系中去掉投影带号 37 后的 X 坐标，Y（m）为转化后的高斯平面直角坐标系中的 Y 坐标，比例尺为 1∶1。

表 11.1-1 各控制点对应的坐标值

ID	X（DMS）	Y（DMS）	X（m）	Y（m）
1	112°13′00″	34°23′00″	611899.02151	3806921.52942
2	112°15′00″	34°23′00″	614964.92339	3806958.80483
3	112°17′00″	34°23′00″	618030.83948	3806997.08818
4	112°17′00″	34°19′00″	618124.32825	3799601.03142
5	112°15′00″	34°19′00″	615055.98266	3799562.78290
6	112°13′00″	34°19′00″	611987.65138	3799525.54142

3. 栅格校正

依次选择"工具"→"校正工具"→"栅格校正"→"非标准校正"选项，在"非标准校正"标签页中单击"校正图层"图标，进行栅格校正，如图 11.1-3 所示。

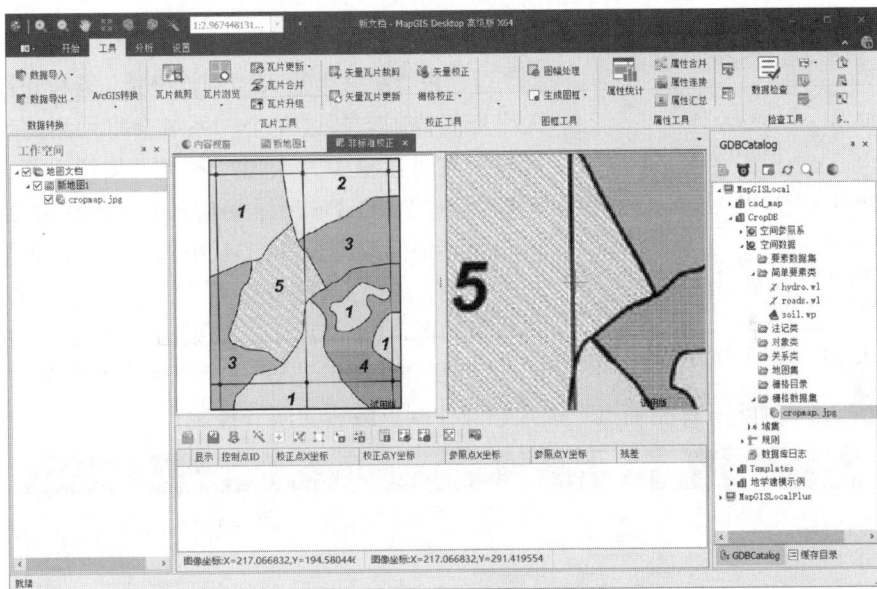

图 11.1-3 进行栅格校正

4. 添加控制点

向校正图像中添加控制点，以进行几何校正，对 6 个控制点的添加顺序并无要求，可以按照控制点 ID1、2、3、4、5、6 的顺序依次添加，具体操作如下。

（1）在"非标准校正"标签页中单击"输入控制点"图标 ，此时系统处于添加控制点状态。

（2）单击 1 号控制点，系统将弹出一个以目标点为中心的局部放大窗口，如图 11.1-4 所示，目标点在该窗口内被标注为红色"+"，此时可以通过在该窗口内单击来精确指定目标点。

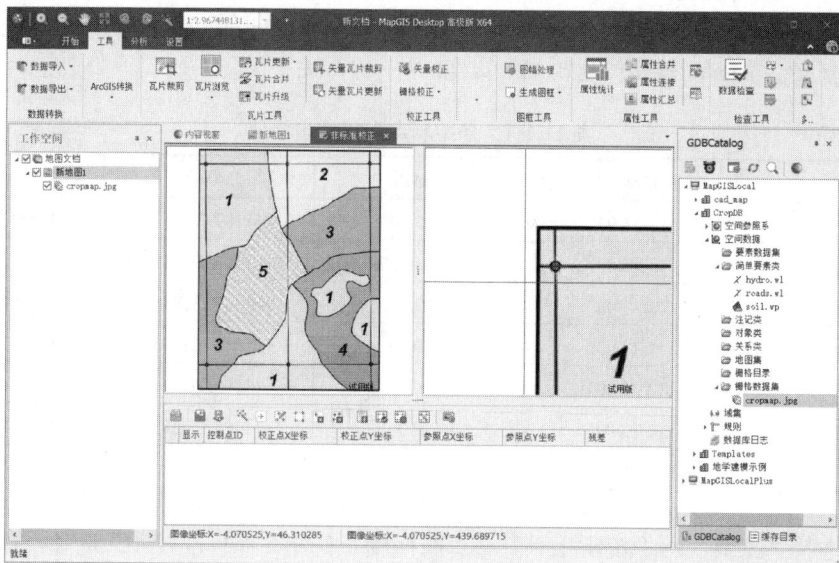

图 11.1-4　以目标点为中心的局部放大窗口

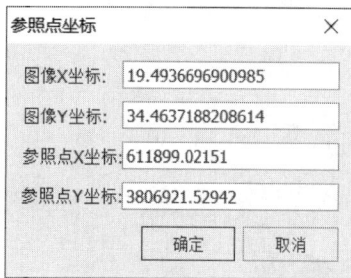

图 11.1-5　输入控制点坐标

（3）按空格键确认控制点的位置，弹出"参照点坐标"对话框，在框中输入控制点坐标（若校正图像中输入坐标的控制点超过 3 个，系统会将预测的参照点坐标显示在对话框中）。单击"确定"按钮，成功添加一个控制点。图 11.1-5 所示为输入的 1 号控制点的坐标，将参照点坐标改为表 11.1-1 中的坐标值。依次添加控制点 2、控制点 3、控制点 4、控制点 5、控制点 6，最终结果如图 11.1-6 所示。如果出现错误，可以通过撤销、恢复操作来清除错误，也可以利用 和 工具或"删除控制点"或"删除所有控制点"选项删除控制点或删除所有控制点。

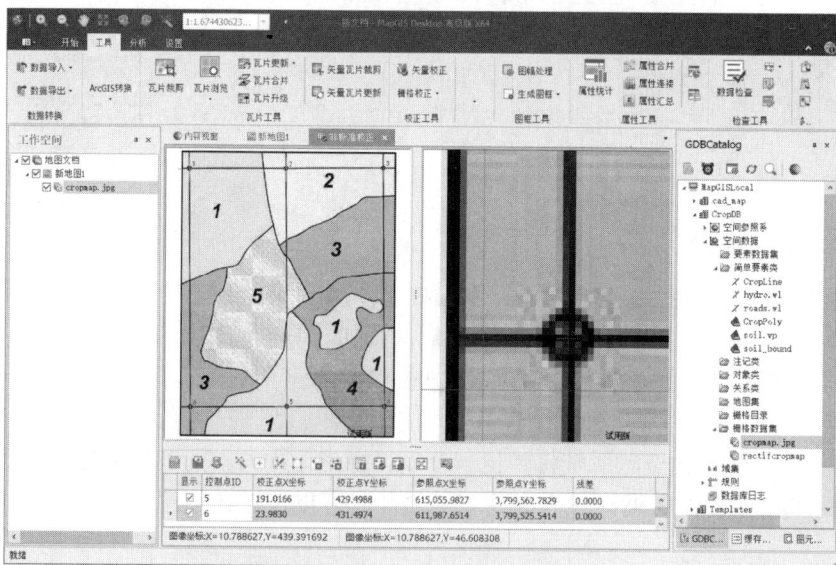

图 11.1-6　添加所有控制点的效果

（4）在"非标准校正"标签页上拉" ······ "图标，可以查看添加的控制点的详细信息，如图 11.1-7 所示。

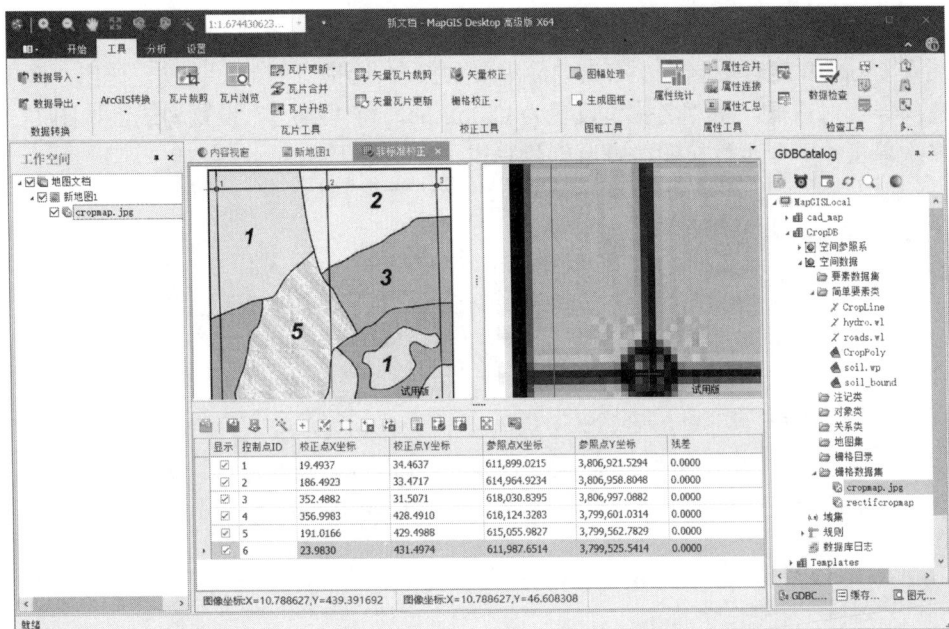

图 11.1-7 控制点的详细信息

（5）在"非标准校正"标签页中，单击"保存控制点文件"图标 ，将添加的校正图像的控制点保存为一个控制点文件。

5．几何校正

控制点坐标输入完毕后，可以进行几何校正。在"非标准校正"标签页中单击"几何校正"图标 ，弹出"校正参数"对话框，在"输出影像路径"框中将结果命名为rectifcropmap，将文件类型设置为.tif，设置"输出影像路径"，其他参数保持默认值，如图 11.1-8 所示。

图 11.1-8 "校正参数"对话框

11.1.3 修改地理数据库

1. 新建简单要素类 CropLine

展开 CropDB 地理数据库，右击"简单要素类"，选择"创建"选项，弹出"简单要素类创建向导"对话框，将"名称"设置为 CropLine，将"类型"设置为线，如图 11.1-9 所示。多次单击"下一步"按钮，直至创建完成。

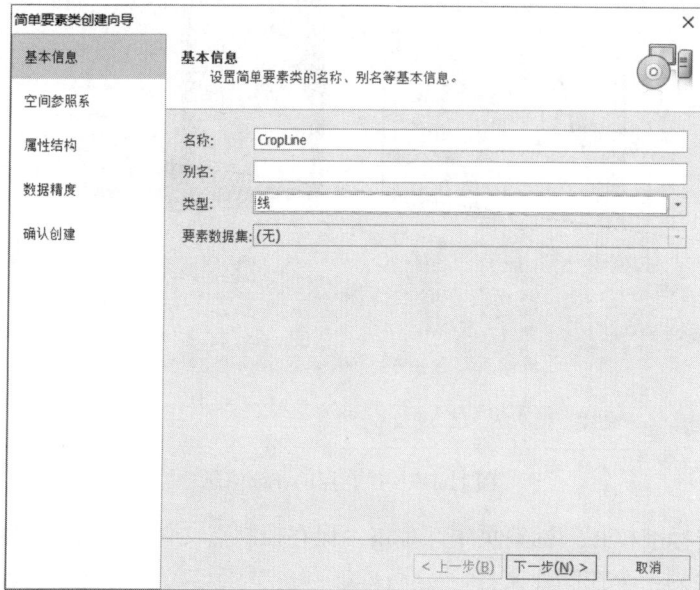

图 11.1-9　新建简单要素类 CropLine

2. 导入 rectifcropmap.tif

展开 CropDB 地理数据库，右击"栅格数据集"，选择"导入"→"栅格文件"选项。在弹出的"数据转换"对话框中导入 E:\working 目录下的 rectifcropmap.tif 文件，如图 11.1-10 所示，单击"转换"按钮，完成转换后查看结果，可发现增加了一个名为 rectifcropmap.tif 的栅格数据集。

图 11.1-10　导入 rectifcropmap.tif

11.1.4 数字化及拓扑造区

1. 添加 rectifcropmap.tif 和 CropLine 图层

（1）右击"新地图 1"，选择"添加图层"选项，添加 rectifcropmap 图层和 CropLine 图层，将 CropLine 图层移动到 rectifcropmap 图层的下面。

（2）右击 CropLine 图层，选择"当前编辑"选项，或者双击该图层，使该图层处于当前编辑状态。

（3）在"新地图 1"标签页中右击，选择"复位"选项，图像就可以显示出来，如图 11.1-11 所示。

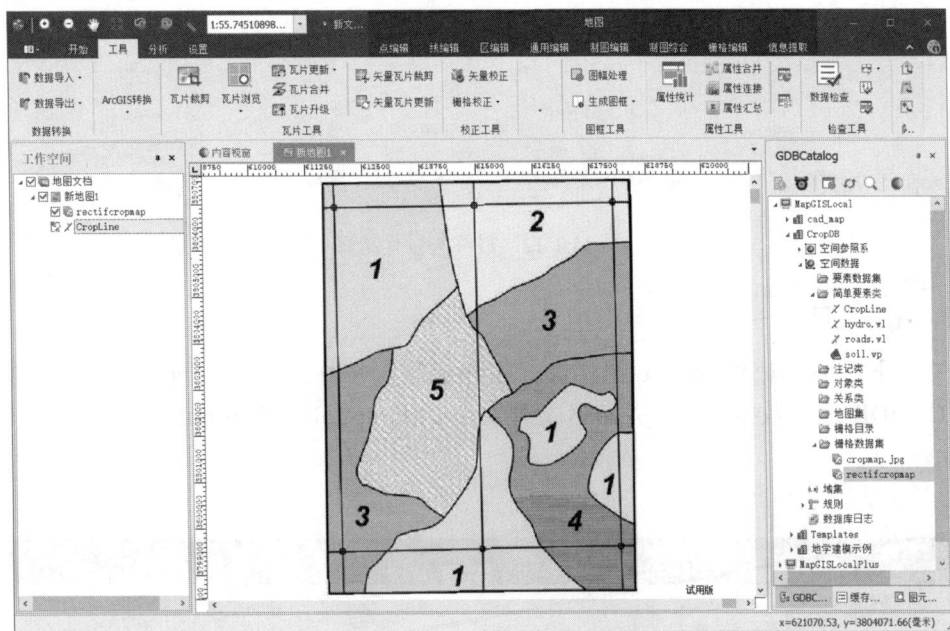

图 11.1-11 添加图层

2. 跟踪矢量化

（1）单击"线编辑"→"⚞"（造折线）图标，鼠标指针变成十字光标，此时可以对 rectifcropmap 中多边形的边线进行跟踪矢量化。

（2）在矢量化生成线文件后，若刷新之后没有显示线型，则可以在"新地图 1"标签页中任意位置右击，选择"更新窗口"选项，就可显示线型。

（3）矢量化过程同 2.3 节，最终矢量化结果如图 11.1-12 所示。

提示：

（1）在矢量化过程中，尽量都生成悬挂线（过头线），以便进行后续的拓扑处理和造区处理。

（2）在数字化过程中，若线输入有误，则可以使用 Undo、Redo 功能，也可以使用删除线等功能。

（3）线输入完毕，右击即可结束。如果要使输入的线闭合，则可以通过按 Z 键来实现。例如，矢量化外围矩形框，可以通过按 Z 键实现线闭合。

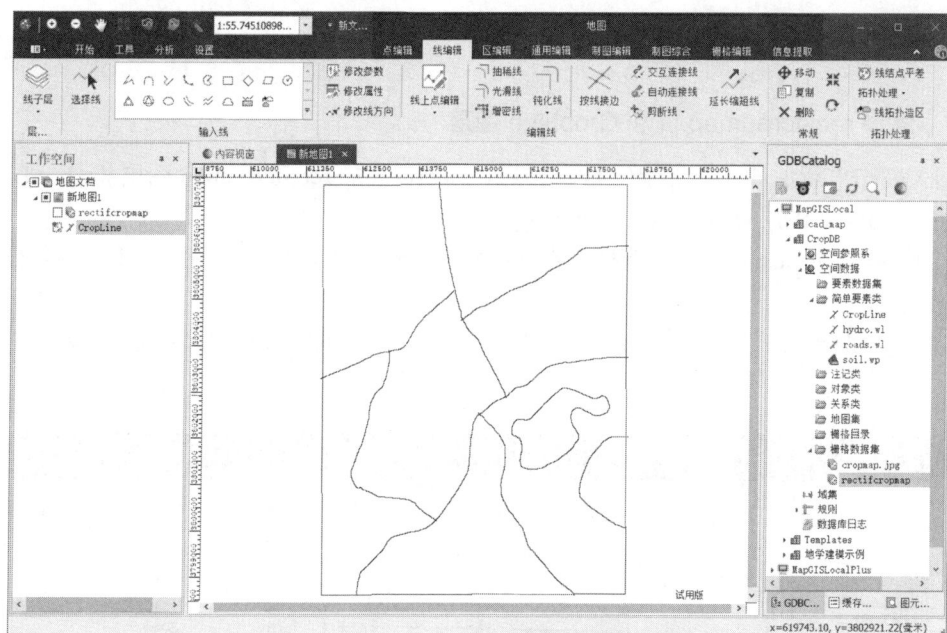

图 11.1-12 最终矢量化结果

3. 拓扑造区

矢量化完毕,对 CropLine 图层进行拓扑造区,拓扑造区过程同 3.4 节,将结果保存在 CropDB 地理数据库中,并将区文件命名为 CropPoly。CropPoly 图层如图 11.1-13 所示。

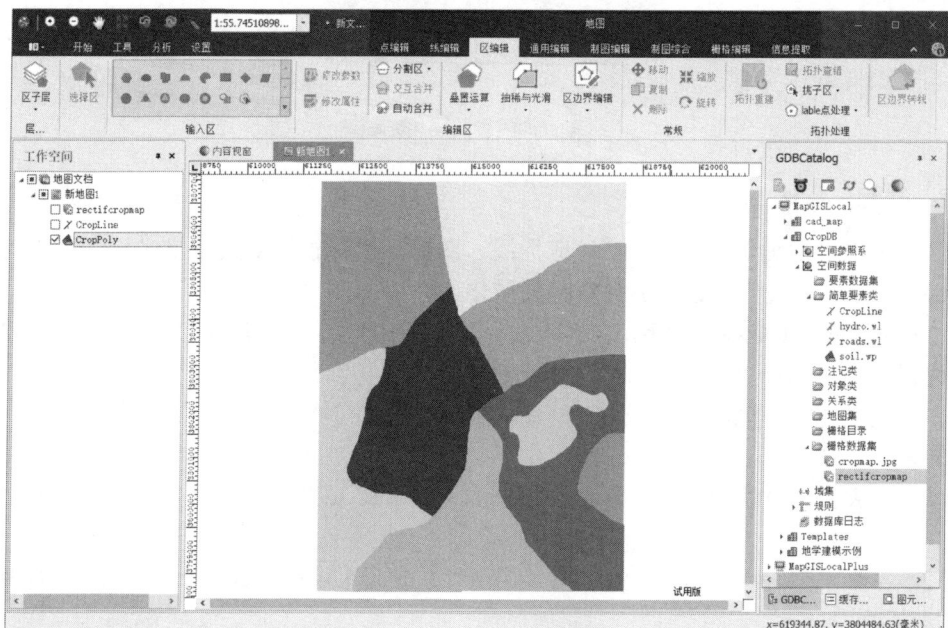

图 11.1-13 CropPoly 图层

11.1.5　图形裁剪

1. 提取 soil 图层的外图框 soil_bound

（1）在"GDBCatalog"窗格中的"MapGISLocal"下，新建 soil_bound 区简单要素类。

（2）添加 soil.wp 图层和 soil_bound 图层，并使 soil_bound 图层处于当前编辑状态。soil 图层如图 11.1-14 所示。

（3）依次选择"区编辑"→"输入区"→"造矩形区"选项，绘制 soil 图层的边界，得到一个矩形区域，如图 11.1-15 所示。

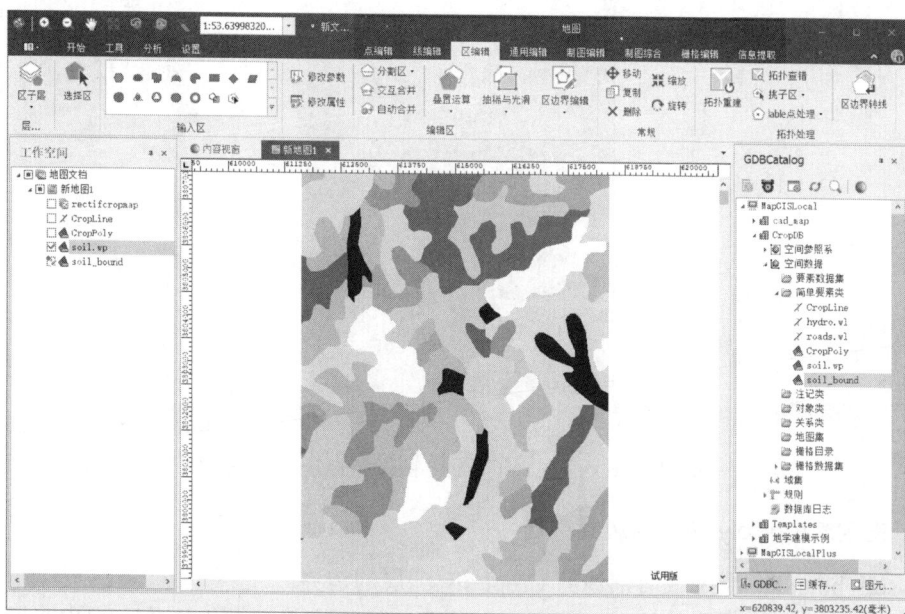

图 11.1-14　soil 图层

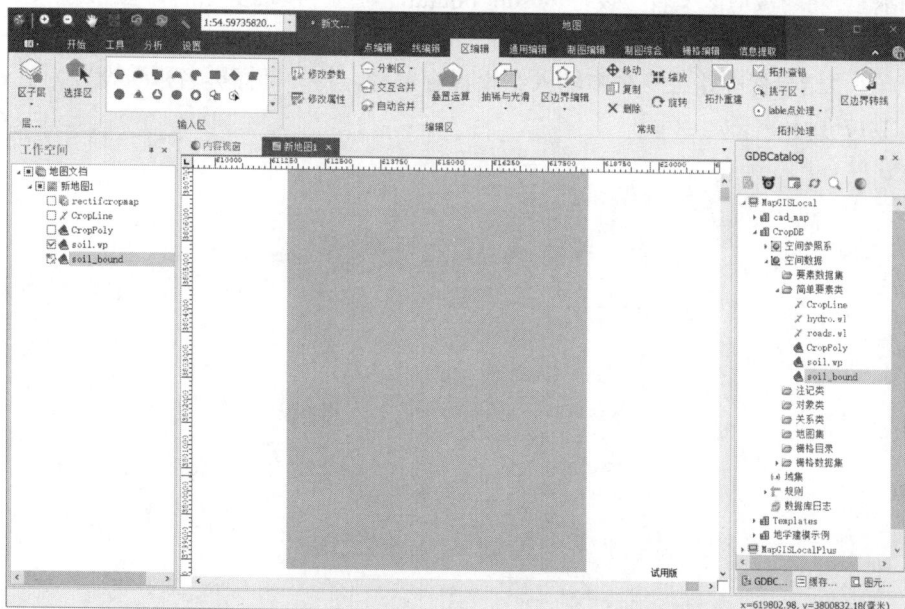

图 11.1-15　soil 图层的外图框（soil_bound 图层）

2. 添加 soil_bound 图层和 CropPoly 图层

添加 soil_bound 图层和 CropPoly 图层，并将其设置为当前编辑状态。可以看到两个图层的边界不一致，soil_bound 图层偏上一点，CropPoly 图层偏下一点，如图 11.1-16 所示。

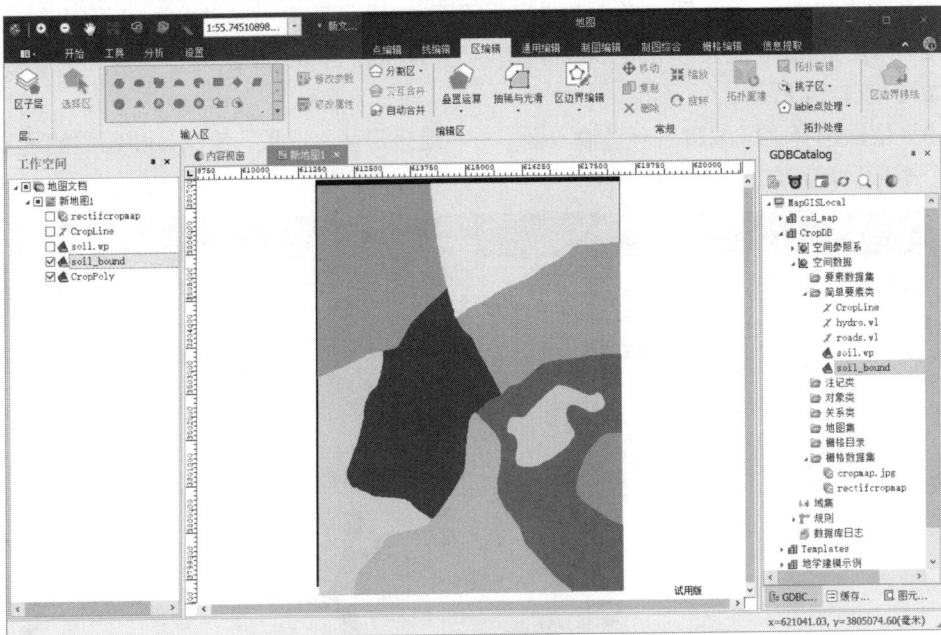

图 11.1-16　添加 soil_bound 图层和 CropPoly 图层

3. 设定 CropPoly 图层的边界

以 soil_bound 图层为裁剪框裁剪 CropPoly 图层的边界。

（1）依次选择"通用编辑"→"裁剪分析"→"区文件裁剪"选项，弹出"区文件裁剪"对话框，将"裁剪区文件"设置为 soil_bound，勾选"被裁剪图层"栏中的"CropPoly"复选框。

（2）在"结果保存路径"框中输入结果保存路径，将"目标类名称"设置为 CropCov，如图 11.1-17 所示。

图 11.1-17　"区文件裁剪"对话框

（3）单击"裁剪"按钮，执行裁剪操作。

（4）打开 CropCov 图层，查看裁剪结果，如图 11.1-18 所示。

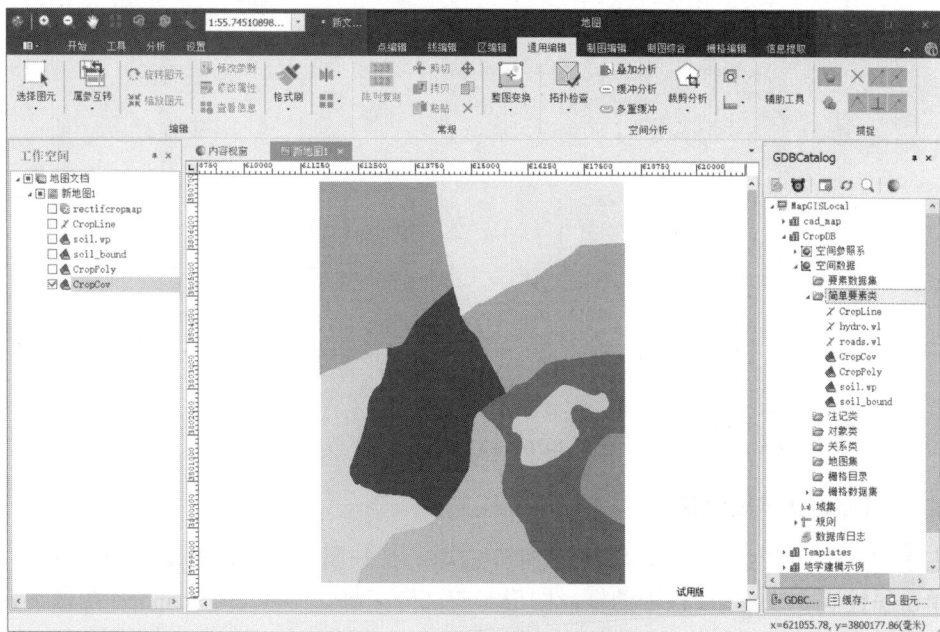

图 11.1-18　CropCov 图层裁剪结果

（5）查看 CropCov 图层的属性表，如图 11.1-19 所示。

序号	OID	mpArea	mpPerimeter	mpLayer
1	1	8064661.5350...	12577.496729	0
2	2	9536224.1111...	12668.288167	0
3	3	7006162.2066...	11313.653410	0
4	5	9269942.1749...	13083.344382	0
5	6	1869118.4081...	6817.013494	0
6	7	6002106.2132...	14467.278696	0
7	8	6873494.6400...	14105.917815	0
8	9	8486914.6728...	22228.249021	0
9	10	1435428.7504...	5027.310479	0

图 11.1-19　CropCov 图层的属性表

11.1.6　添加属性字段

按照 cropmap.jpg 图像中每个农作物的编号，为 CropCov 图层中的多边形添加编号。

1. 为 CropCov 图层添加 TypeID 字段

展开 CropDB 地理数据库，右击 CropCov 图层，选择"属性结构设置"选项，弹出属性结构设置对话框，为 CropCov 图层添加短整型的 TypeID 字段，如图 11.1-20 所示。

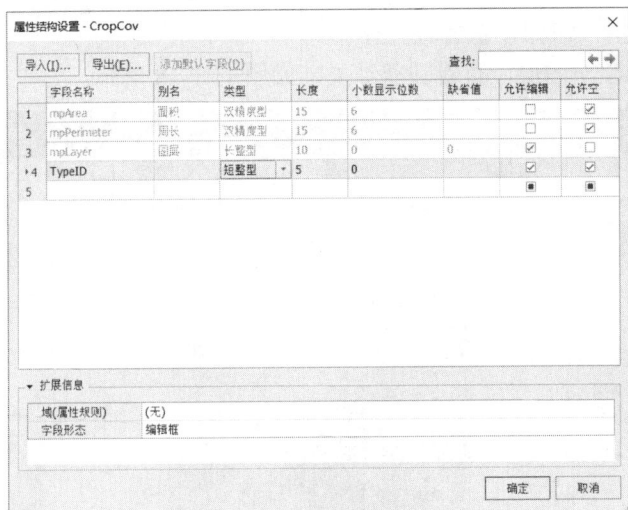

图 11.1-20　添加 TypeID 字段

2. 为 TypeID 字段赋值

右击 CropCov 图层，选择"查看属性"选项，打开属性视图，取消勾选"只读"复选框。单击属性表中 TypeID 栏中的框，图形对应部分闪烁，参照 cropmap.jpg 图像中各农作物的编号为多边形的 TypeID 字段赋值，如图 11.1-21 所示。

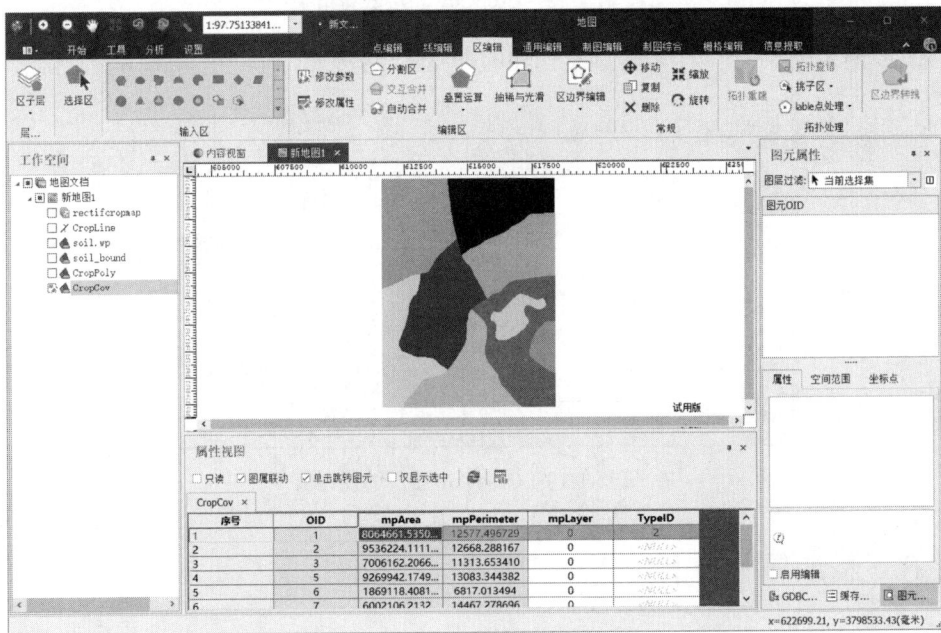

图 11.1-21　为 TypeID 字段赋值

11.1.7　显示 TypeID 注记

1. 打开 CropCov 图层

右击"新地图 1"，选择"添加图层"选项，添加 CropCov 图层，如图 11.1-22 所示。

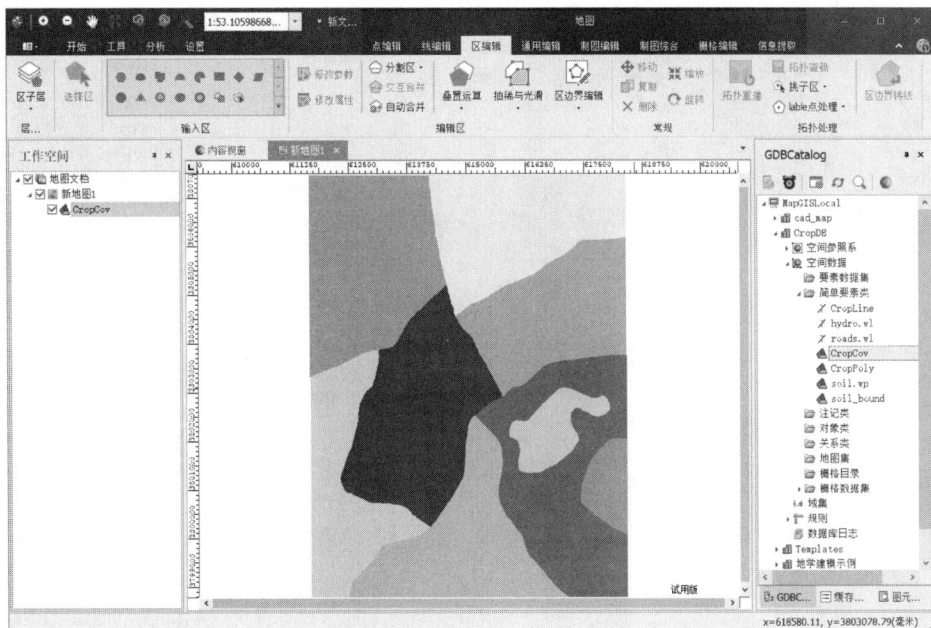

图 11.1-22　添加 CropCov 图层

2. 设置动态注记

（1）右击 CropCov 图层，选择"属性"选项，弹出"CropCov 属性页"对话框。选择"动态注记"选项，勾选"标注此图层中的要素"复选框，选择"简单注记"单选按钮，将"字段"设置为 TypeID，并根据实际情况设置字体和大小等属性。单击"放置属性"按钮，选择同名标注策略，为每个要素放置一个标注，如图 11.1-23 所示，单击"确定"按钮。

（2）在"新地图 1"标签页中右击，选择"更新窗口"选项，显示动态注记，如图 11.1-24 所示。

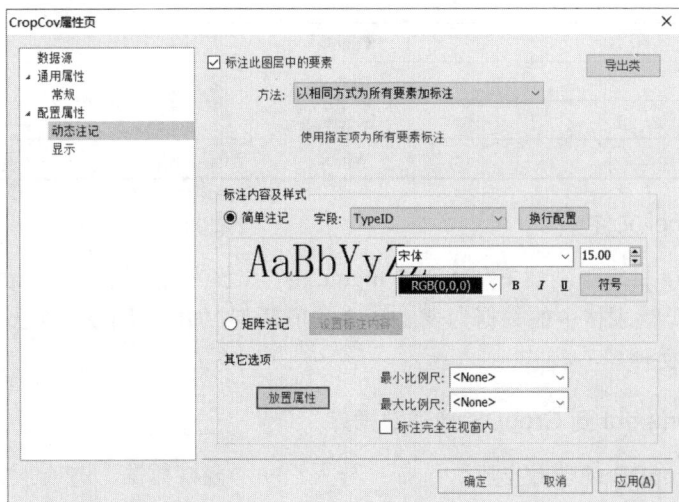

图 11.1-23　设置动态注记

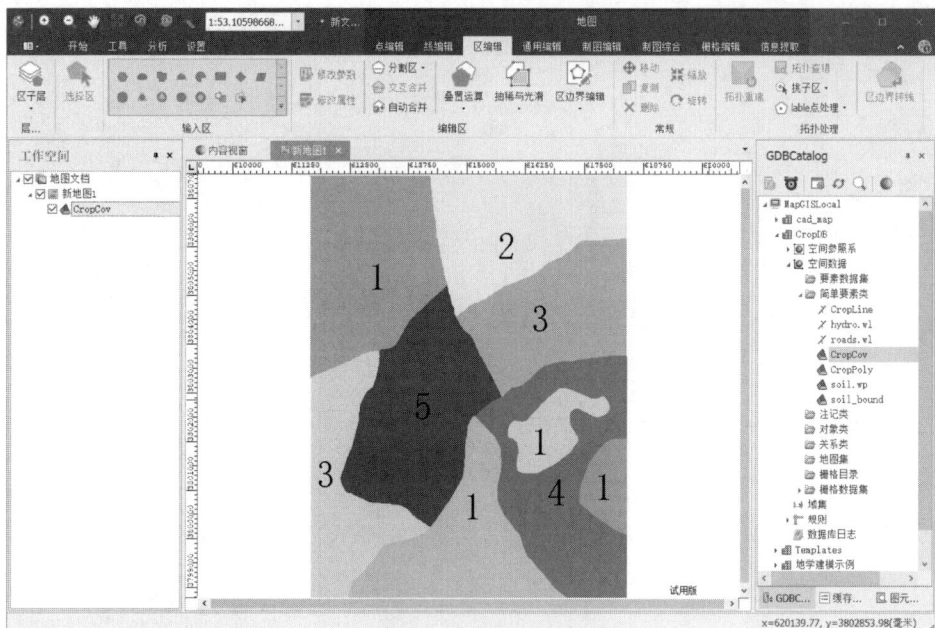

图 11.1-24　显示动态注记

11.1.8　新建纯属性表

英文农作物类型编号如表 11.1-2 所示，据此新建一个纯属性表来表示不同类型编号的区域种植的农作物类型，并将属性表连接到 CropCov 图层的属性表中。注意，在建立纯属性表时仅有前两列数据，没有最后一列。

表 11.1-2　英文农作物类型编号

MGMTNUM	MGMTNAME	说明
1	Oats	燕麦
2	Canola	油菜籽
3	Barley	大麦
4	Lucerne	紫花苜蓿
5	Wheat	小麦

1.　建立 Excel 文件

在 E:\working 目录下新建 Excel 文件 mgmt.xls，在该文件中建立一个.dbf 表格，并将其命名为 mgmt.dbf。该表格中的数据为表 11.1-2 的前两列，如图 11.1-25 所示。建议使用 Excel 2003 创建 Excel 文件。

2.　导入 mgmt.dbf 到 CropDB 地理数据库

（1）右击 CropDB 地理数据库，选择"导入"→"表格数据"选项。

（2）弹出"表格数据导入"对话框，选择 mgmt.dbf 作为源数据，单击"转换"按钮，导入数据。

图 11.1-25　在 Excel 中建立属性表

（3）查看结果，可发现增加了对象类 mgmt.dbf。

3. 查看 mgmt.dbf

（1）预览 mgmt.dbf，可以发现 MGMTNUM 字段不再是整数，如图 11.1-26 所示。

序号	OID	MGMTNUM	MGMTNAME
1	1	1.000000	Oats
2	2	2.000000	Canola
3	3	3.000000	Barley
4	4	4.000000	Lucerne
5	5	5.000000	Wheat

图 11.1-26　导入的 mgmt.dbf

（2）右击 mgmt.dbf，选择"属性结构设置"选项，弹出属性结构设置对话框，可以发现 MGMTNUM 字段的类型为双精度型，将其修改为短整型，如图 11.1-27 所示。

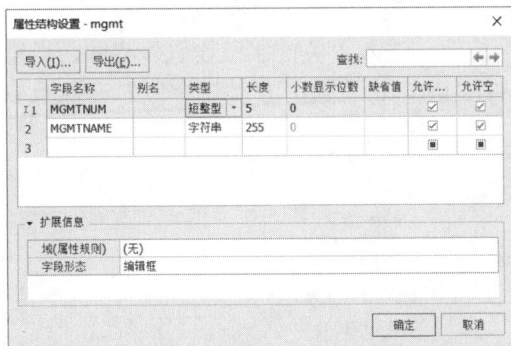

图 11.1-27　修改 MGMTNUM 字段的类型

（3）单击"确定"按钮，弹出提示双精度型转换成短整型会丢失信息的对话框。单击"确定"按钮，得到最终数据。

提示：将 MGMTNUM 字段由双精度型转换成短整型是为了在后续进行属性连接时与短整型的 TypeID 字段对应。

11.1.9　连接属性

将导入数据库中的 mgmt 属性表连接到 CropCov 图层的属性表中，以使该图层的属性表能够显示农作物类型名称。

1. 打开"属性连接"对话框

依次选择"工具"→"属性处理"→"属性连接"选项，弹出"属性连接"对话框。

2. 连接 mgmt 属性表到 CropCov 图层的属性表中

（1）设置参数如下：将"数据 A"设置为 mgmt.dbf 对象类所在目录，将"数据 B"设置为 CropCov 简单要素类所在目录，如图 11.1-28 所示。

图 11.1-28　"选择数据"界面

（2）单击"下一步"按钮，进入"关键字段设置"界面，设置参数如下：将"数据 A 关键字段"设置为 MGMTNUM，将"数据 B 关键字段"设置为 TypeID，单击"添加"按钮，如图 11.1-29 所示。

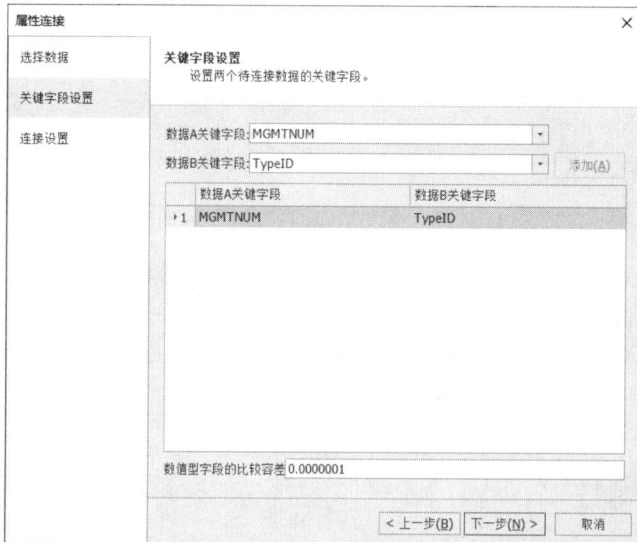

图 11.1-29　"关键字段设置"界面

（3）单击"下一步"按钮，进入"连接设置"界面，设置参数如下：在"字段命名"选区中选择"不更改源字段名"单选按钮，其他参数保持默认值，如图 11.1-30 所示。

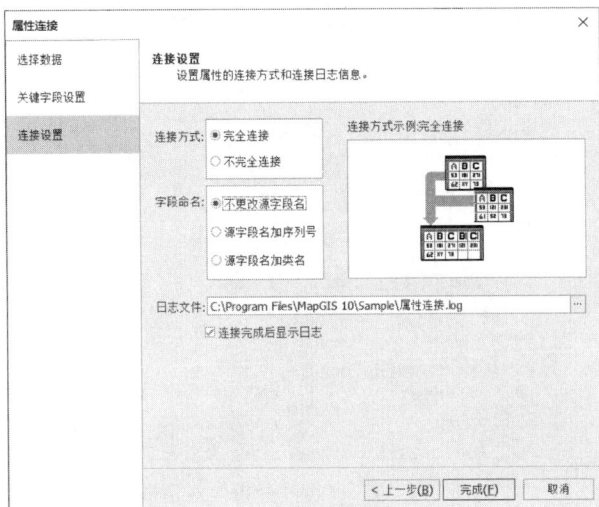

图 11.1-30　"连接设置"界面

（4）单击"完成"按钮，弹出提示"属性连接成功"的对话框。

提示：在进行属性连接时，mgmt.dbf 对象类和 CropCov 简单要素类必须处于关闭状态。

3. 查看连接后的 CropCov 图层的属性表

在"新地图 1"中添加完成属性连接的 CropCov 图层。右击该图层，选择"查看属性"选项，弹出如图 11.1-31 所示的属性表，由此表可以发现连接前后字段 MGMTNUM 和 MGMTNAME 都没有变化。

提示：也可以在 GDB 企业管理器中查看完成属性连接的 CropCov 图层的属性表。

序号	OID	mpArea	mpPerimeter	mpLayer	TypeID	MGMTNUM	MGMTNAME
1	1	8064661.5350...	12577.496729	0	2	2	Canola
2	2	9536224.1111...	12668.288167	0	1	1	Oats
3	3	7006162.2066...	11313.653410	0	3	3	Barley
4	5	9269942.1749...	13083.344382	0	5	5	Wheat
5	6	1869118.4081...	6817.013494	0	1	1	Oats
6	7	6002106.2132...	14467.278696	0	3	3	Barley
7	8	6873494.6400...	14105.917815	0	1	1	Oats
8	9	8486914.6728...	22228.249021	0	4	4	Lucerne
9	10	1435428.7504...	5027.310479	0	1	1	Oats

图 11.1-31　完成属性连接的 CropCov 图层的属性表

11.1.10　缓冲区分析

通过缓冲区分析可确定公路周围 400 米区域和河流周围 100 米区域。

1. 对公路（roads 图层）进行缓冲区分析

（1）添加 roads 图层，并将其设置为当前编辑状态。

（2）依次选择"通用编辑"→"空间分析"→"缓冲分析"选项，弹出"缓冲分析"对话框，在"缓冲区半径方式"选区中将缓冲半径设置为 400；在"保存路径"框中将缓冲结果命名为 roadbuff，并保存在 CropDB 地理数据库中，其他参数保持默认值，如图 11.1-32 所示。单击"确定"按钮，执行缓冲区分析操作。

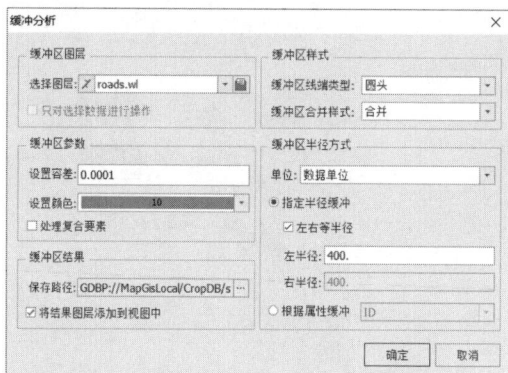

图 11.1-32　"缓冲分析"对话框

（3）将 roadbuff 图层放在 roads 图层上，缓冲区分析结果如图 11.1-33 所示。

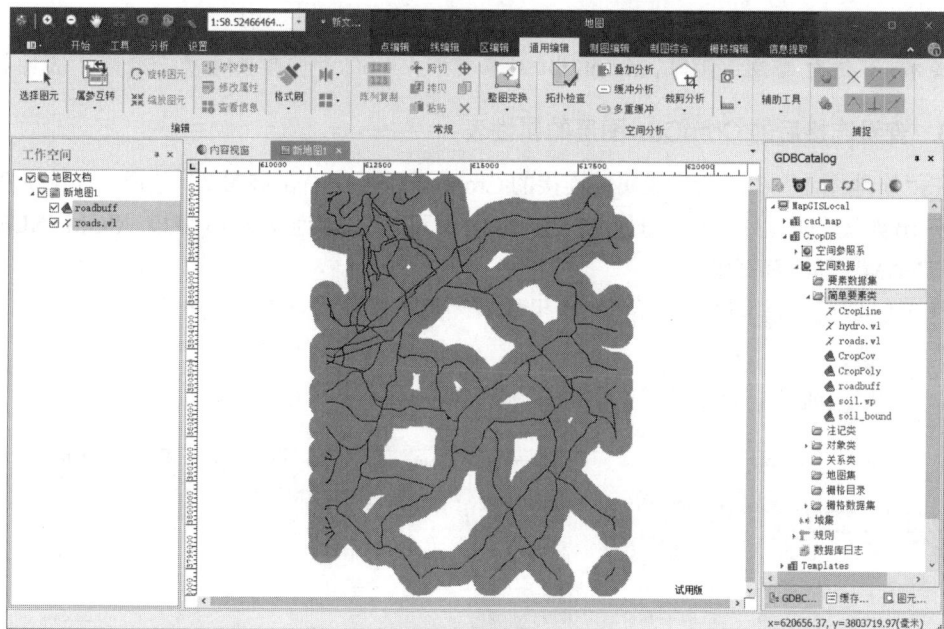

图 11.1-33　缓冲区分析结果 1

2. 对水系（hydro 图层）进行缓冲区分析

（1）添加 hydro 图层，并将其设置为当前编辑状态。

（2）依次选择"通用编辑"→"空间分析"→"缓冲分析"选项，弹出"缓冲分析"对话框，在"缓冲区半径方式"选区中将缓冲半径设置为 100；在"保存路径"框中，将缓冲结果命名为 hydrobuff，并保存在 CropDB 地理数据库中，其他参数保持默认值，单击"确定"按钮，执行缓冲区分析操作。

（3）将 hydrobuff 图层放在 hydro 图层上，缓冲区分析结果如图 11.1-34 所示。

图 11.1-34　缓冲区分析结果 2

11.1.11　叠加分析

1. 求距离公路不超过 400 米且距离河流超过 100 米的区域

（1）添加 roadbuff 图层和 hydrobuff 图层，设置其中的一个图层为当前编辑状态，如图 11.1-35 所示。

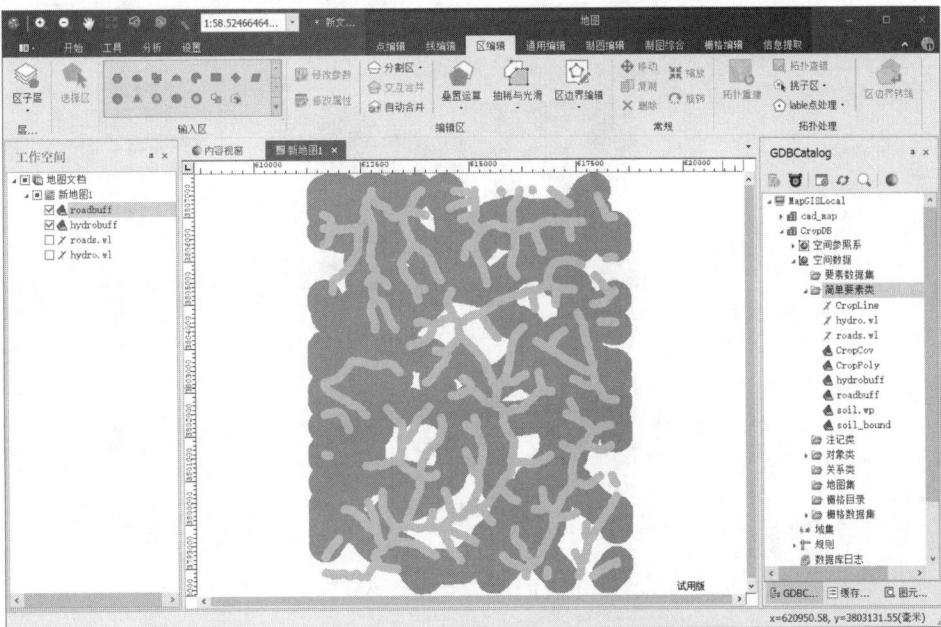

图 11.1-35　roadbuff 图层和 hydrobuff 图层叠加显示

（2）依次选择"通用编辑"→"空间分析"→"叠加分析"选项，弹出"图层叠加"对话框，将"图层 1"设置为 roadbuff；将"图层 2"设置为 hydrobuff；将"容差半径"设置为 0.1；将"叠加方式"设置为相减；在"输出结果"框中将结果命名为 buffcov，并保存在 CropDB 地理数据库中，如图 11.1-36 所示。

图 11.1-36　"图层叠加"对话框

提示：如果"容差半径"保持默认值 0.0001，单击"确定"按钮后，将弹出对话框提示"容差半径不在规定范围之内，是否采用默认值 0.100000 进行操作？"，因此将其更改为 0.1。

（3）单击"确定"按钮，执行叠加分析操作，叠加结果如图 11.1-37 所示。

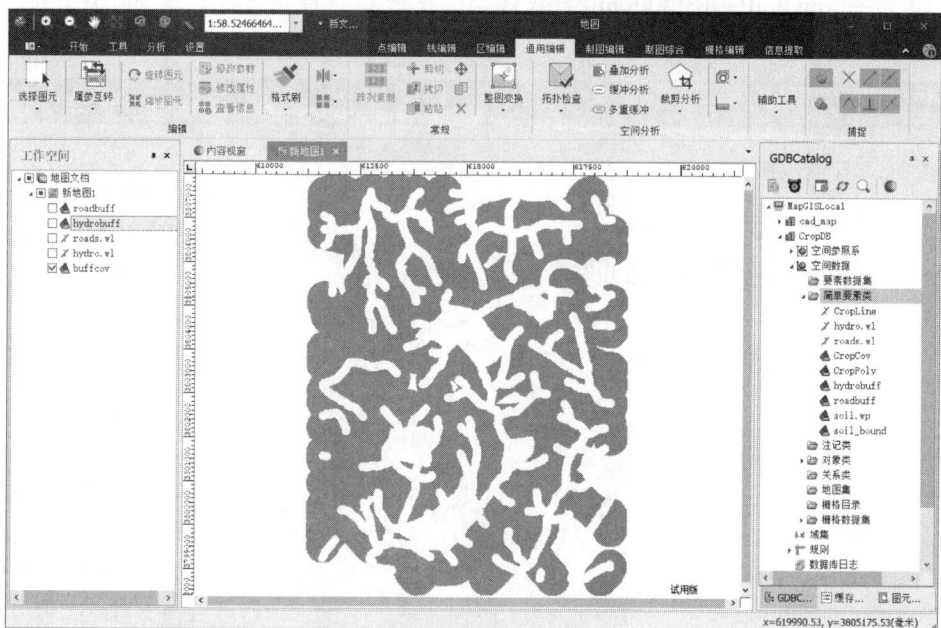

图 11.1-37　叠加结果

2. 设定 soil 图层的空间范围

因为在选址过程中我们只对 CropCov 图层范围内的土壤类型感兴趣，所以可以使用叠加分析中的相交运算将 soil 图层的范围设定为与 CropCov 图层的范围相同。

（1）添加 CropCov 图层和 soil 图层。

（2）依次选择"通用编辑"→"空间分析"→"叠加分析"选项，弹出"图层叠加"对话框，将"图层 1"设置为 soil.wp；将"图层 2"设置为 CropCov；将"容差半径"设置为0.1；将"叠加方式"设置为求交；在"输出结果"框中，将结果命名为 cropsoil，并保存在CropDB 地理数据库中，如图 11.1-38 所示。

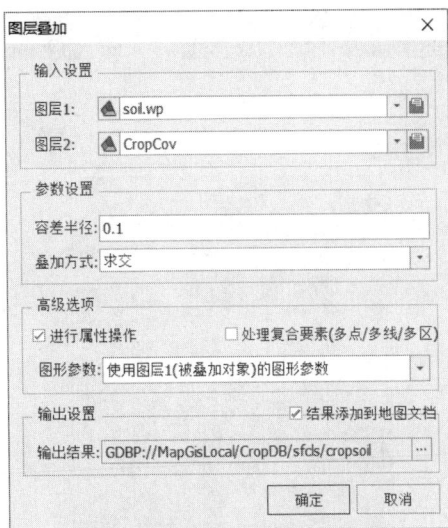

图 11.1-38　"图层叠加"对话框

（3）单击"确定"按钮，执行叠加分析操作，叠加结果如图 11.1-39 所示。

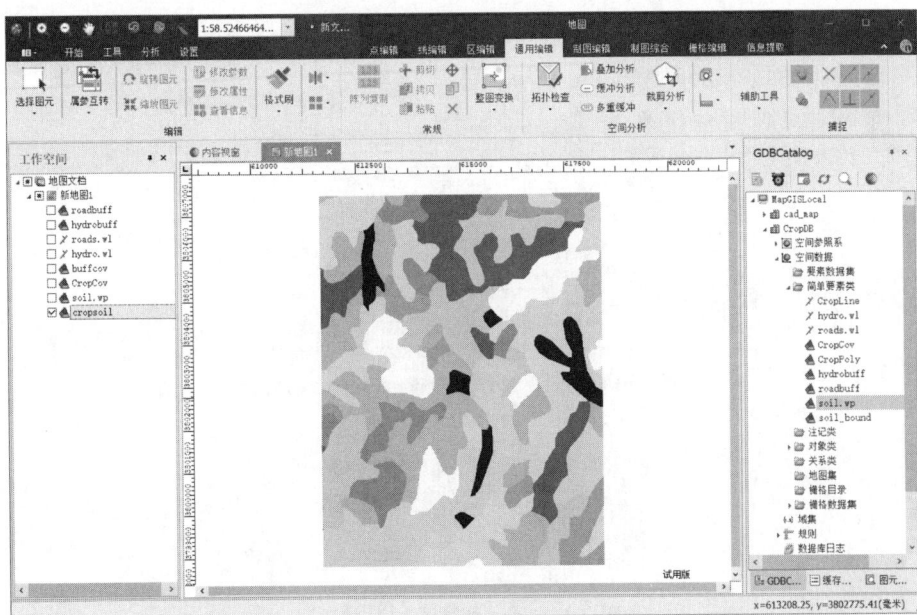

图 11.1-39　叠加结果

3. 对 buffcov 图层和 cropsoil 图层进行叠加分析

（1）添加 buffcov 图层和 cropsoil 图层，设置其中的一个图层为当前编辑状态，如

图 11.1-40 所示。

（2）依次选择"通用编辑"→"空间分析"→"叠加分析"选项，弹出"图层叠加"对话框，将"图层 1"设置为 buffcov；将"图层 2"设置为 cropsoil；将"容差半径"设置为 0.1；将"叠加方式"设置为求交；在"输出结果"框中将结果命名为 finalcov，并保存在 CropDB 地理数据库中，如图 11.1-41 所示。

（3）单击"确定"按钮，执行叠加分析操作。

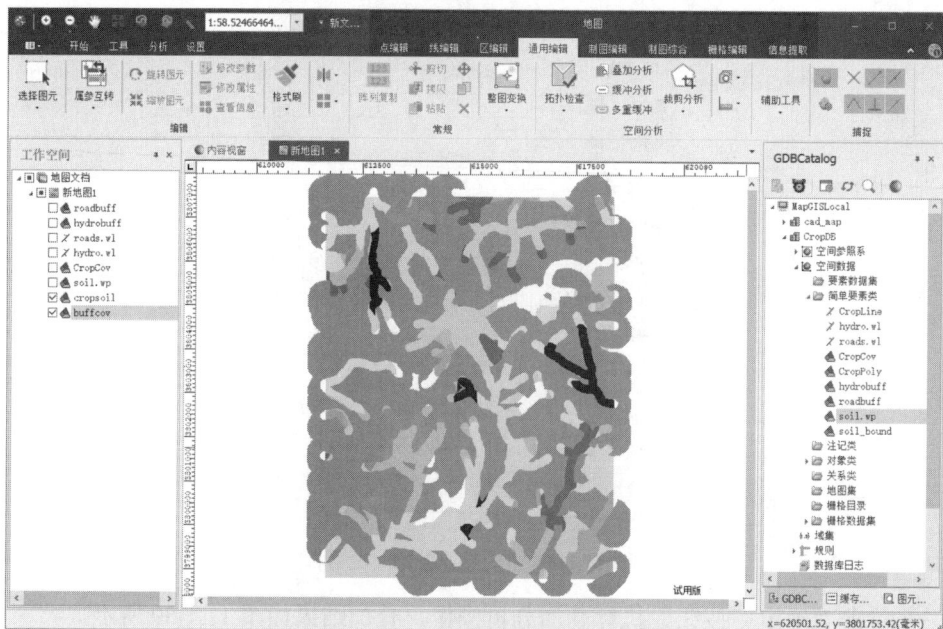

图 11.1-40 buffcov 图层和 cropsoil 图层叠加显示

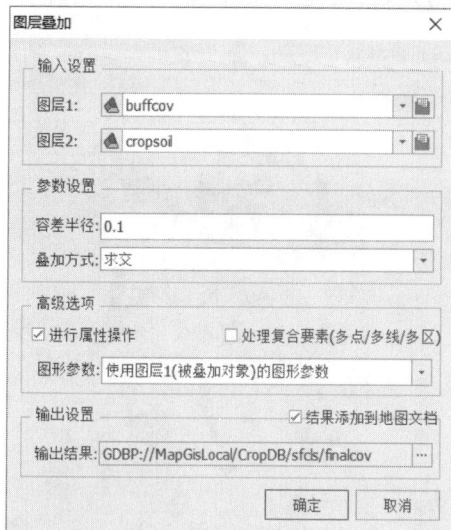

图 11.1-41 "图层叠加"对话框

4. 查看叠加分析结果 finalcov

在完成叠加分析后，查看叠加分析结果 finalcov，如图 11.1-42 所示。

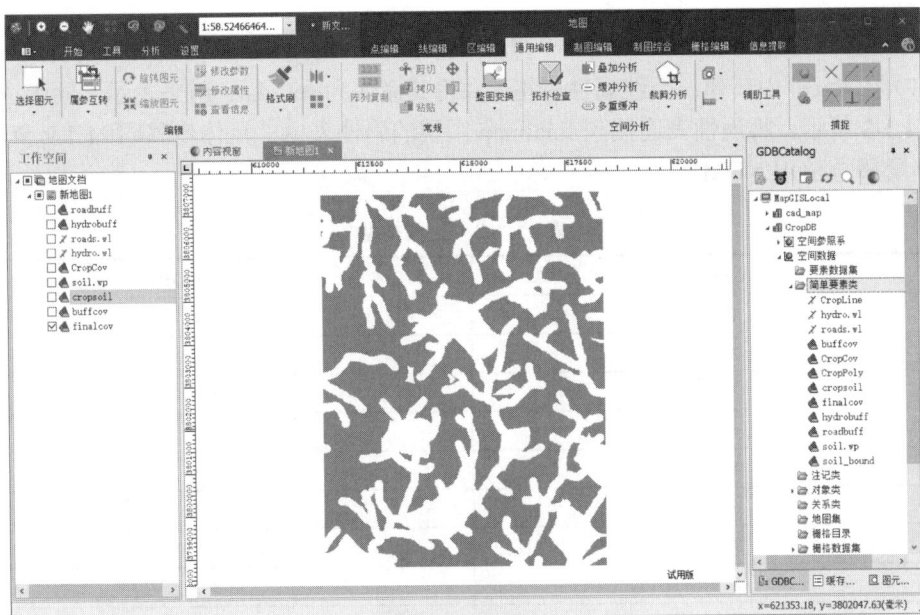

图 11.1-42　叠加分析结果 finalcov

11.1.12　确定最终选址区域

前面的操作结果 finalcov 图层已经满足了选址标准中的（3）和（4），由于还要对购买试验田进行价格预算，确定适合燕麦生长的区域等，因此还要对 finalcov 图层的数据进行一些操作。为了不破坏 finalcov 的原始数据，在对 finalcov 进行备份之后，对备份数据进行操作。

1. 备份 finalcov 为 finalmap

在"GDBCatalog"窗格中的"MapGISLocal"下的 CropDB 地理数据库中，右击 finalcov，选择"导出"→"MapGIS GDB 数据"选项，弹出"数据转换"对话框。将"目的数据名"由 finalcov 更改为 finalmap，如图 11.1-43 所示。单击"转换"按钮，弹出对话框，提示"操作已完成"，单击"完成"按钮即可。右击"简单要素类"，选择"刷新"选项，即可看到备份后的 finalmap。

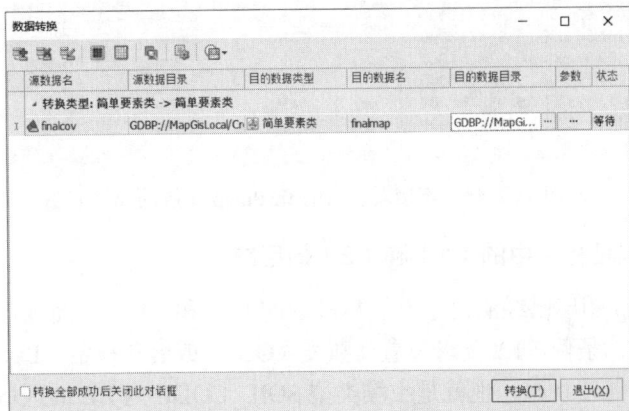

图 11.1-43　"数据转换"对话框

2. 为 finalmap 图层连接土壤类型属性表

（1）在 Excel 中新建一个纯属性表格，并将其命名为 soil.dat，用来表示不同土壤类型，如表 11.1-3 所示，将属性表连接到 finalmap 图层的属性表中，具体步骤同 11.1.9 节，连接关键字段都选 SOILNUM。

表 11.1-3　土壤类型

SOILNUM	SOIL_CODE
1	A
2	BE
3	Crb
4	Crd
5	Cry
6	WB
7	LF
8	PM
9	Q
10	WA
11	WH
12	Yn

（2）在“新地图 1”中，添加连接属性表后的 finalmap 图层。右击 finalmap 图层，选择“查看属性”选项，查看连接属性后的 finalmap 图层的属性表，如图 11.1-44 所示。

提示：也可以在 GDB 企业管理器中查看连接属性后的 finalmap 图层的属性表。

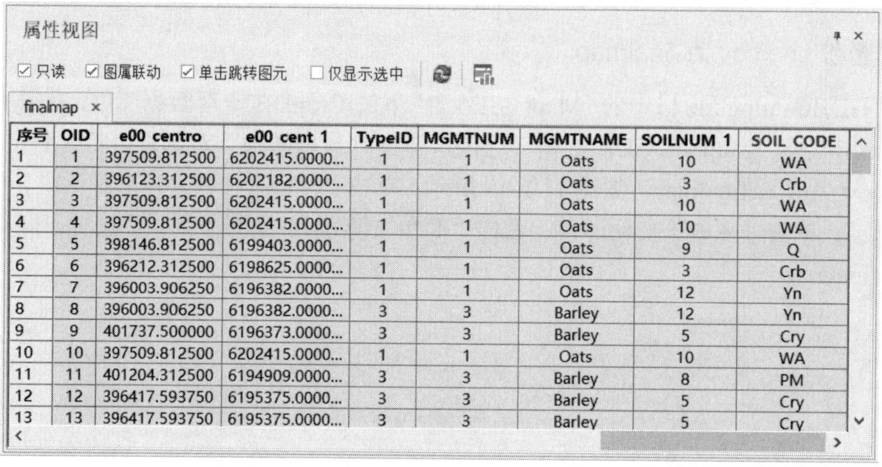

序号	OID	e00 centro	e00 cent 1	TypeID	MGMTNUM	MGMTNAME	SOILNUM 1	SOIL CODE
1	1	397509.812500	6202415.0000...	1	1	Oats	10	WA
2	2	396123.312500	6202182.0000...	1	1	Oats	3	Crb
3	3	397509.812500	6202415.0000...	1	1	Oats	10	WA
4	4	397509.812500	6202415.0000...	1	1	Oats	10	WA
5	5	398146.812500	6199403.0000...	1	1	Oats	9	Q
6	6	396212.312500	6198625.0000...	1	1	Oats	3	Crb
7	7	396003.906250	6196382.0000...	1	1	Oats	12	Yn
8	8	396003.906250	6196382.0000...	3	3	Barley	12	Yn
9	9	401737.500000	6196373.0000...	3	3	Barley	5	Cry
10	10	397509.812500	6202415.0000...	1	1	Oats	10	WA
11	11	401204.312500	6194909.0000...	3	3	Barley	8	PM
12	12	396417.593750	6195375.0000...	3	3	Barley	5	Cry
13	13	396417.593750	6195375.0000...	3	3	Barley	5	Cry

图 11.1-44　连接属性后的 finalmap 图层的属性表

3. 确定满足选址标准中的（1）和（2）的区域

前面的 finalmap 图层已经满足了选址标准中的（3）和（4），下面确定满足选址标准中的（1）和（2）的区域。条件（1）要求位置在燕麦（Oats）或紫花苜蓿（Lucerne）的管理区域；条件（2）要求适合燕麦种植，也就是土壤类型 SOIL_CODE 为 BE 的区域。同时满足两个条件的 SQL 语句为(MGMTNAME 'Oats' OR MGMTNAME ='Lucerne') AND SOIL_CODE='BE'。

具体操作步骤如下。

（1）添加 finalmap 图层，并将其设置为当前编辑状态。

（2）依次选择"通用编辑"→"空间分析"→"空间查询"→"按条件查询"选项，弹出"空间查询"对话框，如图 11.1-45 所示，选择"采用查询图层 A"单选按钮，并在其下拉列表中选择 finalmap，将"查询与区块边界"设置为相交，将"目标类名称"设置为 finalresult。单击 SQL 表达式下面的"…"按钮，在弹出的对话框中输入 SQL 语句：(MGMTNAME='Oats' OR MGMTNAME ='Lucerne') AND SOIL_CODE ='BE'，如图 11.1-46 所示，单击"确定"按钮。

图 11.1-45　"空间查询"对话框

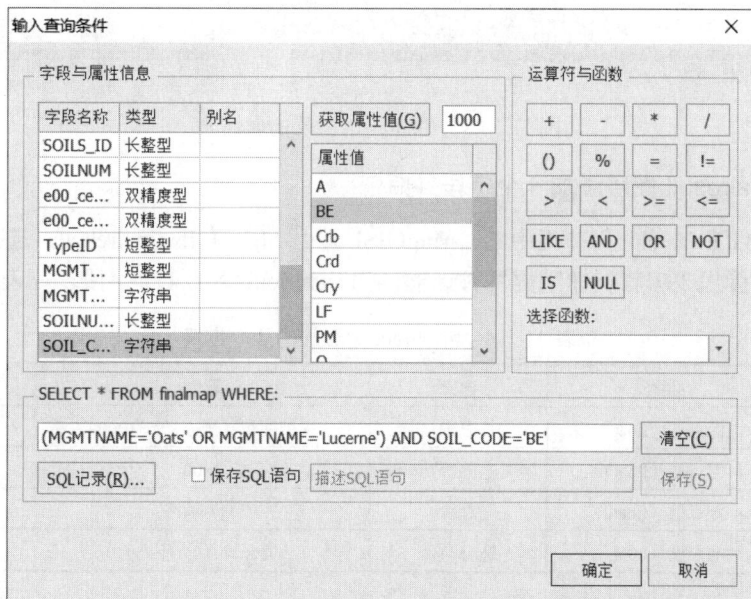

图 11.1-46　输入 SQL 语句

（3）所有的参数都设置完成以后，单击"确定"按钮，执行空间查询操作。

（4）查看空间查询的结果（finalresult 图层），如图 11.1-47 所示。finalresult 图层的属性表中有两条记录，面积和周长不一样，如图 11.1-48 所示。

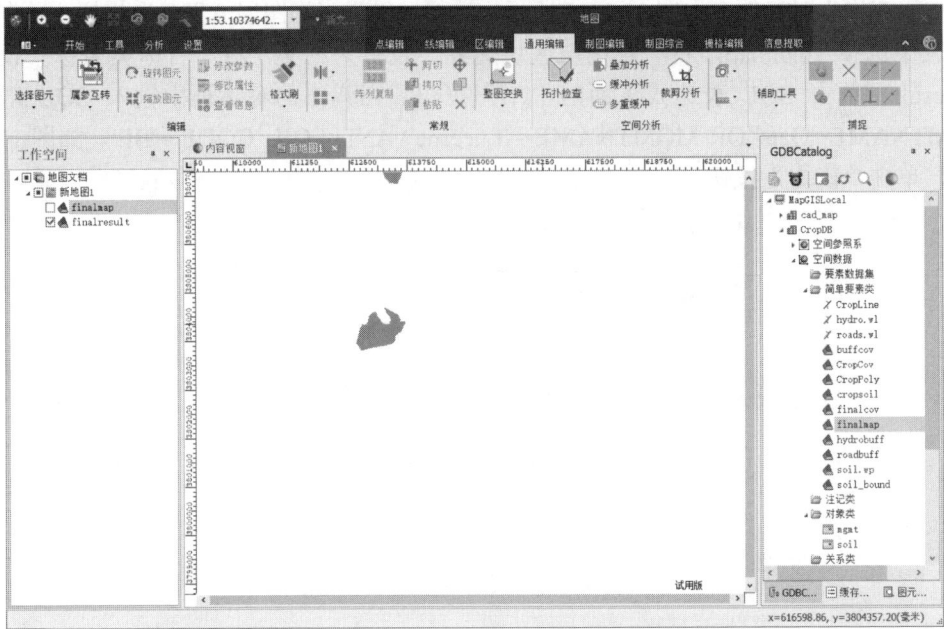

图 11.1-47　空间查询结果（finalresult 图层）

序号	OID	mpArea	mpPerimeter	mpLayer	GIS FID Class1	GIS FID Class2	B
1	1	526674.334366	3727.634468	0	1	22	
2	2	67821.102813	1108.071927	0	1	35	

图 11.1-48　finalresult 图层的属性表

4. 为 finalresult 图层添加 4 个字段并赋值

（1）在"GDBCatalog"窗格中的"MapGISLocal"下，右击 finalresult，选择"属性结构设置"选项，弹出"编辑属性结构"对话框，为 finalfield 添加 4 个字段，如表 11.1-4 所示。

表 11.1-4　finalfield 中添加的 4 个字段

字段名	类型	含义	取值	单位
Hectares	浮点型（float）	面积	区域面积（平方米）/10000	公顷
Cost_ha	浮点型（float）	单价	1000	元/每公顷
Cost	浮点型（float）	总价	单价×面积	元
Suitable	布尔型（bool）	适合与否	1（适合）；0（不适合）	无

（2）右击"新地图 1"中 finalresult，选择"查看属性"选项，得到 finalresult 的属性表，在其中的 Hectares 字段上右击，选择"查找替换"选项，或者右击新增加的属性 Hectares，

选择"查找替换"选项，弹出"查找与替换"对话框，选择"高级替换"选项卡，如图 11.1-49 所示，单击 SQL 按钮，输入计算表达式 mpArea/10000，选择被替换字段 Hectares，单击"全部替换"按钮，即完成 Hectares 字段的计算。

图 11.1-49　"查找与替换"对话框

5. 确定满足所有选址标准的区域

前面的 finalresult 图层已经满足了选址标准中的（1）、（2）、（3）和（4），现在只需要满足选址标准中的（5）即可确定最终的区域。选址标准中的（5）要求选址区域面积大于 1 公顷，对应的 SQL 语句为 Hectares>1，结果文件为 finalfield，查询的方法同 11.1.12 节中的相关内容，最终查询结果 finalfield 满足所有选址标准。图 11.1-50 所示为燕麦试验田的最佳选址。

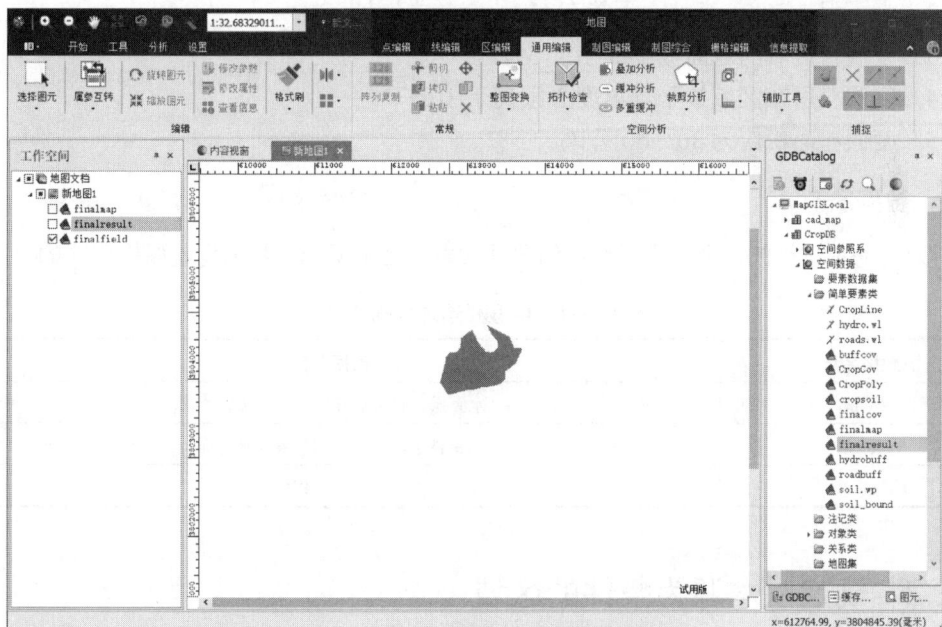

图 11.1-50　燕麦试验田的最佳选址

6. 计算土地价格

根据表 11.1-4 对 Cost_ha 和 Suitable 字段赋值，并按"Cost=单价*面积"计算 Cost，如图 11.1-51 所示，从属性表可知，选址需要的预算为 52 667 元。

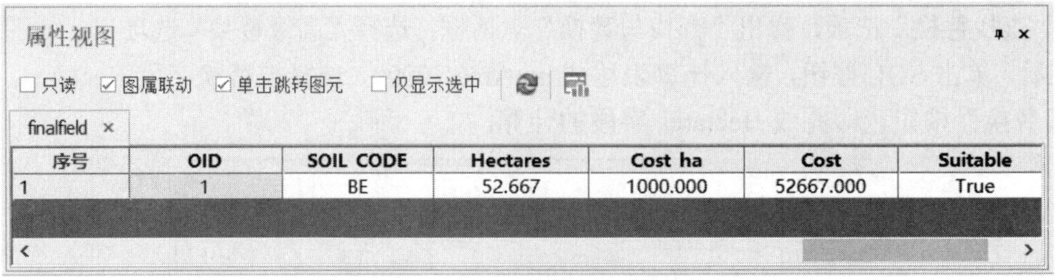

图 11.1-51　finalfield 属性表

11.2　度假村选址

11.2.1　问题提出和数据准备

1. 问题提出

随着经济的发展和人们生活水平的提高，越来越多的人选择在假期旅游。为了提供更多休闲场所，相关部门计划在某地区选择一块合适的地方建设度假村。为此，需要对数据进行缓冲区分析、叠加分析等。度假村选址的标准如下。

（1）为了避免对小溪或河流造成污染，必须远离水源至少 200 米。

（2）为了保护 Kerri 森林，不能在 Kerri 森林中选址。

（3）度假村区域的地面坡度要小于 3%。

（4）度假村所在区域年平均温度必须高于 16.5℃。

（5）度假村面积应为 30～40 公顷。

2. 数据准备

针对度假村选址的标准，需要准备的数据如表 11.2-1 所示，数据均是栅格形式的。

表 11.2-1　度假村选址数据的说明

数据名称	数据内容
hydro	水系层，包括研究区域的河流、小溪
forest	森林层，研究区域的各森林分布
elev	高程层，高程分布

11.2.2　确定以水源为条件的区域

1. 生成 hydro 缓冲区

为了满足度假村选址标准（1），即选址于距离水源至少 200 米的地区，需要对 hydro 图层中的水源做一个半径为 200 米的缓冲区。

（1）在"GDBCatalog"窗格中的"MapGISLocal"下，附加名为 Giblett 的地理数据库，

添加 hydro 图层，如图 11.2-1 所示，矢量化 hydro 数据，得到线要素数据层，如图 11.2-2 所示。

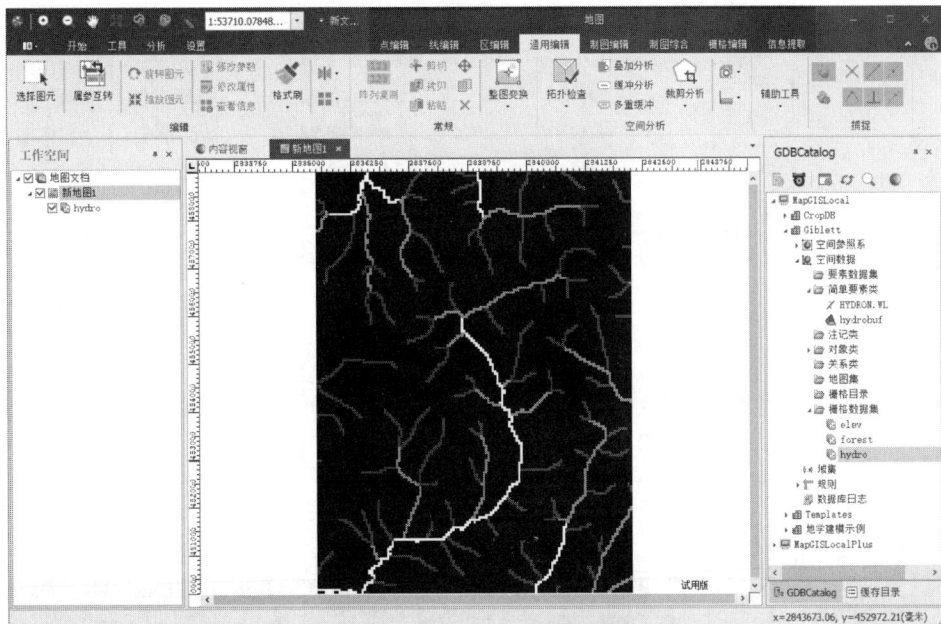

图 11.2-1 添加 hydro 图层

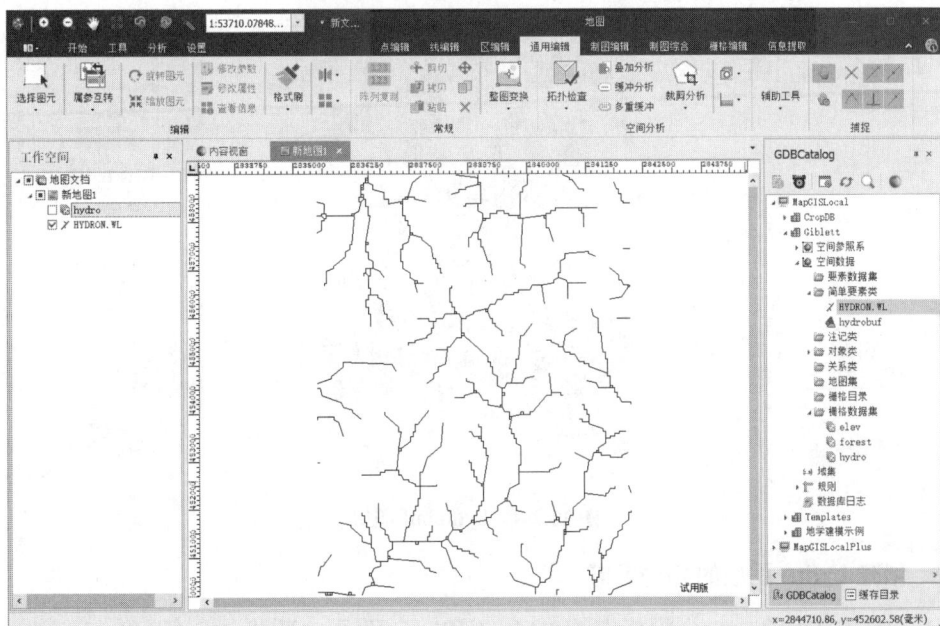

图 11.2-2 hydro 矢量数据

（2）双击激活 HYDRON.WL 图层（或者通过右键快捷菜单将该图层设为当前编辑状态），依次选择"分析"→"矢量分析"→"空间分析"选项，弹出如图 11.2-3 所示的对话框，选择"缓冲分析"选项，在"缓冲区半径方式"选区中将输入缓冲区半径设置为 200，在"保存路径"框中设置结果保存路径，其余参数保持默认值。

（3）单击"执行"按钮，得到 hydrobuf 图层，如图 11.2-4 所示。

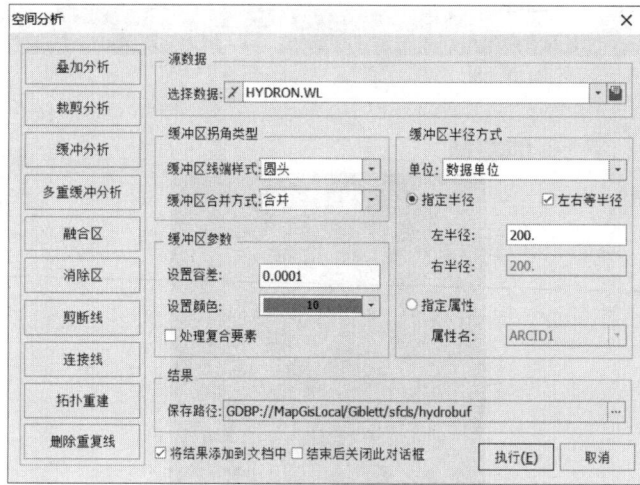

图 11.2-3　缓冲区参数设置

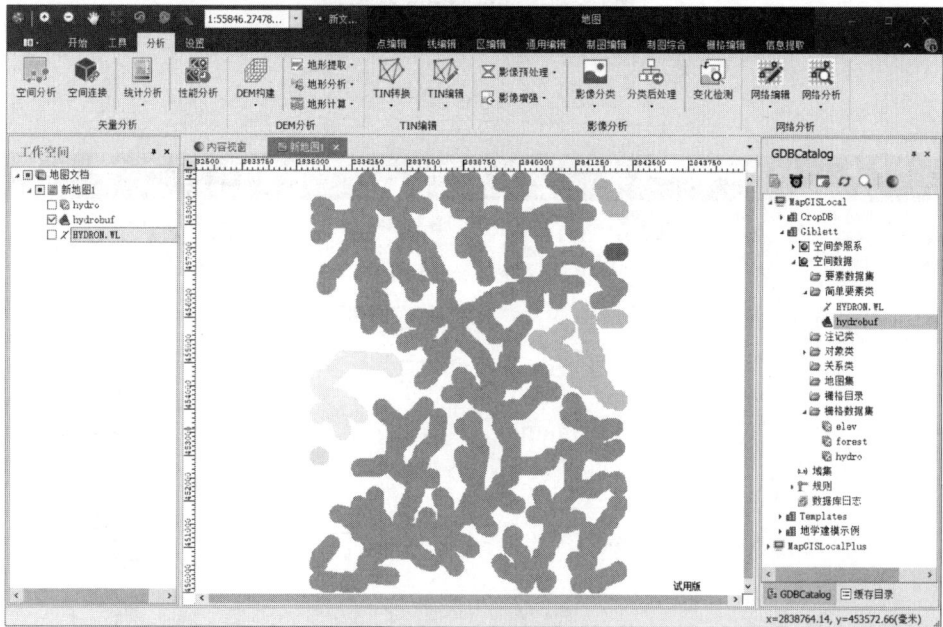

图 11.2-4　hydrobuf 图层

2. 创建 hydro 图层的外框区域

（1）在"GDBCatalog"窗格中的"MapGISLocal"下，新建一个名为 hydro_bound 的区简单要素类。

（2）添加 hydro 图层和 hydro_bound 图层，并使 hydro_bound 图层处于当前编辑状态。

（3）依次选择"区编辑"→"输入区"→"造矩形区"选项，以 hydro 图层的外边界为基准，构造 hydro 图层的外框区域，如图 11.2-5 所示。

图 11.2-5　hydro 图层的外框区域

3. 相减叠加分析

依次选择"通用编辑"→"空间分析"→"叠加分析"选项，弹出"图层叠加"对话框，将"图层 1"设置为 hydro_bound；将"图层 2"设置为 hydrobuf；将"容差半径"设置为 0.1；将"叠加方式"设置为相减；在"输出结果"框中将结果命名为 hydrobuf1，如图 11.2-6 所示，单击"确定"按钮，执行叠加分析操作，输出结果，即 hydrobuf1 图层，如图 11.2-7 所示。

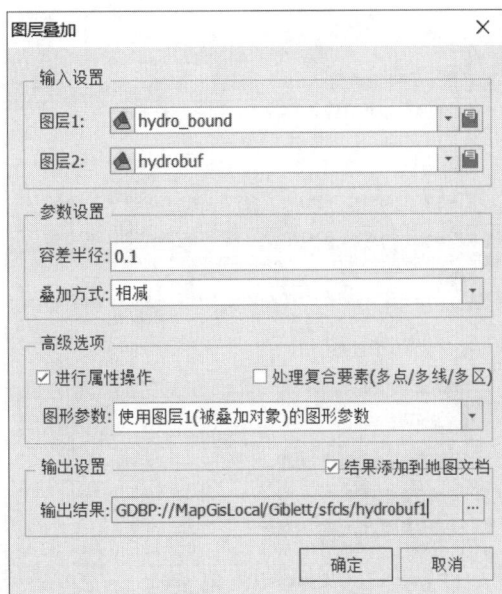

图 11.2-6　"图层叠加"对话框

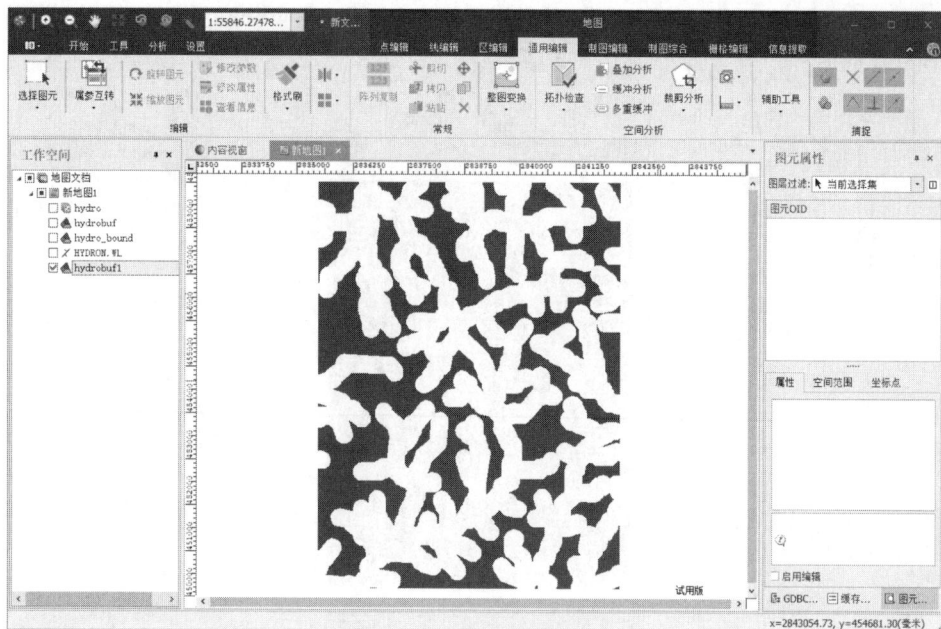

图 11.2-7　hydrobuf1 图层

4．矢量转栅格

依次选择"栅格编辑"→"矢栅互转"→"矢量转栅格"选项，弹出"矢量转栅格"对话框，将"矢量文件"设置为 hydrobuf1；将"X 间距"设置为 50；将"Y 间距"设置为 50；勾选"生成二值栅格数据"复选框，如图 11.2-8 所示。单击"确定"按钮，得到 hydrobuf1 图层，如图 11.2-9 所示。

图 11.2-8　"矢量转栅格"对话框

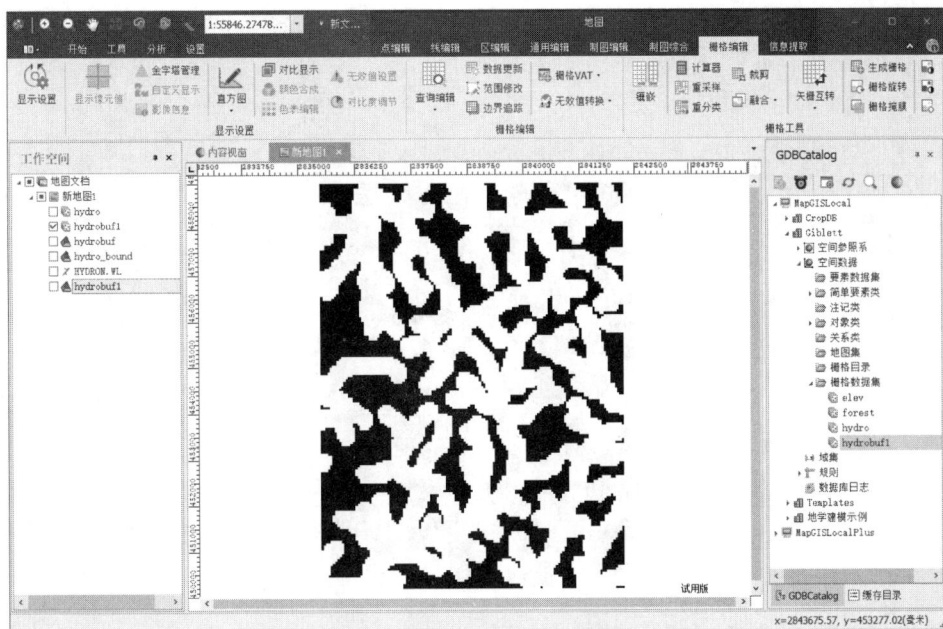

图 11.2-9　hydrobuf1 图层（矢量转栅格）

5. 无效值（–99999）转有效值（0）

依次选择"栅格编辑"→"无效值转换"→"无效值转为有效值"选项，弹出如图 11.2-10 所示的"无效值转化为有效值"对话框，将"选择数据"设置为 hydrobuf1；将"替换值"设置为 0；在"输出数据层"选区中将结果命名为 hydrobuf2，并设置保存路径。单击"确定"按钮，得到 hydrobuf2 图层，如图 11.2-11 所示。

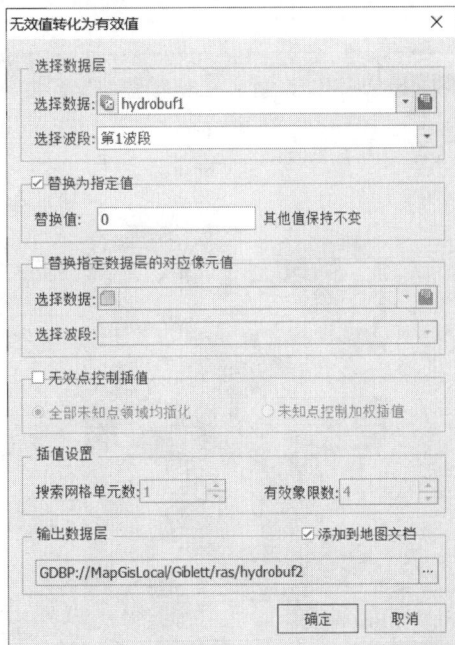

图 11.2-10　"无效值转化为有效值"对话框

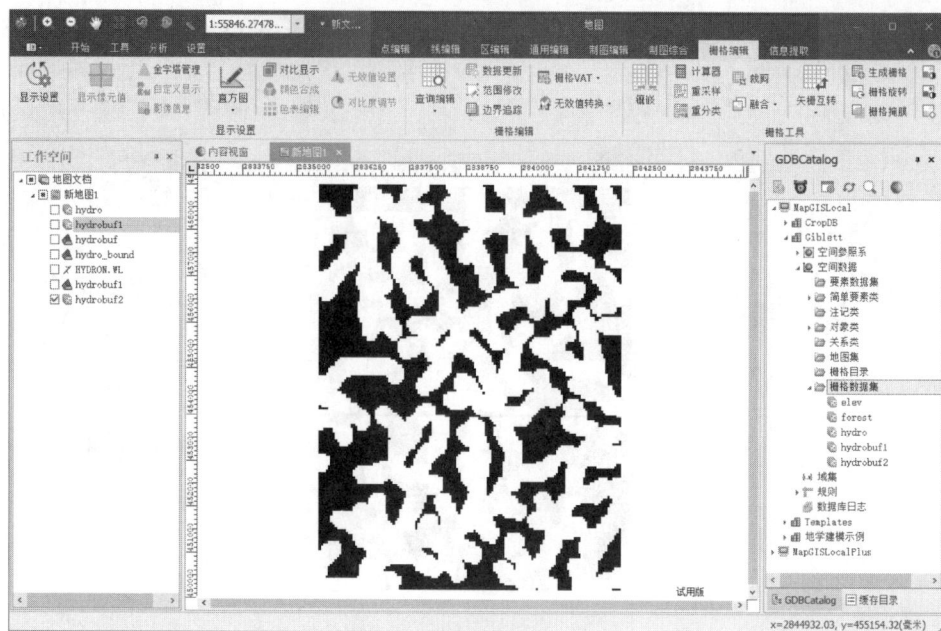

图 11.2-11　hydrobuf2 图层

11.2.3　确定 Kerri 森林以外的区域

（1）添加 forest 图层，如图 11.2-12 所示。forest 图层中的地物共有三类，其中 0 表示非森林，1 表示 Kerri 森林，2 表示其他。我们只需要提取出除 Kerri 森林以外的森林即可，即分类值为 2 的区域。

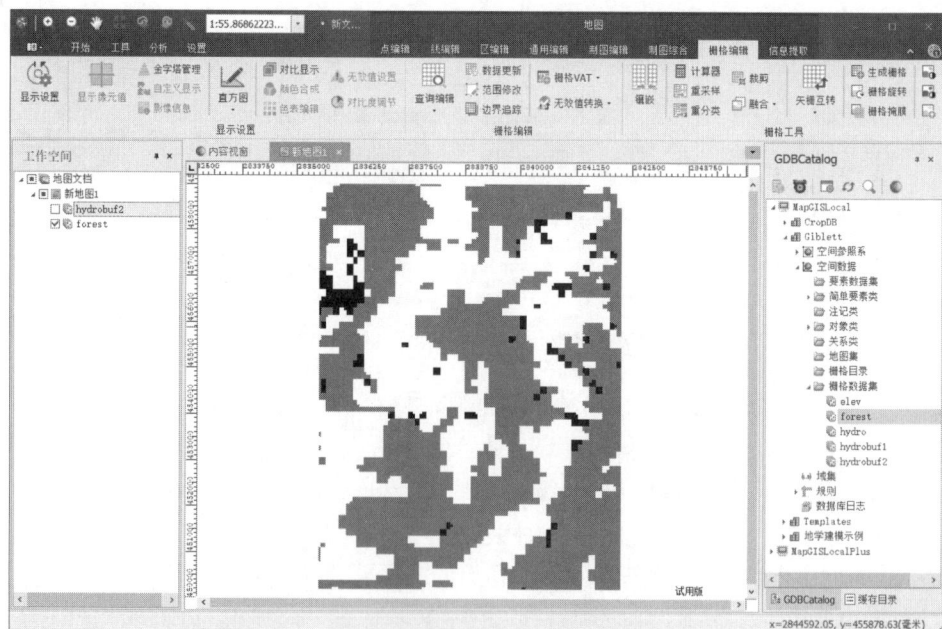

图 11.2-12　添加 forest 图层

（2）将 forest 图层中的要素重新分为两类，即 Kerri 森林和非 Kerri 森林。依次选择"栅格编辑"→"栅格工具"→"重分类"选项，在弹出的"栅格重分类"对话框中将值为 0、1、2 的单元分别赋给新值 0、0、1，在"输出设置"选区中，选择"栅格数据"单选按钮，并将结果命名为 forest1，如图 11.2-13 所示。

图 11.2-13　"栅格重分类"对话框

（3）单击"确定"按钮，查看自动添加的 forest1 图层，如图 11.2-14 所示。

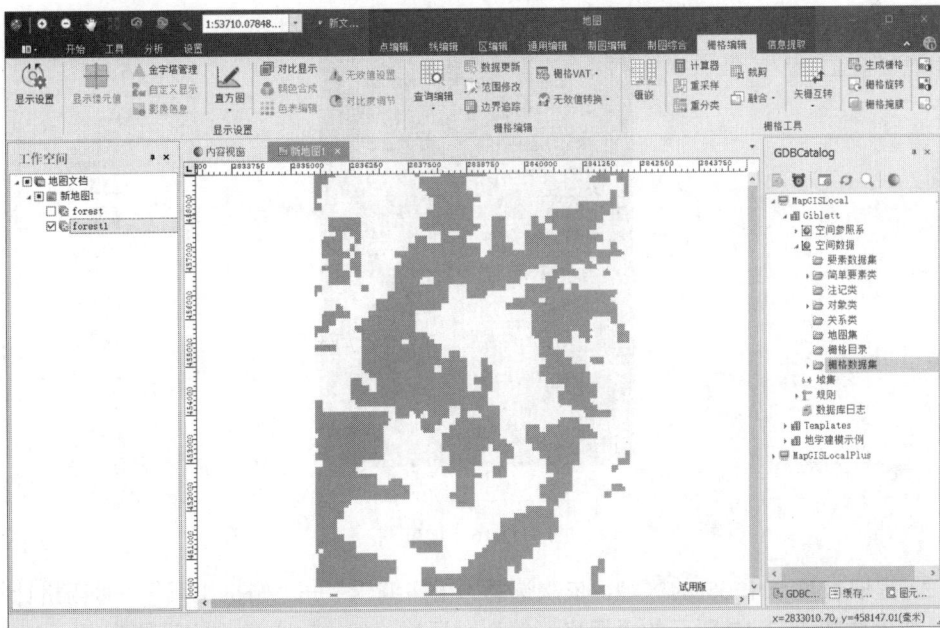

图 11.2-14　forest1 图层

11.2.4 确定坡度小于 3%的区域

度假村的选址对坡度提出了要求，度假村区域的地面坡度要小于 3%。由于当前数据是高程数据，因此需要先利用高程数据绘制坡度分布图，再提取满足坡度条件的区域。

（1）添加 elev 栅格数据。依次选择"分析"→"DEM 分析"→"地形提取"→"地形因子分析"选项，弹出"地形因子分析"对话框，如图 11.2-15 所示，将"栅格数据"设置为 elev；将"计算方式"设置为坡度；在"输出目录"框中将结果命名为 elevslope，并设置输出路径，单击"确定"按钮，得到坡度图，如图 11.2-16 所示。

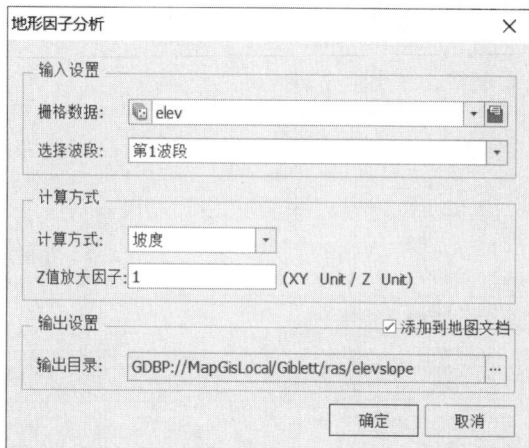

图 11.2-15 "地形因子分析"对话框

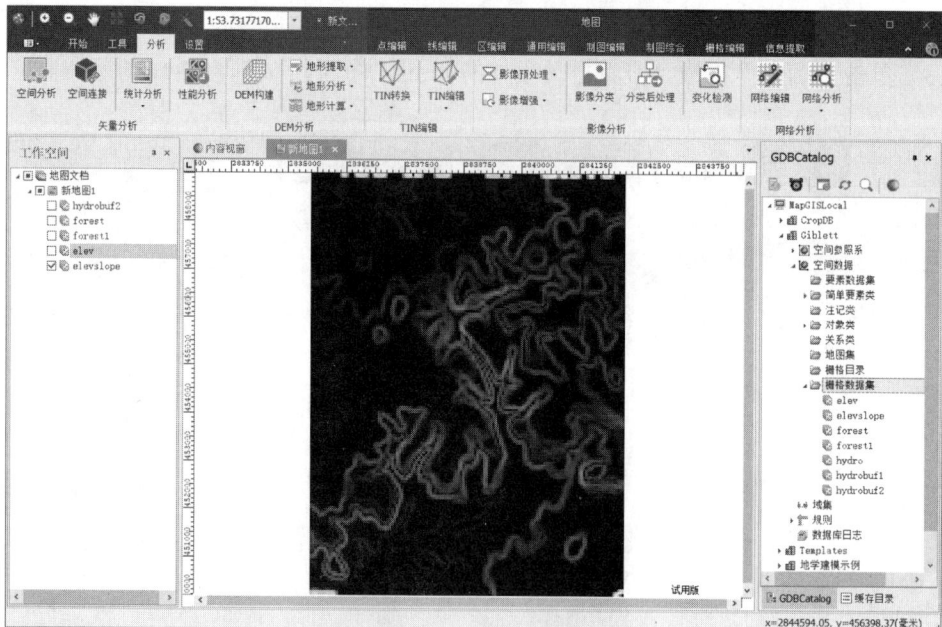

图 11.2-16 坡度图

（2）提取坡度小于 3%的区域。依次选择"栅格编辑"→"栅格工具"→"栅格计算器"选项，弹出如图 11.2-17 所示的"栅格运算"对话框，将"输入数据"设置为 elevslope；单击"编辑器"按钮，将"公式设置"设置为 I1<3；在"输出路径"框中将结果命名为 elevslope2，

单击"确定"按钮，得到坡度小于 3% 的坡度图，即 elevslope2 图层，如图 11.2-18 所示。

图 11.2-17　"栅格运算"对话框

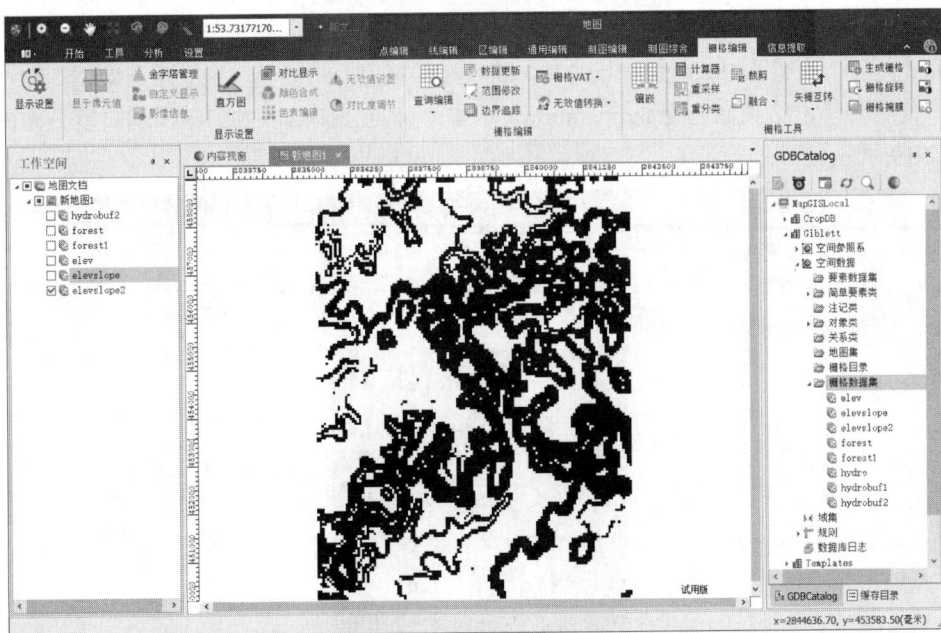

图 11.2-18　elevslope2 图层

11.2.5　提取年平均温度高于 16.5℃的区域

要提取年平均温度高于 16.5℃的区域，但没有整个地区的年平均温度分布数据，因此从当地 8 个气象站记录的高程和年平均温度数据（见表 11.2-2）推导出年平均温度和高程的关系。因为已有全区的高程数据，所以可以根据推导出的关系和全区高程数据内插得到整个区域的年平均温度观测数据。

表 11.2-2　8 个气象站记录的高程和年平均温度数据

气象站编号	年平均温度/℃	高程/米
1	16.2	178
2	16.7	165
3	17.3	141
4	18.1	122
5	17.1	152
6	16.2	198
7	15.9	225
8	17.6	135

从表 11.2-2 中的数据可以看出，年平均温度随高程的降低而升高。假设年平均温度与高程之间的关系满足等式 $Y=a+bX$（式中，Y 表示年平均温度；X 表示高程）。只要确定系数 a、b，就可以确定年平均温度与高程的关系。利用其他回归分析软件算得 a、b 的值分别为 20.375、−0.0212。进而利用回归方程 $Y=20.375-0.0212X$，根据已有的高程数据算出整个区域的年平均温度分布。

（1）利用 elev 图层计算出研究区域的年平均温度分布。依次选择"栅格编辑"→"栅格工具"→"栅格计算器"选项，弹出"栅格运算"对话框，将"输入数据"设置为 elev；将"公式设置"设置为 20.375-I1*0.0212；将"结果类型"设置为 32 位浮点数据；在"输出路径"框中将输出结果命名为 temperature，单击"确定"按钮，得到年平均温度分布图，如图 11.2-19 所示。

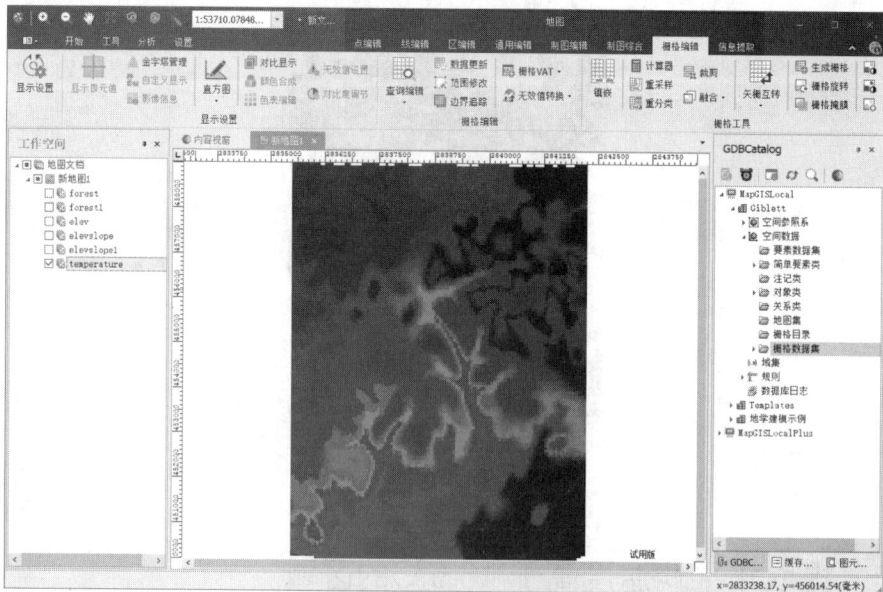

图 11.2-19　年平均温度分布图

（2）提取年平均温度高于 16.5℃ 的区域，依次选择"栅格编辑"→"栅格工具"→"栅格计算器"选项，弹出"栅格运算"对话框，将"输入数据"设置为 temperature；将"公式设置"设置为 I1>16.5;在"输出路径"框中将输出结果命名为 temperature1,并设置保存路径,单击"确定"按钮,得到结果,如图 11.2-20 所示。

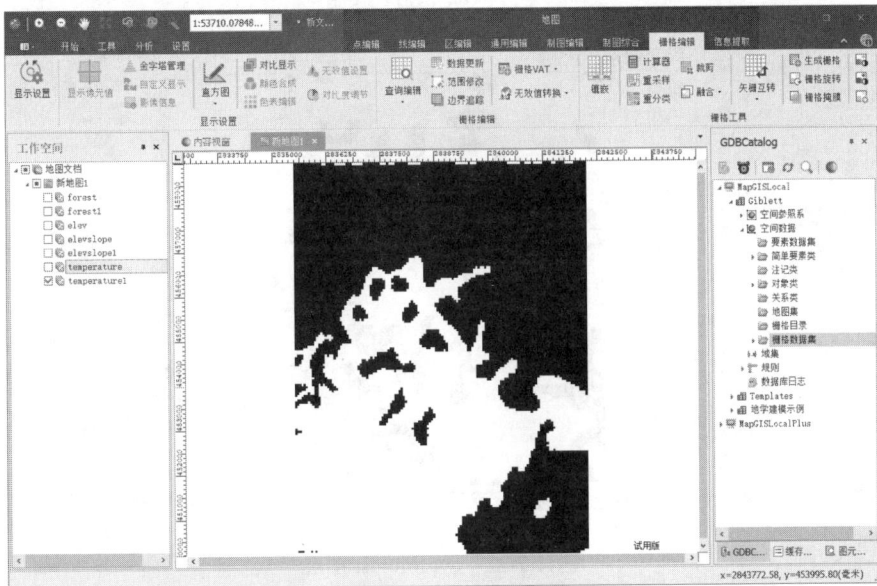

图 11.2-20 提取的年平均温度高于 16.5℃的区域

11.2.6 确定最终的度假村选址

现在要找到同时满足 11.2.1 节"问题提出"部分中前 4 个标准的区域,应当对以上 4 个结果进行叠加操作。

1. 确定满足 11.2.1 节"问题提出"部分中前 4 个标准的区域

(1) hydrobuf2 图层与 forest1 图层叠加。依次选择"栅格编辑"→"栅格工具"→"栅格计算器"选项,弹出"栅格运算"对话框;将"输入数据"设置为 hydrobuf2 和 forest1;将"公式设置"设置为 I1 and I2;在"输出路径"框中,将输出结果命名为 hydroforest,如图 11.2-21 所示,单击"确定"按钮,得到 hydroforest 图层,如图 11.2-22 所示。

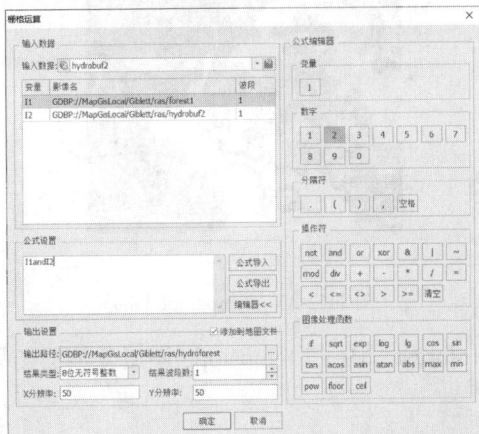

图 11.2-21 "栅格运算"对话框

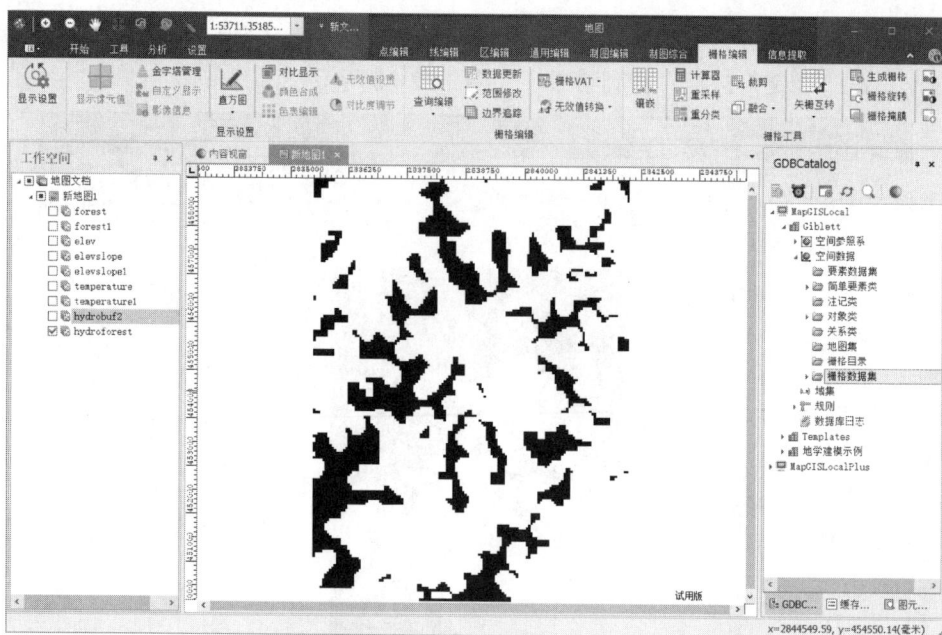

图 11.2-22　hydroforest 图层

（2）同理，可得到 temperature1 图层与 elevslope2 图层叠加的结果图层 tempslope，如图 11.2-23 所示。

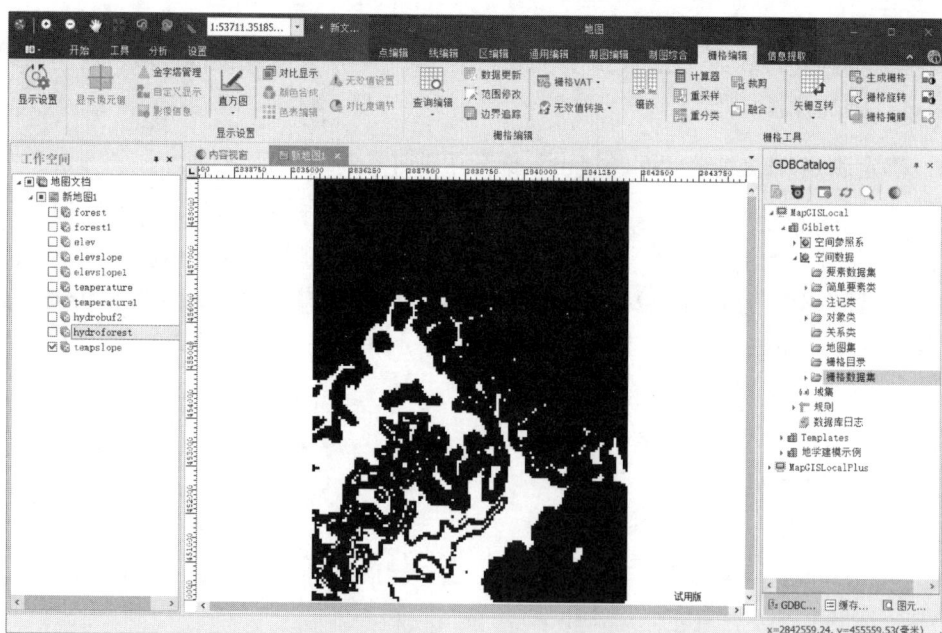

图 11.2-23　tempslope 图层

（3）同理，得到 hydroforest 图层与 tempslope 图层叠加的结果图层 hyfortemslope，如图 11.2-24 所示。

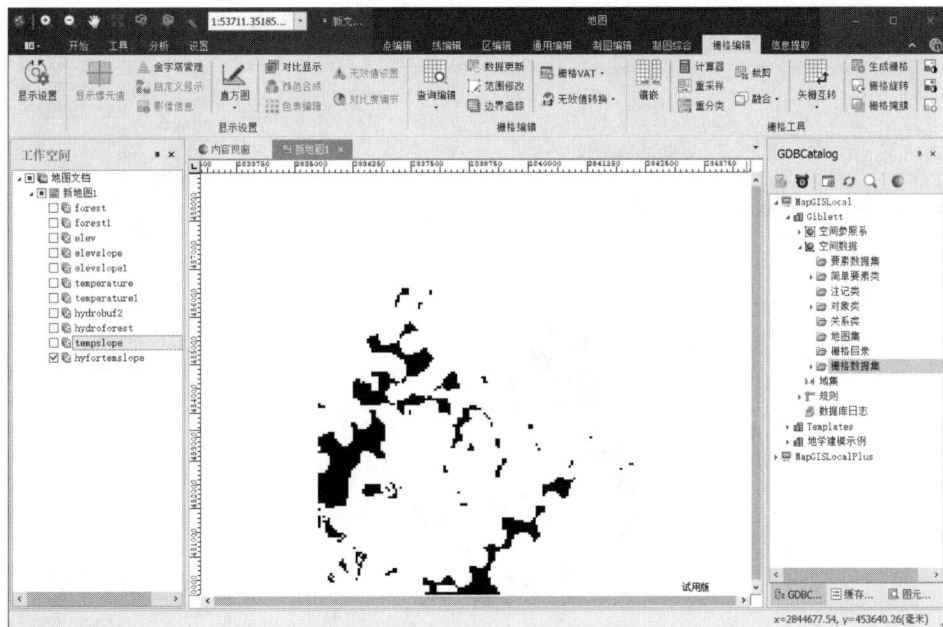

图 11.2-24 hyfortemslope 图层

2. 浮点型转整型

依次选择"栅格编辑"→"栅格工具"→"栅格计算器"选项，弹出"栅格运算"对话框，将"输入数据"设置为 hyfortemslope，将"公式设置"设置为 I1，在"输出路径"框中，将输出结果命名为 hyfortemslope1，将"结果类型"设置为 32 位有符号整数，如图 11.2-25 所示，单击"确定"按钮，得到 hyfortemslope1 图层，如图 11.2-26 所示。

图 11.2-25 "栅格运算"对话框

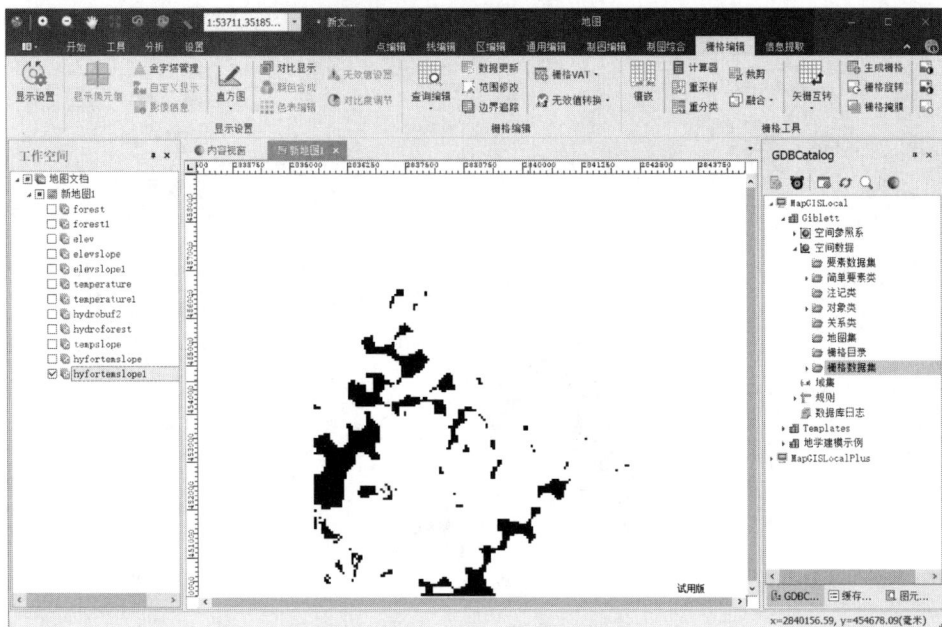

图 11.2-26　hyfortemslope1 图层

3. 栅格转矢量

依次选择"栅格编辑"→"栅格工具"→"矢栅互转"→"栅格转矢量"选项，弹出"栅格转矢量"对话框，将"栅格数据"设置为 hyfortemslope1；在"简单要素类"框中，将简单要素类名设置为 hyfortemslope1，如图 11.2-27 所示，单击"确定"按钮，得到 hyfortemslope1 矢量图层，如图 11.2-28 所示。

图 11.2-27　"栅格转矢量"对话框

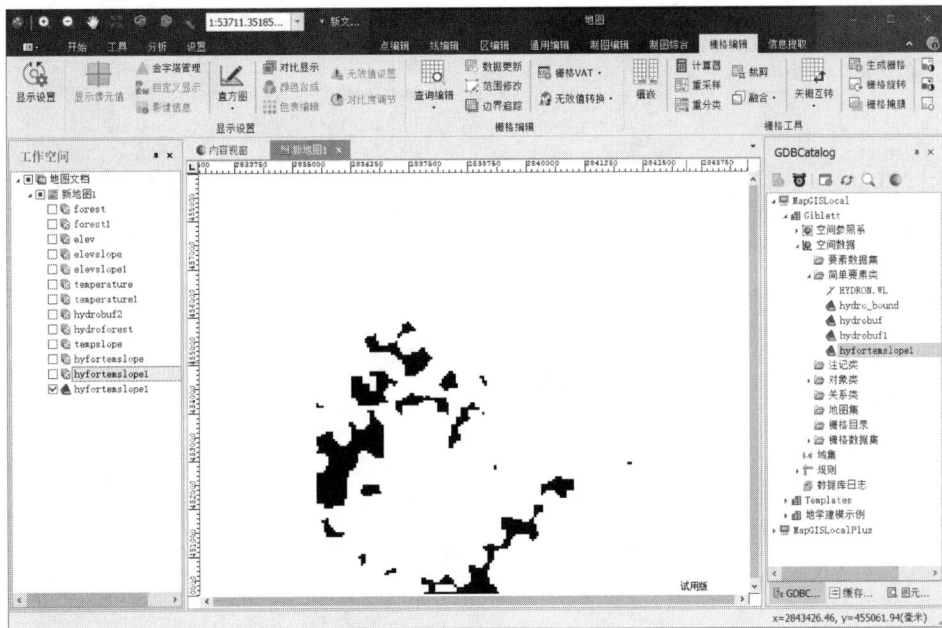

图 11.2-28 hyfortemslope1 矢量图层

4. 确定面积为 30～40 公顷的区域

（1）计算面积。为 hyfortemslope1 矢量图层的属性表添加 hectares 字段来表示多边形的面积，将字段类型设置为双精度型，并按公式 mpArea/10000 为该字段赋值，方法同 11.1.12 节，赋值完毕后的 hyfortemslope1 属性表如图 11.2-29 所示。

序号	OID	mpPerimeter	mpLayer	ID	hectares
1	1	1700.000000	0	0	9.750000
2	2	14700.000000	0	0	172.500000
3	3	200.000000	0	0	0.250000
4	4	1000.000000	0	0	4.500000
5	5	1400.000000	0	0	6.000000
6	6	2100.000000	0	0	10.500000
7	7	3700.000000	0	0	26.500000
8	8	2500.000000	0	0	16.500000
9	9	2900.000000	0	0	25.000000
10	10	200.000000	0	0	0.250000
11	11	2100.000000	0	0	12.750000
12	12	1000.000000	0	0	4.750000
13	13	900.000000	0	0	3.000000

图 11.2-29 hyfortemslope1 属性表

（2）查询面积为 30～40 公顷的区域。要求选址区域面积在 30～40 公顷，对应的 SQL 语句为 Hectare>30 AND Hectare<40，结果文件为 finalfield，查询的方法同 11.1.12 节"3.确定满足选址标准中的（1）和（2）的区域"部分，最终查询结果 hyfortemslope2 满足了所有选址标准。图 11.2-30 所示为度假村的最佳选址。

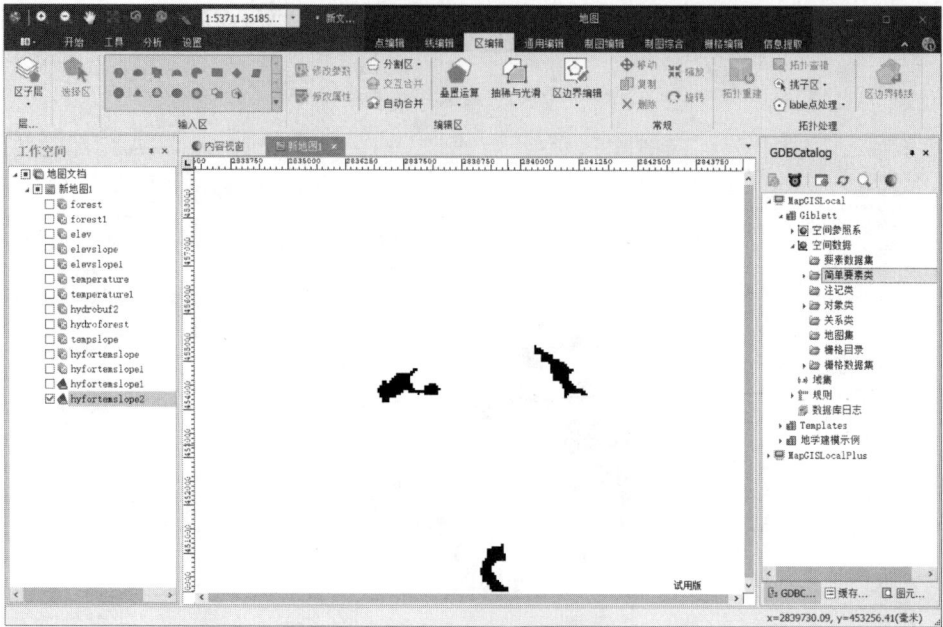

图 11.2-30　度假村的最佳选址

11.3　退耕还林

11.3.1　问题提出和数据准备

1. 问题提出

退耕还林是保护生态环境、治理水土流失的一项重大工程，也是改善生态环境、促进区域经济可持续发展的重要举措。运用 GIS 空间分析方法，对土地利用、等高线等数据进行分析，可以获得退耕还林的具体面积。

根据国务院关于退耕还林工程的相关规定，退耕还林的耕地坡度应大于 25°，由于云南瑞丽市户育地区地理位置的特殊性，退耕还林的耕地坡度要求是大于 15°。因此可以根据等高线数据生成坡度图，并按一定原则将坡度划分为不同等级。先把坡度作为区的一个属性字段，然后对它与地块类型多边形进行矢量数据叠加分析，得到需要退耕还林的耕地坡度范围内的地块，再通过条件检索筛选出需要退耕还林的地块类型并计算面积。

2. 数据准备

（1）LandDB 地理数据库包含地类图斑文件 parcel.wp、等高线文件 contour.WL、行政区边界文件 boundary.WP。数据存放在 E:\Data\gisdata11.3 文件夹中。解决该问题需要用到的地块属性主要有地块类型和编号，在属性结构中地块类型与编号分别用 DLBM 与 DLMC 表示。地块属性表如表 11.3-1 所示。

表 11.3-1　地块属性表

地块类型（DLBM）	耕地	园地	林地	草地	住宅用地	水域	设施农用地	裸地	采矿用地
编号（DLMC）	01	02	03	04	07	11	122	127	204

（2）用等高线文件构造坡度图，并将坡度按照表 11.3-2 所示归为五类。

表 11.3-2　坡度分类表

坡度类型	坡度范围（°）
1	0～6
2	7～15
3	16～25
4	26～35
5	>35

11.3.2　坡度图制作

1. 建立 GRID 模型

（1）在"GDBCatalog"窗格中的"MapGISLocal"下，附加名为 LandDB 的地理数据库，在"新地图 1"中添加 contour.WL 图层，如图 11.3-1 所示。

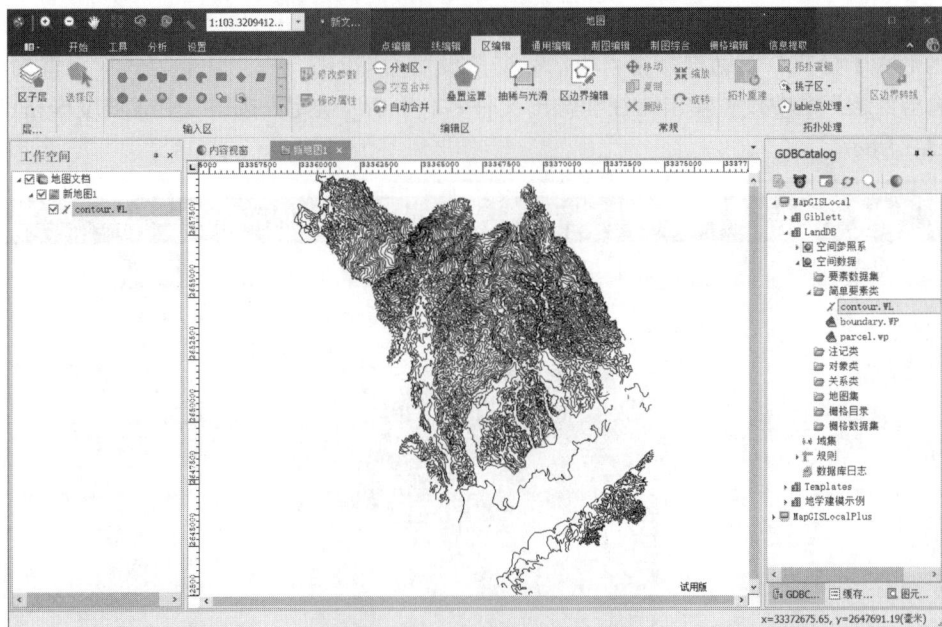

图 11.3-1　添加 contour.WL 图层

（2）离散数据网格化。依次选择"分析"→"DEM 分析"→"DEM 构建"→"离散数据网格化"选项，弹出"离散数据网格化"对话框，将"数据类型"设置为简单要素类，将"输入数据"设置为 contour.WL，将"Z 值"设置为 BSGC，在"输出设置"框中设置结果输出路径。单击"确定"按钮，生成 GRID 图层，如图 11.3-2 所示。

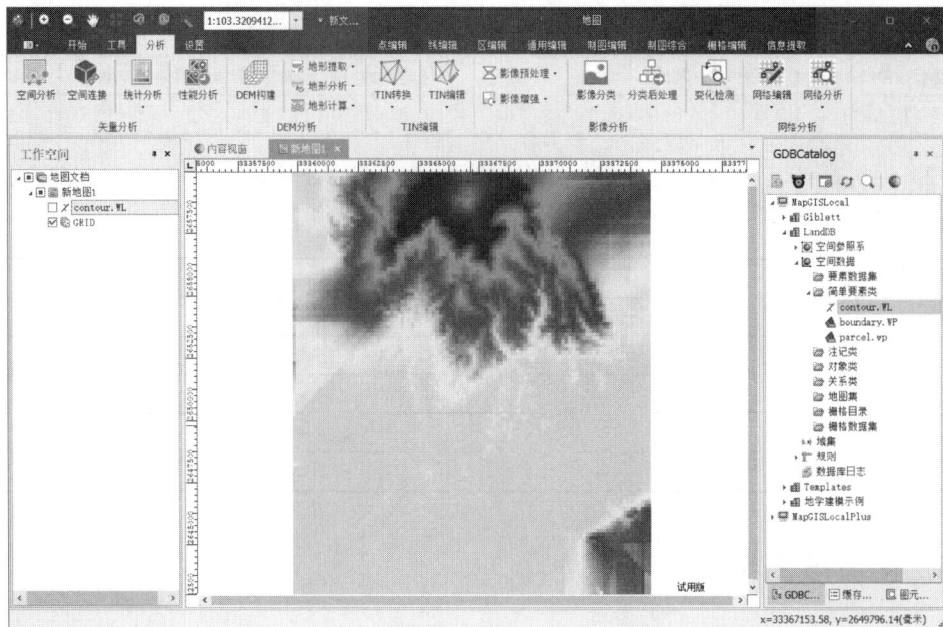

图 11.3-2　GRID 图层

2. 生成分类坡度图

（1）依次选择"分析"→"DEM 分析"→"地形提取"→"地形因子分析"选项，弹出"地形因子分析"对话框，将"栅格数据"设置为 GRID，将"计算方式"设置为坡度，在"输出目录"框中设置输出路径和输出文件名。单击"确定"按钮，生成坡度栅格图，如图 11.3-3 所示。

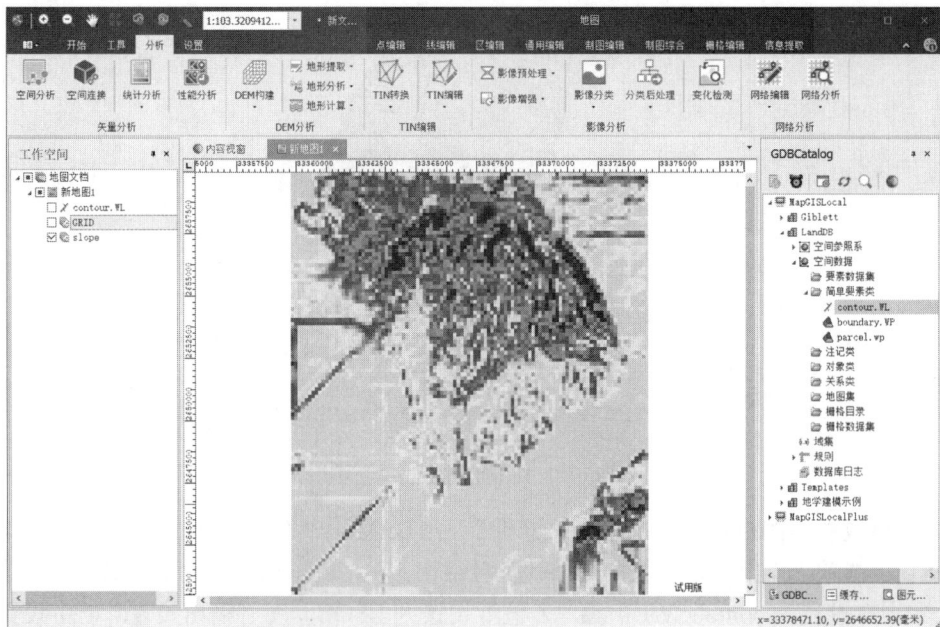

图 11.3-3　坡度栅格图

（2）按行政区范围剪裁生成坡度栅格图。添加 boundary.WP 图层，并使其处于当前编辑状态。依次选择"栅格编辑"→"栅格工具"→"裁剪"选项，弹出"栅格裁剪"对话框。将"源文件"设置为 slope；在"结果文件"框中将输出结果文件命名为 slope1，并设定存储路径；将"裁剪模式"设置为矢量区裁剪；在"裁剪参数"选区中，选择"内裁"单选按钮，如图 11.3-4 所示。单击"确定"按钮，得到如图 11.3-5 所示的裁剪后的坡度图。

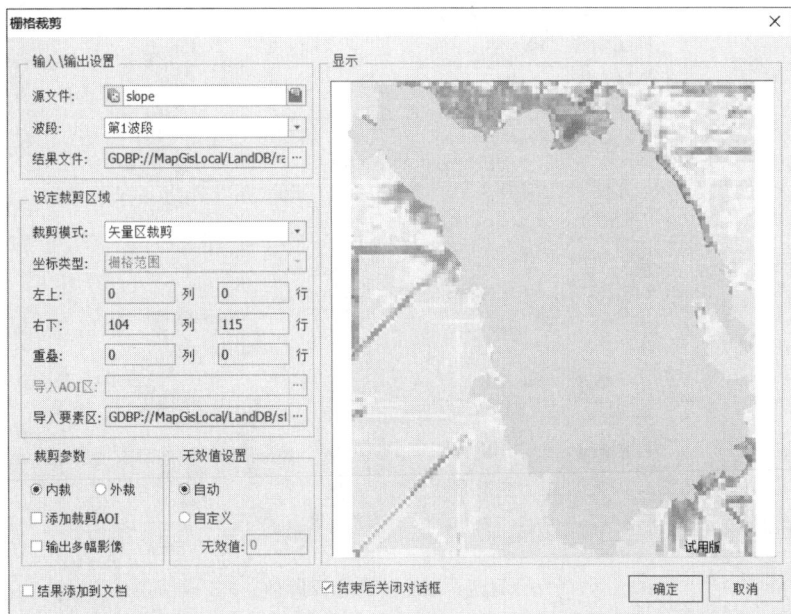

图 11.3-4 设置裁剪参数

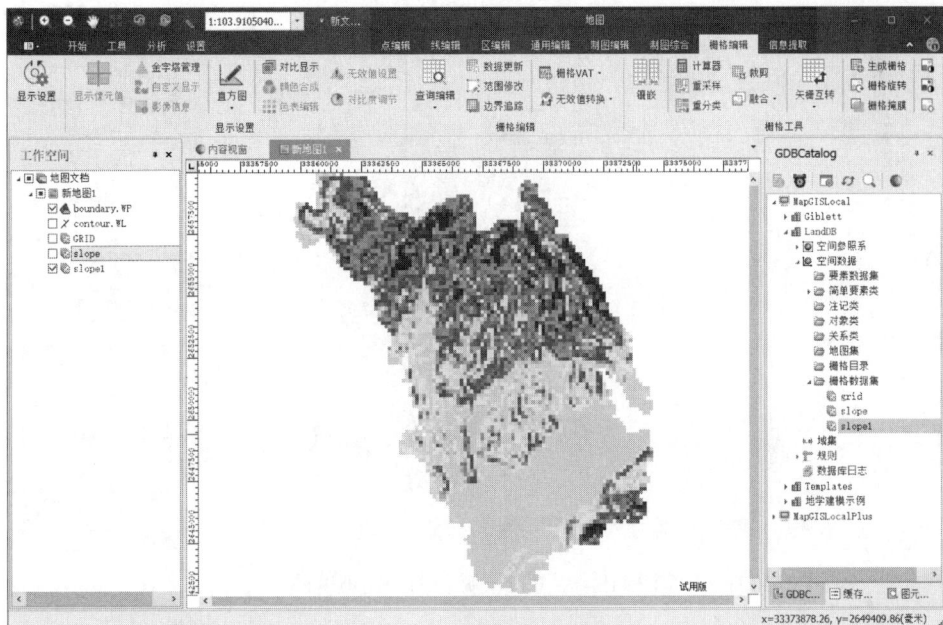

图 11.3-5 裁剪后的坡度图

（3）按坡度将栅格数据重分类。依次选择"栅格编辑"→"栅格工具"→"重分类"选项，弹出"栅格重分类"对话框，将"栅格数据"设置为 slope1，将"分类方法"设置为等间距分类，将"分类数"设置为 5，设定每类的上下限，在"输出设置"选区中，选择"栅格数据"单选按钮，并将分类后输出的栅格文件命名为 slope2，如图 11.3-6 所示。单击"确定"按钮，得到如图 11.3-7 所示的重分类并裁剪后的坡度图。

图 11.3-6　设置重分类参数

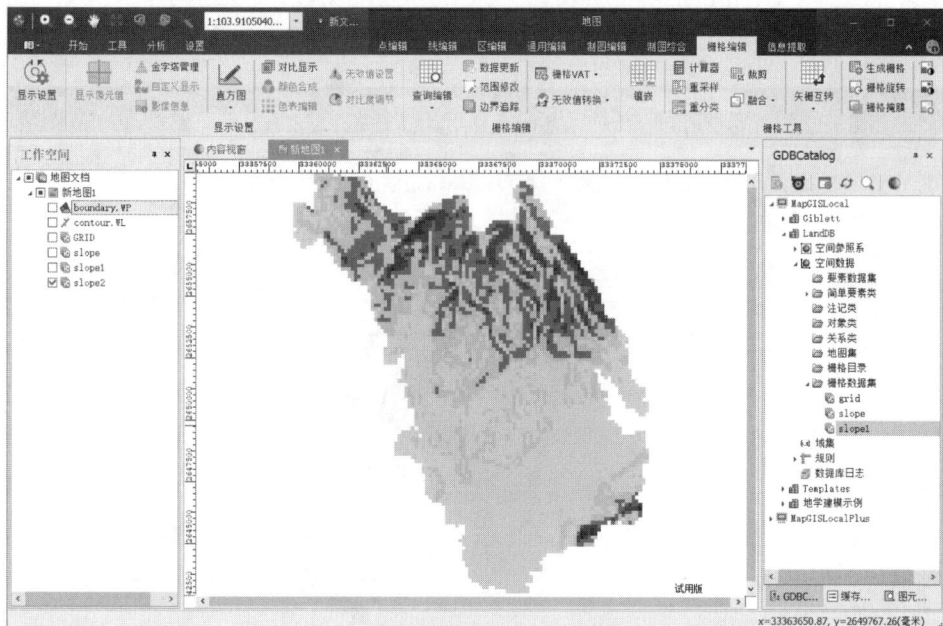

图 11.3-7　重分类并裁剪后的坡度图

3. 栅格转矢量

依次选择"栅格编辑"→"栅格工具"→"矢栅互转"→"栅格转矢量"选项，弹出

"栅格转矢量"对话框，将"栅格数据"设置为 slope2，在"简单要素类"框中将生成的矢量数据命名为 slope3。单击"确定"按钮，得到如图 11.3-8 所示的矢量坡度图。

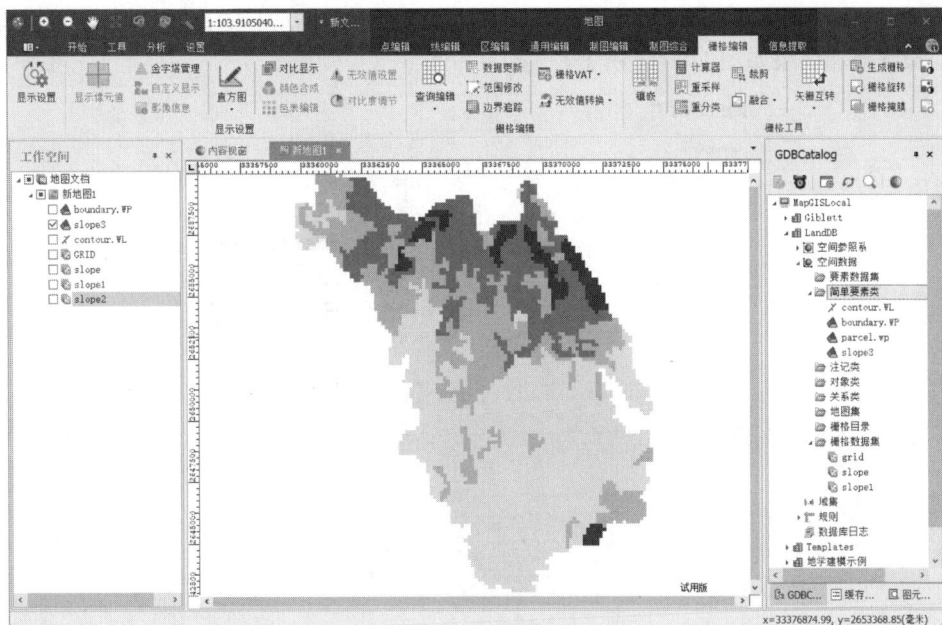

图 11.3-8　矢量坡度图

11.3.3　退耕还林分析

1. 多边形叠加分析

添加 parcel.wp 图层、slope3 图层，依次选择"通用编辑"→"空间分析"→"叠加分析"选项，弹出"图层叠加"对话框，按图 11.3-9 所示设置各项参数，单击"确定"按钮，完成地块多边形与坡度多边形的叠加，生成区文件 landslope。

图 11.3-9　"图层叠加"对话框

右击 landslope，选择"统改参数/属性"→"根据属性统改参数"选项，弹出"根据属性改参数"对话框，在"统改条件"选区中，勾选"DLBM"对应的复选框，单击其后的下拉按钮，将"属性值"设置为04；在"统改结果"选区中，勾选"填充色"复选框，并在其后的下拉列表中选择"163"选项，如图 11.3-10 所示，单击"应用"按钮，完成修改。按此方法修改其他地类，最终叠加结果如图 11.3-11 所示。

图 11.3-10 "根据属性改参数"对话框

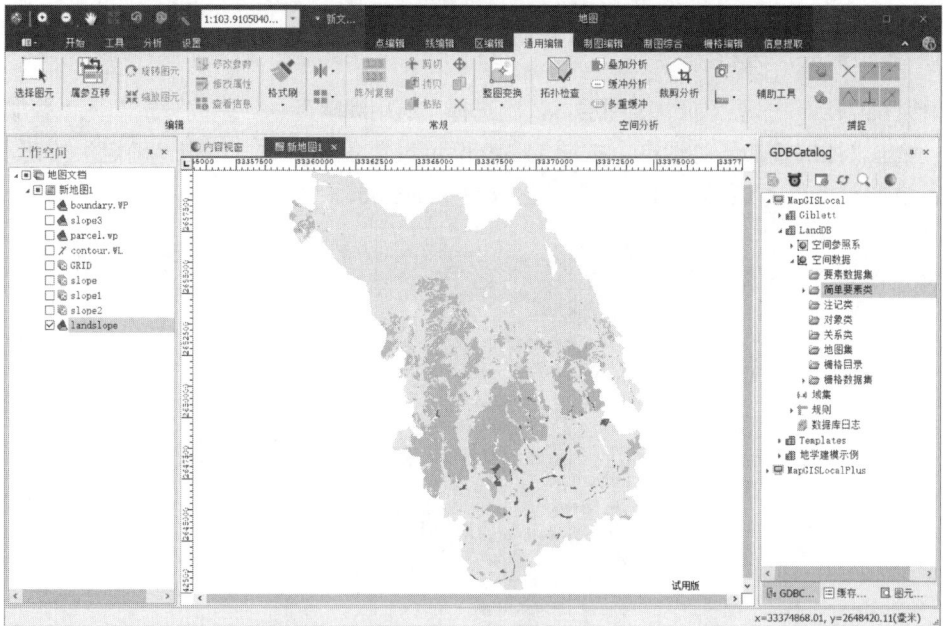

图 11.3-11 最终叠加结果

2. 确定坡度大于 15°的地块

坡度大于 15°在坡度等级分类图中相当于 ID>=3 的记录，包括 ID=3、ID=4、ID=5 的坡度类型。

（1）右击 landslope，选择"查看属性"选项，查看 landslope 属性表，如图 11.3-12 所示。各多边形包括 mpArea、mpPerimeter、ID、BSM、DLBM 等属性。

图 11.3-12　landslope 属性表

（2）确定坡度大于 15°的耕地。依次选择"通用编辑"→"空间分析"→"空间查询"→"按条件查询"选项，弹出"空间查询"对话框，选择"只查询 B 中符合给定 SQL 查询条件的图元"单选按钮，在"被查询图层 B 设置"选区，勾选 landslope 前的复选框，将"SQL 表达式"设置为 ID>=3 AND DLBM='01'，"01"为耕地类编码，在"结果保存目录"框中将输出结果命名为 plough，单击"确定"按钮，得到坡度大于 15°的耕地，如图 11.3-13 所示。

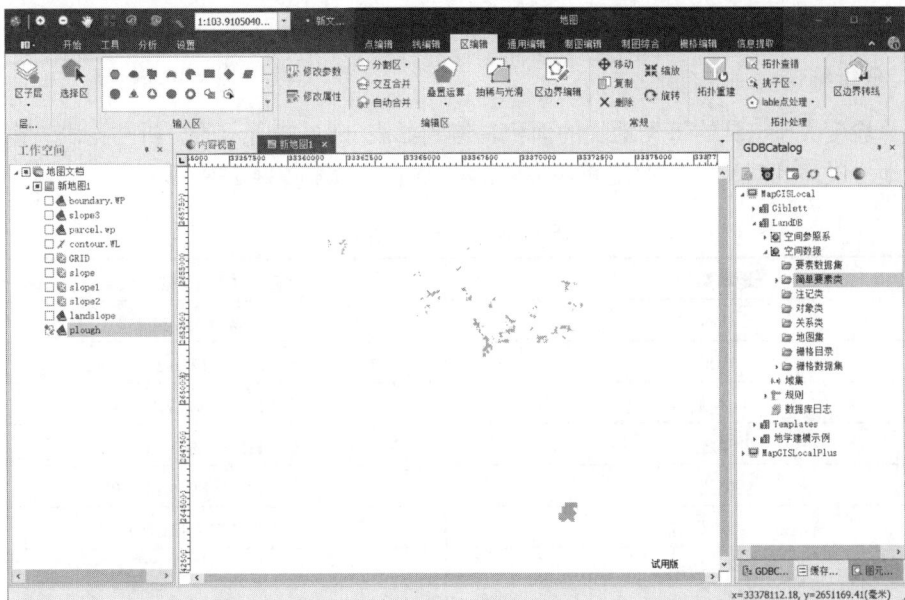

图 11.3-13　坡度大于 15°的耕地

（3）确定坡度大于 15°的其他地块。按同样的方法得到坡度大于 15°的园地、林地、草地、住宅用地、水域和设施农用地。

3. 计算坡度大于15°的各类土地面积

（1）依次选择"工具"→"属性工具"→"属性汇总"选项，弹出"属性汇总"对话框，将"选择数据"设置为 plough 所在目录，将"运算"设置为求和，在"字段名称"栏中选择 mpArea 选项，单击"执行"按钮，"输出"框中显示相关属性信息，由此可知坡度大于 15°的耕地总面积为 1 666 635.914 238 6，如图 11.3-14 所示。

（2）按照相同的方法计算园地、林地、草地、住宅用地、水域和设施农用地坡度大于15°的面积。

图 11.3-14　统计耕地的总面积

4. 分析结论

计算坡度大于 15°的每类地块的面积，得到如表 11.3-3 所示的分析结论表。需要退耕还林的地块类型为耕地，因此退耕还林的面积为 1 666 635.914 238 6。

表 11.3-3　分析结论表

地块类型	坡度大于 15°的地块面积
耕地	1 666 635.914 238 6
园地	1 142 312.012 397 71
林地	28 423 085.727 558 6
草地	112 733.941 142 171
住宅用地	104 237.996 259 702
水域	1 672.993 759
设施农用地	0
裸地	0
采矿用地	0

11.4　MapGIS 在成矿预测中的应用

地质矿产勘探经过多年发展，已经积累了大量的数据与信息。如何有效利用这些数据，使之进一步服务于矿产资源开发与挖掘，是当今地质行业面临的一个重要问题。把 GIS 引入地质行业，是解决这个难题的重要途径。本节案例是由中国地质大学（武汉）池顺都教授等完成的，也是吴信才教授团队开发的 MapGIS 软件的经典应用实例。

11.4.1　研究区地质概况

1. 地质概况

试验区位于滇中地区，北起罗（茨）武（定），南至易门，是昆阳群铜矿床产出地段。与铜矿关系密切的地层属于昆阳群的一部分，具体包括因民组（Pt_1y），为红色碎屑岩、局部夹火山岩；落雪组（Pt_1l），为含硅质碳酸岩；鹅头厂组（Pt_1e），为泥质岩；绿汁江组（Pt_1lz），为碳酸盐岩。

滇中地区位于扬子准地台川滇台背斜。远古界昆阳群地层在经历多次褶皱变形后，宏观原始层理已不明显。整个褶皱构造层及其产生的纹理经进一步褶皱形成近东西向（EW 向）的背斜与向斜。

区内断裂发育，以南北向和东西向断裂为主，规模较大，控制元古界昆阳群沉积盆地的形成并在以后多次活动。其中，北东向断裂及其派生的次级断裂往往控制矿床的产出。

2. 地球物理概况

区域重力场与昆阳群铜矿无直接关联，但在重力相对高值区和重力梯级带明显区往往有铜矿床产出。磁异常区大多为铜矿床的赋存地，这可能与后期基性岩浆活动使东川式铜矿再次富集有关。

3. 地球化学特征

以铜矿为主的异常可直接反映铜矿区（带）的分布情况，当铜矿异常浓度在 100×10^{-6} 以上时，几乎所有此类异常都落在铜矿区（带）上，很少有例外情况。此外，铜矿异常区内常伴随银（Ag）矿异常，但单独出现的银矿异常与铜矿的关联性不是很强。

11.4.2　数据准备

本节使用的数据储存在 explore 地理数据库中，包括地质数据、物探数据、化探数据。数据存放在 E:\Data\gisdata11.4 文件夹内。

1. 地质数据

地质数据主要来自 1：200 000 区域报告，其中包括武定幅和昆明幅。矿产资料采用相应的矿产图，但矿产数据仅包含矿产规模大小，缺少有关矿产储量和矿石质量等方面的内容。

（1）点文件：为矿点资料，属性包括矿床规模及矿床代码。矿种仅考虑铜矿。矿床规模及矿床代码相对应，即矿点代码为 0001，小型矿床代码为 0100，中型矿床代码为 1000。

（2）线文件：分为岩层分界线文件和构造线文件两类。其中，岩层分界线文件又分成一般岩层界线文件和不整合界线文件。构造线文件主要录入了断层线，其余线性构造线缺少。每个线文件一般都分为几个图层，如构造线文件可分为实测断层、推测断层；不整合界线文件可分为实测不整合、推测不整合等。

（3）区文件：主要是地层和岩浆岩分布区。区文件是在线文件的基础上，经造区、填充操作，并赋予属性后得到的。每个区都填充了颜色，与地质图中的颜色相对应，以便与原图进行对照。每个区的属性主要有岩性、代号、形成时代，其他属性未录入。在区文件的编辑中，考虑到本次试验预测的铜矿主要产于下元古界地层，所以对下元古界地层进行细分，以组或与组对应的地层单位进行录入，对于其他地层，则以系为单位进行录入。地质图如图 11.4-1 所示。

2. 物探数据

物探数据主要包括武定至易门地区的航磁、重力异常图，在本例中仅考虑航磁异常数据，这些数据可分为线要素和区要素两类。

（1）线要素：由航磁异常等值线图构成，其属性主要为代表的异常值。

（2）区要素：通过对航磁异常等值线图进行造区处理，并赋予异常值得到。其异常值一般取包围该区的两条等值线异常值的平均值。

3. 化探数据

化探数据主要为铜、银化探异常数据，这两类数据均采集自相应的化探异常图，具体分为铜异常图和银异常图。

（1）铜异常图：由铜异常等值线及由铜异常等值线包围的区组成，其属性仅考虑相应的铜异常值。文件名为 Cud_90.wp、Cud_150.wp、Cud_240.wp 的分别是铜异常≥90×10^{-6}、150×10^{-6}、240×10^{-6} 的区要素，将这些文件显示在一起，如图 11.4-2 所示。

（2）银异常图：银异常图与铜异常图类似，它由银异常等值线及其包围的区组成，其属性主要为异常值。

11.4.3 找矿空间分析

这里不采用成矿预测学中的分类方法进行叙述，而是根据 MapGIS 分析方法的特点，按点线关系、线区关系、点区关系和区区关系展开分析。

1. 点线关系分析

运用 MapGIS 的点线关系分析功能，探究矿床与断层之间的关系。滇中昆阳群铜矿的成矿过程与断层的关系十分密切。

（1）在"GDBCatalog"窗格中的"MapGISLocal"下，附加 explore 地理数据库，在"新地图 1"中添加矿点图层 Tong.wt 和断层图层 Fault.wl，如图 11.4-3 所示。

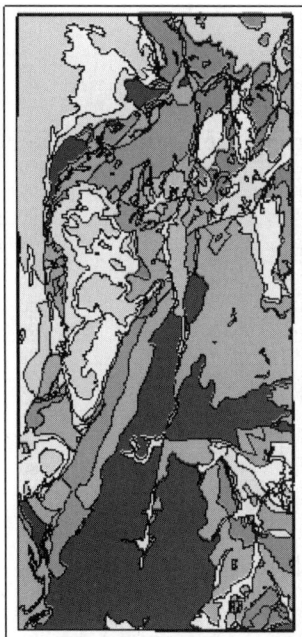

图 11.4-1　地质图

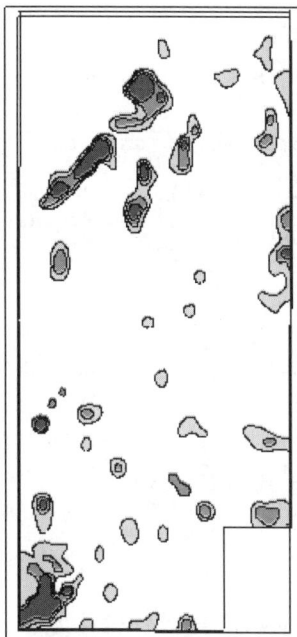

图 11.4-2　铜异常图

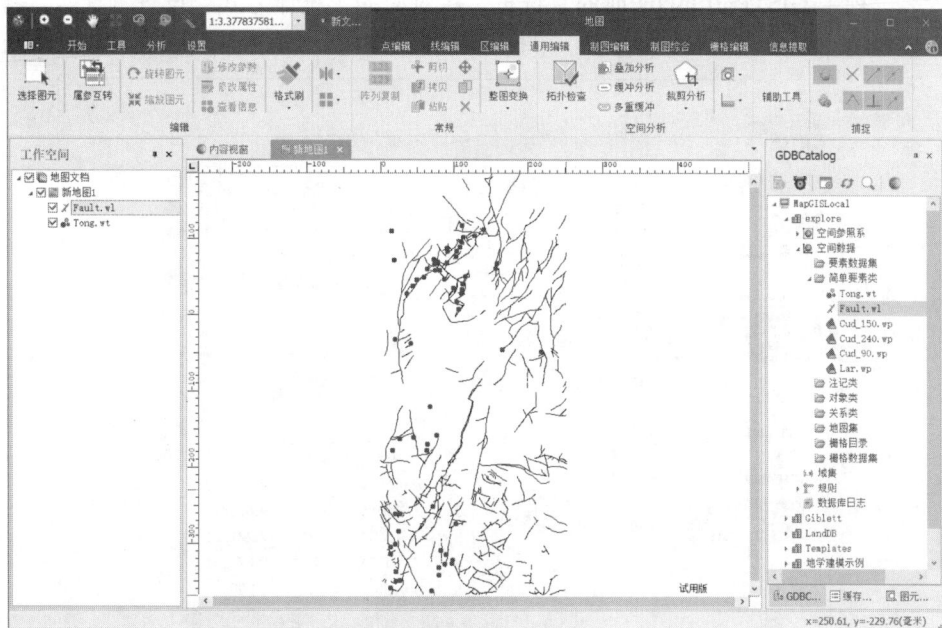

图 11.4-3　断层-矿点图

（2）依次选择"通用编辑"→"空间分析"→"叠加分析"选项，弹出"图层叠加"对话框，将"图层 1"设置为 Tong.wt，将"图层 2"设置为 Fault.wl，将"容差半径"设置为 30，将"叠加方式"设置为求交，将分析结果存入 1.wt 图层，单击"确定"按钮，此时会弹出提示"容差结果不在推荐范围内，可能导致生成结果错误，是否仍然使用该容差？"的对话框，单击"是"按钮，完成叠加分析，此时 1.wt 图层中既有矿点的属性数据，又有断层线的属性数据。1.wt 图层的属性表如图 11.4-4 所示。

序号	OID	mpLayer	GIS FID Class1	GIS FID Class2	GIS PntLinDis	ID	矿床规模	规模代码
1	1	25	1	62	0.58392	1	小	100
2	2	25	2	907	0.41088	2	小	100
3	3	25	3	42	2.36656	3	小	100
4	4	25	4	186	0.13517	4	小	100
5	5	25	5	862	3.01630	5	小	100
6	6	25	6	883	1.15196	6	小	100
7	7	25	7	195	1.28490	7	小	100
8	8	25	8	195	1.84076	8	小	100
9	9	25	9	196	2.01667	9	小	100
10	10	25	10	206	0.44611	10	小	100
11	11	25	11	200	1.04817	11	小	100
12	12	25	12	85	1.04711	12	小	100
13	13	25	13	85	1.42324	13	小	100
14	14	25	14	86	2.35762	14	小	100
15	15	25	15	934	0.60780	15	小	100

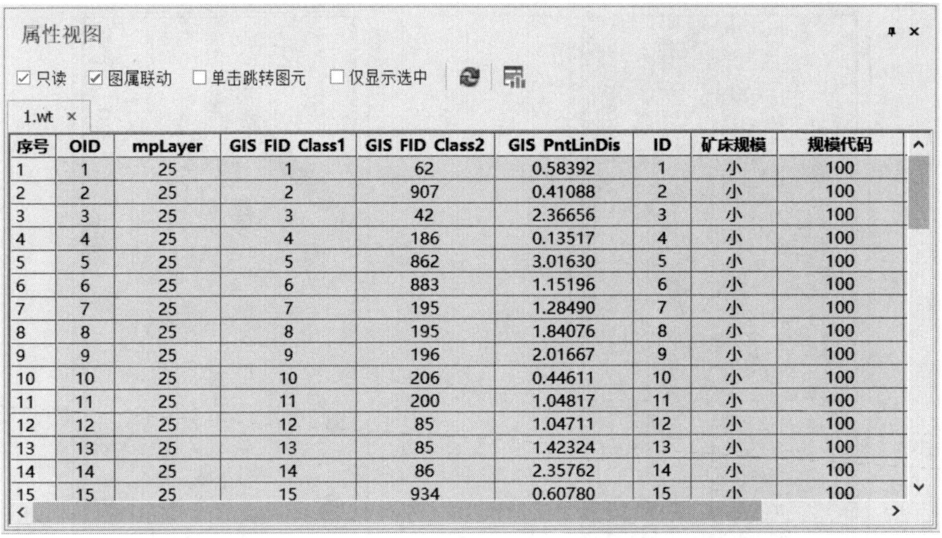

图 11.4-4　1.wt 图层的属性表

（3）对 1.wt 图层进行统计分析。添加 1.wt 图层，依次选择“工具”→“属性工具”→“属性统计”选项，弹出“属性统计”对话框，将“选择图层”设置为 1.wt；勾选“统计字段名”列中 GIS_PntLinDis 前的复选框，将对应的“统计方式”设置为计数，将“分段数”设置为 12；如图 11.4-5 所示。单击“统计”按钮，统计结果如图 11.4-6 所示。

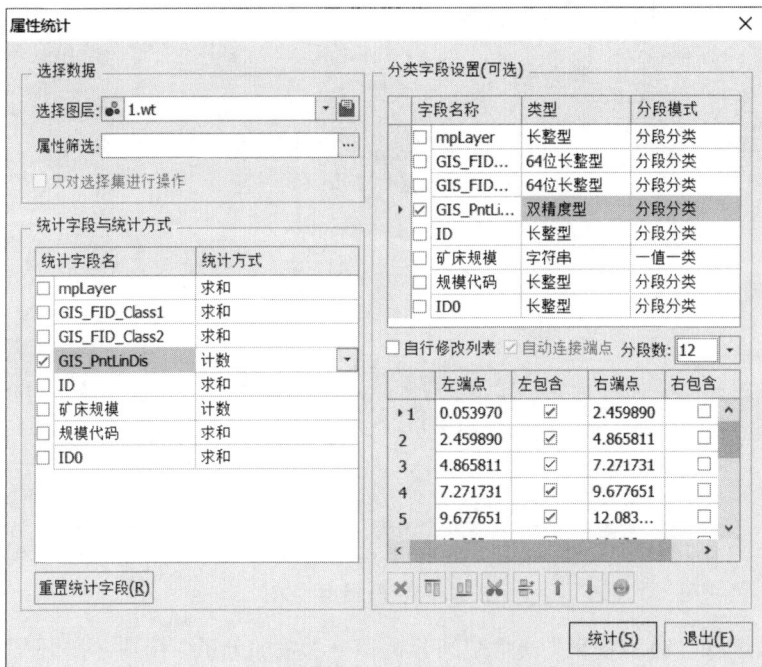

图 11.4-5　属性统计设置

（4）从图 11.4-6 中的统计图可以看出，在距断层 4.2 个距离单位的范围内，集中了约 86%的矿点，并且该图显示了不同距离内出现的矿床的频数（或个数）。该分析结果为确定断层影响带宽度提供了客观依据。

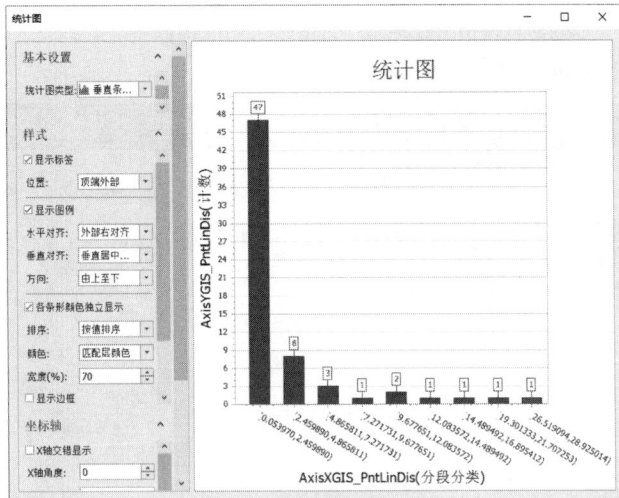

图 11.4-6　统计结果

2. 线区关系分析

用 MapGIS 中的线区关系来分析矿点、断层和底层的关系。

（1）添加 Lar.wp 图层，图形部分如图 11.4-1 所示。

（2）检索与铜矿关系密切的地层。由前文可知，与铜矿关系密切的地层为昆阳群，包括因民组（Pt_1y）、落雪组（Pt_1l）、鹅头厂组（Pt_1e）和绿汁江组（Pt_1lz）。先将 Lar.wp 图层设为当前编辑状态，然后依次选择"通用编辑"→"空间分析"→"空间查询"→"按条件查询"选项，弹出"空间查询"对话框，选择"只查询 B 中符合给定 SQL 查询条件的图元"单选按钮，在被查询图层对应的"SQL 表达式"栏中输入：(代号='Pt1y')OR(代号='Pt1l')OR(代号='Pt1e')OR(代号='Pt1lz')，如图 11.4-7 所示，在"结果保存目录"框中将保存结果重新命名为 2.wp 文件，单击"确定"按钮，完成检索。

图 11.4-7　"空间查询"对话框

添加 2.wp 图层，如图 11.4-8 所示。打开该文件的属性表，勾选"图属联动"复选框，单击属性，则相应的区域联动显示。

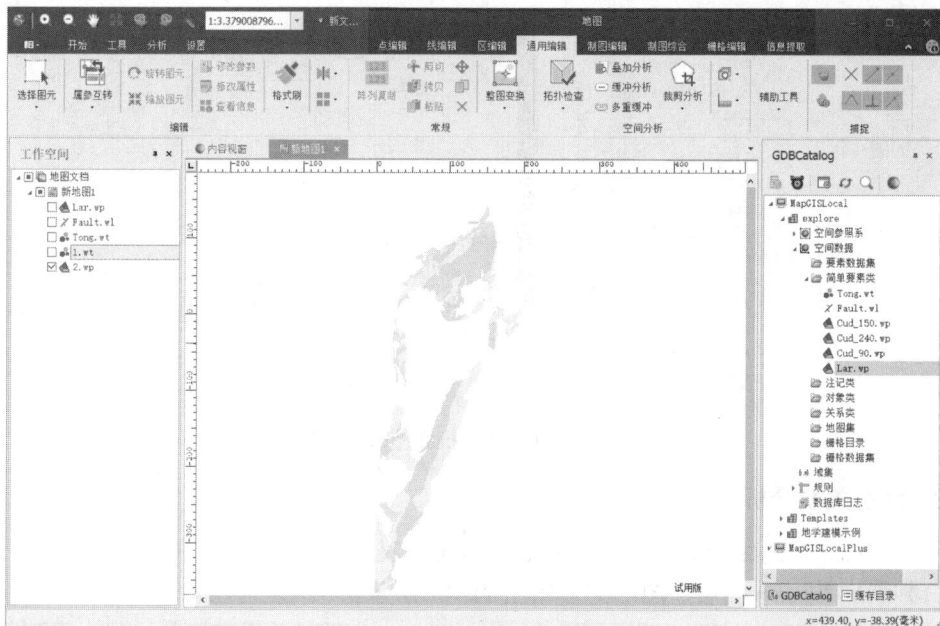

图 11.4-8　添加 2.wp 图层

（3）添加 Tong.wt 图层，并将其显示在屏幕上，如图 11.4-9 所示。由图 11.4-9 可见，大部分矿床在昆阳群下段的地层中。

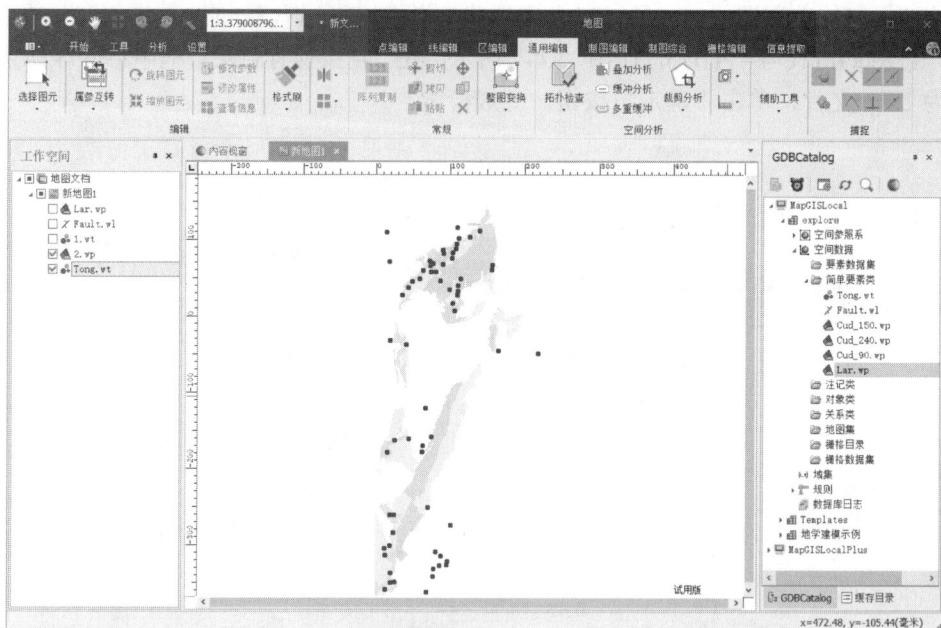

图 11.4-9　矿点—昆阳群叠加图

（4）为了得到定量分析结果，可对 Tong.wt 图层和 2.wp 图层进行统计分析和条件检索。在步骤（3）的基础上对 Tong.wt 图层和 2.wp 图层进行空间叠加分析，依次选择"通用编辑"→"空间分析"→"叠加分析"选项，将"图层 1"设置为 Tong.wt，将"图层 2"设置为 2.wp，将"容差半径"设置为默认值，将"叠加方式"设置为求交，在"输出结果"框中将输出结果命名为 2-tong，单击"确定"按钮，生成 2-tong.wt 图层。

表 11.4-1　成矿地质条件和找矿标志与矿床关系统计表

统计项目	出现矿床数				统计项目总区数		其中有矿的区		S_m / S_0
	总数	中型	小型	矿点	数量	面积（S_0）	数量	面积（S_m）	
昆阳群下段矿点占比	0.723	1.00	1.000	0.591					
昆阳群下段矿点数	47	2	19	26					
≥90×10⁻⁶ 铜异常矿点占比	0.677	1.00	0.895	0.568	37	16924	12	10340	0.611
≥90×10⁻⁶ 铜异常矿点数	44	2	17	25					
≥150×10⁻⁶ 铜异常矿点占比	0.431	0.50	0.579	0.364	25	6516	9	1379	0.212
≥150×10⁻⁶ 铜异常矿点数	28	1	11	16					
≥240×10⁻⁶ 铜异常矿点占比	0.231	0.50	0.316	0.182	11	2404	7	2195	0.913
≥240×10⁻⁶ 铜异常矿点数	15	1	6	8					
断层影响带矿点占比	0.523	0.50	0.842	0.386	17	20957	7	17056	0.814
断层影响带矿点数	34	1	16	17					
总矿点数	65	2	19	44					

（5）添加 2-tong.wt 图层，依次选择"工具"→"属性工具"→"属性统计"选项，弹出"属性统计"对话框，将"选择图层"设置为 2-tong.wt；勾选"统计字段名"列中"矿床规模"对应的复选框，并将对应的"统计方式"设置为计数；勾选"字段名称"列中"矿床规模"对应的复选框，并将"分类模式"设置为一值一类，如图 11.4-10 所示。单击"统计"按钮，得到如图 11.4-11 所示的统计结果。由表 11.4-1 可知，昆阳群下段的地层包括全部矿床的 72.3%，矿床总数为 47，其中，中型矿床数为 2，小型矿床数为 19，矿点数为 26。中、小型矿床全部在昆阳群下段地层里，据此可知，昆阳群下段地层中的断层附近才是找昆阳群铜矿的有利地段。

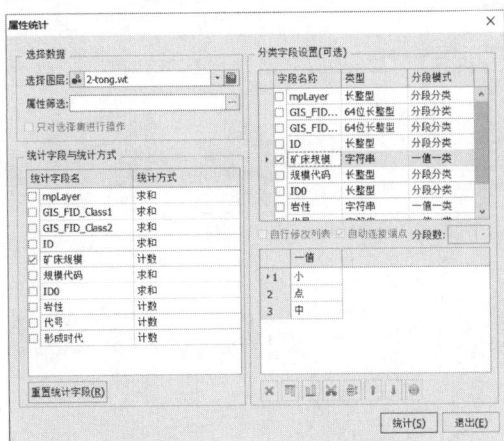

图 11.4-10　属性统计设置

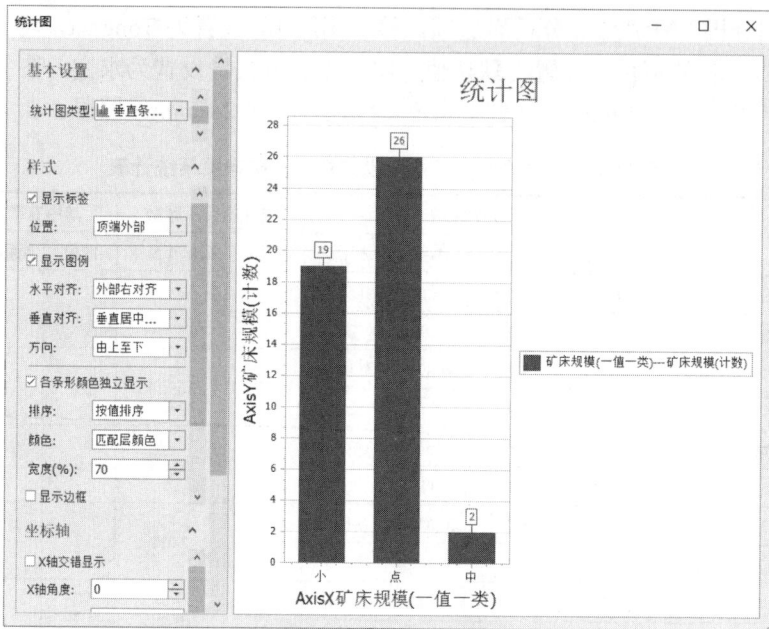

图 11.4-11　统计结果

（6）添加断层线文件 Fault.wl，并与昆阳群下段地层文件 2.wp 做空间叠加分析。依次选择"通用编辑"→"空间分析"→"叠加分析"选项，弹出"叠加分析"对话框，将"图层 1"设置为 fault.wl，将"图层 2"设置为 2.wp，"容差半径"保持默认值，将"叠加方式"设置为求交，在"输出结果"框中将输出结果命名为 2.wl，单击"确定"按钮生成 2.wl 文件，如图 11.4-12 所示，从而得到昆阳群的断裂系统。该断裂系统正好位于昆阳群下段地层中。

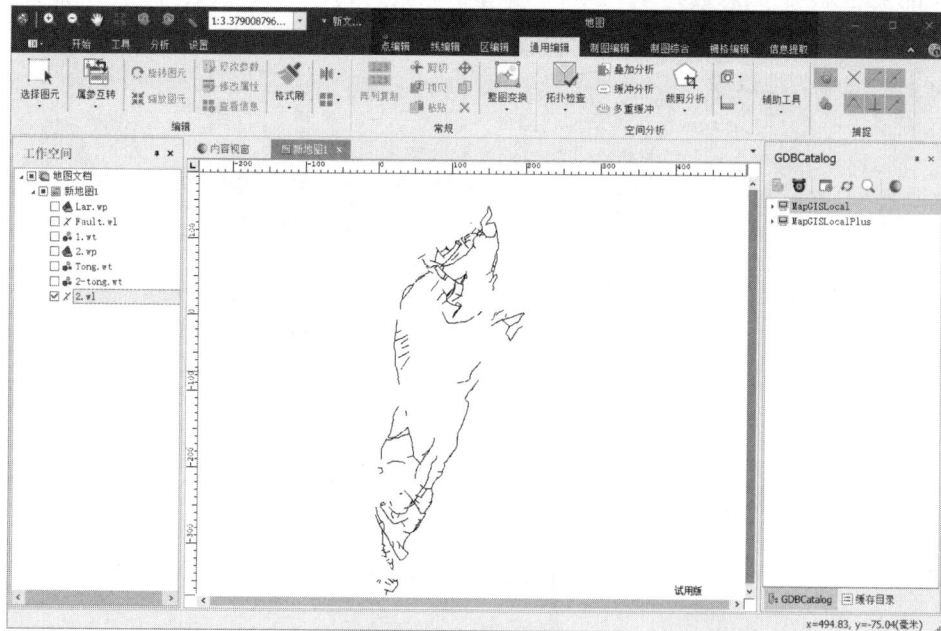

图 11.4-12　昆阳群下段断裂图（2.wl 文件）

（7）在前面的分析中，在距断层 4.2 个距离单位的范围内，集中了 86%的矿点，为此，对于该断裂系统 2.wl，利用 5 个距离单位宽度做出断层影响带，这是寻找昆阳群铜矿的有利地段。将 2.wl 图层设为当前编辑状态，依次选择"通用编辑"→"空间分析"→"缓冲分析"选项，弹出"缓冲分析"对话框，将"选择图层"设置为 2.wl；在"缓冲区半径方式"选区中选择"指定半径缓冲"单选按钮，并将缓冲区半径设置为 5；其他选项保持默认值；在"保存路径"框中将输出结果重新命名为 3.wp，单击"确定"按钮，得到如图 11.4-13 所示的分析结果。至此，通过对地层区域分析和矿点—断层分析，大体上确定了铜矿所在范围，绝大部分矿点位于如图 11.4-13 所示的区域内。

3. 点区关系分析

用 MapGIS 中的点区关系分析，预测矿床产出的地质条件和找矿标志。经分析，选出的成矿地质条件和找矿标志集中于昆阳群下段，包括因民组（Pt_1y）、落雪组（Pt_1l）、鹅头厂组（Pt_1e）、绿汁江组（Pt_1lz）。

断层与矿产关系密切，一般矿床在距断层 5 个距离单位内。因此，构造了距断层 5 个距离单位的断层影响带：化探铜异常分别以 $\geqslant 90 \times 10^{-6}$、$\geqslant 150 \times 10^{-6}$、$\geqslant 240 \times 10^{-6}$ 三种异常强度进行研究。

（1）对 $\geqslant 90 \times 10^{-6}$ 的铜异常图进行分析。先添加 Cud_90.wp 图层和 Tong.wt 图层，如图 11.4-14 所示，然后进行点对区相交分析，将结果存入 2.wt 文件。接下来，对 2.wt 文件中的矿床规模进行属性统计分析，就可以得出在 $\geqslant 90 \times 10^{-6}$ 的铜异常情况下出现的矿床数，如图 11.4-15 所示，其中中型矿床为 2，小型矿床为 17，矿点为 25。同理，可以得出在 $\geqslant 150 \times 10^{-6}$、$\geqslant 240 \times 10^{-6}$ 的铜异常情况下出现的矿床数，分别如图 11.4-16 和图 11.4-17 所示。

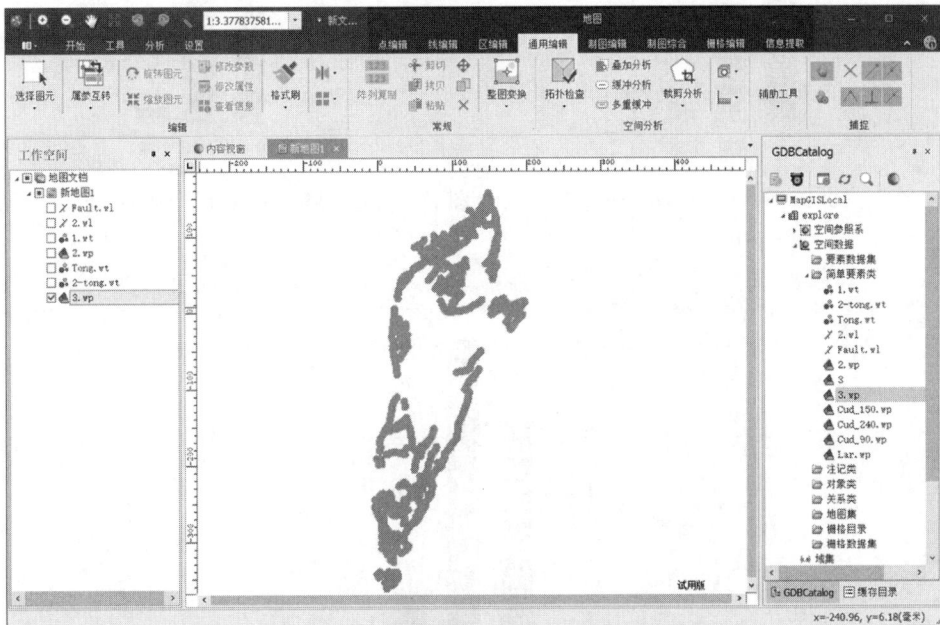

图 11.4-13　昆阳群下段中的断层影响带

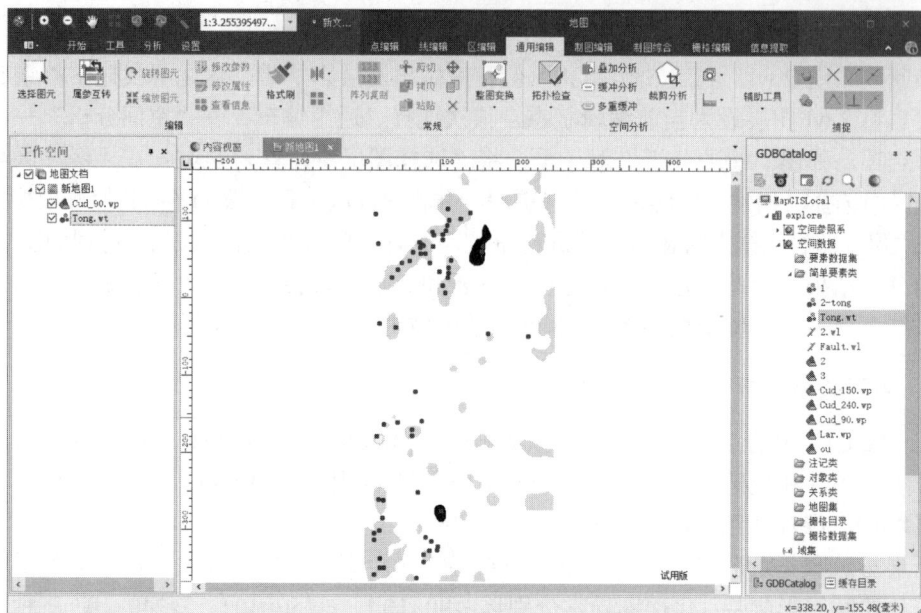

图 11.4-14　Cud_90.wp 图层和 Tong.wt 图层

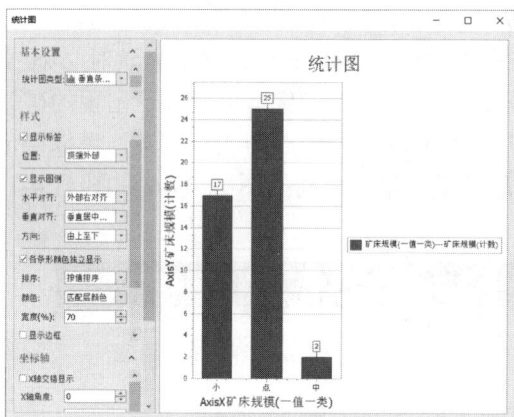

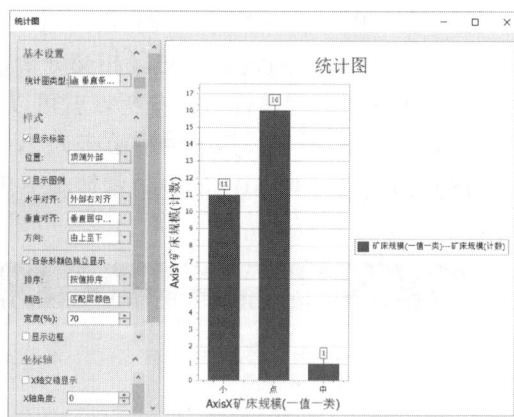

图 11.4-15　≥90×10⁻⁶的铜异常情况下的矿床数统计 图 11.4-16　≥150×10⁻⁶的铜异常情况下的矿床数统计

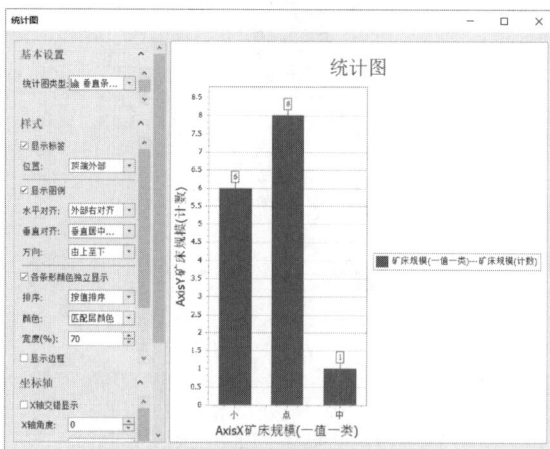

图 11.4-17　≥240×10⁻⁶的铜异常情况下的矿床数统计

（2）对铜异常图与矿点文件进行区对点相交分析，得出各统计项目的区的总数量、总面积（S_0）及其中有矿点出现的区的数量和面积（S_m）。

下面以≥$90×10^{-6}$的铜异常情况为例，进行介绍。

（1）统计项目的区的总数量及总面积（S_0）：先添加 Cud_90.wp 图层，然后依次选择"工具"→"属性工具"→"属性汇总"选项，弹出"属性汇总"对话框，将"选择数据"设置为 Cud_90.wp，将"运算"设置为计数，将"字段名称"设置为 mpArea，单击"执行"按钮，"输出"框中显示要素数为 37；然后将"运算"设置为求和，将"字段名称"设置为 mpArea，单击"执行"按钮，"输出"框中显示总面积 S_0 为 16 923.981 104 630 5，如图 11.4-18 所示。

图 11.4-18　统计项目的区的总数量及总面积（S_0）

（2）有矿点出现的区的数量和面积（S_m）：先对 Cud_90.wp 图层和 Tong.wt 图层进行区对点相交分析，并将输出结果重新命名为 90-tong.wp，然后添加 90-tong.wp 文件，依次选择"工具"→"属性工具"→"属性汇总"选项，弹出"属性汇总"对话框，添加 90-tong.wp，将"运算"设置为计数，将"字段名称"设置为 mpArea，单击"执行"按钮，"输出"框显示要素数为 12；将"运算"设置为求和，将"字段名称"设置为 mpArea，单击"执行"按钮，"输出"框中显示面积 S_m 为 10 339.788 088 280 7，如图 11.4-19 所示。

图 11.4-19　有矿点出现的区的数量和面积（S_m）

同理可得 $\geqslant 150 \times 10^{-6}$、$\geqslant 240 \times 10^{-6}$ 铜异常情况下的区的数量和面积，对其进行分析可得到如表 11.4-1 所示的统计表。为了便于进一步探讨，表 11.4-1 还给出了 S_m/S_0，以及统计项目总区数和其中有矿的区的数量。

分式 S_m/S_0 的分子为有矿的区的面积，分母为统计项目总区的面积。

从上述分析结果，可以得出如下结论。

① 昆阳群下段地层包含所有中、小型矿床，是寻找铜矿床的有利层位。

② 断层影响带是找铜矿的有利构造部位。S_m/S_0 为 0.814，说明在该带内发现矿床的概率很高。

③ 铜异常区与铜矿床关系密切。落在 $\geqslant 90 \times 10^{-6}$ 铜异常区内的矿床有 44 个，约占全部矿床的 67.7%，其中全部中型矿床及 89.5% 的小型矿床均落在铜异常区内，S_m/S_0 为 0.611，共有 37 个异常点，其中仅有 12 个有矿，说明发现矿床的概率不太高，不能单独用该标志找矿。在 $\geqslant 240 \times 10^{-6}$ 铜异常区内，仅有 15 个矿床，其中，有 1 个中型矿床和 6 个小型矿床。S_m/S_0 高达 0.913，即铜异常区内有矿的概率很大，可以单独用作找矿标志。$\geqslant 150 \times 10^{-6}$ 铜异常区内有矿的概率很小。

4. 区区关系分析

预测建立在相应类比的基础上，即先在分析成矿地质条件和找矿标志的基础上，得出矿床产出的主要地质条件和标志，然后根据这些条件和标志预测有利于矿床产出的成矿区（带）。

在前面成矿地质条件分析的基础上，利用 MapGIS 对 Cud_90.wp 与构造影响带图层 3.wp 进行相交操作，得到如图 11.4-20 所示的预测区。考虑到 $\geqslant 240 \times 10^{-6}$ 的铜异常区内有铜矿存在的概率很大，故将 Cud_240.wp 图层与如图 11.4-20 所示的预测区做逻辑与操作（区区合并分析）。选择"通用编辑"→"空间分析"→"空间查询"→"按条件查询"选项，在弹出的"空间查询"对话框中，将 SQL 表达式设置为 mpArea $\geqslant 20$，将图中面积小于 20 个面积单位的预测区删除后，最终得到如图 11.4-21 所示的预测区图，图中的区呈深浅不同的色块。

预测范围内的成矿地质条件和标志组合为（昆阳群下段）＋（断层影响带）＋（$\geqslant 240 \times 10^{-6}$ 的铜异常区），是最有利成矿的地段，代表 1 级区块；预测范围内的成矿地质条件和标志组合为（昆阳群下段）＋（断层影响带）＋（$\geqslant 90 \times 10^{-6}$ 的铜异常区），代表 2 级区块；预测范围内的 $\geqslant 240 \times 10^{-6}$ 的铜异常区，代表 3 级区块。

同时，输出了预测区情况一览表，如表 11.4-2 所示。在表 11.4-2 中，规模代码累计栏中列出了预测区内已知的不同规模矿床的信息，其中，千位数值代表中型矿床个数，百位数值代表小型矿床个数，十位数值和个位数值代表矿点个数。

例如，区号 9 的规模代码累计为 1101，表示该区内存在 1 个中型矿床、1 个小型矿床、1 个矿点。区号是计算机指定的各个区的编号。表 11.4-2 中有 2 个异常值，前一个异常值是 90、后一个异常值为 240 的代表绿色区，前一个异常值为 90、后一个异常值不为 240 的代表橙色区，前一个异常值不为 90、后一个异常值为 240 的代表红色区。

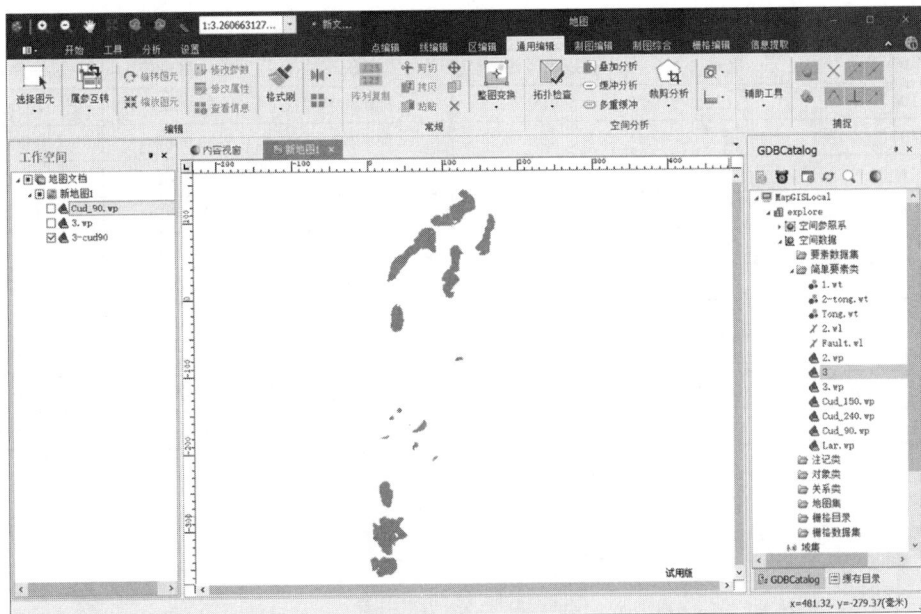

图 11.4-20　昆阳群铜矿预测区图（方案一）

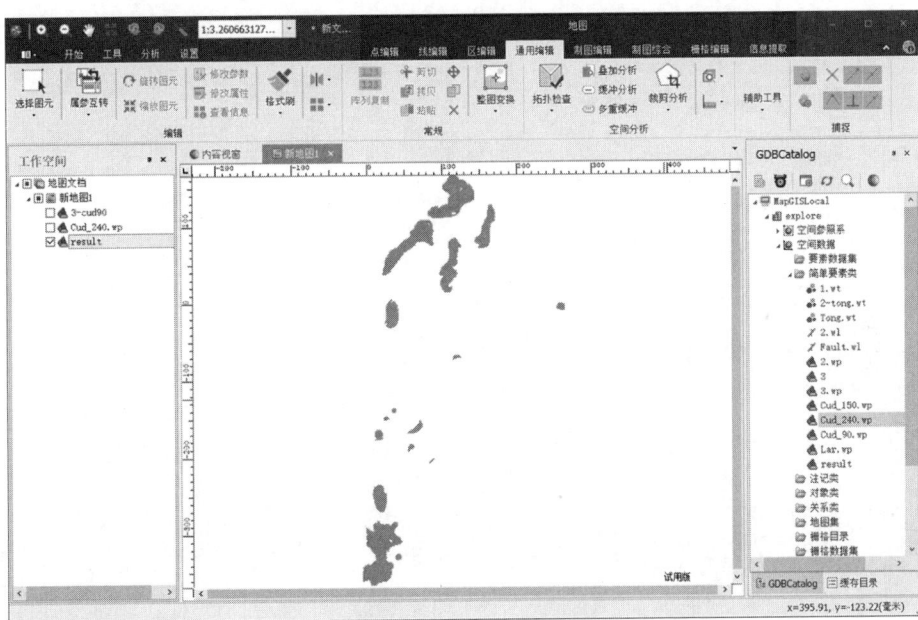

图 11.4-21　面积大于 20 的预测区图

表 11.4-2　预测区情况一览表

规模代码累计	区号	规模代码	面积	前一异常值	后一异常值
100	13	100	126.418	90.0000	240.0000
202	5	100	560.326	90.0000	0.0000
100	14	100	84.103	90.0000	240.0000
100	16	100	119.058	90.0000	240.0000
101	3	100	159.468	90.0000	0.0000
101	15	100	301.312	0.0000	240.0000

规模代码累计	区号	规模代码	面积	前一异常值	后一异常值
104	12	100	180.889	90.0000	240.0000
404	8	100	986.292	90.0000	0.0000
1	2	1	304.403	90.0000	0.0000
1	10	1	418.997	0.0000	240.0000
1101	9	1000	600.157	0.0000	240.0000
1000	6	1000	126.305	90.0000	40.0000
200	1	100	879.736	90.0000	0.0000
1	4	1	67.355	90.0000	90.0000
1	11	1	94.934	0.0000	240.0000
1	7	1	132.329	90.0000	40.0000

反侵权盗版声明

电子工业出版社依法对本作品享有专有出版权。任何未经权利人书面许可，复制、销售或通过信息网络传播本作品的行为；歪曲、篡改、剽窃本作品的行为，均违反《中华人民共和国著作权法》，其行为人应承担相应的民事责任和行政责任，构成犯罪的，将被依法追究刑事责任。

为了维护市场秩序，保护权利人的合法权益，我社将依法查处和打击侵权盗版的单位和个人。欢迎社会各界人士积极举报侵权盗版行为，本社将奖励举报有功人员，并保证举报人的信息不被泄露。

举报电话：（010）88254396；（010）88258888

传　　真：（010）88254397

E-mail：dbqq@phei.com.cn

通信地址：北京市万寿路173信箱

　　　　　电子工业出版社总编办公室

邮　　编：100036